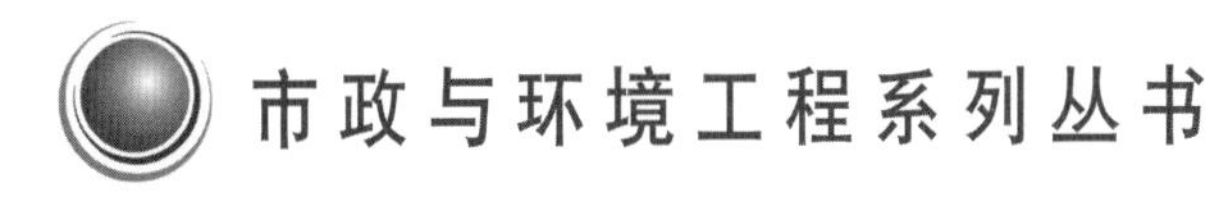

环境仪器分析

ENVIRONMENTAL ANALYSIS INSTRUMENT AND TECHNOLOGY

主 编 姜 杰
副主编 于 凯 张 洪 阚光锋

哈爾濱工業大學出版社
HITP HARBIN INSTITUTE OF TECHNOLOGY PRESS

内 容 简 介

全书共分12章，介绍了环境分析中常用的一些仪器的分析方法，包括电化学分析法、原子发射光谱法、原子吸收光谱法、紫外－可见分光光度法、红外光谱法、核磁共振波谱法、气相色谱法、高效液相色谱法、离子色谱法、质谱分析法，分析仪器联用技术的基本知识、方法原理、仪器组成和在环境分析中的应用等内容。

本书可作为环境科学、化学工程、应用化学、生物工程等工科类专业及相关专业的教材，也可供有关专业工程技术人员学习参考。

图书在版编目(CIP)数据

环境仪器分析/姜杰主编. —哈尔滨：哈尔滨工业大学出版社，2022.5
ISBN 978－7－5603－9775－7

Ⅰ.①环… Ⅱ.①姜… Ⅲ.①环境监测－仪器分析
Ⅳ.①X830.2

中国版本图书馆CIP数据核字(2021)第214758号

策划编辑　许雅莹
责任编辑　李青晏　张　权
封面设计　刘长友
出版发行　哈尔滨工业大学出版社
社　　址　哈尔滨市南岗区复华四道街10号　邮编150006
传　　真　0451－86414749
网　　址　http://hitpress.hit.edu.cn
印　　刷　黑龙江艺德印刷有限责任公司
开　　本　787mm×1092mm　1/16　印张20　字数426千字
版　　次　2022年5月第1版　2022年5月第1次印刷
书　　号　ISBN 978－7－5603－9775－7
定　　价　48.00元

前　言

21 世纪以来，科学技术的快速进步促进了经济的发展，同时也带来严重的环境问题，大多环境问题都与化学物质有直接或间接关系。因此，想要解决环境问题，必须对环境中污染物质的性质、形态及含量进行监测和分析。仪器分析方法具有准确度高、检出限低、分析速度快、易于实现自动化等优点，是环境监测和分析中不可或缺的重要手段。并且由于电子学和物理学的发展，促进了仪器分析方法的发展和完善，更方便快捷地解决环境问题。为适应工科专业开设环境仪器分析课程的需要，编写了适合工科类专业（环境科学、化学工程、应用化学、生物工程等）使用的《环境仪器分析》教材。

全书共分为 12 章，包括电化学相关分析法（电化学分析法、电解和库仑分析法、极谱分析法）、光谱分析法（原子发射光谱法、原子吸收光谱法、原子荧光光谱法、紫外－可见分光光度法、红外吸收光谱分析法）、波谱分析法（核磁共振波谱法）、色谱法（气相色谱法、高效液相色谱法、离子色谱法）、质谱分析法和环境分析仪器联用技术等。

本书在编写过程中，对涉及的众多分析方法进行了系统分类，包括电化学、光谱、波谱、色谱和质谱等，在此基础上，综合介绍了各仪器分析联用技术。各章之间既相互联系，又相互区别。每章都会介绍各类型仪器的发展历史概述，引导读者掌握国内外该技术领域的发展历程；同时，深入介绍了仪器分析方法的基本知识、方法原理、仪器组成和适用范围等。在此基础上，总结了近五年该技术领域发展的现状及最新技术，包括前沿技术、仪器小型化技术以及各类在当前国内外环境重点关注领域的应用等。

本书在编写过程中，既注重基本知识、方法原理等方面的介绍，还注重理论与实践相结合，引导读者利用仪器分析原理解决实际样本分析并获得有效的结果。

与同类教材相比，本书选材紧密结合当前环境分析前沿与热点，选择覆盖面大、需求量广的环境分析仪器与技术作为切入点，基于科教融合理念，既涵盖必要的理论知识，又重视实际应用，对环境分析中应用较差或逐渐淘汰的仪器与技术进行了删减，更新或增加了一些新知识、新技术，具有教材和参考书的双层功能，力求能够较全面地展现先进仪器与技术在环境分析领域的科学进展、学科特色和理论联系实际的新举措。

在教材结构设计、章节编排以及内容选择方面，也充分考虑了我国高等院校教学的课时要求、学生教育背景、基础知识储备特点以及课程目标设计等因素。最后，本书紧跟大学教育主题脉络，关注文化传承，注重立德树人，增加思政教育内容，对相关分析技术的发展历史以及我国科研工作者在此方面的贡献进行了简要概述，进而培养学生的科学价值观和民族自豪感。

本书由哈尔滨工业大学(威海)现代仪器分析研究室的教师联合编写,具体编写分工如下:第1章、第3章、第4章由姜杰编写;第2章、第5章、第6章由于凯编写;第7章、第8章、第9章由张洪编写;第10章、第11章、第12章由阚光锋编写。全书由阚光锋统稿。

本书在编写过程中得到现代仪器分析研究室部分研究生的帮助,他们是张铭旺、曹雨晨、程紫逸、何玉炜、洪子英、刘玉宁、刘卓、杨苗、张传洲、周司涵、乔翼平和王文昕。另外,哈尔滨工业大学尤宏教授对本书的结构和内容提出了许多建设性的意见,在此表示衷心的感谢。

本书参考了国内外环境仪器分析以及相关领域众多资料,在此向有关作者表示诚挚的谢意。

由于编者水平有限,书中不足之处在所难免,敬请广大读者提出宝贵意见并给予指正。

编　者

2022年1月

目　　录

第1章　绪　　论

1.1　环境分析与仪器分析

环境分析也称环境分析化学，是研究环境中污染物的种类、成分，以及如何对环境中化学污染物进行定性分析和定量分析的一门学科，是环境科学研究和环境保护必备的重要手段。环境分析化学研究的领域非常宽，样品来源复杂，包括空气、土壤、水、固体废渣、生物组织及其代谢物等。环境分析所测定的污染元素或化合物在环境、野生动植物和人体组织中的含量极微，所以分析手段必须灵敏而准确、选择性好、速度快、自动化程度高，单纯的化学分析难以满足这些要求，为弥补化学分析在环境分析中的不足，分析学家和环境工作者运用多种物理和物理化学的手段，进一步研究了环境分析的方法，从而研制新的环境分析仪器，这一新的方法即仪器分析。

仪器分析是以测量物质的物理或物理化学性质为基础，采用比较复杂或特殊的仪器设备，对测量物质分析过程中产生的分析信号，进行定性、定量、组成结构分析的一类方法。由于这类分析方法需要使用比较复杂且特殊的仪器设备，因此称为仪器分析。

近年来，人类生活和生产方式日新月异，随着电子技术和激光技术等迅速发展，仪器分析方法也得到了不断创新和进步。环境中的有害污染物监测、药品合成、食品卫生、预防医学等领域的研究都离不开仪器分析技术。因此，掌握和运用仪器分析方法的基本原理和实验技术已成为化学工作人员必备的基础知识和基本技能。

1.2　环境仪器分析分类

仪器分析现已成为化学、物理、数学、电子学、生物学等技术科学汇总的综合性应用科学，包含的方法很多，并且新的仪器分析方法还在不断涌现。根据测量的信号和性质特点，可以把仪器分析方法分为电化学分析法、光学分析法、色谱分析法、质谱分析法、热分析法、其他分析方法，以及分析仪器联用技术，其中运用较为广泛的是电化学分析法、光学分析法和色谱分析法。常见仪器分析法的具体分类见表1.1。

表1.1 常见仪器分析法的分类

方法的分类	分析方法				被检测物理性质
电化学分析法	电导分析法	直接电导法			电导率
		电导滴定法			
	电位分析法	直接电位法			电动势
		电位滴定法			
	电解分析法	控制电位电解法			电质量
		恒电流电解法			
		汞阴极电解法			
	库仑分析法	恒电位库仑分析法			电量
		恒电流库仑分析法(库仑滴定)			
		微库仑分析法			
	伏安分析法	循环伏安法			电流－电位变化
		溶出伏安法			
		卷积伏安法			
	极谱分析法	单扫描极谱法			电流－电压特性
		交流、脉冲极谱法			
	生物电化学分析法	伏安免疫法			细胞膜内外两侧的电势差
		活体伏安法			
		酶标记伏安免疫法			
		非酶标记伏安免疫法			
光学分析法	光谱法	原子光谱法	原子吸收光谱法	火焰原子吸收法	辐射的吸收
				石墨炉原子吸收法	
				石英炉原子化法	
			原子荧光光谱法		辐射的发射
			X射线荧光光谱法		
			原子发射光谱法		
		分子光谱法	化学发光法		
			分子荧光光谱法		
			分子磷光光谱法		
			拉曼光谱法		拉曼散射
			红外光谱法		辐射的吸收
			紫外－可见分光光度法		
		核磁共振波谱法			
		电子顺磁共振波谱法			

续表 1.1

<table>
<tr><th>方法的分类</th><th colspan="2">分析方法</th><th>被检测物理性质</th></tr>
<tr><td>光学分析法</td><td>非光谱法</td><td>折射法
干涉法
散射法
旋光法
偏振法
X 射线衍射法
X 射线荧光分析法
X 射线光电子能谱法
紫外光电子能谱法
电子衍射法</td><td>折射
干涉
散射
旋光
偏振
衍射</td></tr>
<tr><td rowspan="3">色谱分析法</td><td>气相色谱法</td><td>气固色谱法
气液色谱法</td><td rowspan="3">两相间的配合</td></tr>
<tr><td>液相色谱法</td><td>高效液相色谱法
吸附色谱法
分配色谱法
离子色谱法
离子对色谱法
体积排阻色谱法
亲和色谱法</td></tr>
<tr><td colspan="2">超临界流体色谱法
薄层色谱分析法
纸色谱法
毛细管电泳法</td></tr>
<tr><td colspan="3">质谱分析法</td><td>质荷比</td></tr>
<tr><td>热分析法</td><td colspan="2">热重分析法
差热分析法
差示扫描量热分析法
动态热机械分析法
热膨胀法
热机械分析法</td><td>质量
温度
热量
力学性质
膨胀系数
尺寸、体积</td></tr>
<tr><td>其他分析方法</td><td colspan="2">流动注射分析
放射分析</td><td>沉淀的质量、有色物质的浓度
核物理</td></tr>
</table>

续表 1.1

方法的分类	分析方法		被检测物理性质
分析仪器联用技术	气相色谱联用	气相色谱－质谱仪联用 气相色谱－原子吸收光谱仪联用 气相色谱－原子荧光光谱仪联用 气相色谱－原子发射光谱仪联用 气相色谱－红外光谱仪联用	
	液相色谱联用	液相色谱－质谱仪联用 液相色谱－原子吸收光谱仪联用 液相色谱－原子荧光光谱仪联用 液相色谱－原子发射光谱仪联用 液相色谱－红外光谱仪联用	
	流动注射联用	流动注射－原子吸收光谱仪联用 流动注射－原子荧光光谱仪联用	
	其他仪器联用	超临界流体色谱－质谱仪联用 超临界流体色谱－红外光谱仪联用 毛细管电泳－质谱仪联用	

1.2.1 电化学分析法

电化学分析法是根据溶液中物质的电化学性质及其变化而建立起来的一种仪器分析方法，以电位、电导、电流和电量等电学量与被测物质某些量之间的计量关系为基础，对被测组分进行定性和定量，是仪器分析方法的重要组成部分。根据所测定电参量不同，可将电化学分析法分为电导分析法、电位分析法、库仑分析法、伏安分析法和极谱分析法等。

1.2.2 光学分析法

光学分析法是基于物质对光的吸收或激发后光的发射，对物质与电磁辐射之间的相互作用进行分析的仪器分析法。可用于检测能量（电磁辐射）作用于待测物质后产生的辐射信号或所引起的变化，这些电磁辐射包括从射线到无线电波的所有电磁波谱范围。电磁辐射与物质相互作用的方式有发射、吸收、反射、折射、散射、干涉、衍射、偏振等，因此，光学分析法可分为光谱法和非光谱法。

当物质与电辐射能相互作用时，光谱法测量由物质内部发生量子化的能级跃迁而产生的发射、吸收或散射的波长和强度。光谱法可分为原子光谱法和分子光谱法。原子光谱法由原子外层或芯电子能级的变化产生，它的表现形式为线光谱，属于这类分析方法的有原子发射光谱法(AES)、原子吸收光谱法(AAS)、原子荧光光谱法(AFS)以及X射线荧光光谱法(XFS)等。分子光谱法由分子中电子能级、振动和转动能级的变化产生,表现形式为带光谱,属于这类分析方法的有紫外-可见分光光度法(UV-Vis)、红外光谱法(IR)、分子荧光光谱法(MFS)和分子磷光光谱法(MPS)等。

当物质与电辐射相互作用时,非光谱法测量折射、散射、干涉、衍射、偏振等性质变化。在非光谱法中,电磁辐射只改变传播方向、速度或某些物理性质,不涉及物质内部能级跃迁,属于这类分析方法的有折射法、偏振法、光散射法、干涉法、衍射法和旋光法等。

1.2.3 色谱分析法

色谱分析法又称层析法、色层法和层离法,利用混合物中各组分在固定相和流动相中溶解、解析、吸附、脱附或其他亲和作用性能的微小差异而建立,是一种物理或物理化学分离分析方法。目前色谱法已成为分离测定各种复杂混合物的重要方法。

色谱分析法的分类方法较多。根据流动相和固定相的不同,可分为气相色谱法、液相色谱法和超临界流体色谱法;根据操作终止的方法不同,可分为展开色谱和洗脱色谱;根据色谱分离的作用原理不同,可分为吸附色谱、离子交换色谱、分配色谱、离子对色谱等;根据进样方法的不同,可分为区带色谱、迎头色谱、顶替色谱和毛细管电泳色谱法。色谱法具有分离效率高、分离速度较快等特点,可进行大规模的纯物质制备。

1.2.4 质谱分析法

质谱分析法是利用电场和磁场将运动的离子按质荷比分离后进行检测的方法。将试样中各组分电离生成不同质荷比的离子,经电场加速的作用形成离子束,进入质量分析器,各种分子受到裂解后,形成带正电荷的离子,这些离子按照其质量和电荷的比值m/z(质荷比)大小依次排列成谱被记录下来,该谱图又称为质谱。通过检测分析离子准确质量,可获得化合物的分子量、化学结构、裂解规律和由单分子分解形成的某些离子间存在的某种相互关系等信息。目前质谱分析法是纯物质鉴定的最有力工具之一,已广泛应用在化合物结构分析、同位素分析、定性和定量化学分析、生产过程监测、环境监测、生理监测与临床研究、原子与分子过程研究、表面与固体研究、热力学和反应动力学研究、空间探测与研究等领域。

1.2.5 热分析法

热分析法是通过程序控制温度,准确记录物质的质量、体积、热导率等理化性质与温度之间的动态关系,研究物质在受热过程中发生的物理变化(晶型转化、熔融、蒸发、脱水等)或化学变化(热分解、氧化等)以及伴随发生的温度、能量或质量改变的分析方法。广泛应用于物质的多晶型、物相转化、结晶水、结晶溶剂、热分解以及药物的纯度、相容性和稳定性等研究中。最常用的热分析法有差热分析法(DTA)、热重分析法(TG)、差示扫描量热分析法(DSC)、热机械分析法(TMA)和动态热机械分析法(DMA)等。

1.2.6　其他分析方法

流动注射分析是高度重现的溶液化学处理和各种检测方法相结合的一门技术。流动注射分析使用可自行组装的简单仪器,操作简便、分析速度快、试样和试剂用量少、准确度和精密度好、应用范围广泛。流动注射技术可为各种分析仪器进行分离,包括溶剂萃取、离子交换和膜分离技术等。因此,流动注射分析可与各种分析仪器联用,且联用技术是痕量分析和超痕量分析的理想工具。

放射分析利用放射性核素及核射线对各种元素或化合物进行体外分析,主要是定量分析。放射分析技术的主要方法有放射分析法、放射化学分析、活性分析、激发 X 射线荧光分析法、穆斯堡尔共振谱、正电子堙没法等。放射分析技术正在改变医学化验及生化技术,一些老的技术正在被放射分析技术所取代,如很多激素的测定现已大多采用放射免疫分析法;许多原来无法测定的微量物质现在都可准确地测定出来(如体液及组织中的多种稀有元素、环核苷酸、前列腺素、丘脑下部的激素等)。

1.2.7　分析仪器联用技术

分析仪器联用技术是将两种或多种仪器结合成一个完整的新型仪器,以实现更快捷、有效的分析。人类进入 21 世纪,科学技术高速发展,每一类分析仪器在一定范围内起独特作用,而联用技术将两种或多种仪器进行结合,不但吸收了每种分析技术的特长,还弥补了彼此之间的不足,是极其富有生命力的一个分析领域。目前使用较为广泛的技术有气相色谱联用(例如,气相色谱-质谱仪联用、气相色谱-原子吸收光谱仪联用、气相色谱-原子荧光光谱仪联用、气相色谱-原子发射光谱仪联用、气相色谱-红外光谱仪联用等)、液相色谱联用(例如,液相色谱-质谱仪联用、液相色谱-原子吸收光谱仪联用、液相色谱-原子荧光光谱仪联用、液相色谱-原子发射光谱仪联用、液相色谱-红外光谱仪联用等)、流动注射联用(流动注射-原子吸收光谱仪联用、流动注射-原子荧光光谱仪联用)以及其他仪器联用(超临界流体色谱-质谱仪联用、超临界流体色谱-红外光谱仪联用、毛细管电泳-质谱仪联用)等,这些联用技术在化学、材料、环境、生命科学、地质、能源等领域有着广泛应用。

1.3　环境仪器主要性能指标

一个好的分析方法应具有良好的检测能力、易获得可靠的测定结果、有广泛的适用性等优点。对于一种定量分析方法,一般采用准确度、精密度、标准曲线、灵敏度、检出限、选择性、回收率等指标进行评价。

1.3.1 准确度

准确度是指多次测定的平均值与真实值(或标准值)相符合的程度,用来表示测量结果中系统误差和随机误差大小的程度。在实际工作中,常用于加入被测定组分的纯物质进行回收实验估计与确定准确度。准确度的高低用误差值的大小来衡量;常用相对误差 E_r 来表述,其值越小,准确度越高,分析结果越可靠。

$$E_r = \frac{x - \mu}{\mu} \times 100\% \tag{1.1}$$

式中,x 为试样含量的测定值;μ 为试样含量的真实值或标准值。

由于在测定过程中一系列有关因素的微小随机波动而形成具有相互抵偿性的误差,称为随机误差,也称为偶然误差、不定误差;在一定的测量条件下,对同一个被测尺寸进行多次重复测量时,误差值的大小和符号(正值或负值)保持不变,或者在条件变化时,按一定规律变化的误差,称为系统误差或规律误差。准确度是分析过程中系统误差和随机误差的综合反映,在误差较小时,多次平行测定的平均值接近于真实值,也可通过多次平行测定的平均值作为真实值 μ 的估计值使用。

1.3.2 精密度

精密度指在相同的条件下,用同一方法对同一试样进行多次平行测定结果之间的符合程度。精密度也可以简称为精度,描述测量数据的分散程度,与被测定的量值大小和浓度有关。因此,在明确精密度时,应该明确获得该精密度的被测定的量值和浓度大小。

精密度分为室内精密度与室间精密度。室内精密度是指一个分析人员在同一条件下在短期内重复测定某一量所得到的测定量值彼此之间相符合的程度;室间精密度是指在不同实验室由不同分析人员在不同条件下重复测定某一量所得到的测定量值彼此之间相符合的程度。

精密度一般用测定结果的标准偏差 S 或相对标准偏差 S_r 来表示。精密度是测量中随机误差的量度,S 和 S_r 值越小,精密度越高。

$$S = \sqrt{\frac{\sum_{i \neq 1}^{n} (x_i - \bar{x})^2}{n - 1}} \tag{1.2}$$

$$S_r = \frac{S}{\bar{x}} \times 100\% \tag{1.3}$$

式中,n 为测定次数;x_i 为第 i 次测定值;$\bar{x}$ 为 n 次测定的平均值。

准确度和精密度存在一定的关系,精密度是保证准确度的先决条件,精密度高不一定准确度高,两者的差别主要是由于存在系统误差。一种分析方法具有较好的精密度且消除系统误差后,才有较高的准确度。

1.3.3 标准曲线

标准曲线又称工作曲线,是待测物质的浓度或含量与仪器响应信号关系曲线。标准曲线是用标准溶液绘制的,即使在线性范围内,存在一定的随机误差。当浓度(或含量)分别为$x_1,x_2,\cdots,x_n$,其相应信号的测量值分别为$y_1,y_2,\cdots,y_n$,用"一元线性回归法"可以总结出y与x的关系式:

$$y = a + bx \tag{1.4}$$

式中,a为截距;b为回归系数,即直线斜率。

式(1.4)称为一元线性回归方程。此方程可以较为准确地绘制出x、y之间关系的曲线,但要注意的是,不是所有的点都在一条直线上。标准曲线的直线部分对应的被测物质浓度(或含量)的范围是该方法的线性范围,一般来说,分析方法的线性范围越宽越好,所以选择的分析方法应有较宽的线性范围。

在分析化学中,相关系数r是用来表征被测物质浓度(或含量)x与其响应信号值y之间线性关系好坏程度的一个统计参数。当r值在$-1.0000 \sim +1.0000$之间,r具有一定的物理意义。

①当$|r|=1$时,y与x之间存在严格的线性关系,所有的y值都在回归线上。

②当$0<|r|<1$时,y与x之间存在一定的线性关系。

③当$r=0$时,y与x之间不存在线性关系。

④当$|r|$值越接近1,线性关系越好。

1.3.4 灵敏度

物质单位浓度或单位质量的变化引起响应信号值变化的程度,称为分析方法的灵敏度,用S表示。灵敏度是标准曲线的斜率,斜率越大,分析方法的灵敏度就越高。

$$\begin{cases} S = \dfrac{\mathrm{d}y}{\mathrm{d}c} \\ S = \dfrac{\mathrm{d}y}{\mathrm{d}m} \end{cases} \tag{1.5}$$

式中,$\mathrm{d}c$和$\mathrm{d}m$分别为被测物质的浓度和质量的变化量;$\mathrm{d}y$为响应信号的变化量。

在仪器分析中,分析灵敏度直接依赖于检测器的灵敏度与仪器的放大倍数。随着灵敏度的提高,噪声也随之增大,而信噪比S/N和分析方法的检出能力不一定会改善和提高。如果只给出灵敏度,而不给出获得此灵敏度的仪器条件,则各分析方法之间的检测能力就没有可比性。由于灵敏度没有考虑到测量噪声的影响,因此,表征分析方法的最大检出能力已不用灵敏度而推荐用检出限。

1.3.5 检出限

检出限即检测下限,是指某一分析方法在给定的置信度能够被仪器检出待测物质的最低量。检出限表明被测物质的最小质量或最小浓度的响应信号可以与空白信号相区别,用%或 ppm 表示。以浓度表示的称为相对检出限,以质量表示的称为绝对检出限,因此,只有在满足最低检出浓度和最低检出量的同时才能够得出检出限。当被检测物质产生的信号大于空白信号随机变化值的一定倍时,才能被检测出来。

$$D = \frac{3S_b}{S} \tag{1.6}$$

式中,S_b 为空白信号的标准偏差;S 为某一分析方法的灵敏度,即标准曲线的斜率,表示被检测物质的浓度或质量改变一个单位时分析信号的变化量。

从式(1.6)可以看出,检出限和灵敏度是密切相关的两个指标,灵敏度与仪器的方法倍数有关,是指分析信号随被测物质含量变化的大小;检出限与空白信号波动或仪器噪声有关,具有明确的统计学意义。分析方法的灵敏度和精密度越高,则检出限就越低。

1.3.6 选择性

选择性是指分析方法不受试样中基体共存物质干扰的程度,其他组分对待测组分测定结果的影响程度。对单组分分析仪器而言,选择性指仪器区分待测组分与非待测组分的能力;对于共存组分分析仪器而言,选择性指允许量(浓度或质量)与待测组分的量(浓度或质量)的比值。实际工作中,选择性往往与使用的方法或反应有关,使用的方法或反应的选择性越高,则干扰因素就越少,分析过程就越快速、准确和简便。所以选择性是衡量分析方法的重要指标。常用来提高和改善选择性的方法有:①从仪器上进行改进,比如高效液相色谱;②改进分析对应的条件,合理选择反应的酸碱度、介质等。

1.3.7 回收率

回收率是反应待测物在样品分析过程中损失的程度。当所分析的试样组分复杂,不完全清楚时,向试样中加入已知量的被测组分,然后进行测定,检查被加入的组分能否定量回收,以判断分析过程是否存在系统误差,损失越少,回收率越高。则回收率公式为

$$R = \frac{\overline{M} - \overline{P}}{A} \times 100\% \tag{1.7}$$

式中,$\overline{P}$ 为真实样品含量;A 为对照品含量测定;$\overline{M}$ 为测定值。

回收率有相对回收率和绝对回收率,相对回收率主要考查准确度,绝对回收率一般要求回收率大于50%。

灵敏度越高,选择性越好,速度越快,准确度越高,该分析方法越好。另外,还有其他指标,例如响应时间、操作的难易程度、设备维持费用高低等也应给予考虑。如今,精密度、准确度及检出限是评价分析方法最主要的技术指标。

1.4 环境仪器分析特点及发展趋势

1.4.1 环境仪器分析特点

人类进入21世纪以来，利用现代仪器进行分析的方法非常多，使用的仪器种类也多种多样，仪器分析正进入一个在新领域中广泛应用的时期。仪器分析之所以获得迅速发展，得到广泛应用，因为它具有下列特点。

(1)分析速度快，效率高，能够对多个物体进行同时分析，采用计算机计数及数字显示技术，可在短时间内测定分析数十种样品，并自动处理数据和结果，从而形成了规模化的分析方法。例如，原子吸收光谱分析一次样品仅需要几分钟，电感耦合等离子体(ICP)发射光谱可同时测定45个元素。

(2)试样用量少，灵敏度高，能对许多微量成分进行测定分析。与化学分析相比，仪器分析适合于痕量分析以及超痕量分析，相对检出限一般在10^{-12}～10^{-6}级别，例如ICP－MS测量范围为10^{-12}～10^{-6}，气相色谱法的测量范围可达10^{-12}～10^{-8}，原子吸收光谱法的测量范围可达10^{-9}。

(3)实现在线分析与远程遥控。采用电子技术、计算机技术等多种科学技术，能够对物体实时在线分析与远程遥控，不仅减轻人力的投入，也使生产效率得以大大提高。例如L. S. Eberlin发明的MasSpec Pen可以在手术中实现对肿瘤的鉴定，准确切除肿瘤。

(4)选择性高，应用范围广泛。仪器有较高的分辨能力，可以通过选择或者调整测定条件使共存组分不产生干扰，还可以利用其他辅助技术如掩蔽和分离等方法，大大提高其选择性。仪器分析不仅可以用于成分的定性、定量分析，还能进行化合物结构的分析、分子量测定、表面形态分析等。

虽然环境仪器分析具有上述显著优点，但也存在一定的局限性，如多数仪器分析的相对误差较大，一般在±1%～5%，但对微量、痕量分析来说，是基本符合要求的；多数分析仪器及其附属设备都比较精密贵重，尚不能普及应用；有些专用仪器需要专人操作或专门培训后才能操作。由此可见，仪器分析在应用时应根据具体情况，适当与化学分析进行结合，充分发挥各种方法的特长，更好地解决分析化学中的问题。

1.4.2 环境仪器分析发展趋势

随着仪器分析的使用越来越多，涉及的领域越来越广，生物学、信息科学和计算机技术的引入，仪器分析进入一个新的发展阶段。为了能够解决实际应用难题，适应国家重大需求，我国在仪器分析的原理、仪器和方法上不断创新，对仪器分析提出了更高更新的要求。

(1)提高灵敏度。

高灵敏度是各种仪器分析方法长期以来追求的目标。当今许多环境仪器分析技术引入新的技术,有效地提高了分析仪器的灵敏度,例如激光技术的引入,利用激光作为分析化学的光源,促进了激光共振电离光谱、激光拉曼光谱、激光诱导荧光光谱和激光质谱等的发展,大大提高了分析方法的灵敏度,使得检测单个原子或单个分子成为可能,随着激光基础理论研究的进一步发展,激光技术必将进一步改变环境分析化学的面貌。多元配合物、有机显色剂和各种增效试剂的研究与应用,使吸收光谱、荧光光谱、发光光谱、电化学及色谱等分析方法的灵敏度和分析性能得到大幅度提高。

(2)自动化及智能化。

环境分析化学逐渐由经典的化学分析过渡到仪器分析,20 世纪 70 年代以来,已出现 1 h 可连续测定数十个试样的自动分析仪器。由于微处理器、大规模集成电路和微型计算机的发展,仪器分析已由手工操作过渡到连续自动化的操作。很多分析仪器已采用电子计算机控制操作程序、处理数据和显示分析结果,并对各种图形进行解释,应用电子计算机可实现分析仪器自动化和样品的连续测定。机器人是实现基本化学操作的重要工具,在仪器分析中,分析仪器和机器人视为"硬件",各种计算机程序和化学计量学视为"软件",它们的结合对环境仪器分析的影响十分深远。

(3)多种方法和仪器的联合使用。

每种仪器都有各自的优势和局限,有效地将多种方法和仪器联合使用,可以发挥各种技术的特长,解决一些复杂的难题,大大提高检测分析效果,并能及时给出分析结果。例如,色谱-质谱-计算机联用,可快速测定挥发性有机物;毛细管电泳-光谱联用、气相色谱-微波等离子体发射光谱联用、色谱-红外光谱联用、色谱-原子吸收光谱联用和发射光谱-等离子体源联用等联用技术,可高效处理生物学、化学、环境科学和材料等学科体系的问题,可推动基因组学、代谢组学、蛋白组学和组合化学等新兴学科的发展。

(4)研究对象与研究领域的发展。

研究对象和研究领域将进一步扩大仪器分析在生命科学或生物医药学研究和应用中的作用。仪器分析的研究对象向生物活性物质发展,在细胞水平上研究生命过程、生理、病理变化、药物代谢和生物大分子多维结构和功能等,为疾病诊断、预后判断提供强有力的工具。除了在生命科学领域,仪器分析在仿生材料、特殊性质的功能材料和纳米材料等其他领域的研究进一步发挥重要作用。

随着科学技术的发展,各学科的相互渗透,仪器分析中的新方法、新技术不断出现,现代环境分析仪器必然会越来越精密,其体积也将越来越小型化,并且能够对微量及超微量的试样进行分析,同时还能在更短的时间内,对几十甚至几百种试样进行分析,而且分析结果更加精确,相对误差更小,并向着更多领域不断拓展,使人们更好地认识、评价、改造和保护环境,为人类认识自然、改造自然、保护自然做出更大贡献。

第2章　电化学分析法

电化学分析法(electrochemical analysis)是利用电化学原理和物质在溶液中的电化学性质及其变化而建立起来的分析方法,是仪器分析方法的重要组成部分。通常将电极和待测溶液组装成原电池或电解池,根据电路中的某些物理量(电位、电导、电流和电量等)和待测试液的组成或含量之间的关系,对待测组分进行定性和定量分析。

电化学分析法是一类重要的仪器分析方法,适用于测定许多金属离子、非金属离子及部分有机化合物。由于电化学分析仪器设备操作简便、价格低廉,且易于与计算机联用,实现自动化和连续分析,因此被广泛应用于各行业的生产和检测领域。

2.1　概　　述

电化学分析的发展历史悠久,与科学技术和学科的发展密切相关。近代电化学分析中,除了对各组分的形态和含量进行分析,还有对电极过程的理论研究,对生命科学、能源科学、信息科学和环境科学的发展具有深远意义。

早在18世纪,就出现了电解分析和库仑滴定法,对物质进行分析研究。19世纪,出现了电导滴定法,使用玻璃电极测pH和高频滴定法。1922年,极谱法问世,标志着电分析方法的发展进入了新的阶段。20世纪60年代,离子选择电极及酶固定化制作酶电极相继问世。20世纪70年代,发展了不仅限于酶体系的各种生物传感器之后,微电极伏安法的产生扩展了电化学分析研究的时空范围,适应了生物分析及生命科学发展的需要。

在世界电化学分析的发展中,捷克和苏联在液-液界面电化学研究有很好的基础;日本东京的京都大学在生物电化学分析、表面修饰与表征、电化学传感器及电分析新技术方法等方面很有研究;英国一些大学则重点开展光谱电化学、电化学热力学和动力学及化学修饰电极的研究。世界各国的研究内容集中于科技发展前沿,涉及与生命科学直接相关的生物电化学,与能源、信息、材料等环境相关的电化学传感器和检测,研究电化学过程的光谱电化学等。

电解分析法是一种基于电解水产生气体的现象,建立起来通过测量被测组分电解产物的质量来求得该组分质量分数的方法。库仑滴定法则是用库仑电解池中产生的滴定剂来滴定有机或无机待测物,从而进行定量的电化学分析方法,具有很高的灵敏度。使用仪器测定电池中电参数的变化,进而对待测物质进行定量分析的极谱法的出现,标志着电化学分析的发展进入了新阶段。这之后离子选择电极、酶电极和无酶生物传感器等选择性高、灵敏度高、稳定性好、微型化并且智能化的电化学分析设备相继诞生,极大地开拓了电化学分析方法在生物电监测、生物样品检测、在线分析和药理药效等领域的应用和研究。

目前电化学发展的研究主要集中于电极修饰、生物传感器技术、生物电化学反应器技术等方面的研究。电化学分析体系由电源、电极、放大系统、记录与显示装置组成,其中电化学反应主要在工作电极上发生。电化学分析则主要研究电极表面所发生的反应,然而传统的工作电极表面动力学缓慢,电极的灵敏度较低,在处理一些氧化还原电位较为接近的分析物时有一定的局限性。为了克服传统电极的局限,科学家做了大量研究,包括电极的材料结构以及电极的表面修饰。其中对工作电极进行表面修饰是研究最深入、使用最广泛的方法。表面修饰是通过物理或化学手段将性能优异的材料附着在工作电极表面并形成特定的微结构,通过人为设计改变电极的性能从而对待测样品进行响应,将所感知的信号转换为电阻、电位、电压等易于量化的信号,最后记录和分析这些信号,来对样品进行定性或定量,具有快速、准确、灵敏度高等优点,在食物安全检测、药物质量分析、环境监测、疾病诊断等领域中有着广阔的应用前景。

随着电化学分析技术及材料制备技术的快速发展,通过修饰电极表面,可显著提高电化学分析体系的灵敏度、准确度、选择性和测量范围。此外,电化学分析体系与毛细管电泳、荧光光谱、质谱、高效离子交换色谱等技术的结合可进一步提高电化学分析方法灵敏、准确、特异、快速等性能,且利于实现自动化和高通量分析。

2.2　基本分类与概念

2.2.1　电化学分析法的分类

根据不同的分类条件,电化学分析法有不同的分类,下面是几种常见的分类。

1. 按测量方式分类

按测量方式分类,电化学分析方法可分为 3 种类型。

①通过待测组分的活(浓)度在某一特定实验条件下与电极构成化学电池中某些电物理量(电参数)的变化关系来进行分析。这些电物理量包括电极电位(电位分析法等)、电阻(电导分析法等)、电量(库仑分析法等)和电流 - 电压曲线(伏安分析法等)等。

②以上述电物理量的突变作为滴定分析终点的指示(电位滴定法和库仑滴定法等),又称为电容量分析法。

③将待测组分中某一个待测组分通过电极反应转化为固态(金属或其氧化物),然后

由工作电极上析出的金属或其氧化物的质量来确定该组分的质量分数。这类分析方法实质是一种重量分析法，又称为电重量分析法，通常也称为电解分析法。

2. 按测量的电化学参数分类

依据测量的电化学参数，电化学分析法可分为电导分析法、电位分析法、电解分析法、库仑分析法、伏安分析法和极谱分析法等。

（1）电导分析法。

根据溶液的电导（或电阻）性进行分析的方法，称为电导分析法。电导分析法可分为电导法和电导滴定法。

①电导法。直接根据溶液的电导（或电阻）与被测离子浓度的关系进行定量分析的方法。

②电导滴定法。根据溶液电导的变化来确定滴定终点，是一种容量分析方法。滴定时，滴定剂与溶液中被测离子生成水、沉淀或难离解的化合物，而使溶液的电导发生变化。当电导曲线发生明显突变时，就可判断滴定终点。根据消耗的滴定剂的量，就可以计算出被测物质的浓度。

（2）电位分析法。

用一个指示电极（其电位与被测物质浓度有关）和一个参比电极（其电位保持恒定），与待测组分构成原电池，通过待测组分的浓度在特定实验条件下与化学电池的电参数之间关系求得分析结果的方法，称为电位分析法。电位分析法可分为电位法和电位滴定法。

①电位法。根据被测物浓度与电位的关系，直接测量电池的电动势或指示电极电位进行分析的方法。

②电位滴定法。该法是一种容量分析方法，根据滴定过程中指示电极电位的变化来确定滴定终点。滴定时在滴定终点附近，由于被测物质的浓度产生突跃，因此指示电极的电位发生突跃，指示滴定终点。根据滴定剂消耗的体积和浓度，计算出被测物质的浓度。

（3）电解分析法。

应用外加直流电源电解试液，电解后直接测量电极上电解析出物质量进行分析的方法，称为电解分析法。如果将电解的方法用于元素的分离，则称为电解分离法。

（4）库仑分析法。

应用外加直流电源电解待测组分，根据电解过程中消耗的电量进行分析的方法，称为库仑分析法。库仑分析法分为恒电流库仑分析法（库仑滴定法）和恒电位库仑分析法。

①恒电流库仑分析法。控制电解电流为恒定值，以100%的电流效率电解待测组分，使产生某一试剂（电生滴定剂）与被测物质进行定量的化学反应，滴定终点可以借助指示剂或电化学的方法来确定。依据滴定终点时，电解过程消耗的电量来求得被测物质的含量。

②恒电位库仑分析法。控制工作电极的电位为恒定值，以 100% 的电流效率电解试液，使被测物质直接参与电极反应，根据电解过程中所消耗的电量来求得其含量。

(5)伏安分析法和极谱分析法。

用微电极电解待测组分的溶液，根据电解过程中电流随电位变化曲线来测定被测物质浓度的分析方法，称为伏安分析法。

用电极表面做周期性连续更新的液态电极（如滴汞电极）作为指示电极的伏安分析法，称为极谱分析法。

2.2.2 电化学电池（electrochemical cell）

电化学分析法的基础是在电化学池中所发生的电化学反应，简单的化学电池是由金属电极－溶液体系组成的。电极分别浸入适当的电解质溶液中，用金属导线从外部将两个电极连接起来，同时使两个电解质溶液接触，构成电流通路。电子通过外电路导线从一个电极流到另一个电极，在溶液中带正负电荷的离子通过溶液中的定向移动输送电荷，最后在金属－溶液界面处发生电极反应，即离子从电极上取得电子或将电子交给电极，发生氧化－还原反应。

2.2.3 电极电位（electrode potential）

在电化学分析法中，金属可以看成是由离子和自由电子组成。金属离子以点阵排列，电子在金属离子间运动。将金属（例如锌片）浸入合适的电解质溶液（如 $ZnSO_4$）中，由于金属的化学势大于溶液的化学势，金属（锌）不断溶解进入溶液中，电子被留在金属片上，在金属与溶液的界面上金属带负电，溶液带正电，两相间形成了双电层，建立了电位差，形成了相间平衡电极电位。

2.2.4 电极的极化（polarization on electrodes）

在 $Ag|AgNO_3$ 电极体系中达到平衡状态时，溶液中的银离子不断进入金属相，而金属相中的银离子不断进入溶液，两个过程方向相反，速率却相同，此时电极电位等于电极体系的平衡电位。通常把金属溶解过程称为阴极过程，如 $Ag \rightarrow Ag^+ + e^-$；阳离子由溶液析出在金属电极上的过程称为阳极过程，如 $Ag^+ + e^- \rightarrow Ag$。当电极上有电流通过时，如果阴极电流比阳极电流大，电极显阴极性质；阳极电流比阴极大，电极显阳极性质。

上述电极的正向、逆向是同一个反应，如果电流方向改变，电极反应随之向相反方向进行，这种电极反应就是可逆的。如果一电极的电极反应是可逆的，通过电极的电流非常小，电极反应是在平衡电位下进行的，这种电极称为可逆电极。像 $Ag|AgNO_3$ 等许多电极都可以近似作为可逆电极，只有可逆电极才满足能斯特方程。

通过电池的电流较大时，电极电位将偏离平衡电位，不再满足能斯特方程。电极电位改变很大而产生的电流变化很小的现象，称为极化。极化是一种电极现象，电池的两个极都可能发生极化。影响极化的因素很多,主要有电极的大小和形状、电解质溶液的组成、温度、搅拌情况和电流密度等。

2.2.5 电解(electrolysis)

电解装置中,电流通过化学电池在电极上发生电子转移的化学反应过程称为电解。由于电解反应迅速,两极间产生较大电流。随着电解的进行,电活性物质浓度降低,通过电解池的电流逐渐减小,为使电解电流保持恒定,必须使电解池的电压调到更负。当阴极电位负到一定值时,第二种电活性物质又开始在电极上反应析出。如果在酸性溶液中继续不断地电解下去,将使氢在阴极上析出,阴极电位将相对稳定地维持在氢析出电位。

电解可以用于物质的分析和分离。若溶液中有A、B两种物质,只要阴极电位控制在一个合适的值,就可以实现只有A物质在阴极上定量析出,而B物质不析出。随着电解的进行,电解电流不断减小,当电解电流接近于零时表示已经完全电解。根据阴极析出的物质质量可求溶液浓度。同样控制电极电位,使某种待测物质在阴极析出,由库仑计记录电解过程所消耗的电量,电解完全进行之后,根据法拉第电解定律,由消耗的库仑量,计算出待测物质的量。

此外,利用电解还可以进行分离,此时用铂为阳极,汞池为阴极,控制电位,可以使Fe、Cr、Mo、Ni、Co、Zn、Cd、Cu、Sn、Bi、Au、Ag、Pt、Ga、In、Ti等得到定量沉积,实现分离目的。

2.3 指示电极和参比电极

2.3.1 指示电极(indicating electrode)

在电化学分析过程中,电极电位随溶液中待测离子活(浓)度的变化而变化,因此可以指示出待测离子活(浓)度的电极称为指示电极。指示电极能对溶液中参与半反应的离子活(浓)度或不同氧化态的离子活(浓)度产生能斯特效应。

可作为指示电极的电极共有两大类,分别为金属基电极和离子选择性电极。

(1)金属基电极。

以金属为基体,在电极上有电子交换,发生氧化还原反应。全属基电极可分为以下4类。

①金属-金属离子电极($M|M^{n+}$),也称第一类电极,它是由能发生可逆氧化反应的金属插入含有该金属离子的溶液中构成。发生如下反应:

$$M^{n+} + ne^- \rightleftharpoons M$$

25 ℃时,其电极电位为

$$\varphi_{M^{n+}/M} = \varphi^{\ominus}_{M^{n+}/M} + \frac{0.059\ 2}{n}\lg \alpha_{M^{n+}} \tag{2.1}$$

组成这类电极的金属有 Cu、Ag、Hg 等，较常用的金属基电极有 Ag/Ag^{+}、Hg/Hg^{2+}（中性溶液）、Cu/Cu^{2+}、Zn/Zn^{2+}、Cd/Cd^{2+}、Bi/Bi^{3+}、Ti/Ti^{+} 和 Pb/Pb^{2+}。该类电极在使用前需要彻底清洗金属表面，去除表面氧化物的影响。清洗方法是先用细砂纸（干砂纸）打磨金属表面，再分别用自来水和蒸馏水冲洗干净。

②金属 - 金属难溶盐电极（$M|MX_n$），也称第二类电极，在金属电极表面覆盖其难溶盐，再插入难溶盐的阴离子溶液中，即可得到此类电极。电极反应为

$$MX_n \rightleftharpoons M^{n+} + nX^{-}$$

$$M^{n+} + ne^{-} \rightleftharpoons M$$

25 ℃时，其电极电位为

$$\varphi_{MX_n/M} = \varphi^{\ominus}_{MX_n/M} - 0.059\ 2\lg \alpha_x \tag{2.2}$$

此类电极可作为一些与电极离子产生难溶盐或稳定配合物的阴离子的指示电极，如对 Cl^{-} 响应的 Ag/AgCl 和 $Hg/HgCl_2$ 电极，该类电极更为重要的应用是做参比电极。

③金属与两种具有相同阴离子难溶盐（或难离解络合物）以及第二种难溶盐（或络合物）的阳离子所组成体系的电极，即 $M|(MX + NX + N^{+})$，也称第三类电极。这两种难溶盐（或络合物）中，阳离子一种是组成电极金属的离子，另一种是待测离子，体系中的阴离子相同，如 $Ag|(Ag_2C_2O_4, CaC_2O_4, Ca^{2+})$。电极反应为

$$Ag_2C_2O_4 + 2e^{-} \rightleftharpoons 2Ag^{+} + C_2O_4{}^{2-}$$

25 ℃时，其电极电位为

$$\varphi = \varphi^{\ominus} + \frac{0.059\ 2}{2}\lg \frac{K_{sp,Ag_2C_2O_4}}{K_{sp,CaC_2O_4}} + \frac{0.059\ 2}{2}\lg \alpha_{Ca^{2+}} \tag{2.3}$$

简化式(2.3)得

$$\varphi = \varphi^{\ominus'} + \frac{0.059\ 2}{2}\lg \alpha_{Ca^{2+}} \tag{2.4}$$

该电极可指示钙离子活度。

这种由金属和两种难溶盐组成的电极，由于涉及三相间的平衡，体系反应较复杂，达到平衡的速率较慢，实际应用较少。

④惰性金属材料制备的电极称为惰性电极，也称零类电极。它是由铂、金等惰性金属（或石墨）插入含有氧化还原电对物质的溶液中构成。电极本身不参与反应，但其晶格间的自由电子可与溶液进行电荷交换，为溶液中氧化态和还原态获得电子或释放电子提供场所，如 $Pt/(Fe^{3+}, Fe^{2+})$ 电极、$Pt/(Ce^{4+}, Ce^{3+})$ 电极等。电极反应为

$$Fe^{3+} + e^{-} \rightleftharpoons Fe^{2+}$$

25 ℃时，其电极电位为

$$\varphi_{Fe^{3+}/Fe^{2+}} = \varphi^{\ominus}_{Fe^{3+}/Fe^{2+}} + 0.059\ 2\lg \frac{\alpha_{Fe^{3+}}}{\alpha_{Fe^{2+}}} \tag{2.5}$$

由式(2.5)可见 Pt 未参加电极反应,只提供 Fe^{3+} 及 Fe^{2+} 之间电子交换场所。铂电极使用前,先在10%硝酸溶液中浸泡数分钟,然后清洗干净后再使用。

(2)离子选择性电极。

离子选择性电极也称膜电极,是利用选择性薄膜对离子的特定选择性,以测量或指示溶液中的离子活(浓)度的电极。它与金属基电极的区别在于离子选择性电极并不给出或得到电子,而是选择性地让一些离子渗透,与此同时完成离子交换的过程。离子选择性电极具有反应迅速灵敏、操作简便等特点,而且适用于部分难以测定的离子。因此,发展非常迅速,应用广泛。

其中氟离子选择性电极因灵敏度高、选择性好等特点,现已被广泛用于工业生产和实际样品分析中。一般的氟离子选择性电极以氟化镧(LaF_3)单晶片为敏感膜的指示电极,对溶液中的氟离子具有良好的选择性。如图2.1所示,将氟化镧单晶(掺入微量氟化铕以增加导电性)封在塑料管的一端,管内装一定浓度的 NaF 和 NaCl 溶液,以 Ag - AgCl 电极为参比电极,构成氟离子选择性电极。

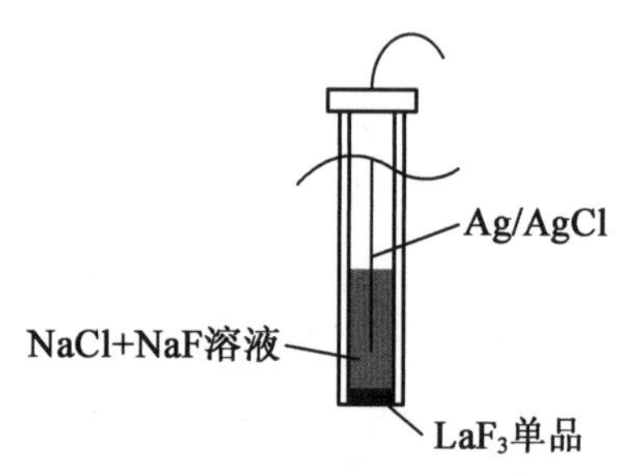

图2.1 氟离子选择性电极

2.3.2 参比电极(reference electrode)

参比电级是在恒温恒压条件下,电极电位不随溶液中被测离子活度的变化而变化,具有基本恒定的电极电位,在测量电极电位时用来提供电位标准的电极。在参比电极上进行的电极反应必须是单一的可逆反应,电极电势稳定和重现性好。参比电极是测量各种电极电势时作为参照比较的电极。将参比电极与被测定的电极构成电池,测定电池电动势数值,就可计算出被测定电极的电极电势。

1. 常见的参比电极种类

(1)甘汞电极。

甘汞电极由金属汞和甘汞及氯化钾溶液所组成,如图2.2所示。当电极内溶液的 Cl^- 活度一定,甘汞电极电位为定值,故可以作为参比电极。25℃时不同浓度 KCl 溶液制得的银-氯化银电极的电位值见表2.1。

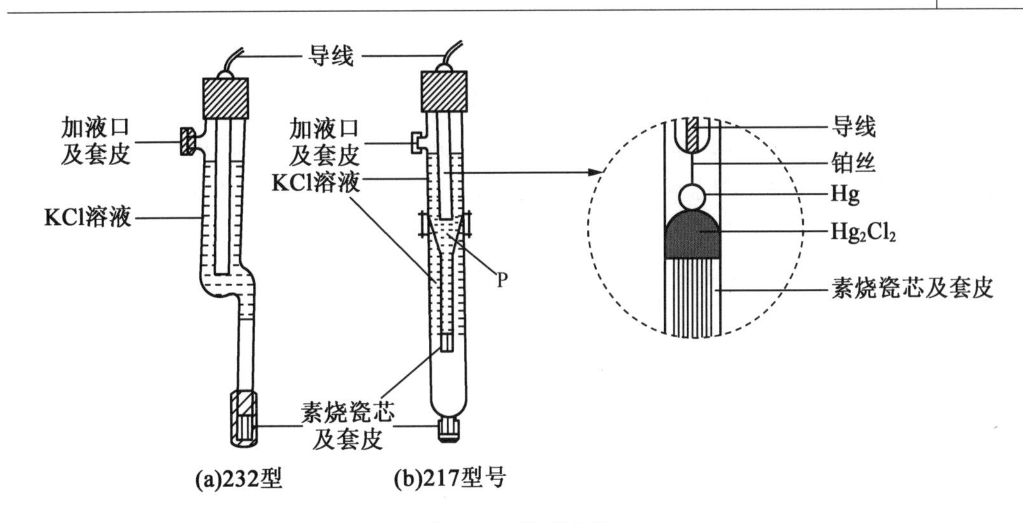

图 2.2 甘汞电极

电极表示式为

$$Hg|Hg_2Cl_2(s),\ KCl$$

电极反应为

$$Hg_2Cl_2 + 2e^- \longrightarrow 2Hg + 2Cl^-$$

25 ℃时,其电极电位的能斯特方程

$$E_t = 0.243\ 8 - 7.6 \times 10^{-4}(t - 25)(V) \tag{2.6}$$

表 2.1 甘汞电极的电极电位(25 ℃)

名称	0.1 mol/L 甘汞电极	标准甘汞电极(NCE)	饱和甘汞电极(SCE)
KCl 浓度	0.1 mol/L	1.0 mol/L	饱和溶液
电极电位/V	+0.336 5	+0.282 8	+0.243 8

(2)银-氯化银电极。

在银丝上镀一层 AgCl 沉淀,将其浸入用 AgCl 饱和的 KCl 溶液中得到,如图 2.3 所示。

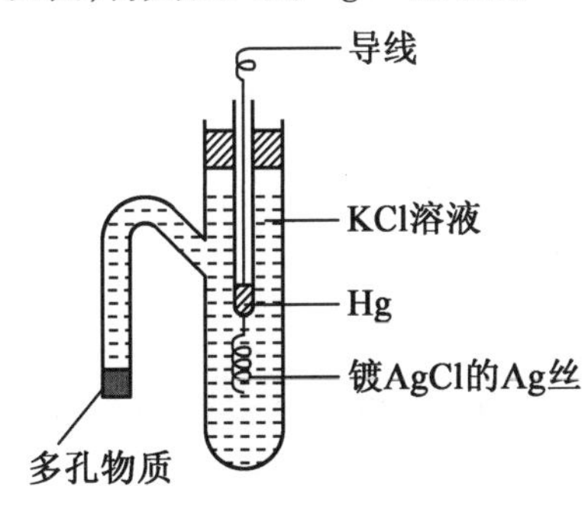

图 2.3 银-氯化银电极

25 ℃下其电极电位的能斯特方程为

$$E_{AgCl/Ag} = E^{\ominus}_{AgCl/Ag} - 0.059\ 2\ \lg \alpha_{Cl^-} \tag{2.7}$$

可见,在一定温度下,银-氯化银电极的电位取决于 KCl 溶液中 Cl^- 的浓度(即 Cl^- 的活度),表 2.2 给出了 25 ℃时不同浓度 KCl 溶液制得的甘汞电极的电位值。

表 2.2　银-氯化银电极的电极电位(25 ℃)

名称	0.1 mol/L Ag-AgCl 电极	标准 Ag-AgCl 电极	饱和 Ag-AgCl 电极
KCl 浓度	0.1 mol/L 甘汞电极	1.0 mol/L	饱和溶液
电极电位/V	+0.288 0	+0.222 3	+0.200 0

(3)标准氢电极(SHE)。

用镀有铂黑的铂片为电极材料,在氢气气氛中浸没或部分浸没在用氢饱和的电解液中,即可组成氢电极,如图 2.4 所示。其电极电势与氢气的压力、溶液的 pH 和温度等因素有关。

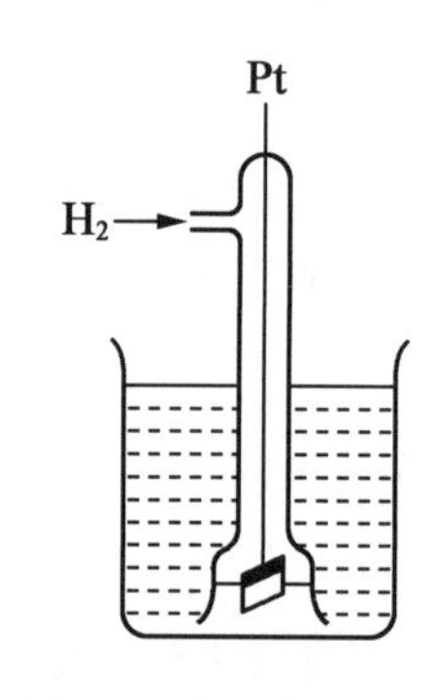

图 2.4　标准氢电极

有时采用与研究体系相同的溶液作为氢电极的溶液,以消除液体接界电势的影响。应避免在溶液中出现易被还原或易发生吸附中毒的物质,如氧化剂、易还原的金属离子、砷化物和硫化物等,防止氢电极失效。

(4)汞|氧化汞电极。

汞|氧化汞电极是碱性溶液体系常用的参比电极,表示式为 $Hg|HgO|OH^-$。它由汞、氧化汞和碱溶液等组成,其结构同甘汞电极,其电极电势取决于温度和溶液的 pH。

(5)便携式硫酸铜参比电极。

随着现代检测技术的发展,许多仪器设备发展趋势呈现便携化、智能化,为方便现场探测,例如,测定地下金属管道的自然电位及阴极保护电位、测定土壤中的杂散电流、测定电缆金属护套及混凝土中钢筋的电位等。

便携式硫酸铜参比电极结构性能如下。

①电极体积小、携带方便。

②电极电位稳定、电极不易极化。

③电极寿命长、更换电极溶液方便。

④电极结构牢固、接头耐腐蚀。

2. 基本要求

参比电极是可逆电极体系,它在规定条件下具有稳定的可逆电极电位。通常对参比电极的主要要求有以下几点。

(1)电极的可逆性比较好,不易极化。参比电极为可逆电极且交换电流密度大

(>10 A/cm)。当电极流过的电流小于 10 A/cm 时,电极不极化。短时间流过稍大的电流,在断电后电位可以快速恢复到初始值。

(2)电极电位稳定,且较靠近零电位,不易极化或钝化。参比电极制备后,静置数天其电位稳定不变。

(3)电位重现性好。不同人次制作的同种参比电极,其电位应相同。每次制作的各参比电极,在稳定后其电位也应相同,其差值应小于 1 mV。

(4)温度系数小,即电位随温度变化小。当温度恢复到原先的温度后,电位应迅速恢复到电位初值。

(5)制备、实际使用和维护比较方便,经久耐用。

2.4 直接电位法

直接电位法通常以饱和甘汞电极为参比电极,以离子选择性电极为指示电极。将这两个电极插入待测溶液中组成一个工作电池,用精密酸度计、毫伏计或离子计测量两电极间的电动势(或直读离子活度)。

2.4.1 直接电位法测定 pH

1. 测定原理

测量溶液 pH 时,参比电极为电池的正极,玻璃电极为负极。溶液 H^+ 活度(或浓度)和 pH 与工作电池的电动势 E 呈线性关系,据此可以测定溶液的 pH,如图 2.5 所示。

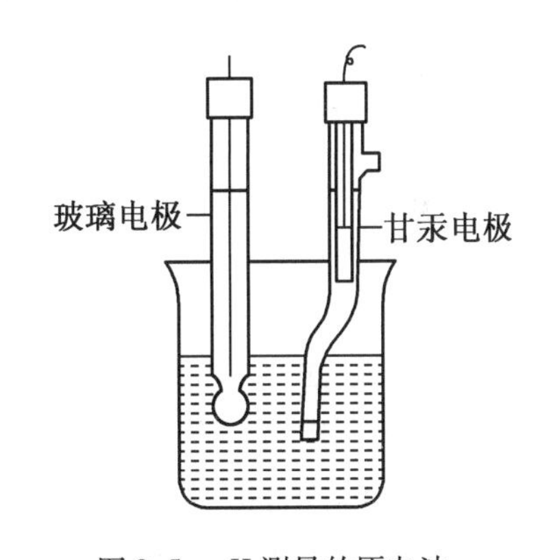

图 2.5 pH 测量的原电池

2. 溶液 pH 的测定

只要测出工作电池 E,并求出 K 值,就可以计算试液的 pH。但 K 包括饱和甘汞电极的电位 φ_{SCE}、内参比电极电位 $\varphi_{内}$,以及参比电极与溶液间的接界电位等。由于体系较复杂,因此难以测量初始准确值,导致实际工作中难以计算得出 pH。待测溶液的 pH_X 是通过与标准缓冲溶液的 pH_S 相比较而确定的。

25 ℃时,在相同条件下,标准缓冲溶液的 E_S 和待测溶液的 E_X 分别为

$$E_S = K'_S + 0.059\ 2pH_S \tag{2.8}$$

$$E_X = K'_X + 0.059\ 2pH_X \tag{2.9}$$

在同一测定条件下,采用同一支 pH 玻璃电极和饱和甘汞电极的电位 φ_{SCE},所以式(2.8)、式(2.9)中 $K'_S \approx K'_X$,两式相减因此得出

$$pH_X = pH_S + \frac{E_X - E_S}{0.059\ 2} \tag{2.10}$$

式中，pH_S 为已知值。测量出 E_S 和 E_X 即可求出 pH_X。

为保证不同温度下测量准确，测量中需进行温度补偿，需要使用带有温度补偿功能的 pH 测量仪器（一般都有温度补偿功能）。

实际测量中 K' 值并不恒定，而 pH_X 值是在 $K'_S \approx K'_X$ 的前提下成立的，因此 pH_X 测定结果有偏差。为减少偏差，测量过程中应尽可能保证溶液温度恒定，并选择 pH 与待测溶液相近的标准溶液，标准溶液 pH_S 与待测液 pH_X 的差值应小于 3 个 pH 单位。

2.4.2 直接电位法测定离子活（浓）度

在测量其他离子活度时，通常选择性电极为电池的正极离子，参比电极为负极。与测定 pH 同样原理，K' 的数值也决定于离子选择性电极的薄膜、内参比溶液及内外参比电极的电位等，因此难以确定，所以需要用一个已知离子活度的标准溶液为参考标准，比较包含待测溶液和标准溶液的两个工作电池的电动势来确定待测溶液的离子活度。

目前，除用于校正 Cl^-、Na^+、Ca^{2+}、F^- 电极用的参比溶液 NaCl、KF 和 $CaCl_2$ 外，尚没有其他离子活度标准溶液。通常在要求不高、保证活度系数不变的情况中，向待测液里加入总离子强度调节缓冲溶液 TISAB（一般由离子强度调节剂、掩蔽剂和缓冲溶液组成），控制溶液的总离子强度、pH、掩蔽干扰离子，用浓度代替活度进行测定。

2.4.3 测定方法

直接电位法的分析方法有直接比较法、标准曲线法和标准加入法等。实际工作中，通常需测定物质浓度，在待测液浓度较低，加入 TISAB 以及选取适宜测定方法的情况下，活度系数 γ 趋近于 1，$c_i = \alpha_i$。

1. 直接比较法

以标准溶液作为对比，通过测定标准溶液和待测溶液的电动势的值，来确定待测溶液浓度的方法称为直接比较法。以正极为参比电极，负极为离子选择性电极（ISE），加入 TISAB，在相同条件下测定两种溶液电动势 E_S 和 E_X。

如被测离子为阳离子，则

$$E_X = \varphi_{参比} - \varphi_{ISE} = \varphi_{参比} - \left(K + \frac{2.303RT}{nF}\lg c_X\right) \tag{2.11}$$

$$E_S = K' - \frac{2.303RT}{nF}\lg c_X \tag{2.12}$$

则

$$\lg c_X = \lg c_S - \frac{(E_X - E_S)nF}{2.303RT} \tag{2.13}$$

同理，如果被测离子为阴离子，则

$$\lg c_X = \lg c_S + \frac{(E_X - E_S)nF}{2.303RT} \tag{2.14}$$

如被测离子为 H^+，则依据该式的推导过程，pH_X 和 pH_S 关系为 $pH_X = pH_S + \frac{(E_X - E_S)nF}{2.303RT}$。直接比较法适用于少量要求不高、浓度与标准溶液浓度相近的试样测定。

2. 标准曲线法

将离子选择性电极(包括 pH 玻璃电极)与参比电极插入已知浓度添加相同量 TISAB 的标准溶液中，测出电动势，绘制标准曲线，通过控制曲线的相对偏差，得到较好的线性关系。在相同条件下，用相同方法测定待测溶液的电动势值，即可从标准曲线上查出相对应的被测溶液浓度。

标准曲线法主要适用于大批同种试样的测定。由于 K' 容易受温度、液体接界电位、搅拌速度等影响，标准曲线不是很稳定，若试剂、测试条件改变，需作标准曲线。

3. 标准加入法

设某一待测组分体积为 V_0，其待测离子的浓度为 c_X，测定的工作电池电动势为

$$E_X = K + \frac{2.303RT}{nF} \lg c_X \tag{2.15}$$

往待测组分中加入一小体积 V_S(大约为 V_0 的 1/100)，用待测离子纯物质配制的标准溶液，浓度为 c_S(约为 100 倍)。由于 $V_0 \gg V_S$，V_S造成的体积变化可以忽略不计，因此认为溶液体积基本不变。待测组分的浓度增量为

$$\Delta c = \frac{c_S V_S}{V_0} \tag{2.16}$$

再次测定工作电池的电动势为

$$E_{X+S} = K + \frac{2.303RT}{nF} \lg(c_X + \Delta c) \tag{2.17}$$

则

$$\Delta E = E_{X+S} - E_X = \frac{2.303RT}{nF} \lg\left(1 + \frac{\Delta c}{c_X}\right) \tag{2.18}$$

令

$$S = \frac{2.303RT}{nF} \tag{2.19}$$

则

$$\Delta E = S \lg\left(1 + \frac{\Delta c}{c_X}\right) \tag{2.20}$$

所以

$$c_X = \Delta c\,(10^{\Delta E/S} - 1)^{-1} \tag{2.21}$$

式中，R 为气体常数；T 为热力学温度；F 为法拉第常数；n 为反应过程中的电子转移数。因此，只要测出 ΔE 和 S，计算出 Δc，就可求出 c_X。

标准加入法只需一种标准溶液，而标准溶液的配制简单，可以消除待测组分中的干扰因素，不需要校正和绘制标准曲线，适用于测定组成未知或复杂的部分待测组分。标准加入法的误差主要来源于 S、K 和 γ 等在加入 V_S 体积的标准溶液前后的变化情况，因此，标准加入法要求在相同实验条件下测定，以减少实验条件对测定结果的影响。

2.5　电位滴定法

2.5.1　基本原理

电位滴定法是在滴定过程中，通过测量电位变化来确定滴定终点的方法，与直接电位法相比，电位滴定法不需要准确测量电极的电位值，可以减少实验过程中温度、液体接界电位等因素对测定结果的影响，其准确度比直接电位法要高。

普通滴定法依靠指示剂颜色变化来指示滴定终点，如果待测溶液有颜色或浑浊时，靠颜色变化来判断滴定终点就比较困难，或者由于体系较复杂，无法找到合适的物质作为滴定实验的指示剂。而电位滴定法是依靠电极电位的突跃来指示滴定终点，终点指示准确。

进行电位滴定时，在被测溶液中插入待测离子的指示电极，与参比电极组成原电池。溶液用电磁搅拌器进行搅拌，保证滴定过程中滴定剂与待测溶液快速均匀混合。随着滴定剂的加入，体系化学反应不断进行，体系中待测离子的浓度也在不断变化。因此，指示电极的电极电位（或电池电动势）也随之发生变化。在化学计量点（滴定终点）附近，待测离子的浓度发生突变，指示电极的电极电位也会在此时突变。通过观察滴定过程中电池电动势的变化情况，判断滴定终点。最后根据滴定剂浓度和终点时消耗的滴定剂体积计算试液中待测组分含量。

电位滴定法与普通滴定法相比，具有以下特点。

①利用电信号（电池电动势）突跃指示滴定终点，而非指示剂颜色变化，更直观。

②电位滴定法的结果准确度高，测定误差可低于 ±0.2%。

③能用于浑浊或者有色试液的滴定分析。

④可用于非水溶液（nonaqueous solution）的滴定。某些有机物的滴定需在非水溶液中进行，一般缺乏合适的指示剂，可采用电位滴定法。

⑤易与计算机联用，能用于连续地自动滴定，并适用于微量分析。

2.5.2　滴定装置

1. 电位滴定装置

在直接电位法的装置中，加一个滴定管，即组成电位滴定装置。电位滴定装置由 5

部分组成，分别为指示电极、参比电极、搅拌器、测量仪器和滴定装置。图2.6所示为手动电位滴定装置结构示意图。

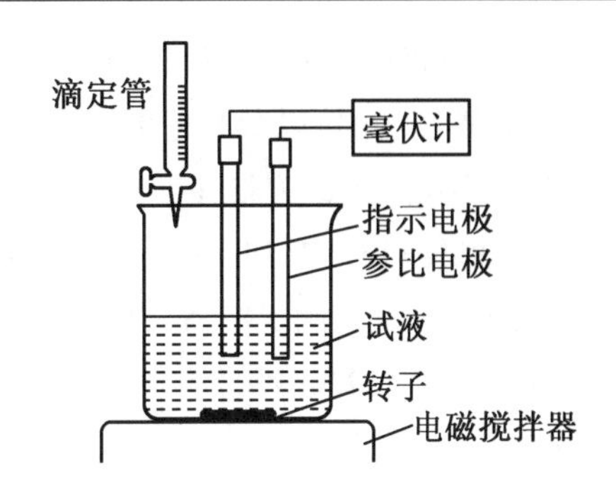

图2.6 手动电位滴定装置结构示意图

选用普通滴定管作为滴定装置，控制滴定剂的加入量，便于读取滴定剂体积。根据待测物质中组分的含量和实验误差要求，可选用常量滴定管、半微量滴定管或微量滴定管。

电位滴定法可用于各类普通滴定，在滴定分析中应用广泛。根据滴定类型的不同，选用不同的指示电极，一般选用饱和甘汞电极作为参比电极。而实际工作中，一般根据产品分析标准规定选用相关的指示电极和参比电极。

2. 自动电位滴定装置

在滴定管末端可接入带有电磁阀的细乳胶管，下端连接毛细管。滴定前根据具体的待测组分，估算待测组分的含量，为仪器设置电位（或pH）的终点控制值（理论计算值或滴定实验值）。滴定开始时，通过电磁阀控制滴定开关，通过电位测量信号进行反馈，自动进行滴定反应。待电位测量值到达仪器设定值时，电磁阀自动关闭，滴定停止，如图2.7所示。

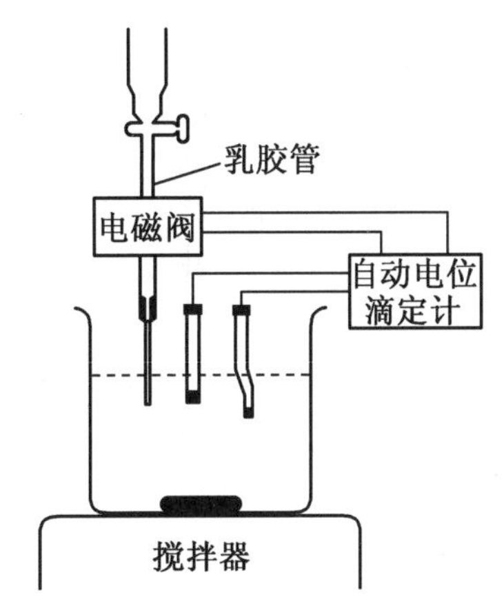

图2.7 自动电位滴定装置示意图

随着现代检测技术的发展，自动电位滴定实验已经基本实现与计算机联用。计算机对滴定过程中的数据自动采集、处理，并利用滴定反应化学计量点前后电位突变的特性，根据电位变化趋势，控制滴定速度点、自动寻找滴定终点，到达终点时自动停止滴定，因此更加方便和快捷，比普通滴定方式更加准确。

2.5.3 实验技术

1. 操作方法

进行电位滴定时，先要称取一定量试样，按照一定比例处理成试液，然后根据待测物质的性质选择合适的参比电极和指示电极。电极经适当的预处理后，浸入待测试液中，并按图2.7连接组装好装置。先读取滴定前试液的电位值，开动电磁搅拌器和毫伏计，开始滴定。滴定过程中，每次滴加滴定溶液，应测量一次电动势（或pH），滴定过程需要先快后慢，最开始滴定时可以滴加快一些，当滴加量接近化学计量点时，应每滴加0.1 mL标准滴定溶液测量一次电池电动势（或pH），直至电动势变化趋势不大为止，记录每次滴加标准滴定溶液后对应的滴定管读数和响应的电动势(或 pH)。根据所测得的一系列电动势(或 pH)以及相应的滴定消耗的体积确定滴定终点。

2. 确定滴定终点的方法

在电位滴定过程中,加入一定体积滴定剂测定电池电动势(或 pH)。以滴定剂的体积(或 pH)作图,绘制滴定曲线,并根据滴定曲线来确定滴定终点。

该曲线以加入滴定剂的体积 V 为横坐标,相应电动势 E 为纵坐标,绘制成 $E-V$ 曲线。其曲线突跃的突跃点(转折点)即为滴定终点,所对应的体积即为终点体积 V_{ep}。

具体方法是在曲线的两个拐点处作两条切线,然后在两条切线中间位置作一条平行线,平行线与曲线的交点即为滴定终点,如图 2.8 所示。

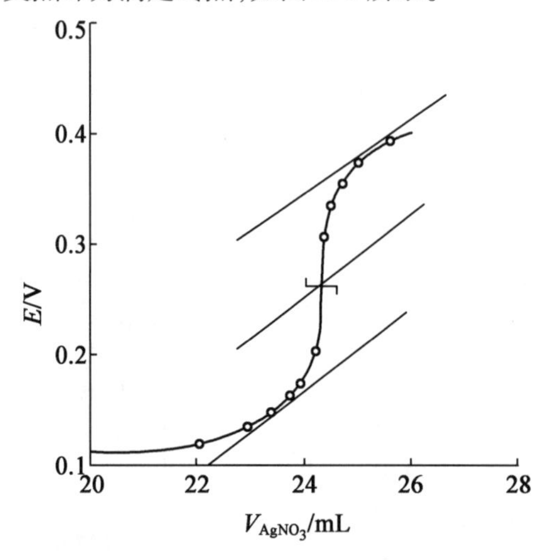

图 2.8 $E-V$ 曲线法确定滴定终点示意图

与一般容量分析相同,电位突跃范围和斜率的大小取决于滴定反应的平衡常数和被测物质的浓度。电位突跃范围越大,分析误差越小。缺点是当滴定曲线斜率较小时,滴定终点比较难控制。优点是滴定准确度高。

3. 滴定类型及电极的选择

(1)酸碱滴定。

酸碱滴定是通过溶液中 H^+ 离子浓度的突跃变化来确定滴定反应的化学计量点,通常以 pH 玻璃电极为指示电极,饱和甘汞电极为参比电极,进行某些弱酸(碱)的滴定。

(2)氧化还原滴定。

氧化还原滴定是通过溶液中氧化剂或还原剂浓度的突跃变化来确定化学计量点。在滴定反应中,氧化剂和还原剂的标准电位之差 $\Delta\varphi^\ominus \geqslant 0.36$ V($n=1$),而电位法只需 $\Delta\varphi^\ominus \geqslant 0.2$ V。电位法应用范围广,采用的指示电极一般为 Pt 电极。

(3)络合滴定。

络合滴定是以络合反应(形成配合物)为基础的滴定分析方法。络合反应广泛应用于分析化学的各种分离与测定中，如许多显色剂、萃取剂、沉淀剂、掩蔽剂等都是络合剂。相比之下，络合滴定更适用于生成较小稳定常数络合物的滴定反应。电位法所用的指示电极一般有两种：一种是 Pt 电极或某种离子选择电极；另一种却是 Hg 电极。例如，用 EDTA 滴定某些变价离子，如 Fe^{3+}、Cu^{2+} 等，可加入 Fe^{2+}、Cu^{+}，构成氧化还原电对，以铂电极作为指示电极，以甘汞电极作为参比电极；用 EDTA 滴定金属离子，在溶液中加入少量 Hg^{2+} – EDTA，用汞电极作为指示电极，以甘汞电极作为参比电极。

(4)沉淀滴定。

沉淀滴定是以沉淀反应为基础的滴定方法，例如多用于测定卤素离子的银量法，硫酸根也可以利用沉淀滴定的方法进行定量。该类滴定中，某些在指示剂滴定法中难找到指示剂或难以进行选择滴定的混合物体系，应用电位法更广泛，电位法所用的指示电极主要是离子选择电极，也可用银电极或汞电极。

2.5.4 电位法测量溶液 pH

1. 方法原理

以饱和甘汞电极作为参比电极、玻璃电极作为指示电极，与待测溶液组成原电池，在一定条件下，测得电池的电动势与 pH 呈直线关系为

$$E = K + \frac{2.303RT}{F}\mathrm{pH} \tag{2.22}$$

常数 K 受内外参比电极电位、电极的不对称电位和液体接界电位的影响，因此，无法准确测量 K 值。实际上测量 pH 是采用相对方法：

$$\mathrm{pH_X} = \frac{F}{2.303RT}(E_\mathrm{X} - E_\mathrm{S}) + \mathrm{pH_S} \tag{2.23}$$

玻璃电极的响应斜率 $2.303RT/F$ 与温度有关，在一定的温度下是定值，25 ℃时玻璃电极的理论响应斜率为 0.059 2。但是由于玻璃电极生产工艺和老化程度的差异，每个 pH 玻璃电极其斜率可能不同，在实际应用中，需要用实验方法来测定。

2. 仪器与试剂

(1)仪器：$\mathrm{pH_S}$ – $3C^{+}$ 型数字酸度计，复合 pH 玻璃电极。

(2)试剂：邻苯二甲酸氢钾标准缓冲溶液，pH = 4.00；磷酸二氢钾和磷酸氢二钠标准缓冲溶液，pH = 6.86；硼砂标准缓冲溶液，pH = 9.18；待测溶液。

3. 实验内容

(1)标准缓冲溶液的配制。

用蒸馏水溶解标准缓冲溶液试剂，转入干净的容量瓶中定容(根据试剂要求选择)，贴标签备用。

(2)酸度计的标定。

按照操作说明书操作，进行一点和两点标定。

(3)pH 玻璃电极响应斜率的测定。

选择毫伏测量状态,将电极插入 pH = 4.00 的标准缓冲溶液中,摇动烧杯使溶液均匀,在显示屏上读出溶液的毫伏值,依次测定 pH = 6.86、pH = 9.18 标准缓冲溶液的毫伏值。

(4)溶液 pH 的测定。

用蒸馏水缓缓淋洗电极 3 ~ 5 次,再用待测溶液淋洗 3 ~ 5 次。插入装有待测溶液的烧杯中,摇动烧杯使溶液均匀,待读数稳定后,读取溶液的 pH,重复测量至少 3 次。测量结束后,用蒸馏水清洗电极,滤纸吸干。

4. 结果处理

(1)pH 玻璃电极响应斜率的测定。作 E - pH 图,求出直线斜率即为该玻璃电极的响应斜率。若偏离 59 mV/pH(25 ℃)太多,则该电极不能使用。

(2)多次测量,计算溶液 pH 的平均值。

5. 注意事项

(1)按照操作规范配制 pH 标准缓冲溶液,保证溶液 pH 准确。

(2)pH 复合电极使用的注意事项。

①在使用复合电极时,溶液一定要浸没电极头部的陶瓷孔。

②观察敏感膜玻璃是否有刻痕和裂缝;参比溶液是否浑浊或有絮状物;参比电极的液接界部位是否堵塞;电极的引出线及插头是否完整,要保持电极插头清洁干燥。

③玻璃球泡易破损,操作时需要轻拿轻放。

④电极不得测试非水溶液,如油脂、有机溶剂、牛奶及胶体等,若必须测试,读数后必须马上用稀 $NaHCO_3$溶液浸泡冲洗表面物质,再用蒸馏水漂洗干净。

⑤温度对电极的影响较明显,正常测试水温为 0 ~ 60 ℃,待测溶液温度不宜超过 60 ℃。

⑥电极不得测试含氟离子高的水样。

⑦每次测试结束,电极都需用蒸馏水冲洗干净,尤其是腐蚀性强的溶液。

⑧电极保护套内的 KCl 溶液(3 mol/L)要及时补充,避免不足引起的电极受损。

2.6 电解分析法

电解分析法是一种经典的电化学分析法,包括电重量法和电解分离法。把待测物质纯净而完全地从溶液中电解析出,然后称取其质量的分析方法称为电重量法。电重量法只能用来测定高含量物质。而将电解分析用于物质的分离,则称为电解分离法,如汞阴极分离法。

2.6.1 基本原理

电解是利用外部电能的作用,使化学反应向非自发方向进行的过程。图2.9中在电解池的两电极上施加直流电压,达到一定值时,电极上就发生氧化还原反应,同时电解池中(及回路)有电流通过,这个过程称为电解,这时的电化学池称为电解池。

例如,在硫酸铜溶液中,浸入两个铂电极,电极通过导线分别与直流电源的正极和负极相连接。逐渐增加电压,达到一定值后,电解池内与电源"-"极相连的阴极上开始有Cu析出,同时在与电源"+"极相连的阳极上有气体放出。电解池中发生了如下反应:

阳极反应: $2H_2O \longleftrightarrow O_2\uparrow + 4H^+ + 4e^-$

阴极反应: $Cu^{2+} + 2e^- \longleftrightarrow Cu$

电池反应: $2Cu^{2+} + 2H_2O \longleftrightarrow 2Cu + O_2\uparrow + 4H^+$

于是溶液中的Cu^{2+}在阴极上析出,形成金属镀层。

在上述硫酸铜溶液电解池中,当外加电压较小时,不能引起电极反应,铂电极上几乎没有电流或只有很小电流通过。继续增大外加电压达到某一数值时,通过电解池的电流明显增加,被电解的物质在两电极上产生迅速、连续不断的电极反应,这时所需的最小外加电压称为分解电压$U_{分}$。

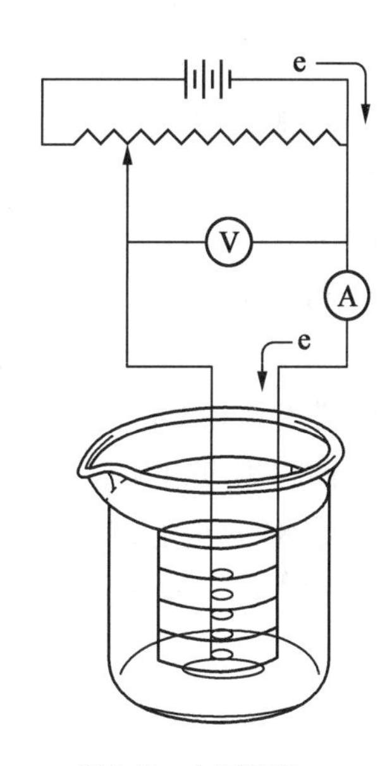

图2.9 电解装置

$U_{分}$是指被电解物质能在电极上迅速、连续不断地进行电极反应所需的最小外加电压,即实际析出电压,相应$U_{分(理)}$为理论析出电压。

一种电解质的分解电压,对于可逆过程来说,电解一开始,就有反电解,即电解一开始产生一个与外加电压极性相反的反电压,阻止电解的进行,只有不断克服反电压,电解才能进行和延续。这个反电压在数值上等于它本身所构成的原电池的电动势。在电解池中,此电动势称为反电动势。

$$U_{分} = E_{反} \tag{2.24}$$

反电动势的方向与外加电压的方向相反,它阻止电解作用的进行。外加电压与分解电压之间的关系为

$$U_{外} - U_{分} = iR \tag{2.25}$$

式中,i为电解电流;R为回路中的总电阻。

如果在改变外加电压的同时,测量通过电解池的电流与阴极电极电位的关系,此时外线路有电流(i)通过,若加大外电压,则电流迅速上升。电解过程电流-电压曲线如图2.10所示。

应该注意到，电解所产生的电流（电解电流）是与电极上的反应密切相关的，电流进出电解池是通过电极反应来完成的，与电流通过一般的导体有本质的不同，这是电解的一大特点。

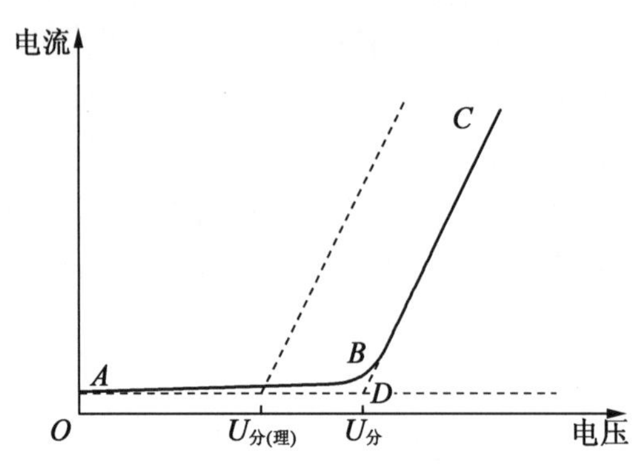

图 2.10 电解过程电流－电压曲线

图 2.10 的曲线中，AB 段为残余电流，此时尚未观察到电极反应的明显发生，主要是充电电流，当到达一定的外加电压 E（B 点）时，电极反应开始发生，产生了电解电流，并随着 E 的增大而迅速上升为 BC 直线，BC 线的延长线与 $i=0$ 的 E 轴交点 D 所对应的电压为分解电压 $U_{分}$。

在考查电解 $CuSO_4$溶液的进程中，两支相同的 Pt 电极插入溶液，当外加电压为零时，电极不发生任何变化；当两电极外加一个很小电压时，在最初的瞬间，就会有极少量的 Cu 和 O_2分别在阴极和阳极上产生并附着，因而使原来完全相同的电极，变成 Cu 电极和氧电极，组成一个原电池，产生一个与外电压极性相反的反电动势，它阻止电解的继续进行，如果除去外加电压，两电极短路，就产生反电解，Cu 重新被氧化成 Cu^{2+}，O_2重新被还原成 H_2O。

很明显，要使某一物质在阴极上析出，发生电极反应，阴极电位必须比析出电位更负（即使是很微小的数值）。同样，如果某一物质在阳极上氧化析出，则阳极电位必须比析出电位更正。

在阴极上，析出电位越正者，越易还原；在阳极上，析出电位越负者，越易氧化。根据上述讨论可知，分解电压等于电解池的反电动势，而反电动势则等于阳极平衡电位与阴极平衡电位之差，所以对于可逆过程来说，分解电压与理论析出电位具有下列关系：

$$U_{分}=E_{阳}-E_{阴} \tag{2.26}$$

式中，$E_{阳}$代表阳极的平衡电位，即阳极上的理论析出电位；$E_{阴}$代表阴极的平衡电位，即阴极上的理论析出电位。

式(2.26)中的 $E_{阳}$和 $E_{阴}$可根据能斯特方程式计算得到，是其平衡时的电极电位，对应于理论析出电位。实际析出电位一般由实验测定。电解时的实际析出电位大于或小于理论计算值，主要是因为在电极上发生了极化现象，产生了过电位。所以，电解质的分解电压还必须考虑过电位，于是，对式(2. 26)应做如下修正：

$$U_{分} = (E_a + \omega_a) - (E_c + \omega_c) + iR \tag{2.27}$$

式中，E_a 及 E_c 分别为阳极电位与阴极电位；ω_a 及 ω_c 为阳极阴极的超电势；$U_{分}$ 为分解电压；R 为电解池线路的内阻；i 为通过电解池的电流。

对电解分析来说，金属的析出电位比电解池的分解电压更有意义，它的数值要通过实验测得。

2.6.2 电解分析法分类

电解分析法可采用控制电位电解分析法、汞阴极电解法、控制电流电解分析。

1. 控制电位电解分析法

控制电位电解分析法是在控制阴极或阳极电位为一恒定值的条件下进行电解的方法。在实际电解分析工作中，阴极和阳极的电位都会发生变化。当试样中存在两种以上离子时，随着电解反应的进行，离子浓度逐渐下降，电池电流也逐渐减小，此时第二种离子可能被还原，从而干扰测定。应用控制外加电压的方式往往达不到好的分离效果，较好的方法是以控制工作电极(阴极或阳极)电位为一恒定值的方式进行电解。

图 2. 11 中 a、b 两点分别代表 A、B 离子的阴极析出电位。若电解时控制的阴极电位在比 a 点负而比 b 点正时，离子能在阴极上还原析出而 B 离子不受干扰，从而达到 A、B 离子相互分离的目的。一般认为，当某离子浓度降到 1×10^{-7} mol/L 时，就已定量析出这种离子，可认为达到分离和分析的要求。

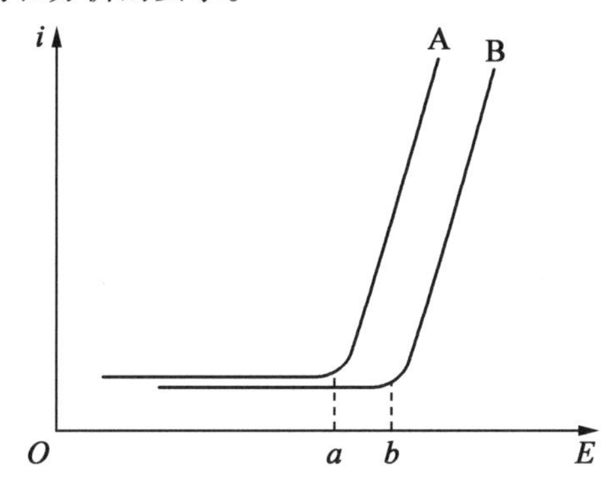

图 2. 11 A、B 离子的控制电位分离示意图

在电解分析中，金属离子大部分在阴极上析出，要达到分离目的，就需要控制阴极电位。阴极电位的控制可由控制外加电压而实现。

在电解过程中，阴极电位可用电位计或电子毫伏计准确测量，并且通过变阻器 R(图 2. 12)来调节电解池的电压，使阴极电位保持一定值，或使之保持在某一特定的电位范围之内。

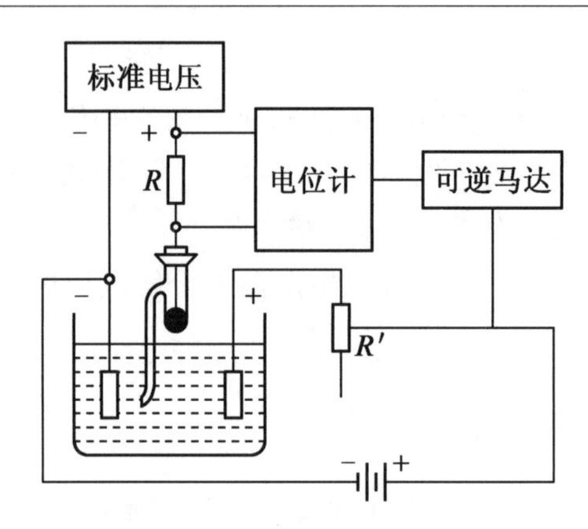

图 2.12 机械式自动控制阴极电位电解仪

以电解浓度分别为 0.01 mol/L 及 1 mol/L 的 Ag^+ 和 Cu^{2+} 的硫酸盐溶液为例来说明。已知:

$$E^{\ominus}_{Ag^+/Ag}=0.800\ V \tag{2.28}$$

$$E^{\ominus}_{Cu^{2+}/Cu}=0.345\ V \tag{2.29}$$

比较上述标准电极电位,可见在上述溶液中 Ag^+ 先在阴极上被还原面析出 Ag:

$$Ag^+ + e^- \longrightarrow Ag$$

在阳极上则发生水的氧化反应而析出氧:

$$2H_2O - 4e^- \longrightarrow O_2 + 4H^+$$

$$E^{\ominus}_{O_2+4H^+/2H_2O} = +1.23\ V$$

银开始析出时,根据能斯特方程,阴极电位为

$$E_{Ag^+/Ag}=E^{\ominus}_{Ag^+/Ag}+0.059\ 2\lg[Ag^+]=0.800\ V+0.059\ 2\lg 0.01=0.682\ V \tag{2.30}$$

若溶液的氢离子浓度为 1 mol/L ,阳极电位应为 1.23 V。通常析出金属的电极超电势很小,可以忽略,阳极的超电势已知为 0.47 V。根据式(2.27),有

$$U_{分}=(1.23+0.47)-0.682=1.02(V) \tag{2.31}$$

式(2.31)中忽略了 iR,这是由于电解池的 R 一般都很小,所以当外加电压大于 1.02 V 时就可使 Ag^+ 在阴极上析出(同时在阳极上析出氧)。当 Ag^+ 依度降至 10^{-7} mol/L 时,阴极电位为

$$E_{Ag^+/Ag}=0.800+0.059\ 2\lg[10^{-7}]=0.386(V) \tag{2.32}$$

此时

$$U_{分}=1.23+0.47-0.386=1.31(V) \tag{2.33}$$

由上述计算可见,随着电解的进行,溶液中 Ag^+ 浓度的降低,电极电位将向负方向改变。此时外加电压应相应增加(由 1.02 V 增加至 1.31 V),才能使电解继续进行。另一方面铜开始由 1 mol/LCu^{2+} 溶液中析出时的阴电极电位为

$$E_{Cu^{2+}/Cu}=E^{\ominus}_{Cu^{2+}/Cu}+\frac{0.059\ 2}{2}\lg[1]=0.345(V) \tag{2.34}$$

故铜析出的分解电压应为

$$U_{分} = 1.23 + 0.47 - 0.345 = 1.35(\mathrm{V}) \tag{2.35}$$

由上述计算可见,当外加电压为 1.35 V 时,Cu^{2+} 才开始电解而在阴极上析出铜。但此时,银已完全沉积。因此在此例中,控制外加电压不高于 1.35 V 便可用电解法将 Cu^{2+} 与 Ag^{+} 分离。

在控制电位电解过程中,被电解的只有一种物质,随着电解的进行,该物质在电解液中的浓度逐渐减小,因此电解电流也随之越来越小。当该物质被电解完全后,电流就趋近于零,以此作为完成电解的标志。

在此过程中,由于被测金属离子在阴极上不断析出,所以,电流随着时间增长而不断减小,在某金属离子完全析出后,电流应降至零。但由于残留电流的存在,电流最后达到恒定的背景电流值。电流与时间的关系如图 2.13 中曲线 *A* 所示。电解时,如果仅有一种物质在电极上析出,且电流效率为 100%,则

$$i_t = i_0 \times e^{-kt} \tag{2.36}$$

$$2.303\lg\left(\frac{i_0}{i_t}\right) = kt \tag{2.37}$$

式中,i_0 为开始电解时的电流;i_t为时间 t 时的电流;k 为常数,min^{-1}。当 i_t下降为 i_0 的一半时的时间称为半寿命时间 $t_{1/2}$,这时:

$$t_{1/2} = \frac{0.69}{k} \tag{2.38}$$

如果以 $\lg i_t$为纵坐标,t 为横坐标作图,可得一条通过原点的直线,其斜率为 k。如图 2.13 中直线 *B* 所示。常数 k 与电极和溶液性质等因素有关:

$$k = 0.434\frac{DA}{\delta V} \tag{2.39}$$

式中,D 为扩散系数,cm/s;A 为电极表面积,cm^2;V 为溶液体积,cm^3;δ 为扩散层的厚度,cm。

由式(2.38)和式(2.39)可知,要缩短电解时间,应增大 k 值,这就要求电极表面积要大,溶液的体积要小。升高溶液的温度及良好的搅拌可以提高扩散系数和降低扩散层厚度。

实际应用中,由于在电解过程中(若应用还原反应来进行分离),阳极电位并不是完全恒定的,电流也在改变,因此,用控制外加电压来控制阴极电位并实现分离,往往是有困难的。为了用电解法来进行分离、分析,较精密的方法是控制阴极电位。要实现对阴极电位的控制,需要在电解池中插入参比电极(如甘汞电极),然后用电位计测量此参比电极与阴极的电位差,以监控在电解过程中阴极电位的变化。若发现变化,即可调节可变电阻 *R*,使阴极电位恢复至预选的合适数值。这样的三电极体系与伏安分析法中的测量体系类似,可以实现工作电极电位自动严格的控制。

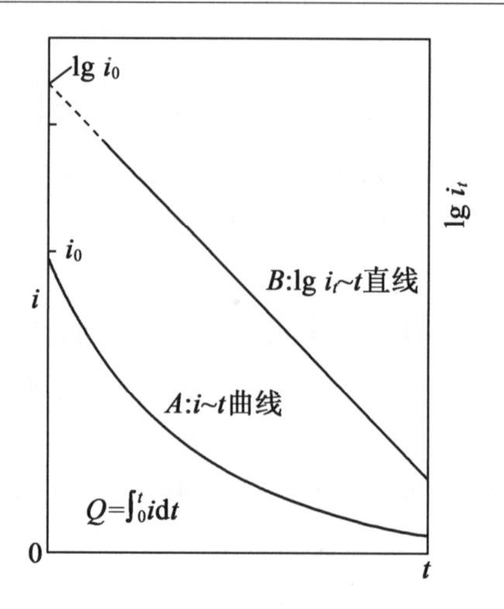

图 2.13 电流与时间关系图

控制电位电解分析法是一种选择性较高的电解方法，比控制电流电解分析法应用广。如应用控制阴极电位电解法对铜、铋、铅、锡四种共存离子进行分离和测定就是一个很好的例子。在中性的酒石酸盐溶液中，阴极电位为 -0.2 V 时，铜首先析出。经称量后，再将镀了铜的电极放回溶液，在 -0.4 V 电位下电解，使铋定量析出。再将阴极电位调到 -0.6 V 电解，此时铅定量析出。然后酸化溶液，使锡的酒石酸配合物分解，在 -0.65 V 阴极电位下电解，锡就定量沉积下来。

2. 汞阴极电解法

当用汞电极作为电解池的阴极（图 2.14），铂电极为阳极，应用控制阴极电位分析的方法，可以使许多金属离子在阴极上定量析出，实现分离分析的目的，这种方法称为汞阴极电解法。因汞密度大，用量多，不易称重、干燥和洗涤，所以只用于电解分离，而不用于电解分析。汞阴极分离法虽然选择性不太好，但在一些测定技术的前处理中，较广泛用于分离大部分的干扰物质。

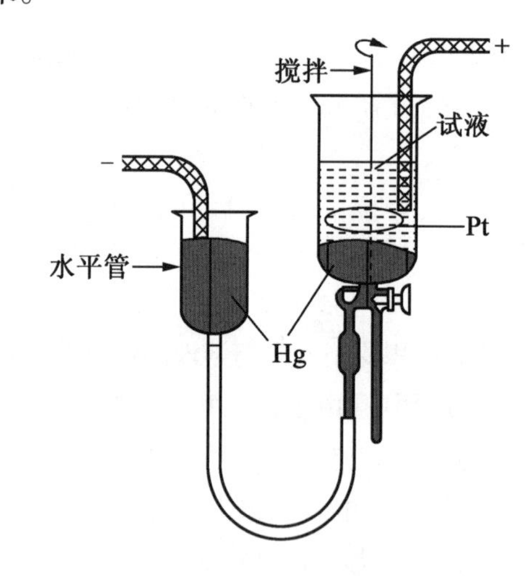

图 2.14 汞阴极电解装置

汞阴极电解法与以铂电极为阴极的电解法相比较的特点是：由于氢在汞上的过电位特别大，因此在氢气析出前，许多重金属离子都能在汞阴极上还原为金属；由于许多金属能与汞形成汞齐，在汞电极上的析出电位变正而易于还原，因此包括碱金属及碱土金属都可以生成汞齐而析出，并能防止其被再次氧化。

汞阴极电解法常用于试剂的提纯和测定，可先去除待测试样的主要组分，从而测定其中所含的微量元素，如测量钢铁或铁矿石中铝的含量等；也可以先将待测物质富集在汞中，然后蒸去汞，再用其他方法测定其含量。

3. 控制电流电解分析法

控制电流电解分析法又称恒电流电解法，它是在固定的电流条件下进行电解，然后直接称量电极上析出物的质量来进行分析的一种方法，这种方法也可用于分离。

恒电流电解法用直流电源作为电解电源，一般加上高于被测物质分解电压的直流电压。通过调节可变电阻器 R 来调节加在电解池的电压，由电压表读出，由电流表读出通过电解池的电流。一般用铂网作为阴极，螺旋形铂丝作为阳极，试液置于电解池中。

电解时，通过电解池的电流是恒定的。在实际工作中，一般控制电流为 0.5 ~ 2.0 A。随着电解的进行，被电解的测定组分不断析出，在电解液中该物质的浓度逐渐减小，电解电流也随之降低，此时可增大外加电压以保持电流恒定。

恒电流电解法的主要优点是仪器装置（图 2.15）简单、测定速度快、准确度较高，方法的相对误差小。该方法的准确度在很大程度上取决于沉积物的物理性质。电解析出的沉积物必须牢固吸附于电极的表面，以防在洗涤、烘干和称量等操作中脱落散失。电解时电极表面的电流密度越小，沉积物的物理性质越好。电流密度越大，沉积速度越快。为得到物理性能好的沉积物，不能使用太大的电流，并应充分搅拌电解液，或使电解物质处于配合状态，以便控制适当的电解速度，改善电解沉积物的物理性能。

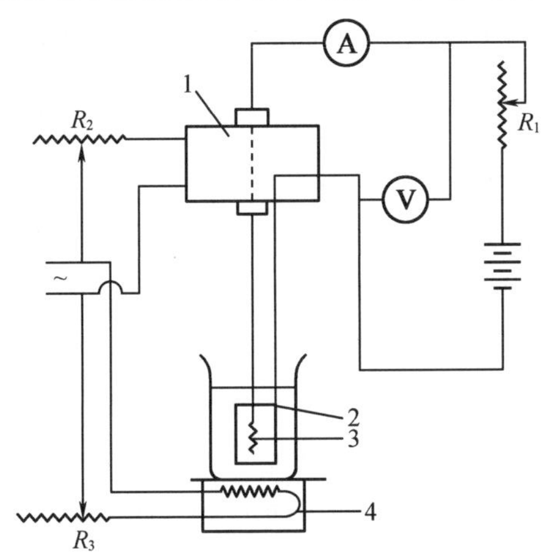

图 2.15 恒电流电解装置

1—搅拌马达；2—铂网（阴极）；3—铂螺旋丝（阳极）；4—加热器；

A—电流表；V—电压表；R_1—电解电流控制；R_2—搅拌速度控制；R_3—温度控制

恒电流电解法的主要缺点是选择性差，只能分离电动序中氢以下的金属。电解时氢以下的金属先在阴极上析出，当这类金属完全被分离析出后，再继续电解析出氢气，所以在酸性溶液中电动序在氢以上的金属不能析出。加入去极化剂可以克服恒电流电解法选择性差的问题。如在电解 Cu^{2+} 时，为防止 Pb^{2+} 同时析出，可加入 NO_3^- 作为去极化剂，

因为 NO_3^- 可先于 Pb^{2+} 析出。

在控制电流电解分析法中，阴极电位 ψ_c 与电解时间 t 的关系曲线如图 2.16 所示。由图可知，随着电解的进行，阴极表面附近 Cu^{2+} 浓度不断降低，阴极电位逐渐变负。经过一段时间后，因 Cu^{2+} 浓度较低，使得阴极电位改变的速率变慢，ψ_c-t 曲线上出现平坦部分。与此同时电解电流也不断降低，为了维持电解电流恒定，就必须增大外加电压，使阴极电位更负。这样静电引力作用使 Cu^{2+} 以足够快的速度迁移到阴极表面，并继续发生电极反应以维持电解电流恒定，Cu^{2+} 继续在阴极上还原析出，直到电解完全，这就是控制电流电解分析法的原理。

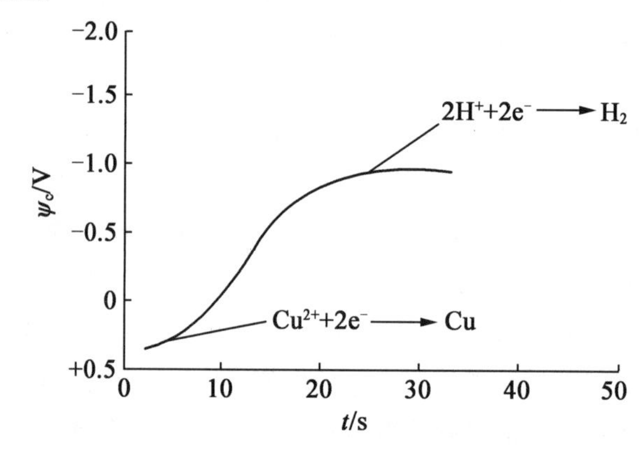

图 2.16 在 1.5 A 电流下电解铜的 ψ_c-t 曲线

对于控制电流电解分析法，一般将外加电压一次加到足够大的数值，电解效率高，分析速度快，但当第一种反应物的浓度减小到其量不能满足该电流下的电极反应速度时，第二种物质就要补充，参与第一种物质的电极反应，引起共放电现象。由此可见该反应的选择性不高。为了克服此缺点，一般加入配位剂，改变干扰物质的析出电位或采用“电位缓冲法”，避免共放电现象的产生，以提高选择性。

在酸性溶液中，控制电流电解分析法只能用于测定金属活动顺序氢后面的金属，氢前面的金属不能在此条件下析出，从而实现分离金属活动顺序氢两侧的金属元素。控制电流电解分析法具有较高的准确度，至今仍是纯铜、铜合金中大量铜测定较为精密的方法之一。此外，它还可应用于镉、钴、铁、镍、锡、银、锌和铋等元素的测定。

2.7 库仑分析法

2.7.1 基本原理

根据被测物质在电解过程中所消耗的电量来求物质含量的方法,称为库仑分析法。与电解分析法相对应,库仑分析法也可分为恒电流库仑分析法和恒电位库仑分析法两类。恒电流库仑分析法是建立在控制电流电解的基础上,恒电位库仑分析法是建立在控制电位电解过程的基础上。

进行电解反应时,在电极上发生的电化学反应与溶液中通过电荷量的关系,可以用法拉第电解定律表示,即

①在电极上发生反应的物质的质量与通过该体系的电荷量成正比。

②通过同量的电荷量时,电极上所沉积的各物质的质量与各该物质的 M/n 成正比。

上述关系也可用下式表示:

$$m=\frac{MQ}{96\ 485n}=\frac{M}{n}\cdot\frac{it}{96\ 485} \tag{2.40}$$

式中,m 为电解时于电极上析出物质的质量,g;M 为析出物质的摩尔质量;Q 为通过的电荷量,C;n 为电解反应时电子的转移数;i 为电解时的电流,A;t 为电解时间,s;96 485 为法拉第常数。

因此利用电解反应来进行分析时,可称量在电极上析出物质的质量(电重量分析),也可测量电解时通过的电荷量,再由式(2.40)计算反应物质的量,后者即为库仑分析法的基本依据。可见库仑分析法是一种电解分析法,但它与电重量法不同,分析结果是通过测量电解反应所消耗的电荷量来求得,因而省却了洗涤、干燥及称量等步骤。另一方面,由于可以精确测量分析时通过溶液的电荷量,故能得到准确度很高的结果,并可应用于微量分析。

进行库仑分析时,应使发生电解反应的电极(工作电极)上只发生电极反应,而此反应又必须以 100% 的电流效率进行,即通过电解池的电流必须全部用于电解被测的物质,且被测物质的电极反应式是唯一的。保证电流效率 100% 是库仑分析的关键和前提条件。为了满足上述条件,可以采用两种方法,恒电位库仑分析法及恒电流库仑分析法。不论哪种库仑分析法,都要求电极反应单一、电流效率 100%(电量全部消耗在待测物上),这是库仑分析法的先决条件。

实际应用中副反应的存在使 100% 的电流效率很难实现,其主要原因如下。

①电极反应常用的溶剂为水,其电极反应主要是 H^+ 的还原和水的电解。利用控制工作电极电位和溶液 pH 的方法能防止氢或氧在电极上析出。若用有机溶剂及其混合溶液作电解液,为防止它们的电解,应事先取空白溶液绘制 $i-U$ 曲线,以确定适宜电压范

围及电解条件。

②电活性杂质在电极上的反应试剂及溶剂中微量易还原或易氧化的杂质在电极上反应会影响电流效率。可以用纯试剂作空白加以校正消除;也可以通过预电解去杂质,即用比所选定的阴极电位负 0.3 ~0.4 V 的阴极电位对试剂进行预电解,直至电流降低到残余电流为止。

③溶液中可溶性气体的电极反应溶解气体,只要是空气中的氧气,它就会在阴极上还原为 H_2O 或 H_2O_2。除去溶解氧的方法是在电解前通入惰性气体(如 N_2)数分钟,必要时应在惰性气氛下电解。

④电极自身参与反应如电极本身在电解液中溶解,可用惰性电极或其他材料制成的电极。铂电极的 $E^{\Theta}_{Pb^{2+}/Pb}$ = +1.2V,在较正的电位时不易被氧化,所以常用铂电极作为阳极。但是当溶液中有能与铂形成配合物的试剂,如大量 Cl^- 存在时,就有被氧化的可能。另外,汞电极在较正的电位时也易被氧化。

⑤电解产物的副反应常见的是两个电极上的电解产物会相互反应,或一个电极上的反应产物又在另一个电极上反应。防止的方法是选择合适的电解液或电极;采用隔膜套将阴极或阳极隔开;将辅助电极置于另一个容器中,用盐桥相连接。如在汞阴极上还原 Cr^{3+} 为 Cr^{2+} 时,电解产生的 Cr^{2+} 会在强酸性介质中被氧化成 Cr^{3+},这时应选择合适的电极。

⑥若试样中共存元素与被测离子同时在电极上反应,则应预先进行分离。

显然,使用纯度较高的试剂和溶剂,设法避免电极副反应的发生,可以保证电流效率达到或接近 100%。如果电流效率低于 100%,只要损失电量是可知和重现的,则可以给予校正。

2.7.2 恒电位库仑分析法

1. 定义

建立在控制电位电解过程的库仑分析法称为恒电位库仑分析法。即在控制一定电位下,使被测物质以 100% 的电流效率进行电解,当电解电流趋于零时,表明该物质已被电解完全,通过测量所消耗的电量而获得被测物质的量。

恒电位库仑分析法的仪器装置与前述控制电位电解分析法相同。用三电极系统组成电位测量与控制系统。常用的工作电极有铂、银、汞、碳电极等。由于库仑分析是根据进行电解反应时通过电解池的电荷量来分析的,因此需要在电解电路中串联一个能精确测量电荷量的库仑计(图 2.17),恒电位库仑分析法的装置比控制电位电解分析装置多了一个电量测量部分(即库仑计)。

2. 库仑计分类

早期的库仑计本身也是一种电解电池,可以应用不同的电极反应。它是一种最基本、最简单而又最准确的库仑计,是通过与某一标准的化学过程相比较而进行测定的。

库仑计本身就是一个与样品池串联的电解池，在 100% 的电流效率下，根据库仑计内化学反应进行的程度即可计算出通过样品池的电量，从而得到待测物质的量。

例如，银库仑计（重量库仑计），是利用称量硝酸银溶液在铂阴极上析出金属银的质量来测定电荷量的。滴定库仑计是利用 H_2O 在阴极上还原生成 OH^-，再利用标准酸溶液滴定生成的 OH^-（用 pH 计指示终点），根据消耗的标准酸量计算电荷量。

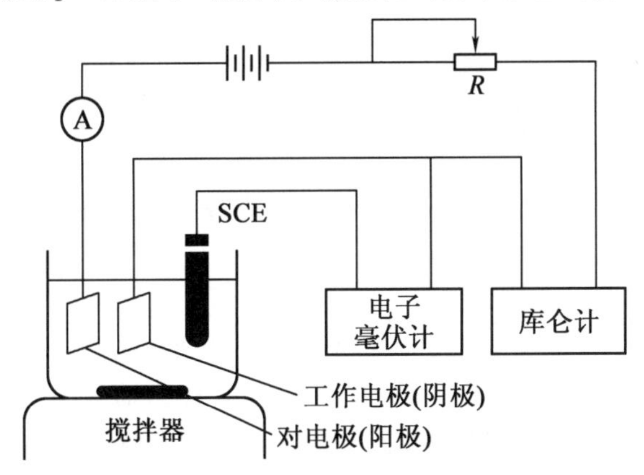

图 2.17　恒电位库仑分析法的基本装置

上述库仑计精确度高，但不能直接指示读数，不适用于常规分析。气体库仑计可以根据电解时产生的气体体积来直接读数，使用较为方便。气体库仑计的构造如图 2.18 所示。它是将一支刻度管用橡胶管与电解管相接，电解管中焊接两片铂电极，管外装有恒温水套。常用的电解液是 0.5 mol/L K_2SO_4 或 Na_2SO_4，通过电流时，在阳极上析出氧，阴极上析出氢。在标准状况下，1 法拉第电量产生 11.200 L 氢气和 5.600 L 氧气，共产生 16.800 L 气体，即每库仑电量相当于析出 0.174 1 mL 氢氧混合气体。

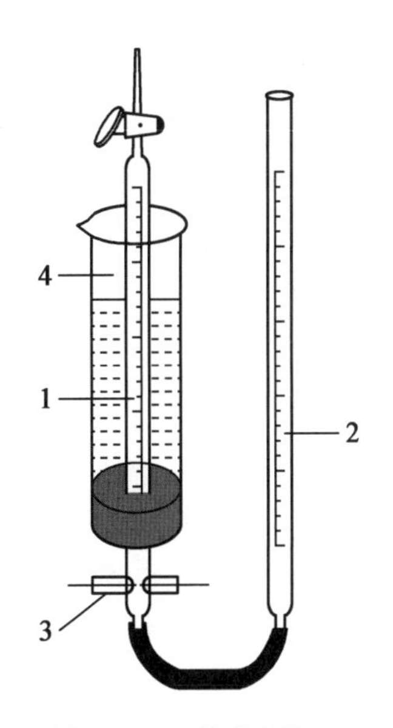

图 2.18　气体库仑计
1—玻璃电解管；2—刻度管；
3—铂电极；4—恒温水浴套

电解前后刻度管中液面之差就是氢、氧气体的总体积。在标准状态下，每库仑电荷量析出 0.174 2 mL 氢、氧混合气体。设电解后体积为 V（mL），则根据式（2.40）得

$$m = \frac{VM}{0.174\,2 \times 96\,485n} = \frac{VM}{1.681 \times 10^4 n} \quad (2.41)$$

这种库仑计使用简便，能测量 10 C 以上的电量，准确度可达 ±0.1%，操作方便，但灵敏度较差，是早期最常用的一种库仑计，也称为氢氧库仑计。但在微量电荷量的测试上，若电极上的电流密度低于 0.05 A/cm^2，常会产生较大的负误差，如电流密度为

0.01 A/cm^2 时,负误差可达4%。可能是由于在阳极上同时能产生少量的过氧化氢,而过氧化氢没有来得及进一步在阳极上被氧化为氧,就扩散至阴极上被还原,使氢、氧气体的总量减少(当电流密度高时,阳极电位很正,有利于过氧化氢的氧化)。如果用 0.1 mol/L 硫酸肼代替硫酸钾,阴极反应物仍是氢,阳极产物却是氮:

$$N_2H_5^+ \longrightarrow N_2 + 5H^+ + 4e^-$$

而产生的 H^+ 在铂阴极上被还原为氢气,这种气体库仑计称为氢氮库仑计。氢氮库仑计每库仑电荷量产生气体的体积与氢氧库仑计相同,它在电流密度很低时,测定误差小于1%,适合于微量分析。

在恒电位库仑分析法中,由于离子浓度的降低,在电解过程中,电流也随之降低,完成电解反应所需的总电荷量 Q 为

$$Q = \int_0^t i\mathrm{d}t \tag{2.42}$$

以 $\lg i_t$ 对 t 作图可得直线(图2.13中直线 B)。在纵轴上的截距($t=0$)为 $\lg i_0$,因此,测量不同 t 时的 i 值,通过作图求得 i_0 与斜率 k,可以粗略计算出电量值。如果要求准确测定电量,就要用库仑计或积分仪。最常用的库仑计有电子积分库仑计。可用电流积分的方法直接指示出电荷量。据此构成的电流积分库仑计(电子式库仑计)可直接显示电解过程中消耗的电荷量。现代仪器中一般采用这类电子(数字)库仑计测量电量。

滴定式库仑计是用标准溶液滴定库仑池中生成的某种物质,然后计算通过电解池的电量。例如用银丝作为阳极,铂片作为阴极,在圆形玻璃器皿中充以 0.03 mol/L KBr + 0.2 mol/L K_2SO_4 进行电解,其反应如下:

阳极反应: $Ag + Br^- \longrightarrow AgBr + e^-$

阴极反应: $2H_2O + 2e^- \longrightarrow 2OH^- + H_2$

生成的 OH^- 用0.01 mol/L HCl 标准溶液滴定至 pH = 7.0,根据消耗的 HCl 的量即可计算出生成的 OH^- 的量,从而计算出通过电解池的电量。这种库仑计装置简单,准确度也较高。测定 10 C 的电量,准确度可达 ±0.1%;测定 0.1 C 的电量,准确度可达 ±1%。

碘式库仑计也是滴定式库仑计的一种,在两个相连的玻璃器皿中各放置一根螺旋状铂丝,分别作为阳极和阴极。以 0.5 mol/L KI 为电解液,在电解过程中碘离子在阳极上氧化生成 I_2。电解结束后,放出阳极区的 I_2 溶液,用标准 $Na_2S_2O_3$ 溶液进行滴定,根据消耗的 $Na_2S_2O_3$ 的量可计算出生成的 I_2 的量,从而计算出通过电解池的电量。这类库仑计的准确度可达 ±2%。

3. 恒电位库仑分析法前处理步骤

实际工作中,往往需要向电解液中通几分钟惰性气体(如氮气),以除去溶解氧,有时整个电解过程都需在惰性气氛下进行。在加入试样以前,先在比测定时负 0.3 ~ 0.4 V 的阴极电位下进行预电解,这是为了除去所用电解液中可能存在的杂质,直到电解电流已降至很小的数值(本底电流),再将阴极电位调整至对待测物质合适的电位值。在不切断

电流的情况下加入一定体积的试样溶液，接入库仑计，再电解至本底电流，以库仑计测量整个电解过程中消耗的电荷量。若溶液中尚有次易还原物质需要测定，即可将工作电极电位调整至它的合适数值，再重复上述步骤。

恒电位库仑分析法对测定含有几种可还原物质的试样有特殊的优点。例如，它有可能在同一试液中连续进行五次电解，以测定银、铊、镉、镍和锌，并且不论这五种成分的相对浓度如何，每一次测定误差都可小于千分之几。目前这种分析方法已成功地应用于许多金属的测定中，例如，镍及钴的连续测定，混合物中砷、锑和铋的测定等。某些电极反应，其氧化型和还原都是溶解的，不能用电解法析出，但恒电位库仑分析法却不受限制。例如，在氨性溶液中，三氯醋酸 Cl_3CCOOH 可逐步还原为 $Cl_2CHCOOH$ 及 $ClCH_2COOH$。

$$Cl_3CCOO^- + H^+ + 2e^- \longleftrightarrow Cl_2CHCOO^- + Cl^-$$

$$Cl_2CHCOO^- + H^+ + 2e^- \longleftrightarrow ClCH_2COO^- + Cl^-$$

这两步的还原电位相差约0.8 V。用恒电位库仑分析法可测定0.04 ~5 g的三氯醋酸，其相对误差为 ±0.2%。在二氯醋酸存在下也可得到好的测定结果。

4. 恒电位电位库仑分析法的特点和应用

(1)该法是测量电量而非称量，所以可用于溶液中均相电极反应或电极反应析出物不易称量的测定，对有机物测定和生化分析及研究上有较独特的应用。

(2)分析的灵敏度、准确度都较高，用于微量甚至痕量分析，可测定微克级的物质，误差可达0.1% ~0.5%。

(3)可用于电极过程及反应机理的研究，如测定反应的电子转移数、扩散系数等。

(4)仪器构造相对较为复杂，杂质及背景电流影响不易消除，电解时间较长。

2.7.3 恒电流库仑分析法(库仑滴定法)

1. 基本原理

库仑滴定法是以恒定的电流通过电解池，以100%的电流效率电解产生一种物质(称为“电生滴定剂”)与被测物质进行定量反应，当反应到达化学计量点时，由消耗的电量(Q)算得被测物质的含量。它与一般滴定分析方法的不同在于滴定剂是由电生的，而不是由滴定管加入，其计量标准量为时间及电流，而不是一般滴定法标准溶液的浓度及体积。

库仑滴定法的装置除了电解池外，还需有恒电流源、计时器及终点指示装置。图2.19 为其示意图。

电解时，为防止可能产生的干扰反应，保证100%的电流效率，可使用多孔性套筒将阳极与阴极分开。电解时间由计时器指示。当达到滴定反应的化学计量点时，指示电路发出“信号”，指示滴定终点，断开电解电源，并同时记录时间或由仪器直接显示所消耗的电量。

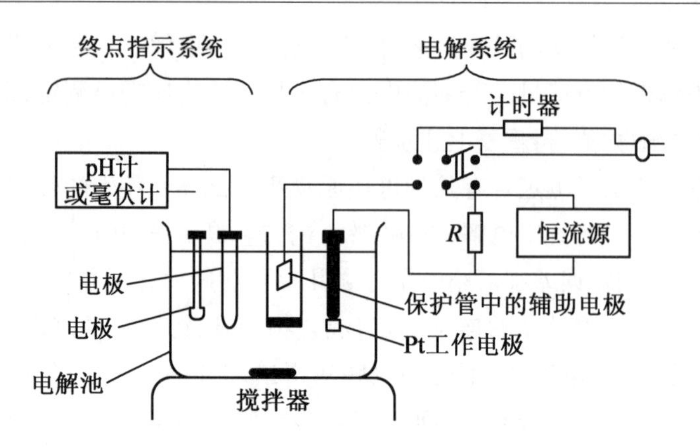

图 2.19　库仑滴定法的装置

理论上讲,库仑滴定可按下述两种类型进行。

(1)被测定物直接在电极上起反应。

(2)在试液中加入大量物质,使此物质经电解反应后产生一种试剂,然后测定物与所产生的试剂起反应。

事实上,单纯按照第一种类型进行分析的情况是很少的,因为这种类型难保证 100% 的电流效率,故一般都按第二种类型进行。按第二种类型进行,不但可以测定在电极上不能起反应的物质,而且还易于使电流效率达到 100%。

例如,在酸性介质中,测定两价铁离子可利用它在铂阳极上直接氧化为三价铁离子的反应。进行测定时调节外加电压使电流维持不变(恒电流),开始阳极反应为

$$Fe^{2+} \longleftrightarrow Fe^{3+} + e^-$$

并以 100% 电流效率进行,然而,由于反应的进行,阳极表面上 Fe^{3+} 不断产生使其浓度增加,相应 Fe^{2+} 浓度则降低,因此阳极电位逐渐向正的方向移。最后,溶液中 Fe^{2+} 还没有全部氧化为 Fe^{3+},阳极电极电位已达到了水的分解电位,此时在阳极上发生以下反应:

$$2H_2O \longleftrightarrow O_2 + 4H^+ + 4e^-$$

这使 Fe^{2+} 氧化反应的电流效率低于 100%,因此测定失败。可见,为了使电流效率达 100% 必须控制阳极电位,若以恒电流进行电解,则不可能进行。

但是,若在此溶液中加入过量的 Ce^{3+},则 Fe^{2+} 就可能以恒电流进行完全电解。开始时阳极上的主要反应为 Fe^{2+} 氧化为 Fe^{3+},当阳极电位向正方向移动至一定数值时(该电位低于水的分解电位),Ce^{3+} 氧化为 Ce^{4+} 的反应即开始,而所产生的 Ce^{4+} 则转移至溶液本体中并使溶液中的 Fe^{2+} 氧化:

$$Ce^{4+} + Fe^{2+} \longleftrightarrow Fe^{3+} + Ce^{3+}$$

由于 Ce^{3+} 是过量存在的,因此就稳定了阳极电位并防止氧的析出。从反应可知,阳极上虽发生了 Ce^{3+} 的氧化反应,但所产生的 Ce^{4+} 同时又将 Fe^{2+} 氧化为 Fe^{3+},因此,电解时所消耗的总电荷量与单纯 Fe^{2+} 完全氧化为 Fe^{3+} 的电荷量是相当的。

由此典型例子中可以看出应用第二种类型的优越性，它不仅可稳定工作电极电位避免副反应的产生，而且用于电解产生试剂的物质可以大量存在，使本法可以在较高的电流密度下进行电解（可高达 20 mA/cm^2，有时还可更高），因而测定可在数分钟内完成。

由上述可知，库仑滴定是在试液中加入适当物质后，以一定强度的恒定电流进行电解，使之在工作电极（阳极或阴极）上电解产生一种试剂，此试剂与被测物发生定量反应，当被测物作用完毕后，用适当方法指示终点并立即停止电解。由电解进行的时间 t(s) 及电流 i(A)，可按式(2.40)法拉第电解定律计算出被测物的质量 m(g)。

因此，库仑滴定法和一般的容量分析或电位、伏安滴定法不同，滴定剂不是用滴定管滴加，而是用恒电流通过电解在试液内部。最简单的恒电流源是恒流二极管，也可使用晶体管恒电流源。时间可用计时器（如电子计数式频率计）或停表测量。电解池（滴定池）有各种形式。工作电极一般为产生试剂的电极，直接浸于溶液中；辅助电极则经常需要套多孔性隔膜（如微孔玻璃），以防由辅助电极产生的反应干扰测定。

2. 库仑滴定终点的指示方法

在库仑滴定中准确指示滴定终点是非常重要的。库仑滴定终点的指示方法有化学指示剂法和电化学方法。

与普通容量分析一样，库仑滴定法也可以用化学指示剂来确定滴定终点。但是指示剂的使用有其自身的缺陷，如有的指示剂颜色变化不敏锐，指示剂的变色范围和化学计量点相偏离，只能指示滴定的终点而不能指示滴定的全部过程等。而且，如果在有机溶液中进行滴定，指示剂的选择范围就十分有限。

用电化学方法来指示滴定终点时，可分为电流法、电压法和电导法。

当用电流法来监测滴定终点时，是控制指示电极系统的电压（相对于参比电极或两指示电极之间的电位差）为一个不变的恒定值，记录滴定过程中电流随加入滴定剂体积的变化曲线来确定终点。其可以分为单指示电极（另一电极为参比电极）电流法和双指示电极电流法。

当用电压法来监测滴定终点时，是在近似于开路或给指示电极施加一个小的恒定电流值，记录滴定过程中电池的电动势值（即两电极的电位差）随加入滴定剂体积的变化曲线来确定滴定终点。其可以分为单指示电极（另一电极为参比电极）电压法和双指示电极电压法。

①单指示电极电位法。在滴定过程中，被滴定的溶液中插入连续电位计的二支电极，一支为参考电极，为饱和甘汞电极（常通过盐桥插入）；另一支为指示电极，常用铂丝。在氧化还原、络合、沉淀或酸碱滴定过程中，电位 E 随加入标准溶液体积 V 不断变化，故最后得到 $E-V$ 滴定曲线。

②双指示电极（双 Pt 电极）电流指示法，也称永停（或死停）终点法，其装置如图 2.20 所示，在两支大小相同的 Pt 电极上加上一个 50 ~ 200 mV 的小电压，并串联上灵敏检流计，这样只有在电解池中可逆电对的氧化态和还原态同时存在时，指示系统回路上才有

电流通过，而电流的大小取决于氧化态和还原态浓度的比值。当滴定到达终点时，由于电解液中或者原来的可逆电对消失，或者新产生可逆电对，因此指示回路的电流停止变化或迅速变化。

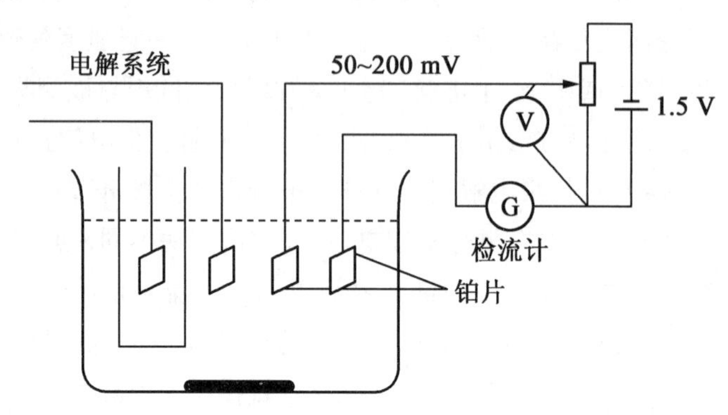

图 2.20　永停终点法装置

当用电导法来监测滴定终点时，通过测量试液电导的变化来确定终点的方向。如在 Ce^{3+} 和 Fe^{2+} 溶液中，施加电压生成 Ce^{4+} 滴定 Fe^{2+}，$i-t$ 曲线如图 2.21 所示；在 KBr 和 AsO_3^{3-} 溶液中，施加电压生成 Br_2 滴定 AsO_3^{3-}，$i-t$ 曲线如图 2.22 所示。

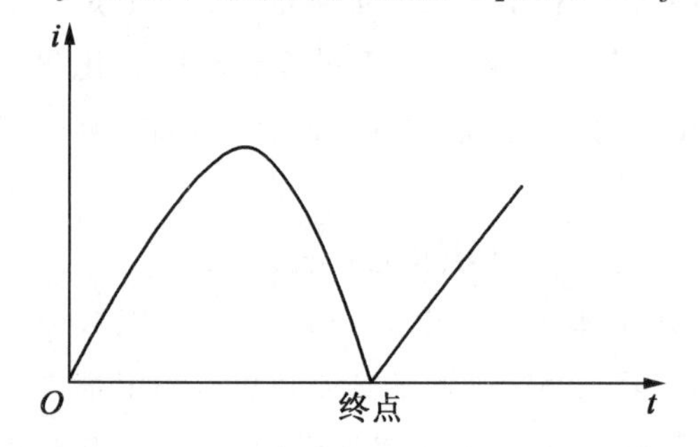

图 2.21　电生 Ce^{4+} 滴定 Fe^{2+} 的 $i-t$ 曲线

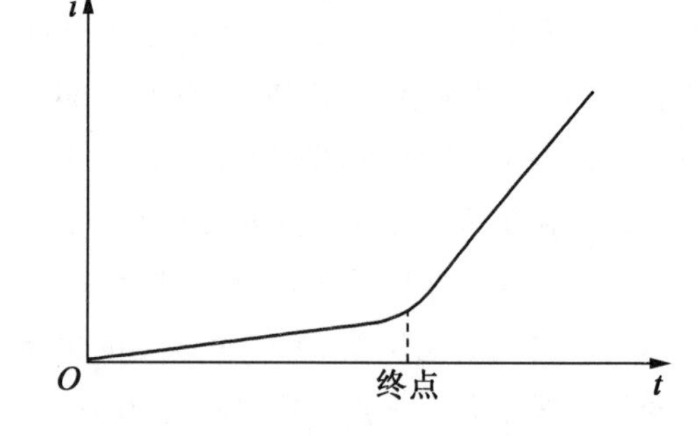

图 2.22　电生 Br_2 滴定 AsO_3^{3-} 的 $i-t$ 曲线

3. 库仑滴定法的特点及应用

凡与电解时所产生的试剂能迅速反应的物质，都可用库仑滴定法测定，故能用容量分析的各类滴定，如酸碱滴定、氧化还原法滴定、容量沉淀法、配合滴定等测定的物质都可应用库仑滴定测定。表 2.3 中列举了部分应用例子。

表 2.3　库仑滴定应用示例

电极产生的试剂	工作电极反应	被测定物质
阳极反应		
H^+	$H_2O \longleftrightarrow 2H^+ + \frac{1}{2}O_2 + 2e^-$	碱类

续表 2.3

电极产生的试剂	工作电极反应	被测定物质
Cl_2	$2Cl^- \longleftrightarrow Cl_2 + 2e^-$	As(Ⅲ)、SO_3^{2-}、不饱和脂肪酸、Fe^{2+}等
Br_2	$2Br^- \longleftrightarrow Br_2 + 2e^-$	As(Ⅲ)、Sb(Ⅲ)、U(Ⅳ)、Tl^+、Cu^+、I^-、H_2S、CNS^-、N_2H_2、NH_2OH、NH_3、硫代乙醇酸、8－羟基喹啉、苯胺、酚、芥子气、水杨酸等
I_2	$2I^- \longleftrightarrow I_2 + 2e^-$	As(Ⅲ)、Sb(Ⅲ)、$S_2O_3^{2-}$、S^{2-}、水分(卡尔－费休测水法)等
Ce^{4+}	$Ce^{3+} \longleftrightarrow Ce^{4+} + e^-$	Fe^{2+}、Ti(Ⅲ)、U(Ⅳ)、As(Ⅲ)、I^-、$Fe(CN)_6^{4-}$、氢醌等
Mn^{3+}	$Mn^{2+} \longleftrightarrow Mn^{3+} + e^-$	Fe^{2+}、As(Ⅲ)、$C_2O_4^{2-}$等
$[Fe(CN)_6]^{3-}$	$[Fe(CN)_6]^{4-} \longleftrightarrow [Fe(CN)_6]^{3-} + e^-$	Tl^+等
Ag^+	$Ag \longleftrightarrow Ag^+ + e^-$	Cl^-、Br^-、I^-、CNS^-等
$Hg_2{}^{2+}$	$2Hg \longleftrightarrow Hg_2{}^{2+} + 2e^-$	Cl^-、Br^-、I^-、S^{2-}等
	阴极反应	
OH^-	$2H_2O + 2e^- \longleftrightarrow 2OH^- + H_2$	酸类
Fe^{2+}	$Fe^{3+} + e^- \longleftrightarrow Fe^{2+}$	MnO^{4-}、VO^{3-}、CrO_4^{2-}、Br_2、Cl_2、Ce^{4+}等
Ti^{3+}	$TiO^{2+} + 2H^+ + e^- \longleftrightarrow Ti^{3+} + H_2O$	Fe^{3+}、V(Ⅴ)、Ce(Ⅳ)、U(Ⅳ)、偶氮染料等
U^{4+}	$UO_2{}^{2+} + 4H^+ + 2e^- \longleftrightarrow U^{4+} + 2H_2O$	Ce^{4+}、CrO_4^{2-}等
$[Fe(CN)_6]^{4-}$	$[Fe(CN)_6]^{3-} + e^- \longleftrightarrow [Fe(CN)_6]^{4-}$	Zn^{2+}等
H_2	$2H_2O + 2e^- \longleftrightarrow 2OH^- + H_2$	不饱和的有机化合物
$[CuCl_3]^{2-}$	$Cu^{2+} + 3Cl^- + e^- \longleftrightarrow [CuCl_3]^{2-}$	V(Ⅴ)、CrO_4^{2-}、IO^{3-}等

对于一些反应速率慢的反应，如以容量分析测定一些有机化合物时，往往需要先加过量滴定剂，在反应进行完全后，再反滴定此过量的滴定剂。若采用库仑滴定进行此类滴定，可在同一试液中电解产生两种试剂，例如，以 $2Br^-/Br_2$ 和 Cu^+/Cu^{2+} 两个电对可进行有机化合物溴值的测定，先使 $CuBr_2$ 溶液在阳极电解产生过量 Br_2，待 Br_2 与有机化合物反应完全后，倒换工作电极的极性，再于阴极电解产生 Cu^+，以滴定过量 Br_2。

库仑滴定一般具有下列特点。

(1)在现代技术条件下电流和时间都可精确测量，因而库仑滴定的精密度及准确度都很高，一般可达 0.2%，即使在微量测定中也可使误差低达千分之几。例如，测定 0.1 mL 10^{-6} mol/L 溶液，相当于

$$10^{-6}\ \text{mol/L} \times 0.1\ \text{mL} = 10^{-10}\ \text{mol}$$

由式(2.40)：

$$Q = it = \frac{m}{M/n} \times 96\ 485 \tag{2.43}$$

若 $n=1$、$t=10$ s，则以库仑滴定测定此试样时的电流为

$$i = \frac{10^{-10} \times 96\ 485}{10} = 0.965(\text{mA}) \tag{2.44}$$

对于这样大小的电流(μA)及时间(s)，都易于精确测定。所以库仑滴定是一个能测定微量甚至痕量物质而又准确的分析方法。通常影响测定精确度的主要因素是终点指示方法的灵敏度、准确性及电流效率。

(2)不需制备和储存标准溶液。由于库仑滴定法所用的滴定剂是由电解产生的，生成的滴定剂同时用于滴定，所以省去了标准溶液的制备，还可以使用不稳定的滴定剂，如 Cl_2、Br_2、Cu^+ 等，扩大了容量分析的应用范围。

(3)分析结果是通过测量电荷量而得，因而避免使用基准物及标定标准溶液时所引起的误差。另一方面，若采取适当的措施，可以保证方法的高精确度。精密库仑滴定法可用于测定基准物质的纯度及标准溶液的标定。

(4)易于实现自动滴定。容易实现自动化、在线检测和遥控滴定(如放射性物质的测定)。

随着工业生产和科学研究的发展，现已出现多种类型的库仑分析仪器。例如，应用库仑滴定自动测定钢铁中含碳量，其原理是使钢样在通氧气的情况下，在 1 200 ℃左右燃烧，其中的碳经燃烧产生 CO_2 气体，导入一个预定 pH 的高氯酸钡溶液中，CO_2 被吸收，发生如下反应：

$$Ba(ClO_4)_2 + H_2O + CO_2 \longrightarrow BaCO_3\downarrow + 2HClO_4$$

生成的 $HClO_4$ 使溶液的酸度提高。此时在铂工作电极上通过一定量的脉冲电流进行电解，产生一定量的 OH^-：

$$2H_2O + 2e^- \longleftrightarrow 2OH^- + H_2(\text{阴极反应})$$

产生的 OH^- 中和上述反应中生成的 $HClO_4$，直至使溶液恢复到原来的 pH 为止。这样，所消耗的电荷量(即电解产生 OH^- 所消耗的电荷量)相当于产生的 $HClO_4$ 量，而每摩尔的 $HClO_4$ 相当于 1 mol 的碳，可求出钢样中的含碳量。测定仪器用玻璃电极作为指示电极，饱和甘汞电极作为参比电极，以电位法指示溶液 pH 的变化，到达终点时自动停止滴定，由计数器直接读出试样中的含碳量。如果 CO_2 的吸收效率和电解效率都能够达到 100%，则此法可作为分析钢样的绝对方法。但实际上吸收效率难以达到 100%，因此在分析试样前应使用已知含碳量的标准钢样校正仪器。

上述测定过程可在微库仑仪上完成，故这类自动库仑滴定也称为微库仑分析法。它既不是控制电位的方法，也不是控制电流的方法。

但是微库仑分析法与库仑滴定法相似，也是由电生的滴定剂来滴定被测物质的浓

度,只是在滴定的过程中,电流的大小是随滴定的程度变化,所以又称为动态库仑滴定。微库仑仪一般由裂解炉(燃烧炉)、滴定池、微库仑放大器、进样器、电子积分仪等部件构成,其工作原理如图2.23所示。

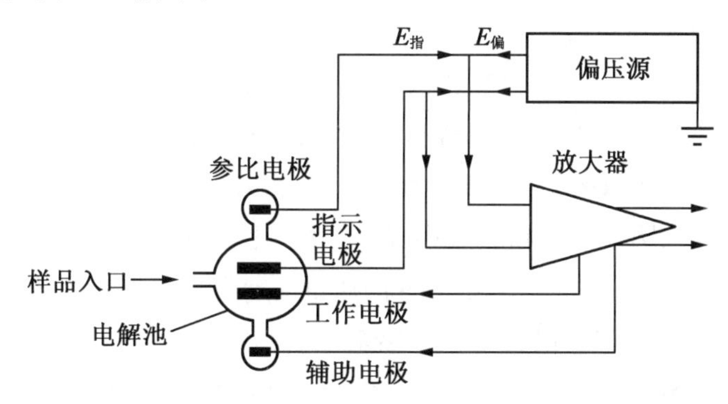

图2.23　微库仑分析法装置示意图

滴定池是微库仑仪的核心部件,由一对指示电极(由参比电极和指示电极构成)和一对电解电极(由工作电极和辅助电极构成)组成。电解电极对用于产生滴定剂,指示电极对用于指示滴定终点。当没有待测物进入电解池时,调节外加偏压,使指示电极对产生的电位信号与外加偏压相互抵消,放大器输入信号为零,输出信号也为零,电解电极对之间没有电流通过,微库仑仪处于平衡状态。当被测物进入滴定池时,指示电极电位变化(上例中 CO_2 被吸收后,滴定池中的 H^+ 浓度发生变化),不能抵消外加偏压,放大器便有了信号输入。此信号经放大器放大并施加于电解电极对上,电解反应产生滴定剂(如 OH^-),不断与被测物反应,直至反应完全(电解液pH回到初始值),微库仑仪恢复平衡状态,电解过程即自动停止。微库仑放大器的输出信号(电解电流)可用计算机记录下来,得到电流-时间曲线,曲线下的面积积分即为电量。

微库仑分析法灵敏度高、仪器结构简单、测量误差小,易于实现自动及连续测量,是目前用于测量石油产品和其他有机、无机化合物中硫、氮、卤素、水、砷及不饱和烃的有效方法,被诸多国家或行业标准所采用。

2.7.4　库仑分析法在环境分析中的应用

恒电流库仑分析法在大气污染连续监测中也有诸多应用,如硫化氢测定仪的工作原理。库仑池由三个电极组成,铂丝阳极、铂网阴极和活性炭参比电极。电解液由柠檬酸钾(缓冲液)、二甲亚砜(溶解反应析出的游离硫)及碘化钾组成。恒电流源加到两个电解电极上后,两电极上发生的反应为

阳极反应:　　$2I^- \longrightarrow I_2 + 2e^-$

阴极反应:　　$I_2 + 2e^- \longrightarrow 2I^-$

通过阳极的氧化作用连续产生 I_2，I_2被带到阴极后，因为阴极的还原作用而被还原为 I_2。若库仑池内无其他反应，在碘浓度达到平衡后，阳极的氧化速率和阴极的还原速率相等，阴极电流 i_c = 阳极电流 i_a，这时参比电极无电流输出。如进入库仑池的大气试样中含有 H_2S，则与碘产生如下反应：

$$H_2S + I_2 \longrightarrow 2HI + S$$

这个反应在池中定量进行，因而降低了流入阴极的 I_2浓度，从而使阴极电流降低。为了维持电极间氧化还原的平衡，降低的部分将由参比电极流出。试样中 H_2S 含量越大，消耗 I_2越多，导致阴极电流相应减小，而通过参比电极的电流相应增加。若大气以 150 mL/m 的流量通入库仑池，且其中 H_2S 的质量浓度为 1 mg/m^{3}时，流过参比电极的电流为 14.16 μA。可见该库仑仪的灵敏度很高。

大气中若存在 SO_2 等还原组分，则与池中的 I_2可发生如下反应：

$$SO_2 + I_2 + H_2O \longrightarrow SO_4^{2-} + 2I^- + 4H^+$$

因此适当改变条件，H_2S 测定仪同样可以作为 SO_2测定仪。为防止大气中常见干扰气体的影响，需要在进气管路内装置选择过滤器。例如，在测定 H_2S 时，过滤器内填充载有副品红试剂的 6201 担体，此时 SO_2与品红发生反应而吸收除去，在 SO_2测定仪中当被测气体通过硫酸亚铁过滤网时可除去臭氧等干扰气体。

在水质检测中，用电导法指示滴定终点的方法来测定水中溶解氧，采用金属铊与溶解氧作用，用盐酸滴定产物氢氧化铊。水中溶解氧与金属铊作用，将 Tl 氧化为 TlOH，然后用 HCl 溶液滴定体系中的 OH^-，TlOH 是一种强电解质，在滴定开始前，溶液具有一定的电导率，随着 HCl 溶液的加入，反应产物 TlCl 是一种沉淀，H_2O 是弱电解质，电导率非常小，因而溶液电导率迅速下降。到化学计量点后，TlOH 反应完全，溶液的电导率只随着 HCl 溶液的加入而缓慢增长。这样，在化学计量点前后，由于溶液电导率的变化导致出现两条不同斜率的直线，其交点即为化学计量点，如图 2.24 所示。

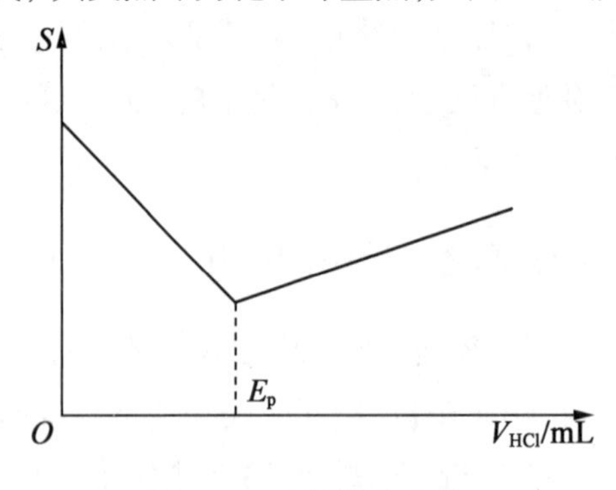

图 2.24　电导滴定曲线

2.8 前沿技术与应用

在实际应用中,由于电化学检测操作简单、数据采集容易,并且检测结果具有较高的精度,能够弥补传统检测方法的不足,避免对环境造成二次污染,所以具有良好的应用前景。在环境监测及分析中,电化学检测主要应用于水环境、大气环境及土壤环境的监测。

在水环境中,主要分为重金属监测、无机盐类检测及有机污染物检测。重金属污染指由重金属或其化合物造成的环境污染,实际上主要是指镉、铅、汞、铬以及类金属砷等生物毒性显著的重金属,也指具有一定毒性的一般重金属(如锌、铜、钴、镍、锡等)。目前,常用的检测痕量重金属的方法有原子吸收、质谱法、分光光度法、原子荧光等。但是这些方法所需的仪器通常较为昂贵,且运行费用高,对于设备需要具备熟练的操作经验和足够的工作空间,检测时比较费时、费力;而且测量时有的方法需要较为复杂的前处理;有的不能进行多组分或多元素分析;有的会因元素、光谱等干扰而无法测定。但水环境的重金属监测更多的是向实时、在线、连续的监测,并要求快速现场测量,所以上述方法在实际应用方面有较大限制。而电化学检测所具备的仪器设备简单、便于携带操作的特点可以很好地满足在线监测的要求,且具有较好的灵敏度、准确度和选择性。长期以来,电化学溶出伏安法一直被认为是检测水环境中重金属最为有效的方法。其检测限可达 10 ~ 12 mol/L,且通过预富集过程及实验参数的优化,在得到最佳信噪比的情况下,可实现多种元素的同时测量。

水环境中含有大量的无机盐,如 SO_3^{2-}、NO^{2-}、BrO^{3-} 等。在对水环境当中的无机盐类进行检测时,电化学检测技术同样具有广泛应用。通过工作电极的改性,人们可针对不同的无机盐进行检测,如用复合纳米材料检测水环境中的 SO_3^{2-},具有较宽的线性范围,在 3 ~ 1 000 μmol/L 内,检出限为 1.6 μmol/L;用溴酚蓝修饰后的玻碳电极,可以检测水环境中的 NO^{2-},该方法在湖水检测中得以应用,其线性范围为 0.02 ~ 109.1 μmol/L,检出限为 5 μmol/L;用毛细管电泳修饰碳圆盘电极检测水环境中的 BrO^{3-},该检测方法的线性范围为 $5.0\times10^{-8}\sim5.0\times10^{-5}$ mol/L,检出限为 2.0×10^{-8} mol/L。

从目前我国水环境的总体情况来看,有机污染物的含量呈现不断增长的态势。所以,对有机污染物进行准确检测显得尤为必要。采用电化学检测技术可检测水环境中的有机污染物,用石墨烯修饰玻碳电极,可以检测出水环境中的五氯酚物质,该方法的线性检测范围为 $1.0\times10^{-7}\sim1.0\times10^{-5}$ mol/L,检出限为 2.3×10^{-8} mol/L;用十六烷基三甲基溴化铵和蒙脱石对碳糊电极进行修饰后,可检测水环境中的苯酚,该方法检出限为 1.2×10^{-8} mol/L;使用循环伏安法测定水环境中的氯联苯,该方法的检测速度快,线性范围为 1.25 ~ 10 μg/L。

电化学检测同样在大气环境监测中被广泛应用,大气中常见的污染物包括 NO_x、

SO_2、CO_2、TSP 等。传统的大气环境监测方法一般采用分光光度法，这种方法操作复杂、检测成本高、检测效率低，而将电化学检测技术应用到大气环境监测与分析中，可弥补传统检测方法不足。在醋酸纤维膜和氧电极上固定亚硫酸盐氧化酶，制成安培型生物传感器，可在 10 min 之内完成对 SO_2样品的测定。当亚硫酸盐的浓度小于 3.4×10^{-4} mol/L 时，检出限为0.6×10^{-4} mol/L；在玻碳电极上固定聚卟啉合镍配合物制成生物传感器，结合流动注射分析技术，可对 SO_2含量进行测定，检出限为 0.15 mg/L；在氧电极上固定渗透膜和硝化细菌制成传感器，可测定大气中 NO_x的含量，检出限为 1×10^{-8} mol/L。

在农业生产中，部分地区仍然存在大量使用化肥农药的现象，对土壤环境造成了破坏。在土壤环境监测中，可应用电化学检测技术对农药残留进行监测与分析，测定农药残留量。在石墨电极基体上固定乙酰胆碱酯酶和牛血清蛋白，将其附着至碳纳米管电极表面，制成生物传感器，以测定土壤中的有机磷农药残留量。能够较为准确地检测甲基对硫磷、敌敌畏、乐果等高毒性的农药残留数据；在丝网印刷电极上修饰碳纳米管交联醋酸纤维复合材料，在复合材料上固定乙酰胆碱酯酶，制成西维因农药传感器，用来测定其质量和浓度。该传感器抑制率的线性范围为0.01 ~0.5 mg/L，农药质量浓度的线性范围为 2 ~20 mg/L；当检出限为 10% 的抑制率时，农药质量浓度为 0.004 mg/L；在碳纳米管上包裹单链 DNA，并在聚苯胺矩阵上固定乙酰胆碱酯酶，将两者交联制成生物传感器，可以检测土壤中残留的毒死蜱、甲基对硫磷，检出限为1.0×10^{-12} mol/L。硫化物和砷化物对土壤环境的污染较为严重，在传统的检测方法中，一般采用碘量滴定法、亚甲基蓝比色法等进行测定，但是这些检测方法均需要进行样品预处理，且测定误差较大，难以满足高效率测定的要求。而将电化学生物传感器应用到硫化物和砷化物测定中，可弥补传统检测方法的不足。在酸性土壤中分离出氧化硫硫杆菌，将其作为微生物电极的分子识别元件，用于硫化物的测定。将电极插入含有 S^{2-} 的缓冲溶液中，促使微生物膜中扩散进入 S^{2-}，由硫杆菌对其同化，出现电极输出电流下降的现象，此时记录下电流变化值，以准确测定硫化物浓度；从海水母中提取绿色荧光蛋白质，采用基因转换技术制备成生物传感器，可对土壤中的亚微克量砷酸盐、亚砷酸盐进行检测。

在环境监测中推广应用电化学检测技术方法，可提高环境监测工作效率和质量。环境监测领域的科研人员应加大对电化学检测的研究力度，研制灵敏度更高的自动化环境监测仪器，实现对污染物的在线检测和快速检测，推进环境监测事业快速发展。

本章参考文献

[1] 董绍俊，车广礼，谢远武. 化学修饰电极[M]. 北京：科学出版社，2003.

[2] 王嵩，王进，张继勇，等. 环境与食品安全检测中新型化学修饰电极的研究与运用[J]. 现代食品，2019(15)：76 −77.

[3] JANCZUK - RICHTER M, MARINOVI I, NIEDZIÓLKA - JÖNSSON J, et al. Recent applications of bacteriophage - based electrodes: a mini - review[J]. Electrochemistry Communications. 2018, 99 :11 - 15.
[4] 郭旭明，韩建国. 仪器分析[M]. 北京：化学工业出版社，2014.
[5] 于晓萍. 仪器分析[M]. 北京：化学工业出版社,2013.
[6] 严辉宇. 库仑分析[M]. 北京：新时代出版社,1985.
[7] 张金锐. 微库仑分析原理及应用[M]. 北京：石油工业出版社,1984.
[8] LINGANE J J. Electroanalytical chemistry[M]. 2nd ed. New York: Wiley - Inter-Science, 1958.
[9] 郑晓明. 电化学分析技术[M]. 北京:中国石化出版社,2017.
[10] 么丽. 液/液界面电化学及在环境监测分析中的应用[J]. 黑龙江环境通报,2014(4):56 - 59.
[11] 张坚. 环境检测中电化学传感器的应用[J]. 节能,2019(2):91 - 92.
[12] 梁迪思,郭杰煌,侯军沛. 电化学检测在环境监测及分析中的运用[J]. 环境与可持续发展,2017(6):111 - 113.
[13] 郝林源. 电化学检测在环境监测及污染物成分分析中的应用[J]. 节能,2020(12):89 - 90.

第3章　原子发射光谱法

3.1　概　　述

原子发射光谱法(Atomic Emission Spectroscopy,AES)是物质在光、电或热等外部能量的作用下,分解形成激发态的原子或离子并发射特征辐射,通过测量这些特征辐射的波长及其强度来对各种元素进行定性和定量分析的方法。

1762年,德国学者A. S. Marggraf首次观察到钠盐或钾盐使酒精灯火焰呈黄色或紫色的现象,也就是"焰色反应",并提出可依此区分并鉴定Na和K元素,而后来人们知道,"焰色反应"就是原子发射光;1859年,G. R. Kirchhoff和R. W. Bunsen合作研制出以本生灯为光源的首台发射光谱仪器;20世纪20年代内标法的提出,一定程度上克服了因光源不稳定和实验条件难于控制等因素对光谱测量的影响;20世纪60年代发展的电感耦合等离子体(ICP)光源,将原子发射光谱分析提高到一个新的高度;近年来,各种多通道的光谱检测器的应用,使高灵敏度和多元素同时分析成为可能。

原子发射光谱分析主要特点包括以下几个方面。

①可进行多元素同时分析。试样中的各种元素原子在受激后均可发射各自的特征谱线,因此,可以同时识别多个元素并定量。

②选择性好。例如,可测定Nb与Ta、Zr与Hf以及稀土元素等电子结构和性质极为相似的元素。

③检出限低。常规AES仪器检出限为0.1~10 μg/g(μg/mL),使用电感耦合等离子体光源(ICP)的发射光谱分析和质谱联用分析,其检出限可达ng/mL级,甚至更低。

④准确度高。相对误差基本在5%~10%,以ICP为光源的可达1%。

⑤所需试样量少。比如0.5 g或更少的土壤样品,微升级的液体样品均可进行有效测定。

⑥线性范围宽(linear range),可达4~6个数量级。

⑦分析速度快。现代仪器可在数秒至几分钟内完成一次多达数十种元素的同时测定。但一些非金属元素(如O、S、N、P和卤素元素等)因发射光谱位于远紫外区,还有一些元素(Se和Te等)因难于激发,在使用原子发射光谱法分析时存在一定的难度。

基于以上介绍,可得出原子发射光谱法的几点重要认识。

①原子发射光谱的分析对象是元素。

②测定是基于待测物质原子或离子的外层电子受激而发射的特征谱线。

③通过谱线波长及强度进行元素的定性定量。

④高灵敏度和多元素同时测定是该方法的主要优势。

第二次世界大战期间,发射光谱分析技术获得极大的发展。围绕曼哈顿原子弹工程,以铀矿分析为代表的高分辨率光谱分析,取得了重大进展。战后,一批阐述光谱分析应用和光谱仪器的专著相继问世,原子发射光谱仪也不断完善、推广,使之在各领域发挥重要作用。到这个阶段为止,其他光谱分支都尚未达到瞩目的地位。这时的光谱分析实际仅包括原子光谱分析中的原子发射光谱分析,随后,各类激发光源的出现推动了原子光谱分析技术的不断发展。

1928 年出现了第一台商品化摄谱仪 Q - 24 中型石英摄谱仪,1954 年贾瑞尔 - 阿什公司生产了第一台平面光栅摄谱仪。随着电子技术的发展,光谱仪器开始向光电化、自动化方向发展。1944 年海斯勒和迪克首推由美国 ARL 公司生产的光电直读光谱仪,以光电法代替摄谱法。20 世纪 70 年代以后,由于全息光栅分光元件以及光电器件集成化和微处理机技术的引入,极大提高了原子发射光谱仪器的光电直读性能和自动化程度。1990 年出现了以中阶梯双色散系统的“全谱型”ICP - AES 商品仪器,使 AES 仪器从结构到性能上进入高端发展阶段。

进入 21 世纪以来,火花电弧、等离子体、辉光光谱、激光光谱等 AES 分析仪器已经处于分析性能及制造技术成熟、商品化程度高度发展的局面,并不断有创新技术、新型仪器推出,将 AES 仪器向更高灵敏度、更高选择性、更高准确度,更高分析通量、数字化和智能化等方面稳步发展。例如出现的小型 CCD 光谱仪,如图 3.1 所示,为光谱仪器的小型化发展创造了更多可能。

图 3.1　小型 CCD 光谱仪

我国的原子光谱分析真正发展始于 20 世纪 50 年代,摄谱仪的大量引入使原子发射光谱分析在各领域中得到应用。我国最早广泛使用原子发射光谱分析的是地质部门,20

世纪 50 年代初,地矿部就开始建立光谱实验室;50 年代中期,建立了第一批光谱定量分析方法;50 年代后期研制出具有自动控制功能的粉末撒样专用装置;60 年代末发展了吹样光谱分析法;70 年代开始引进国外 AES 直读仪器,广泛应用于冶金生产和机械行业。但由于国内在光谱仪器的主要元部件上、仪器的商品化上相对滞后,发射光谱分析在实际应用上一直以进口仪器为主。

从商品仪器发展的角度看,我国从 20 世纪 60 年代开始组织研制 AES 商品仪器,在北京成立了第二光学仪器厂;1969 年试制成功了我国第一台 WPG – 100 型 1 米平面光栅摄谱仪;1972 年又研制了 WPG – 200 型真空光量计;1974 年国产平面光栅摄谱仪 WP – 1 开始量产;1982 年推出 7501 – A 和 7503 – A 型火花光电直读光谱仪;1992 年推出测控系统小型化和计算机化的 7501 – B 和 7503 – B 型直读仪器,性能达到了当时国外同类仪器的水平。图 3.2 所示为早期我国自主制造的 WSP – 1 摄谱仪。

图 3.2　我国自主研制的 WSP – 1 型摄谱仪

20 世纪 70 年代,我国开始对等离子体激发光源进行研发,李炳林、黄本立、朱锦芳等较早进行了 ICP – AES 的应用研究;80 年代国内对 ICP – AES 的研究多限于实验室组装仪器,且多采用摄谱法;1984 年北京二光仪器厂研制了 7502 – B 型 ICP 多道光电直读光谱仪;90 年代以后,国内 ICP – AES 发展迅速;除 ICP 激发源之外,1985 年,金钦汉等率先提出了微波等离子体炬(MPT)新型等离子体光源,具有 ICP 相似的分析性能,是我国在 MPT – AES 分析仪器上的重要贡献。

随着国家改革开放经济发展, AES 仪器的国产化逐渐全面打开,国内也涌现了一批 AES 直读仪器的厂家,在国家科学技术部的支持下,国内各种 AES 分析仪器的研发及商品化进程得到日益全面的发展。

3.2　基本原理

3.2.1　原子发射光谱的产生过程

物质由不同元素的原子组成,而原子由原子核及围绕原子核不断运动的核外电子组成。每个原子或离子的外层电子都处于一定的能量状态并具有一定的能量。正常情况下,原子处于能量最低的稳定状态或基态。但当原子受到外界能量(如热能、电能和光能等)的作用时,原子与高速运动的气态粒子(或电子)相互碰撞而获得能量,使原子外层电子从基态跃迁到能级更高的激发态。

处于激发态的原子很不稳定,在极短的时间内(约 10^{-8} s)便通过跃迁返回(弛豫)到较低能态或基态,并通过发射一定波长的电磁辐射的形式释放能量,即产生发射光谱。

量子力学理论表明,物质的原子或离子处于不连续的能量状态,当其能量状态发生变化时(ΔE), 它吸收或释放的能量($h\nu$)也是不连续的,或者说是量子化的,即 $\Delta E = h\nu$。由于不同元素的原子或离子电子结构不同,能量状态各异,因此,跃迁产生的电磁辐射的波长或频率也不相同,或者说不同元素原子及离子可产生各自的特征辐射或谱线。

基于以上介绍,原子发射光谱分析的基本原理可概括为:在热能、电能或光能等外界能量的作用下,物质的原子或离子会吸收这些能量,使其外层电子从稳定的基态跃迁到不同能级的激发态或者从能量较低的激发态跃迁到能量更高的激发态。这些处于激发态的原子或离子很不稳定,在极短的时间内(约 10^{-8} s)就能返回到能量较低的激发态或基态,并释放能量,发射具有特征波长的电磁辐射。通过识别这些特征辐射的波长,可以进行元素的定性分析;根据特征辐射的强度与待测原子或离子浓度的函数关系,进行元素的定量分析。此外,在原子光谱分析中还应明确以下几个概念。

(1)共振线。

原子外层电子从任何一个较高能级跃迁到基态所产生的谱线都称为共振线。从第一激发态跃迁到基态称为第一共振线,从第二激发态跃迁至基态称为第二共振线,依此类推。通常,第一共振线因从基态跃迁至第一激发态所需的激发能最小,跃迁概率最高,因此返回至基态时产生的谱线强度也最大。

(2)激发电位和电离电位。

原子中的某个外层电子从基态跃迁至激发态所需的能量被称为原子的激发电位,通常以电子伏特(eV)来度量;当外加的能量足够大时,原子中的外层电子可从基态跃迁至无限远处,该过程称为电离,所需能量称为电离电位。电离失去一个电子所需要的能量称为一级电离电位,失去两个电子和三个电子所需能量分别称为二级电离电位和三级电离电位;失去部分电子后的离子,其外层电子也可受激而跃跃到激发态,所需的能量即为离子的激发电位。在光谱分析中,规定使用罗马数字Ⅰ表示原子线,Ⅱ、Ⅲ、Ⅳ等表示离子线。如Mg(Ⅰ)表示Mg的原子线,Mg(Ⅱ)表示Mg^{+}发射的离子谱线,Mg(Ⅲ)表示Mg^{2+}发射的离子谱线。

3.2.2 能级与能级图

1. 单个价电子能级描述

原子中核外电子所处的运动状态或能量状态可用4个量子数,即主量子数n、角量子数l、磁量子数m和自旋量子数m_s来规定和描述。

(1)主量子数n。

主量子数n表示电子离原子核的远近,决定电子的能量。n为正整数($n=1,2,3,\cdots$),半长轴相同的轨道上的电子具有相同的n值。

(2)角量子数l。

角量子数l表示轨道形状或空间伸展方向,决定电子角动量。$l=0,1,2,3,\cdots,n-1$,相应的轨道符号为s、p、d、f等。

(3)磁量子数m。

磁量子数m表示在磁场中电子轨道不同空间伸展方向的角动量分量。$m=l,l-1,l-2,\cdots,0,-1,\cdots,1-l,-l$。

(4)自旋量子数m_s。

自旋量子数m_s表示电子自旋运动的两个方向。$m_s=\pm 1/2$。

2. 多价电子能级及光谱项

上述4个量子数可以从一定程度描述单个价电子的原子或离子的运动状态和能量状态,但不能很好地解释多个价电子的原子或离子的电子运动状态之间(包括电子轨道之间、电子自旋运动之间以及轨道与自旋之间)产生相互作用所引起的运动情况或能量状态的变化。因此,有多个价电子的原子的能量状态需要n、L、S和J四个量子数为参数的光谱项来修正或表征,即

$$n^{2S+1}L_J$$

在该光谱项中,n仍为主量子数。

L为总角量子数,表示两个或多个外层电子角量子数($l_1,l_2,l_3\cdots$)的矢量和($\sum \boldsymbol{l}$)。例如,两个电子(角量子数分别为l_1、l_2)之间发生耦合所得到的总角量子数L为

$$L=l_1+l_2,l_1+l_2-1,l_1+l_2-2,\cdots,|l_1-l_2|$$

L可能取值为0,1,2,3,…,则光谱项中的L分别用s、p、d、f等来代替。如果有3个价电子,可以先求出其中2个电子耦合的L值,再求该L与第3个电子的角量子数l_3耦合的矢量和。

S为总自旋量子数,自旋与自旋之间也有较强的作用,多个价电子的总自旋量子数S表示所有各个价电子自旋量子数m_s的矢量和($\sum \boldsymbol{m}_s$),其值可取0,±1/2,±1,±3/2,…。

J 为内量子数,表示轨道运动与自旋运动之间的作用,它是由轨道磁矩与自旋量子数之间的相互作用而得出的,以总角量子数 L 与总自旋量子数 S 的矢量和表示,即 $J=L+S$。J 的取值为

$$J=L+S, L+S-1, L+S-2, \cdots, |L-S|$$

注意:①当 $L \geqslant S, J=L+S \sim L-S$,有 $2S+1$ 个取值;②当 $L<S, J=S+L \sim S-L$,有 $2L+1$ 个取值。

光谱项符号 L 左上角的 $2S+1$ 被称为光谱的多重性。

3. 光谱项的求算与能级图

以价电子数分别为1(如Na原子和 Mg^+)和2(如Mg原子)为例,分别求出它们不同能级的光谱项,以说明光谱多重性及能级图的含义。

(1)价电子数为1的Na原子或 Mg^+。

当原子或离子处于基态时,价电子在核外的电子排布为 $3s^1$,其总自旋量子数 $S=1/2$;在激发态时,它可跃迁到4s,5s,…,3p,4p,…,3d,4d,…等轨道,其总自旋量子数仍为 $S=1/2$。

①当原子处于基态时:$S=m_s=1/2$;因位于3s轨道,因此 $l=0$,其总角量子数 $L=l=0$(对应的符号为S);内量子数 $J=(L+S, L-S)$,因 $L(=0)<S(=1/2)$,J 可取 $2L+1=2\times0+1=1$ 个值。将求得的 S 值(更换成 $2S+1$)、L 值(以相应的符号代替)和 J 值代入 $n^{2S+1}L_J$,可得基态的光谱项为 $^2S_{1/2}$。

②当电子被激发至3p能量轨道或能态时(p轨道角量子数为 $l=1$):总自旋量子数仍为 $S=1/2$。总角量子数为 $L=l=1$。内量子数 $J=(L+S, L-S)$,因 $L=1, S=1/2, L>S$,因此,J 可取 $2S+1$ 个值,即3/2和1/2。将求得的 S 值(更换成 $2S+1$)、L 值(以相应的符号代替)和 J 值代入 $n^{2S+1}L_J$,可得激态处于p轨道激发态的光谱项为 $3^2P_{3/2}$ 和 $3^2P_{1/2}$。激发至4p,5p,6p,…轨道上的光谱项除 n 不同外,其他都一样。

③当电子被激发至d能量轨道时(p轨道角量子数为 $l=2$),同上可求得 $S=1/2$、$L=l=2$、$J=(L+S, L-S)=(5/2, 3/2)$,相应激发态的光谱项为 $3^2D_{5/2}$ 和 $3^2D_{3/2}$。激发至4d,5d,6d,…轨道上的光谱项除 n 不同外,其他都一样。

上述所得的各项光谱项的跃迁可用图3.3表示。

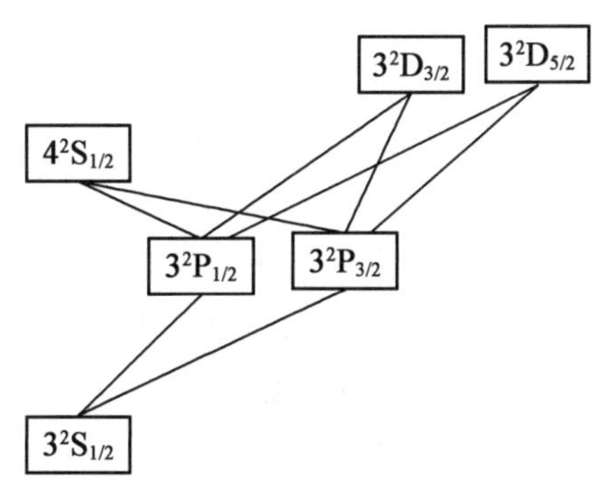

图3.3 单个价电子的原子或离子的光谱项及其跃迁示意图

图 3.3 表明,两个因能量稍有不同的 p 轨道(J 不同)可跃迁至基态($3^2S_{1/2}$),产生两条波长和强度均很接近的谱线,以 Na 原子为例,为 589.0 nm 和 589.6 nm,这两条谱线也被称为 Na 的双黄线;同样,从能量较高的激发态 $3^2D_{3/2}$ 也可跃迁至能量较低的激发态($3^2P_{3/2}$ 和 $3^2P_{1/2}$),也能产生强度和波长均很接近的谱线,以 Na 原子为例,为 818.3 nm 和 819.5 nm,从激发态 $4^2S_{1/2}$ 到激发态($3^2P_{3/2}$ 和 $3^2P_{1/2}$)的跃迁也具有类似规律。

可见,对总自旋量子数 S 为 1/2 的单电子原子或离子而言,其光谱项中的 $2S+1$ 值均为 2,产生双重线,因此称 $2S+1$ 为光谱的多重性。如果将 Na 原子和 Mg^+ 的所有能级的光谱项一一求出,通过激发电位和辐射波长,可制成如图 3.4 所示的能级图。

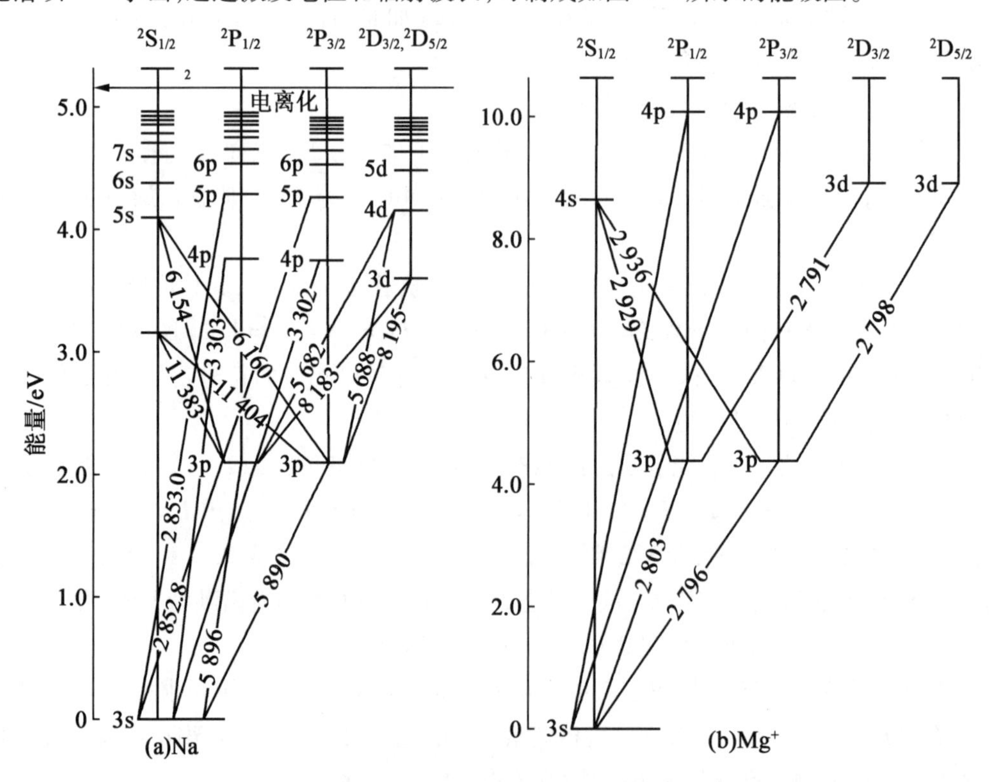

图 3.4 Na 原子和 Mg^+ 的能级图

图 3.4 能级图表明:①当能量高于 5.2 eV 和 10.2 eV 时,Na 和 Mg^+ 的 3s 电子将电离。②图中各条水平短线表示不同原子轨道(s,p,d,f,…)的能级和能量分布情况;竖线表示不同电子层(n 值不同)下,相同原子轨道的能级分布。③p 轨道分裂成能量差别不大的两个 P 轨道($P_{1/2}$ 和 $P_{3/2}$),而 d 轨道分裂成能差更小的两个 D 轨道($D_{3/2}$ 和 $D_{5/2}$)。这是因为在电子绕自身轴转动时,其自旋方向与其轨道运动方向一致或者相反,因此分裂成两个能量大小不同的能级(显然前者电子的能量稍大于后者)。图中 p 轨道分裂成两个能量稍有不同的能级,在 d 和 f 轨道也有类似的现象,但它们的能量差值更小,难以分辨(比如 d 轨道分裂的两个光谱项在图中直接写作 $^2D_{3/2,5/2}$)。④较高能态的单电子原子轨道 p、d、f 均分裂为两种状态,都产生双线,与原子是否荷电无关;但不同轨道间的能量

差相差较大。⑤价电子数为1的Mg^+离子能级图与Na原子非常相似，但因Mg^+的核电荷较大，故其3p和3s状态间的能量差大约为Na原子相应能量差的2倍。

(2)价电子数为2的原子(以Mg原子为例)。

外层电子的轨道排列分布可表示为$3s^2$(单重态)和$3s^1 3p^1$(三重态)，因此，$S=1/2-1/2=0$(异向)，光谱多重性为$2S+1=1$或$S=1/2+1/2=1$(同向)，光谱多重性为$2S+1=3$。即产生单线及三重线。

①当自旋方向不同时，$S=1/2-1/2=0, 2S+1=1$(单重线)。

当$L=0$时，$J=(L+S,L-S)=(0,0)$，J取$2S+1=1$个值，即$J=0$，光谱项为$^1S_0$；

当$L=1$时，$J=(L+S,L-S)=(1,1)$，J取$2S+1=1$个值，即$J=1$，光谱项为$^1P_1$；

当$L=2$时，$J=(L+S,L-S)=(1,1)$，J取$2S+1=1$个值，即$J=2$，光谱项为$^1D_2$；

②当自旋方向相同时，$S=1/2+1/2=0, 2S+1=3$(三重线)。

当$L=0$时，$J=(L+S,L-S)=(1,1)$，J取$2S+1=1$个值，即$J=1$，光谱项为$^3S_1$；

当$L=1$时，$J=(L+S,L-S)=(2,0)$，J取$2S+1=3$个值，即$J=2$、1、0，光谱项为$^3P_2$、$^3P_1$、$^3P_0$；

当$L=2$时，$J=(L+S,L-S)=(3,1)$，J取$2S+1=3$个值，即$J=3$、2、1，光谱项为$^3D_3$、$^3D_2$、$^3D_1$。

可将上述求得的Mg原子光谱项及其跃迁情况用图3.5表示。

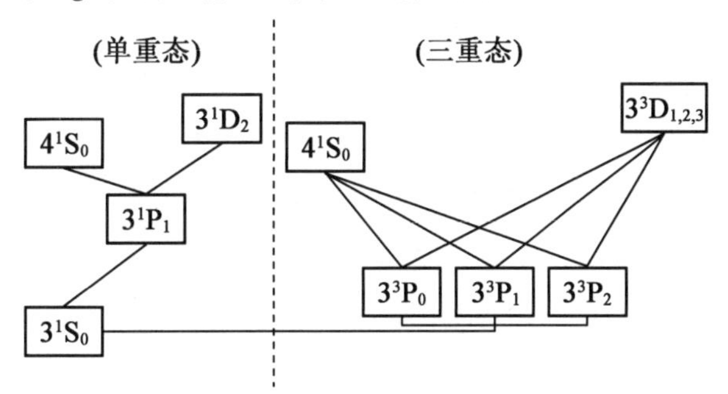

图3.5 Mg原子的光谱项及其能级跃迁示意图

由图3.5可知，原子能级分为单重态和三重态。单重态的跃迁包括从p轨道($^1P_1$)到s轨道($^1S_0$)，从d轨道($^1D_2$)到p轨道($^1P_1$)，它们都产生单线；三重态的跃迁包括从s轨道($^1S_0$)和d轨道($^3D_{1,2,3}$)到三个能量或波长稍有不同的p轨道(J不同)，都产生三重线。因此，价电子数为2的原子或离子的光谱多重性为单线和三重线。

那么，对于价电子为3，4，5，…的原子，其光谱多重性如何计算呢？若原子电子数为3，则自旋排列方式只有↑↑↑和↑↑↓两种(其他排列，↓↓↓与↑↑↑相同，↑↓↓与↑↑↓相同)，其总自旋量子数分别为$S=1/2+1/2+1/2=3/2$和$S=1/2+1/2-1/2=1/2$。因此，价电子数为3的光谱多重性$2S+1$分别是4和2，即产生四重线和双线，依此类推，可求得价电子数为4和5的光谱多重性。

如果将 Mg 原子所有能级的光谱项一一求出,通过激发电位和辐射波长,可制成如图 3.6 所示的能级图。

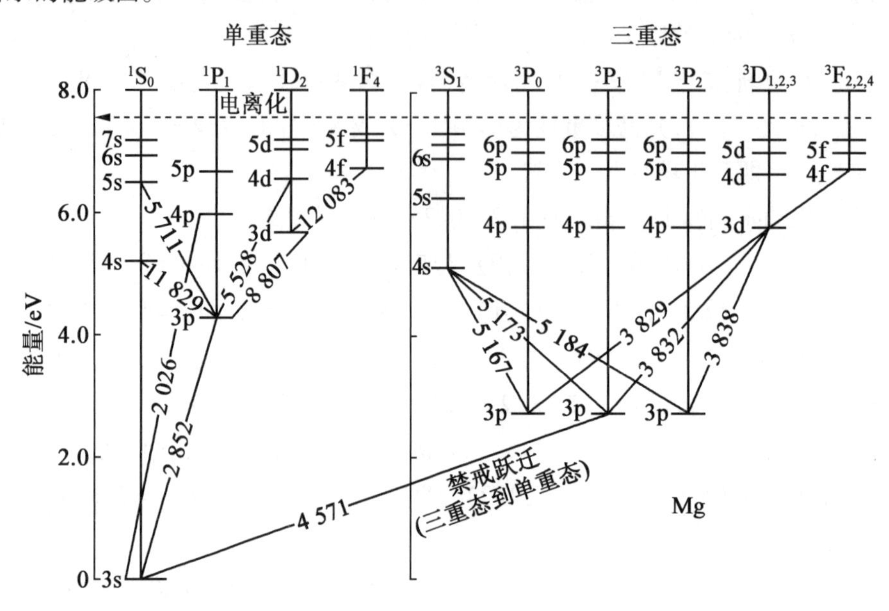

图 3.6 Mg 原子能级图

对图 3.6 中 Mg 原子能级图的理解可参照前面对 Na 原子能级图描述。稍有不同的是,多价电子的原子通常会有至少两组或以上的多重线,如双电子有单线和三重线,3 电子有双线和四重线,4 电子有单线、三重线和五重线,5 电子原子有双线、四重线和六重线,等等。此外,两个不同多重态(或者说 $2S+1$ 不同)之间的跃迁一般是禁阻的,不能产生跃迁,也称禁戒跃迁(见跃迁定则)。但在图 3.6 中发现,从 3^3P 跃迁到 3^1S,产生了一条波长为 457.1 nm 但强度非常微弱的谱线。也就是说,不同多重态之间不能发生跃迁,即使偶有发生,发射谱线的强度也是非常弱的。

虽然,原子或离子价电子的能级可以用 4 个量子数或光谱项来描述,但随着原子外层电子数和价电子数的增加,其能级会变得十分复杂,原子光谱与能级图的关联性也会越来越差。也就是说,一些较重的原子,尤其是过渡元素,不能简单地用能级图描述,因这些元素原子能级众多,可发射大量谱线,如碱金属(30 ~ 645 条)、Mg(173 条)、Ca(662 条)、Ba(472 条)、Cr(2 277 条)、Fe(4 757 条)、Ce(5 755 条)等。

4. 跃迁定则及谱线的超精细结构

必须强调的是,并不是任何两个光谱项或两个能级之间都可以发生跃迁并产生相应的光谱,跃迁必须遵循一定的规则。只有满足以下条件,才能产生跃迁。

①$\Delta n=0$ 或任意正整数,即是否跃迁跟主量子数无关。

②$L=+1$,即跃迁只能在 S 与 P、P 与 D、D 与 F 之间发生。

③$\Delta S=0$,即跃迁只能在光谱多重性相同的情况下发生。例如在单重态与双重态之

间、单重态与三重态之间等等则不允许跃迁。

④$\Delta J=0$，± 1（当 $J=0$ 时，$\Delta J=0$ 的跃迁为禁戒跃迁），如$^{2S+1}P_1$与$^{2S+1}D_1$之间（$\Delta J=0$）可以跃迁；$^{2S+1}P_0$ 与$^{2S+1}D_0$ 之间（$\Delta J=0$），则不能跃迁（因为 $J=0$）。

需要说明以下两点。

（1）跃迁的定则不是绝对的。有些禁戒跃迁也可发生，如 Mg 457.1 nm 谱线是 $3^3P_{0,1,2}$到 3^1S_0 之间的跃迁产生的，以及 Zn 307.6 nm 谱线是由 4^3P_1到 4^1S_0 之间的跃迁产生的，它们的 $\Delta S\neq 0$，是禁戒跃迁。一般这种谱线产生的机会很少，如果产生，那么其谱线强度通常都很弱。

（2）有些情况下，光谱项 $n^{2S+1}L_J$并不是唯一的能态或能级，每个光谱支项 J 还有 $2J+1$ 个能级。无外磁场时，这 $2J+1$ 个能级是相同的或称是简并的，只有一个 J 值；而当原子处于磁场中时，原子磁矩与外加磁场之间的相互作用，导致光谱项能级的进一步分裂，简并解除，一个 J 能级（谱线）分裂成 $2J+1$ 个能级（谱线），这种现象被称为塞曼效应（Zeeman effect）或谱线的超精细结构（ultra-fine structure）。如，原来的 $3^3P_{3/2}$认为是一个能级，代表 1 个能量状态，但在磁场中 $J=3/2$ 能级可进一步分裂为 $2J+1=2\times 3/2=4$ 个能级，即 $3^3P_{3/2}$、$3^3P_{1/2}$、$3^3P_{-1/2}$和 $3^3P_{-3/2}$。如图 3.7 所示为 Na 原子在是否考虑轨道伸展方向与电子自旋之间的相互作用（$L-S$ 相互作用）以及外加磁场条件下，能级的分裂情况。

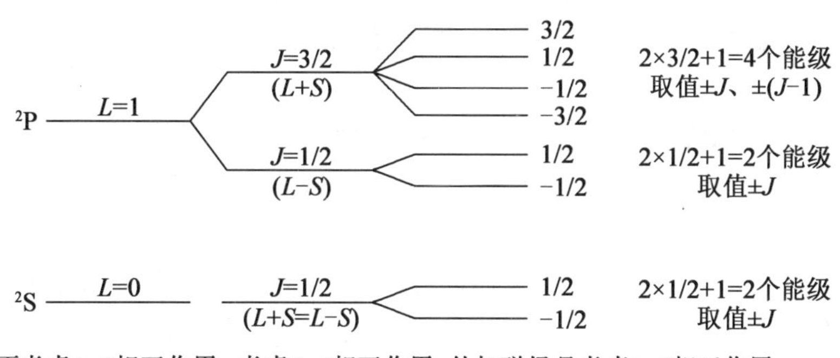

图 3.7 Na 原子能级分裂示意图

3.2.3 谱线强度与待测物浓度的关系

元素定量分析需要测定其特征辐射或谱线强度。那么，谱线强度易受哪些因素影响？它与待测元素浓度的关系如何？

1. 玻尔兹曼分布及影响谱线强度因素

由于原子电磁辐射是在外界能量的作用下，原子外层电子受激跃迁而产生，因此，原子光谱的发射强度受外界能量的影响比较大。如果受激能量来源于热能或电能，原子则处于热能或电能所形成的高温等离子体内。当原子吸收能量被激发后，再由某一激发态

i 跃迁到较低能级或基态，所发射的谱线的强度 I 与处于激发态的原子个数有关，即处于激发态的原子个数越多，发射的谱线强度越大。

当温度一定的高温等离子体处于热力学平衡时，单位体积的基态原子数 N_0 与位于激发态原子数 N_i 之间满足玻尔兹曼(Bolzmann)分布定律，即

$$N_i = N_0 \frac{g_i}{g_0} e^{-E_i/kT} \tag{3.1}$$

式中，g_i 和 g_0 分别为激发态和基态的统计权重；k 为玻尔兹曼常数，1.38×10^{-23} J/℃$^{-1}$；E_i 为激发能，eV；T 为激发温度，K。

原子外层电子在 i 和 j 两个能级之间的跃迁，所发射谱线强度为

$$I_{ij} = A_{ij} \nu_{ij} h N_i \tag{3.2}$$

式中，A_{ij} 为两个能级间的跃迁概率；h 为普朗克常数；ν_{ij} 为发射谱线的频率，Hz。

将式(3.1)代入式(3.2)，得

$$I_{ij} = A_{ij} \nu h N_0 \frac{g_i}{g_0} e^{-E_i/kT} \tag{3.3}$$

由式(3.3)可见，影响谱线强度的因素包括以下几个。

(1)激发电位。由于谱线强度与激发电位成负指数关系，因此激发电位越高，谱线强度越小。因为随着激发电位的增高，处于激发状态的原子数迅速减少。

(2)跃迁概率。电子在某两个能级之间每秒跃迁的可能性大小即是跃迁概率，它与激发态寿命成反比，也就是说原子处于激发状态的时间越长，跃迁概率越小，产生的谱线强度越弱。

(3)统计权重。统计权重也称简并度，是指能级在外加磁场的作用下，可分裂成 $2J+1$ 个能级，谱线强度与统计权重成正比。当两个不同 J 值的高能级跃迁到同一低能级时，产生的谱线强度也不相同。

(4)激发温度。光源的激发温度越高，谱线强度越大。但实际上，温度升高，一方面使原子易于激发，另一方面也增加了电离，致使元素的离子数不断增多而原子数不断减少，导致原子线强度减弱，所以实验室应该选择适当的激发温度。

(5)基态原子数。谱线强度与进入光源的基态原子数成正比，一般认为，试样中被测元素的含量越高，发出的谱线强度越强。

2. 谱线强度与待测物浓度的关系

在以上影响谱线强度的因素中，激发电位、跃迁概率和统计权重主要跟原子或离子的性质有关。对于某一选定的谱线而言，它们基本对其强度的影响可以认为是常数。因此，影响谱线强度最重要的因素是激发温度和基态原子数。如果控制激发温度 T 使其保持相对稳定，则从式(3.3)可以得到

$$I_{ij} = aN_0\text{，或直接记为 } I = ac \tag{3.4}$$

式中，a 为常数；c 为待测原子的浓度。

待测原子的总数包括基态原子数和激发态原子数两部分，但与基态原子数相比，处

于激发态的原子数很少，不到基态原子数的 1%。因此，基态原子数 N 可认为就是待测原子的总原子数或浓度 c。可见，$I \propto c$，即谱线强度与待测原子的浓度成正比，这也是发射光谱分析的定量依据。

然而，在光谱分析中，光源通常为高温等离子体，是由各种分子、原子、离子和电子等粒子组成的电中性集合体。等离子体有一定的空间体积，其内部温度和原子的分布并不均匀，中间部分温度较高，激发态原子数多，边缘部分温度较低，基态或能级较低的原子数较多。当原子在光源中间区域发射某一波长的辐射时，必须通过边缘部分到达检测器。在通过这段路程时，可能会被处于边缘部分的同一元素的基态原子或低能态原子吸收，从而使谱线强度，尤其是谱线中心的强度减弱，这种现象被称为谱线自吸。原子浓度越高，谱线越强，等离子体光源空间半径越大，则自吸越严重。当发生严重自吸时，谱线中心强度减弱到接近于 0，就像原来的一条谱线变为两条，这种严重的自吸现象被称为谱线自蚀，如图 3.8 所示。

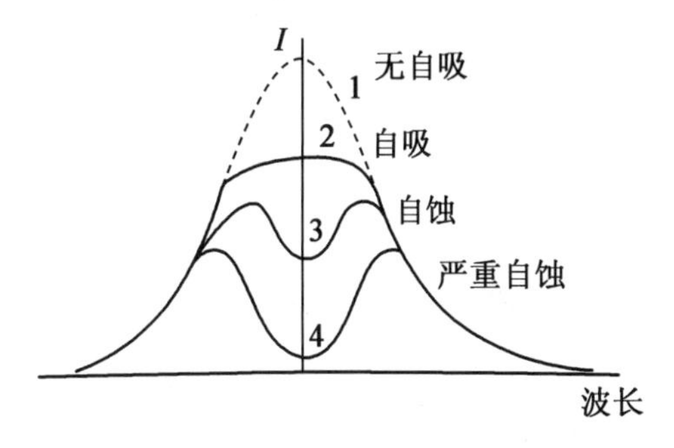

图 3.8 谱线自吸与自蚀

如果同时考虑谱线的自吸效应，设自吸效应系数为 b，那么谱线强度与原子浓度的关系可用赛伯－罗马金公式（Schiebe－Lomarkin）表示，有

$$I = ac^b \tag{3.5}$$

式中，a 为与试样性质及实验条件有关的常数。取常用对数，式（3.5）变为

$$\lg I = b\lg c + \lg a \tag{3.6}$$

此式为 AES 定量分析基本关系式。

以 $\lg I$ 对 $\lg c$ 作图，得校正曲线。当试样待测原子浓度较高时，自吸系数 $b < 1$，工作曲线发生弯曲。

3.3 原子发射光谱仪

原子发射光谱仪由光源、样品、单色系统、检测系统等组成。图 3.9 所示为发射光谱仪器组成与结构示意图。

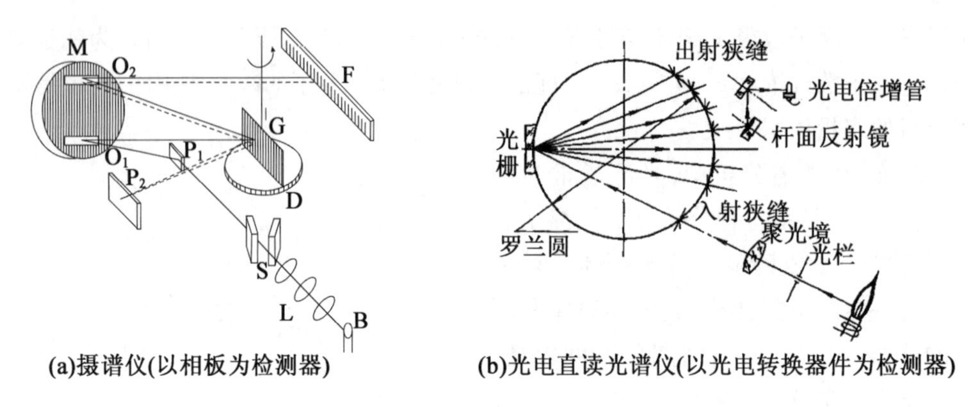

(a)摄谱仪(以相板为检测器)　(b)光电直读光谱仪(以光电转换器件为检测器)

图 3.9　发射光谱仪器组成与结构示意

图 3.9(a)所示为一种非常经典的光谱仪器。因为采用相板记录和测量谱线,因此,此类仪器被称为摄谱仪。其工作原理为样品在光源中被激发产生的光经过三透镜照明系统聚集于入射狭缝,通过狭缝的光经准直镜后成为平行光后照射于光栅,经光栅色散不同波长的光,由物镜分别聚集于物镜焦面(感光相板)上的不同位置。此时,相板检测器类似于照相胶卷,感光后的相板通过显影和定影,呈现出类似条形码的谱线。放大后(通常放大 20 倍)与标准波长图谱对照,即可获得元素的定性信息。谱线强度越大,相板上谱线的黑度也越大,采用专用的黑度计(黑度计的测定原理与分光光度计类似)测量目标元素谱线的黑度,即可进行元素定量分析。

图 3.9(b)所示为采用各种光电转换器件为检测器的光谱仪器,通称光电直读光谱仪。这类仪器通常设置单个出射狭缝和单个光电检测器在其会聚透镜的焦面上,或设置多个出射狭缝和多个光电转换检测器。前者通过改变光栅转角使不同波长的光依次通过狭缝并检测(波长扫描)或通过二极管阵列(PDA)或电荷转移器件(CID 和 CCD)进行检测;后者则是让各自元素的光通过其固定波长的狭缝并使用多个光电检测器同时检测。

现代光电直读光谱仪大多采用中阶梯光栅和半球面的凹面光栅为分光原件。图 3.10 所示为凹面光栅分光示意图。与平面光栅相比,凹面光栅的球形焦面(又称罗兰圆)位置上可以设置更多的狭缝和检测器,大大扩展了测量波长的范围。与其他分光元件相比,凹面光栅除了可以容纳更多检测波长之外,它还具有分光和聚光的双重作用,大大提高了分析的精准度。

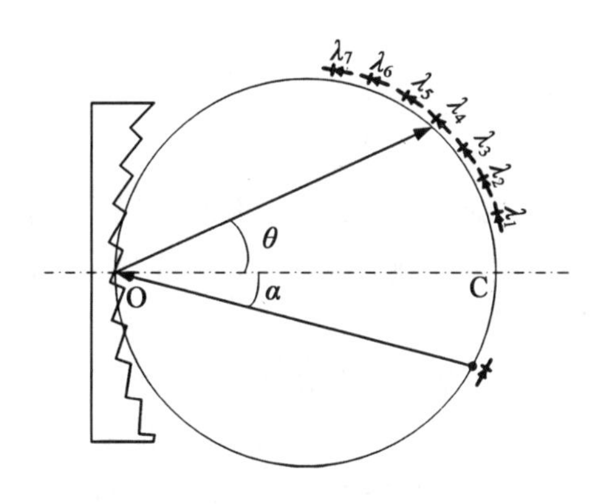

图3.10 凹面光栅分光示意图

3.3.1 光源

在原子发射光谱分析中,需在外加各种能量的作用下,使待测物蒸发、分解并使外层电子激发,才能产生可观测的、位于紫外-可见光区的电磁辐射。原子发射光谱的光源为外加能量,主要包括火焰(flame)、电弧和火花等经典光源以及激光、电感耦合等离子体(Inductively Coupled Plasma,ICP)光源和微波诱导等离子体等现代光源。在早期,原子发射光谱多采用火焰、电弧和电火花使试样原子化并激发,目前它们在金属元素的分析中仍具有重要应用。然而,随着等离子体光源的出现,特别是电感耦合等离子体光源的出现,等离子体光源得到更广泛的应用,成为现代光谱仪器最重要的光源。

如果采用外部能量将不导电的中性气态分子电离转变成有一定量的离子和电子,则气体可以导电,此时将电流通过气体,这种现象称为气体放电。发射光谱所用激发光源,如电弧、火花和等离子体炬等都属于常压气体放电。

当火焰、紫外线、X射线等作用于气体时可使气体电离,但在停止作用后,气体又转为绝缘体,这种放电称为被激放电。若在外电场的作用下,气体中原有的少量离子和电子向两极做加速运动并获得能量,在趋向电极时与气体分子和原子产生碰撞,并使之电离。由此生成的电子和离子也被电场加速,使新的原子和分子被碰撞电离,从而使气体具有导电性。这种因碰撞电离产生的放电称为自激放电。

在气体放电过程中,部分分子和原子因与电子或离子发生碰撞虽然不能电离,但可以从中获得能量而激发,并发射光谱,因此气体放电可以作为激发光源。

原子发射光谱各光源多为气体放电,特点如下:①当使用光源温度不太高时,元素间的干扰较少;②一次激发即可同时获得多元素的发射光谱,适用于样品量小的多种元素分析;③使用现代高温等离子体光源的光谱仪的线性测量范围可达5~6个数量级,还可以用于难熔氧化物的元素(如硼、磷、钨、铀、锆和镍的氧化物等)以及一些非金属元素(如氯、溴、碘和硫)的分析;④光源产生的发射光谱线多达几百甚至上千条,虽可提供大量定性分析信息,但同时也增加了定量分析光谱干扰的可能性;⑤温度通常在2 000~

10 000 K 之间。

下面介绍几种常见的光源。

1. 火焰

火焰光源通常是由燃气（如天然气、乙烷、乙炔或氢气等）与助燃气（如空气、氧气和氧化亚氮等）按一定比例混合燃烧而成。在原子发射光谱分析的光源中，该类光源的温度不高，在 2 000～3 000 K 之间。

在利用火焰作为激发光源时，常常采用溶液雾化进样、滤光片分光和光电池检测，如图 3.11 所示。火焰光度计具有装置简单、稳定性高和价格低廉等优点，常用于碱金属、钙等谱线简单的几种元素的测定，分析精度高，在自来水、硅酸盐和血浆等样品的分析中应用较多。

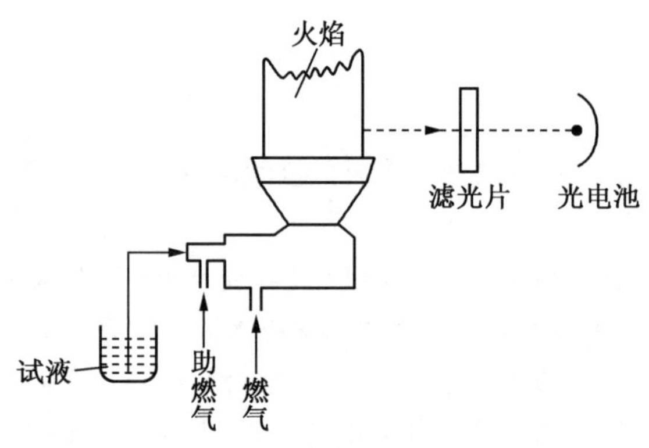

图 3.11　火焰光度计组成示意

2. 直流电弧

直流电弧电路示意图如图 3.12 所示。直流电弧的产生可归纳为接触或高频引燃和二次电子发射放电。

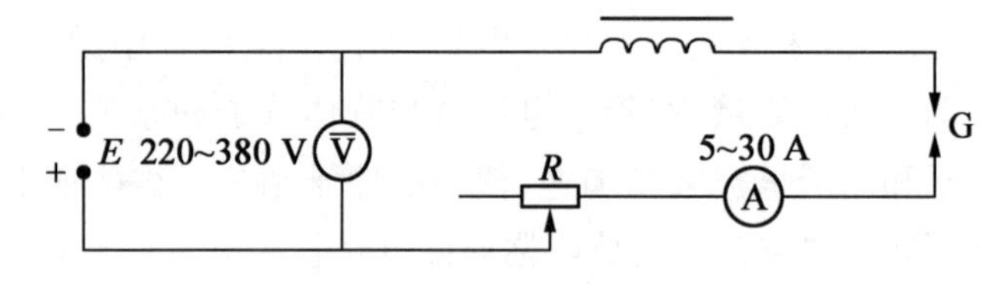

图 3.12　直流电弧电路示意

在图 3.12 中，可变电阻 R 用于调节电路电流，电感线圈用来抑制交流电，G 为加有 220～380 V 直流电压的放电间隙，其上部电极为阴极，下部电极为阳极或盛装样品的电极。

（1）直流电弧光源的工作原理。

①将 G 的上下电极接触短路导致空气电离引燃（也可采用高频引燃），产生电子和离子。

②电子和离子在冲向阳极和阴极的过程中与气体分子发生碰撞,产生新的离子再次冲向阴极,引起二次电子发射。如此循环往复,电弧不灭,电流持续,回路中直流电流达5~30 A。由于阴极发射的热电子不断撞击阳极(样品常盛于下电极或阳极),产生高温阳极斑(4 000 K),样品在此高温下蒸发并原子化进入电弧内与分子、原子、电子和离子碰撞激发而发射光谱;同样离子也有类似行为,其撞击阴极也产生阴极斑(3 000 K)。通常,直流电弧的温度为4 000~7 000 K。

(2)直流电弧光源的特点。

①样品蒸发能力强。由于大量电子持续不断地撞击阳极或盛装样品的电极,产生高温阳极斑,蒸发进入电弧的待测物增多,因此,分析的绝对灵敏度高,尤其适用于元素的定性分析,也可用于部分矿物、岩石等难熔样品及稀土难熔元素的定量分析。

②电弧稳定性较差。由于直流电弧不稳定,易发生漂移,因此,定量分析的重现性较差。

③弧层厚度大,易产生较严重的自吸。

3. 低压交流电弧

低压交流电弧不能像直流电弧在点燃后可以持续放电,它需要增加一个高频震荡引燃电路,才能保持电弧不灭,其电路示意图如图3.13所示。低压交流电弧的产生可简单描述为高频高压引燃,低压放电。

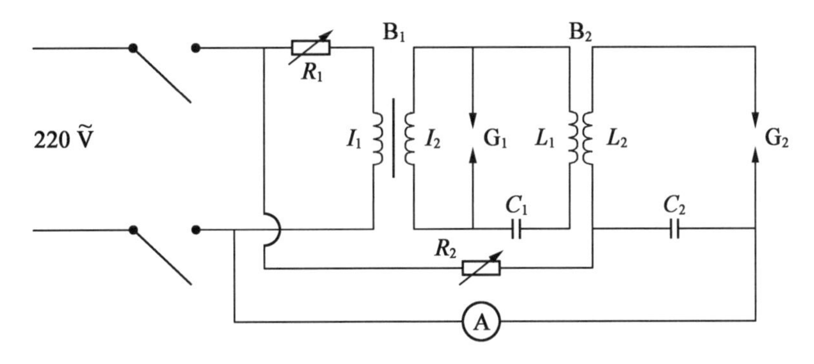

图3.13 低压交流电弧电路示意图

(1)低压交流电弧光源的工作原理。

①低压交流电(110~220 V)被变压器B_1升到2~3 kV并对C_1充电(R_1控制充电速度)。

②当C_1达到一定能量时,G_1被击穿,形成$C_1-L_1-G_1$高频高压振荡回路(G_1间距可调节振荡速度,并使每半周只振荡一次)。

③上述振荡电压被B_2变压器进一步升至10 kV,G_2被击穿,产生的高频高压振荡引燃分析间隙G_2。

④G_2被击穿瞬间,产生离子和电子,线路导通,加在G_2两端的220 V低压交流电可以

使 G_2 放电(通过 R_1 和电流表)形成电弧。

(5)交流电压降低至电弧熄灭,在下半周,高频振荡电压再次引燃,电弧重新放电。如此往复,使 G_2 不断被引燃,从而保持电弧不灭。

(2)低压交流电弧光源的特点。

①电弧温度较高。因交流电弧电流具有脉冲性,电流密度较大,所以电弧温度高,激发能力较强,对大多数元素的定量分析都适用。

②电弧较稳定。产生的谱线强度稳定,分析的重现性和精密度好,适用于定量分析。

③蒸发温度较低。由于交流电弧不断改变电流方向,电子或离子对样品电极的持续冲击不如直流电弧,因此电极温度相对较低,样品蒸发能力比直流电弧差,因而其定性能力和对难熔盐元素分析的灵敏度不如直流电弧。

4. 高压火花

通常情况下,当电极两端施加的高压达到间隙的击穿电压时,电极间会发生尖端快速放电,产生电火花。放电沿着狭窄通道进行,并伴有爆裂声(如雷电),即属于火花放电。图 3.14 所示为高压火花的电路图。火花发生过程可简单描述为高频高压引燃,高压放电。

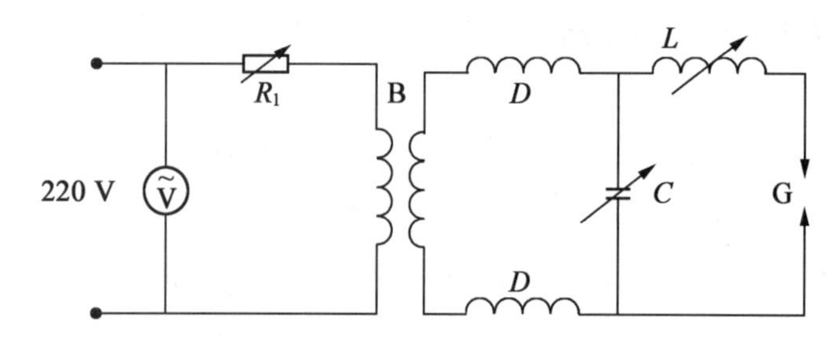

图 3.14　高压火花电路图

(1)高压火花光源的工作原理。

①220 V 交流电压被变压器 B 直接升至 10～25 kV 的高压,通过扼流线圈向电容 C 充电,直到电容 C 的充电电压达到电极间隙 G 的击穿电压时,击穿 G 并产生火花放电。

②当 G 被击穿,$L-C-$G 回路形成高频振荡电流。

③在高频振荡电流下半周放电中断时,电容 C 又重新充电、放电,如此往复,保持火花不灭。为保持火花光源的稳定性,通常在放电电路串联一个由同步电机驱动的断续器。

(2)高压火花光源的特点。

①激发温度高。放电瞬间能量很大,因此放电间隙电流密度很高,火花温度瞬间可达 10 000 K。适用于难激发元素的分析,同时,许多原子可以被电离并产生离子线(或称火花线)。

②放电稳定性好。分析重现性好,适用于定量分析。

③电极温度低。由于放电间隙长，电极温度或蒸发温度低，因此不适于定性分析。特别适合于易熔金属、合金样品或高含量元素（因为蒸发温度低）的定量分析，且金属本身可以直接做成电极。

5. 电感耦合等离子体

等离子体是指虽产生了电离或部分电离，但是宏观上仍呈电中性的物质。等离子体的力学性质（可压缩性、气体分压正比于绝对温度等）与普通气体相同，但由于等离子体存在带电粒子，其电磁学性质则与普通中性气体完全不同。电感耦合等离子体（ICP）是20世纪60年代发展起来的新型光源，70年代得到迅速发展和广泛应用。

ICP光源通常由高频发生器、ICP炬管和样品引入系统（喷雾器）3部分构成。其中，高频发生器与ICP炬管中被称为RF线圈的2～3匝中空铜管线圈连接，作为高频感应线圈，产生高频电场或磁场为等离子体提供能量。通常其频率为27～50 MHz，功率为2～4 kW，工作时需保持通水冷却。图3.15所示为ICP光源的结构及样品引入系统示意图。

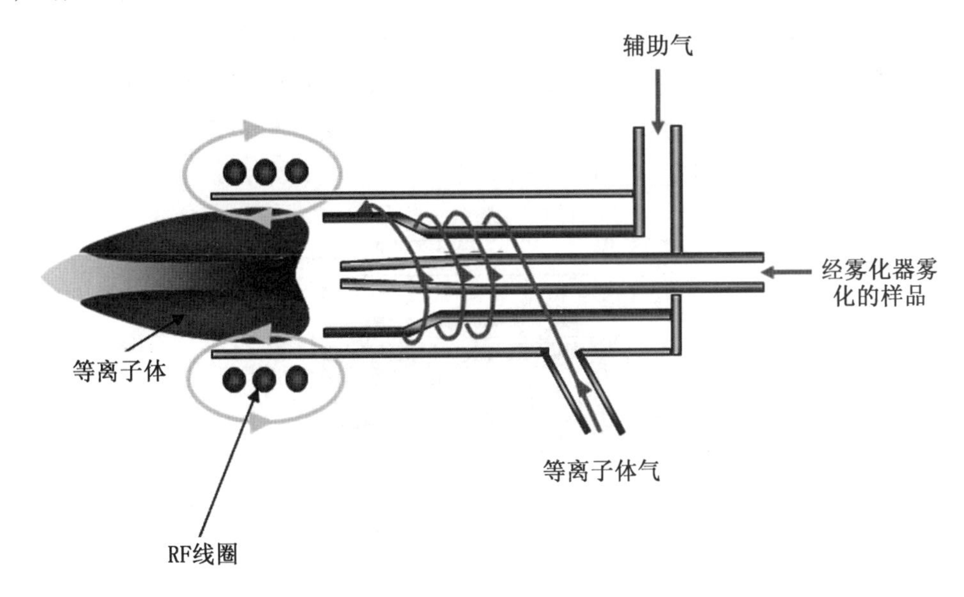

图3.15 ICP光源的结构及样品引入系统示意图

如图3.15所示，等离子体炬管由三层同心石英玻璃管组成。从外管和中间管间的环隙切向导入氩气（10～16 L/min），它既是维持ICP的工作气，同时也可将等离子体与管壁和周围空气隔离，防止石英管烧融以及空气进入高温等离子体形成背景干扰；在中间管通入约1 L/min的氩气，以辅助等离子体的形成。当点燃并伴有样品进入时，可停供中间管辅助气；但在进行某些分析工作时（如有机试样分析等），保留辅助气可起到抬高等离子体焰、减少炭粒沉积、保护进样管的作用。氩气和样品的气溶胶则通过内管进入环形等离子体的中心通道，进行蒸发、原子化和激发。

(1)电感耦合等离子体光源的工作原理。

ICP形成原理与高频加热原理类似。图3.16所示为高频感应加热原理示意图。由图可见,当金属导体位于高频交变电场中,根据法拉第电磁感应定律,在金属导体内产生感应电动势。由于导体的电阻很小,会产生强大的感应电流。由焦耳-楞次定律可知,垂直于交变电场的感应交变磁场将使导体中电流趋向导体表面,引起趋肤效应。瞬间电流密度与交变电磁场的频率成正比,频率越高,趋肤效应越明显。此时,金属的有效导电面积减少,电阻增大,从而使导体迅速升温。若将图3.16中的金属管用通有气体(通常为氩气)的石英玻璃炬管代替并施加高频电流,这时并不会有感应电流产生和感应加热现象发生,因为工作气体在常温时不能像金属一样可以导电。但是,如果用高压火花引燃炬管中的氩气,使部分Ar电离,所产生的少量带电粒子(Ar正离子和电子)即可在高频交变电场作用下高速运动,并与大量Ar原子碰撞,使之迅速、大量电离,就会产生雪崩式放电,形成带电的等离子体(此时等离子体相当于图3.16中的金属导体)。在垂直于感应磁场方向的截面上,等离子体因趋肤效应形成中间薄、周边厚的闭合环状涡流。环状涡流在感应线圈内形成相当于变压器的次级线圈,并与相当于初级线圈的感应线圈耦合,这股高频感应电流产生的高温又将气体加热并电离,并在管口形成一个火炬状的稳定的等离体焰炬,其最高温度可达10 000 K(图3.15)。

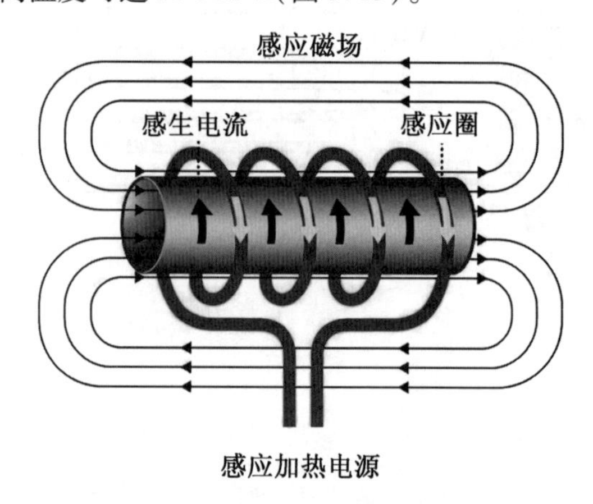

图3.16 高频感应加热原理示意图

(2)电感耦合等离子体光源的特点。

以ICP作为光源的原子发射光谱分析(ICP-AES)有一系列独特的优势和特点,主要包括以下几点。

①ICP光源的工作温度比其他光源高。在等离子体核心温度可达10 000 K,在中央通道的温度也有6 000~8 000 K,且ICP光源又为惰性气氛,原子化条件极为良好,有利于难熔化合物的分解和元素的激发,因此,对大多数元素都有较高的分析灵敏度。

②由ICP的形成过程可知,ICP是涡流态的,且在高频发生器频率较高时,等离子体

因趋肤效应而形成环状结构。此时,环状等离子体的外层电流密度最大,中心轴线上最小,或者说环状等离子体外层温度最高,中心轴线处温度最低,此特性非常有利于从中央通道进样而不影响等离子体的稳定性。同时,从温度高的外围向中央通道气溶胶样品加热,不会出现光谱发射中常见的因外部冷原子蒸气造成的自吸现象,因此极大扩展了测定的线性范围(通常4~6个数量级)。

③ICP中电子密度很高,所以碱金属的电离不会对分析造成很大干扰。

④ICP是无极放电,没有电极污染。

⑤ICP的载气流速较低(通常为0.5~2 L/min),有利于试样在中央通道充分激发,而且耗样量也较少。

⑥ICP一般以氩气作为工作气体,由此产生的光谱背景干扰较少。

根据以上这些分析特性,使得ICP-AES具有灵敏度高、检出限低(10^{-11}~10^{-9} g/L)、精密度好(相对标准偏差一般为0.5%~2%)、工作曲线线性范围宽等优点。因此,同一份试液可用于从常量至痕量元素的分析,试样中基体和共存元素的干扰小,甚至可以用一条工作曲线测定不同基体试样中的同一元素。

此外,现代ICP光谱分析仪器还可以通过采用垂直或水平方式观测ICP光源的发射光谱,从而提高分析的灵敏度,如图3.17所示。

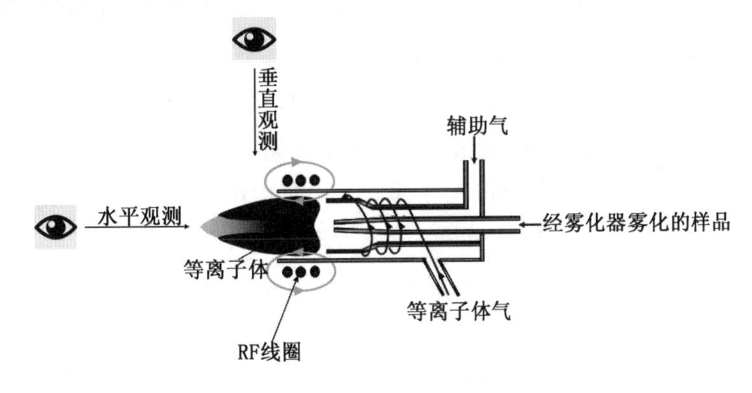

图3.17 ICP的垂直和水平观测

垂直观测是指等离子体方向与采光光路方向垂直,具有更小的基本效应和干扰,特别是对有机样品,对复杂基体也有好的检出限。

水平观测即从ICP炬顶部轴向方向采集光源发射,该种方式可以收集ICP中心通道更多的光源发射,从而提高灵敏度。但由于ICP顶部为ICP与空气的再结合区,光谱背景干扰严重。这时可在ICP顶部右侧导入氩气,吹扫气流改变方向,沿ICP轴向方向将ICP顶部尾焰吹向四周,可克服再结合区的光谱干扰,实现较高灵敏度的水平观测。

此外,也有些仪器基于以上两种观测方式,将水平和垂直观测方式相结合,实现水平/垂直双向观测,大大提高分析的灵敏度。

3.3.2 检测系统

1. 光电检测器

光学分析仪器大多采用光电转换器件作为检测器，检测器的电流或电压响应信号 S 与谱线强度 I 具有线性关系式，而谱线强度 I 与浓度 c 成正比或二者的对数有线性关系。因此，检测器的响应信号或其对数值与浓度之间也必然具有一定线性关系。这对利用光电转换原理，通过测量谱线强度进行定量分析的依据。

光谱检测器多为光电转换器，是将光辐射转化为可以测量电信号的器件。理想的光电检测器要求具有灵敏度高、信噪比大、暗电流小、响应快且在较宽的波段范围内响应恒定的优势。

2. 相板检测器

相板也称干板，由感光层和平直的玻璃片基组成。感光层又被称为乳剂，由感光物质（卤化银）、明胶和增感剂组成。相板可通过感光作用记录光谱仪色散后的谱线，因此也是一种光谱检测器。以相板为检测器的光谱仪通常被称为摄谱仪。

为了使用照相法同时检测和记录被色散后的辐射强度，将一块平直的、长方形的照相干板（相当于照相机的胶卷）置于单色仪的出射狭缝或色散系统中会聚透镜的焦面放置。经过分光的谱线使干板上乳剂曝光，密封取出后送入暗室进行显影和定影处理。光源的各条光谱线就以一系列入射狭缝的黑色像的形式沿干板的长度方向分布。用映谱仪放大并和标准图谱对照确定谱线的波长位置，以提供试样的定性信息；用测微光度计（或黑度计）测定谱线的黑度以提供试样的定量数据。

乳剂具有一些特性，如乳剂的曝光部分经过显影定影，即产生黑色的影像；曝光量 H 越大，影像就越黑。它与照度 E、光强 I 和曝光时间 t 具有如下关系：

$$H = E \times t \propto I \times t \text{ 或 } H = E \times t = k \times I \times t \tag{3.7}$$

式中，k 为比例常数。

影像变黑的程度用黑度 S 来表示，与谱线影像的透过率 T 有关，即

$$S = \lg \frac{1}{T} \tag{3.8}$$

相板上的谱线透过率类似于分光光度法中使用的光线透过溶液时的透过率，即光强为 I_0 的光透过黑色谱线的影像后，当强度减弱到 I 时，透过光的光强占入射光强的比率。

黑度 S 与曝光量 H 之间的关系非常复杂，难以用一个简单的函数关系式将它们之间的定量关系联系起来。但可以通过实验，控制不同曝光量 H，并测定不同曝光量时谱线的黑度 S。以 S 为纵坐标，$\lg H$ 为横坐标，制作 $S - \lg H$ 曲线。该曲线也称乳剂特性曲线，如图 3.18 所示。

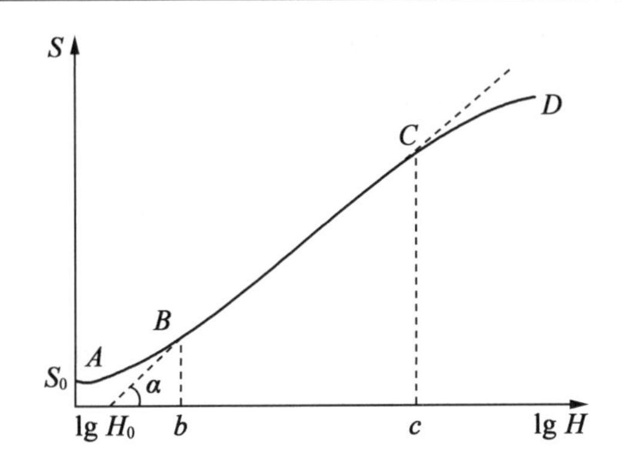

图 3.18 乳剂特性曲线

从图 3.18 可知,曲线可分为三个部分,*AB* 部分为曝光不足部分,是显影时所形成的雾翳黑度部分,*CD* 为曝光过度部分,这两部分的黑度与曝光量的关系比较复杂。只有曲线的中间部分 *BC* 为正常曝光部分。在这部分中,黑度与曝光量的对数呈线性关系,斜率用 γ 表示,称为乳剂的反衬度。直线 *BC* 的延长线与横轴的截距为 $\lg H_0$ 称为惰延量,与相板感光灵敏度有关;*BC* 在横轴上的投影 *bc* 称为展度,反映浓度的线性范围。

$$\gamma = \tan\alpha = S/bc = S/(\lg H - \lg H_0) \tag{3.9}$$

设 $\gamma\lg H_0 = i$,则

$$S = \gamma(\lg H - \lg H_0) = \gamma\lg H - i \tag{3.10}$$

式(3.10)表明,在一定曝光范围内,黑度与曝光量的对数或浓度的对数成正比,故可以通过测定谱线黑度确定目标物的含量。

因光强 I 与照度 E 成正比,曝光量 H 及曝光时间 t 成正比,因此,S 也可以对 $\lg I$ 作图得到乳剂特性曲线。乳剂特性曲线绘制的具体操作方法包括改变照度法和改变曝光时间法两类方法。

(1)改变照度法。

改变照度法或称固定曝光时间法,包括 Fe 谱线组法和阶梯减光板法。

①Fe 谱线组法是采用测微光度计测量相板上 Fe 的一系列波长相近的谱线的黑度 S(各谱线强度 I 已准确测定),以 $S-\lg I$ 作图的方法。

②阶梯减光板法是将某一波长的光照射到镀有一系列 Pt 层厚度不同的石英片上,由于 Pt 层的厚度不同,因此对光的透过率不同(分别为 100%,90%,45%,30%,…),相板感光后的黑度 S 也不同。通过测量透过不同厚度 Pt 层的光在相板上的黑度 S,并对 $\lg I$ 作图。

(2)改变曝光时间法。

改变曝光时间法也称阶梯扇板法。图 3.19

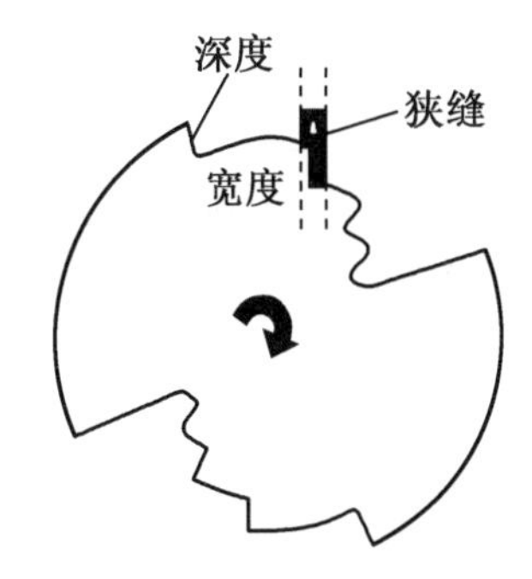

图 3.19 阶梯扇板示意图

所示为阶梯扇板示意图,它是在一圆盘边缘切割一系列深度和宽度不等的不规则锯齿状空缺,以同步马达匀速转动。不同深度决定谱线在相板上的位置,宽度决定曝光时间(宽度越大,光线被遮挡的时间越短,曝光量越大,黑度越大)。通过在相板上不同位置测定其黑度 S 并对时间的对数 $\lg t$ 作图,即可获得乳剂特性曲线。

3.4　原子发射光谱定性定量分析

在光谱分析中,对某元素进行定性和定量分析,必须确定待测物的谱线。关于这些谱线有一些习惯的说法和定义,简介如下。

(1)灵敏线。灵敏线是指一些激发电位低、跃迁概率大的谱线,通常灵敏线大多都是共振线。

(2)最后线。最后线或称持久线,是指试样中被检元素浓度逐渐减小最后消失的谱线。大体上来说,最后线就是最灵敏的谱线,通常也是第一共振线。

(3)分析线。在进行元素的定性或定量分析时,根据测定的含量范围的实验条件,对每一元素可选一条或几条最后线作为测量的分析线。它们应该是灵敏度高、受到的干扰少、可用于准确定性定量分析的谱线。通常选择高灵敏的共振线,特别是第一共振线作为分析线。但当共振线有其他谱线干扰时,可选择次灵敏线,甚至次次灵敏线。

(4)自吸线。当辐射能通过发光层周围的原子蒸气时,将被其自身原子所吸收,而使谱线中心强度减弱的现象。

(5)自蚀线。自吸最强的谱线被称为自蚀线。

3.4.1　定性分析方法

在试样的光谱中,确定有无该元素的特征谱线是光谱定性分析的关键。因此,用原子发射光谱鉴定某元素是否存在,只需看试样光谱中某元素的一根或几根不受干扰的灵敏线是否存在即可。采用摄谱仪进行光谱定性分析时,常用标准光谱图比较法(铁谱法)进行定性分析。

在一张放大20倍不同波段的铁光谱图上标出其他元素的主要光谱线及其波长,称为标准光谱图。使用铁谱法的原因是Fe光谱谱线丰富(波长多而范围宽,有4 575条),每条谱线的波长已准确测得,而且波长分布相对均匀,因此,Fe谱就像一根定位标尺,可以通过该标尺,更快更准确地找到待测元素的谱线,如图3.20所示。

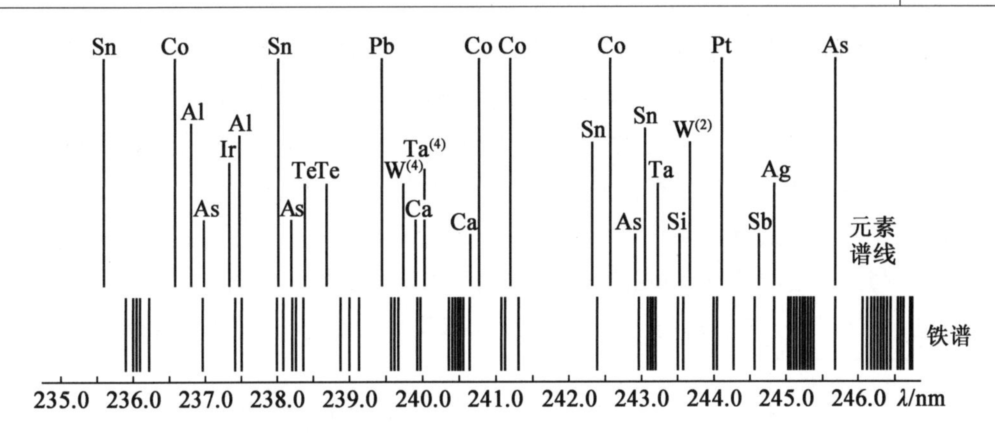

图3.20 标准光谱

实际工作中,通常采用纯Fe棒电极激发获取铁谱线,然后更换电极,在同样条件下激发样品获得样品的发射谱线。然后,在看谱仪上放大20倍,并与标准光谱图中的铁谱(标尺)对齐,确定样品中待测物的谱线是否存在。

为防止待测光谱与铁谱间的错位影响,摄谱时应采用哈特曼(Harman)光阑(图3.21)。将光阑置于狭缝前,摄谱时移动光阑,使不同试样或同一试样不同曝光阶段的光通过光阑不同孔径摄在感光板的不同位置上,而不用移动感光板,可保证光谱线位置不会改变。

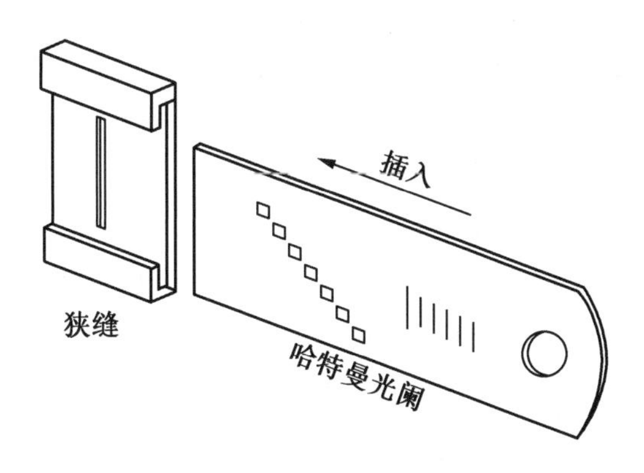

图3.21 哈特曼光阑

对定性分析方法而言,采取以下措施可获得更多更准确的元素定性信息。

(1)采用直流电弧光源。因为直流电弧的阳极斑温度高,有利于试样蒸发,得到较高的灵敏度。

(2)控制电流摄谱。先用小电流,使易挥发的元素蒸发、原子化和激发并摄谱(曝光时间为t_1(s)),再用中电流获得中等挥发元素的光谱(曝光时间为t_2(s)),最后用大电流使试样完全蒸发(曝光时间为t_3(s)),如图3.22所示。相当于将原来一个样品分为3个样品，获得3组样品的光谱，避免具有不同激发电位的元素谱线集中于同一组光谱上，从而提高了对谱线的分辨能力，保证样品中不同性质的元素可以被更加准确地检出。该方法也被称为定性全分析。必须注意的是，一旦起弧，则不要停弧。在一定电流值曝光一段时间后，迅速将电流快速调至下一电流值并移动哈特曼光阑。

(3)采用较小的狭缝。保证灵敏度前提下，尽量减小狭缝宽度，避免谱线互相重叠。

(4)选择高纯度的铁电极和石墨电极材料，以及更加灵敏的感光相板。

可见，光谱定性分析具有简便快速、准确、多元素同时测定、试样耗损少等优点。

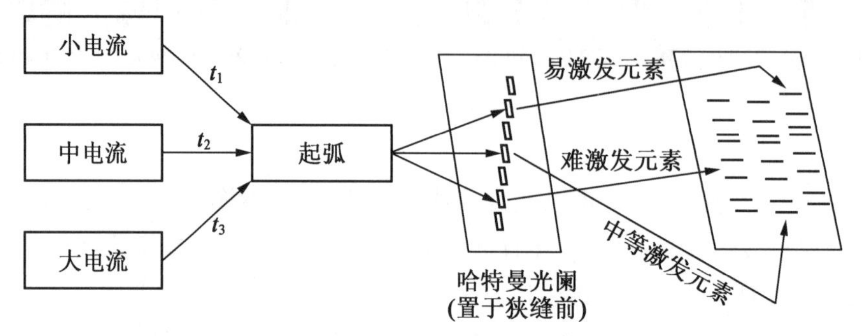

图3.22 控制电流分段摄谱的定性分析过程

3.4.2 半定量与定量分析

1. 半定量分析

有些试样，例如地质普查中数以万计的岩石试样，要知道其中各种元素大致含量并迅速得出结果，就要用到半定量分析法。目前，应用最多而最有效的是光谱半定量分析。

进行光谱半定量分析时，大多采用谱线强度(黑度)比较法。将目标待测元素配制成标准系列，将试样与标样在同一条件下摄在同一块谱板上，然后在映谱仪(黑度计)上对被测元素灵敏线的黑度与标准试样中该谱线的黑度进行比较，可以得出该元素在试样中的大致含量。例如，分析矿石中的Pb，即找出试样中铅的灵敏线，并与同一波长下标准系列中Pb的黑度进行比较，估计Pb的含量。

2. 定量分析

由式(3.5)可知，谱线强度I为元素浓度c的函数。然而，试样组成、形态以及实验条件(如蒸发、激发、试样组成、感光板特性、显影条件等)可直接影响谱线强度，而这些影响难以完全避免。在实际工作中，赛伯－罗马金公式中的a值很难保持为常数，因此，用谱线绝对强度来定量往往会有很大误差。实际工作中常以分析线和内标线的强度比，即内标法来进行定量分析，以补偿这些难以控制变化因素的影响。

(1)内标法原理。

根据待测元素的分析线，选择基体元素(样品中的主要元素)或于样品中加入与待测元素性质类似，但在样品中不存在的元素的谱线作为内标线，并与分析线组成分析线对，以分析线和内标线绝对强度的比值与浓度的关系来进行定量分析。

(1)内标元素和内标线的选择原则。

①内标元素的选择原则。

a. 外加内标元素在分析试样品中应不存在或含量极微;如样品基体元素的含量较稳定时,也可用该基体元素作为内标。

b. 内标元素与待测元素应有相近的特性(蒸发特性)。

c. 元素应为同族元素,二者具相近的电离能。

②内标线的选择原则。

a. 激发能应为尽量相近的匀称线对,不可选一离子线和一原子线作为分析线对(温度 T 对两种线的强度影响相反)。

b. 分析线的波长及强度接近。

c. 无自吸现象且不受其他元素干扰。

d. 背景应尽量小。

③内标法定量基础。

根据式(3.5)和式(3.6),设分析线和内标线强度分别为 I 和 I_i,浓度分别为 c 和 c_i,自吸系数分别为 b 和 b_i,与样品性质和实验条件有关的常数分别为 a 和 a_i,则

$$I = ac^b \tag{3.11}$$

$$I_i = a_i {c_i}^{b_i} \tag{3.12}$$

令分析线于内标线的强度比为 R,则由式(3.11)和式(3.12)得

$$R = \frac{I}{I_i} = \frac{ac^b}{a_i {c_i}^{b_i}} \tag{3.13}$$

由于待测元素分析线和内标元素的内标线波长接近,元素性质相似,在相同实验条件下,a/a_i 基本恒定。当内标元素浓度已知,且无自吸($b_i = 1$)时,将式(3.13)取对数可得内标法定量的公式,即

$$\lg R = \lg I - \lg I_i = \Delta \lg I = b \lg c + A \tag{3.14}$$

式中,A 为常数。

若检测器为光电检测器,由于电信号(电流或电压)U 与谱线强度 I 成正比(消除检测器暗电流后),或者说 $\Delta\lg U$ 与 $\Delta\lg I$ 成正比。如果以 $\Delta\lg U$ 对 $\lg c$ 作图,即可进行待测元素的定量分析。

若以相板为检测器,在摄谱法中,测得的是相板上谱线的黑度而不是强度。当分析线对谱线所产生的黑度均位于乳剂特性曲线的直线部分时,由式(3.7)和式(3.10)可得分析线和内标线黑度 S 和 S_i 分别为

$$S = \gamma \lg H - i = \gamma \lg kIt - i$$

$$S_i = \gamma_i \lg H_i - i_i = \gamma_i \lg kI_i t_i - i_i$$

由于在同一块感光板的同一条谱带上,曝光时间相等,即 $t = t_i$;两条谱线的波长一般

要求很接近,且其黑度都落在乳剂特性曲线的直线部分,即 $\gamma=\gamma_i$,$i=i_i$,二式相减并由式(3.13)得

$$\Delta S=S-S_i=\gamma\lg It-\gamma_i\lg I_i t_i=\gamma\lg(I/I_i)=\lg R \tag{3.15}$$

可见分析线对的黑度差值 ΔS 与谱线相对强度的对数成正比,并与浓度的对数值呈线性关系。以 Δs 对 $\lg c$ 作图,即可进行待测物浓度的定量分析。除了应遵循内标元素和内标线的选择原则之外,还应注意:①内标元素和待测元素的蒸发行为,以及内标线和分析线的激发电位应尽量相近,否则会引入较大误差;②分析线对的黑度值必须落在乳剂特性曲线的直线部分;③在分析线对的波长范围内,乳剂的反衬度 γ 值保持不变;④分析线对无自吸现象。

3. 定量分析工作条件的选择

(1)光源。在光谱定量分析中,应特别注意光源的稳定性以及试样在光源中的燃烧过程。通常根据试样中被测元素的含量、元素的特性和要求等选择合适的光源。

(2)狭缝。在定量分析工作中,使用的狭缝宽度要比定性分析的要宽,一般可达 20 μm,因为狭缝较宽,乳剂的不均匀性所引入的误差就会减小。

(3)内标元素及内标线。金属光谱分析中的内标元素,一般采用基体元素。如在钢铁分析中,内标元素选用铁。但在矿石光谱分析中,由于组分变化很大,基体元素的蒸发行为与待测元素也不尽相同,因此一般不用基体元素作为内标,而是加入定量的其他元素。

3.5 前沿技术与应用

3.5.1 发射光谱法在环境监测领域的应用

环境污染因子具有污染物质种类繁多、污染物质浓度低、污染物质随时空不同而分布、各污染因子对环境具有综合效应等特点。微量或痕量性污染物进入环境后,经过水、大气的稀释,其在环境中的含量很低,浓度往往是微量级,如 10^{-6}、10^{-8},甚至是痕量级,如 10^{-12}。这就对环境监测方法的灵敏度、检测限提出了很高的要求。此外,环境样本通常成分比较复杂,提高了检测的难度,通常要对环境样品进行分离、富集等预处理后,才能满足监测的要求。

原子发射光谱法具有许多优势,它可以进行多元素同时分析,选择性好、检出限低、准确度高、所需试样量少、线性范围宽、分析速度快。因此,原子发射光谱法不经分离即可同时进行痕量多种元素的快速定性、定量分析,可以适应环境监测的各项特点与需求,被广泛应用于环境监测的各个领域。此外,作为分析化学中重要的元素成分分析手段之一,原子发射光谱法在科学研究领域、机械、电子、食品工业、钢铁冶金、矿产资源开发、生

化临床分析、材料分析等方面也得到了广泛应用。

事实上，随着技术的发展，对于发射光谱的研究不断深入，人们发现等离子体中产生发射光谱的不仅是跃迁的原子，也有离子等其他粒子在产生发射光谱。因此，相比于过去的“AES（Atomic Emission Spectrometry）”，现在更多使用“OES（Optical Emission Spectrometry）”来表示发射光谱法与发射光谱仪。某国产 ICP－OES 仪如图 3.23 所示。

图 3.23 某国产 ICP－OES 仪

在环境监测方面，发射光谱法被应用在大气环境监测、水体环境监测、土壤环境监测、固体废弃物监测等各个领域。许多原子发射光谱相关方法已发展成熟，并列入国家标准及地方标准中，例如（DZ/T 0064.42—2021）《地下水质分析方法 第 42 部分：钙、镁、钾、钠、铝、铁、锶、钡和锰量的测定电感耦合等离子体发射光谱法》、（DZ/T 0064.22—2021）《地下水质分析方法 第 22 部分：铜、铅、锌、镉、锰、铬、镍、钴、钒、锡、铍及钛量的测定 电感耦合等离子体发射光谱法》、（GB/T 37883—2019）《水处理剂中铬、镉、铅、砷含量的测定 电感耦合等离子体发射光谱（ICP－OES）法》、（DB 42/T 1622—2021）《土壤中铅、铬、铜、镍、锌全量的测定 电感耦合等离子发射光谱法》、（NY/T 890—2004）《土壤有效态锌、锰、铁、铜含量的测定 二乙三胺五乙酸（DTPA）浸提法》、（DB 45/T 1342—2016）《土壤中全硫、全磷和全钾含量的测定 电感耦合等离子体原子发射光谱法》、（HJ 804—2016）《土壤 8 种有效态元素的测定 二乙烯三胺五乙酸浸提－电感耦合等离子体发射光谱法》等，主要集中于环境中无机成分的检测，特别是环境重金属元素的检测。

人类历史上有许多触目惊心的重金属中毒事件，例如水俣病事件、骨痛病事件、“镉大米”事件等，都是来自于环境重金属污染。以土壤重金属污染为例，土壤无机污染物中以重金属比较突出，主要是由于重金属不能为土壤微生物所分解，而易于积累，转化为毒性更大的甲基化合物，甚至有的通过食物链以有害浓度在人体内蓄积，严重危害人体健康。土壤重金属污染物主要有汞、镉、铅、铬、砷、锰等，重金属对土壤环境的污染与水环境的污染相比，其治理难度更大、污染危害更强。因此，环境重金属监测技术一直是仪器分析领域的研究重点之一，而发射光谱法在其中扮演了重要角色。以（HJ 804—2016）《土壤 8 种有效态元素的测定 二乙烯三胺五乙酸浸提－电感耦合等离子体发射光谱法》

为例，该方法对8种重金属元素的检出限均低于0.05 mg/kg，对于镉的检出限更是达到了0.007 mg/kg，也就是7×10^{-9}，远远低于(GB 15618—2018)《土壤环境质量 农用地土壤污染风险管控标准(试行)》中对于铅、镉等的限定指标，为环境安全与食品安全保驾护航。

3.5.2　发射光谱法相关前沿技术

除了现有的较为成熟的技术，新的发射光谱技术及发射光谱相关技术和它们在环境领域的应用，也是科学领域的研究热点之一。环境污染因子除了浓度低，属于微量级、痕量级的特点，还具有时空分布性，环境污染因子进入环境后，随空气和水的流动而被稀释、扩散，其扩散速度取决于污染因子的性质。因此，环境污染因子的时空分布性决定了环境监测必须坚持长期连续测定。而常用的实验室检测技术成本较高，显然难以满足依据时空分布性持续频繁大范围检测的需求，所以需要发展新的小型、快速、便利、低成本且不失精度的发射光谱技术与仪器，例如对于新的激发源的研究等。

对于新的激发源的研究，发展了很多小型化、高激发效率、低功耗的激发源，使发射光谱仪器的小型化、现场化成为可能。目前已经报道用于重金属检测的微等离子体主要包括电容耦合等离子体(CCP)、电解液阴极辉光放电(ELCAD)、介质阻挡放电(Dielectric Barrier Discharge，DBD)、辉光放电(GD)等。例如，罗马尼亚 Tiberiu Frentiu 小组报道的CCP微炬小型电热蒸发器高分辨率显微光谱仪，可采取光发射光谱法同时测定环境样品中的镉和铅，但他们采用的氢化物发生装置不利于仪器的小型化。中国科学院大学的汪正小组开发了一种电池供电的便携式高通量 SCGD - OES 仪器，可对环境样品中的 Cd、Hg 和 Pb 进行区分或同时分析。中国地质大学的朱振利小组报道的钨丝捕集阱固体进样电热蒸发大气压辉光放电原子发射光谱，用于检测大米中的镉，通过对大米认证参考材料(GBW(E)100360)的分析，验证所提出方法的准确性。

以介质阻挡放电为例，介质阻挡放电又称无声放电，是一种常温常压下非平衡态交流放电技术，也是一种产生低温等离子(LTP)的有效方式。如图3.24所示为一种DBD激发源结构。DBD结构主要分为平板型和同轴型，特点是两个极板间有一层绝缘层介质，两端施加的交流电电压足够高时，中间的工作气体(氩气、氦气、氮气、氢气、氧气等或混合气体)被击穿，产生放电。形成的LTP中包含紫外辐射以及大量自由基、离子、激发态原子、分子碎片等化学活性物质，是臭氧发生、诱变育种、灭菌、材料改性、有害物降解、分析仪器等方面应用的能量来源。DBD具有较高的激发能和解离能，可解离和激发导入的分子或原子，实现发射光谱检测。相较于电感耦合等离子体(ICP)、微波等离子体(MPT)、电弧等激发装置，DBD的功率低、耗能少、体积小、耗气少，是发射光谱小型化技术的研究热点。2017年，哈尔滨工业大学姜杰等开发利用电热蒸发进样的DBD发射光谱仪，如图3.25所示，DBD发射光谱仪实现了水中多种重金属元素的同时测定。

图 3.24 DBD 激发源实物图

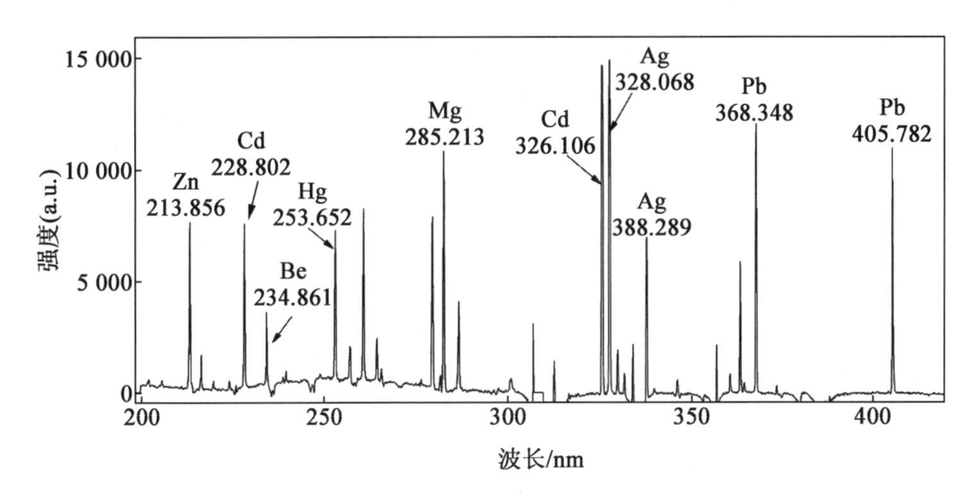

图 3.25 DBD 光谱仪同时检测多种重金属元素谱图

未来对于发射光谱的研究还将继续,新的激发源、新的进样技术、新的算法、新的工程化仪器和新的应用方式等都将继续涌现,推动发射光谱在环境监测领域发挥更大的作用。

本章参考文献

[1] 郑国经. 原子发射光谱仪器的发展、现状及技术动向[C]. 2017 年中国光谱仪器前沿技术研讨会论文集. 中国仪器仪表学会:现代科学仪器编辑部,2017,47:29 -42.

[2] 金钦汉,杨广德,于爱民,等. 一种新型的等离子体光源[J]. 吉林大学自然科学学报,1985(01):90 -92.

[3] 邹世春, 杨颖, 郭晓娟. 海洋仪器分析[M]. 广州:中山大学出版社, 2019.

[4] 魏福祥. 仪器分析及应用[M]. 北京: 中国石化出版社, 2007.

[5] 汪正, 邱德仁, 张军烨. 电感耦合等离子体原子发射光谱分析进样技术[M]. 上

海：上海科学技术出版社,2012.

[6] 郑国经，计子华，余兴. 原子发射光谱分析技术及应用[M]. 北京：化学工业出版社,2010.

[7] 环境保护部. 土壤 8 种有效态元素的测定二乙烯三胺五乙酸浸提 - 电感耦合等离子体发射光谱法:HJ 804—2016[S]. 北京:中国环境出版社,2016.

[8] FRENTIU A, DARVSI E, BUTACIU S, et al. Application of low - cost electrothermal vaporization capacitively coupled plasma microtorch optical emission spectrometry for simultaneous determination of Cd and Pb in environmental samples[J]. Microchemical Journal, 2015, 121: 192 - 198.

[9] PENG Xiaoxu, GUO Xiaohong, GE Fen, et al. Battery - operated portable high - throughput solution cathode glow discharge optical emission spectrometry for environmental metal detection[J]. Journal of Analytical Atomic Spectrometry, 2019, 34: 394 - 400.

[10] DENG Qisi, YANG Chun, ZHENG Hongtao, et al. Direct determination of cadmium in rice by solid sampling electrothermal vaporization atmospheric pressure glow discharge atomic emission spectrometry using a tungsten coil trap[J]. Journal of Analytical Atomic Spectrometry, 2019, 34: 1786.

[11] 毛雪飞,刘美彤,刘霁欣,等. 介质阻挡放电微等离子体技术在重金属检测的应用研究[C]. 2018 中国环境科学学会科学技术年会论文集(第三卷). 中国环境科学学会,2018,8:994 - 1001.

[12] LI Na, WU Zhongchen, WANG Yingying, et al. Portable dielectric barrier discharge - atomic emission spectrometer[J]. Analytical Chemistry, 2017, 89(4): 2205 - 2210.

第4章　原子吸收光谱法

4.1　概　　述

原子吸收光谱法(Atomic Absorption Spectromtry,AAS)又称原子吸收分光光度法,简称原子吸收,是20世纪50年代中期建立并逐渐发展起来的一种新型仪器分析方法,是基于蒸气相中被测元素的基态原子对其原子发射出来的特定波长辐射的共振吸收,通过测量基态原子对共振辐射的吸收强度来测定样品中被测元素浓度的定量分析方法。

早在1802年,Wollaston在观察太阳光谱时发现了一些暗线,这是首次发现原子吸收现象,但当时他没有弄清楚出现暗线的原因;在1814~1815年间,Fraunhofer通过在棱镜后面安装了一个很窄的狭缝和一架望远镜,对Wollaston太阳暗线进行了更仔细的观察和观测,并对这些暗线位置进行标定。当时,他标出太阳光谱中的700多条暗线,并对其中最明显的8组暗线,依波长顺序命名为A、B、C、D、E、F、G、H线,这些线被称为Fraunhofer暗线。Fraunhofer认为,这些暗线的出现是由于太阳外围较冷的气体吸收了太阳辐射,但他未能从理论上弄清楚出现暗线的原因,原子吸收也没有引起人们的重视。

1955年,澳大利亚物理学家瓦尔西(A. Walsh)发表的"原子吸收光谱在化学分析中的应用"奠定了原子吸收光谱法的理论基础。随后,Hilger、Varian Techtron及Perkin-Elmer公司先后推出原子吸收光谱商品仪器,发展了瓦尔西的设计思想。1961年,苏联的里沃夫(L'vov)提出了电热原子化吸收分析,大大提高了分析的灵敏度。

1965年,威尼斯(J. B. Willis)将氧化亚氮-乙炔高温火焰成功应用于火焰原子吸收光谱法中。1970年出现了以石墨炉为原子化装置的商品仪器。原子吸收光谱法建立后发展迅速,其中"间接"原子吸收光谱法不仅使得共振吸收线位于真空紫外区的一些非金属元素(如卤族元素、硫、磷)以及测定灵敏度很低的难熔元素(铈、镨、钕、镧、铌、钨、锆、铀、硼等)得以有效地进行测定,而且也可以用来测定维生素B_{12}、五氯代苯酚、葡萄糖、核糖核酸酶等许多有机化合物,原子吸收光谱法的应用领域不断扩大。

原子吸收光谱法和原子发射光谱法是互相联系的两种相反的过程。它们所使用的仪器和测定方法有相似之处,也有不同之处。原子的吸收线比发射线数目少得多,由谱线重叠引起光谱干扰的可能性很小,因此原子吸收光谱法的选择性高、干扰少且易于克服。原子吸收法由吸收光谱前后辐射强度的变化来确定待测元素的浓度,辐射吸收值与基态原子的数量有关系,在实验条件下,原子蒸气中基态原子数比激发态原子数多得多,所以测定的是大部分原子,使得 AAS 具有高的灵敏度。

原子吸收光谱法与紫外吸收光谱法都是基于物质对光的吸收而建立起来的分析方法,属于吸收光谱,分析都遵循朗伯-比尔定律,但它们吸光物质的状态不同。原子吸收光谱法是基于蒸气相中基态原子对光的吸收,吸收的是空心阴极灯等光源发出的锐线光,是窄频率的线状吸收,吸收波长的半宽度只有 1.0×10^{-3} nm,所以原子吸收光谱是线状光谱。紫外吸收光谱法的吸光物质是溶液中的分子或离子,可在广泛的波长范围内产生带状吸收光谱,所以紫外吸收光谱法是带状光谱,这是两种方法的主要区别。正是由于这种差别,它们所用的仪器分析方法都有许多不同之处。

原子吸收光谱法具有以下优点。

(1)检出限低、灵敏度高。火焰原子吸收光谱法的检出限可达到 ng/mL 级,石墨炉原子吸收法的检出限可达到 $10^{-10}\sim10^{-14}$ g/mL。

(2)准确度好。火焰原子吸收光谱法的相对误差小于1%,其准确度接近于经典化学方法。石墨炉原子吸收光谱法的准确度为3%~5%。

(3)选择性好。用原子吸收光谱法测定元素含量时,由光源发出的特征入射光比较简单,且基态原子是窄频吸收,通常共存元素对待测元素干扰少,若实验条件合适,一般可以在不分离共存元素的情况下直接测定。

(4)分析速度快。如 P-E5000 型自动原子吸收光谱仪在 35 min 内能连续测定 50 个试样中的 6 种元素。

(5)应用范围广。可测定大多数的金属元素,也可以用间接原子吸收法测定某些非金属元素和有机化合物。

(6)仪器比较简单、操作方便。

原子吸收光谱法的不足之处是:不能直接测定非金属元素,每测定一种元素,必须使用相对应的元素灯,因此多元素同时测定尚有困难。有些元素的灵敏度还比较低(如钍、铪、银、钽等)。对于复杂样品仍需要进行复杂的化学预处理,否则干扰将比较严重。

原子吸收光谱法在国内的发展如下。1964 年,黄本立院士等将蔡司 ID 型滤光片式火焰光度计改装为一台简易原子吸收光谱装置,测定了溶液中的钠,研究了 3 种醇类对分析信号的影响机理,这是我国学者最早发表的原子吸收光谱分析的研究论文,从此开启了我国原子吸收光谱分析法发展的航程。黄本立院士是我国原子吸收光谱分析法的倡导者和开拓者。原子吸收光谱分析法在我国的发展大致可分为起步、普及推广、快速发展 3 个阶段。

20 世纪 60 年代中至 70 年代中的 10 年是起步阶段,主要是向国内推介原子吸收光谱分析法,个别单位和学者利用自己改装或组装的仪器开展小规模的实验研究工作,开始研发与小规模生产原子吸收光谱仪器。

1975 年以后的 10 年是我国原子吸收光谱分析普及推广阶段。在这一阶段,翻译了多种国外原子吸收光谱分析的著作,国内学者开始编著出版原子吸收光谱分析专著;清华大学等高校开始将原子吸收光谱分析法引入教学培养学生;1981 年创办了原子光谱分析的专业期刊《原子光谱分析》(1983 年改为现名《光谱学与光谱分析》);地质、冶金部门举办了多次原子吸收光谱分析的学术交流活动。这些早期的学术活动为我国以后原子吸收光谱分析的推广与发展起到了先导和引路的作用。

20 世纪 80 年代中期以后,我国原子吸收光谱分析开始进入快速发展阶段。在这一阶段,国内出版的原子吸收光谱专著中,国内学者的专著已占主要地位。译著比前一阶段显著减少,方肇伦院士在英国出版了英文版原子吸收光谱分析专著,方肇伦等在流动注射方面出色的研究成果在国际同行中有着重要的影响。1983 年 S. B. Smith 和 Jr. G. M. Hieftje 提出自吸效应校正背景,刘瑶函等早在 1978 年就推出用强脉冲放电供电主阴极发射的变宽谱线为参比光束成功地进行背景校正。郭小伟、倪哲明等对发展氢化物发生 - 原子吸收分析都有过重要贡献。我国学者在原子缝管在线捕集方面也有过高水平成果,国外对中国学者在这一领域所做的大量工作给予了高度评价。化学计量学用于原子吸收光谱分析中实验设计与实验条件优化、信号与实验数据处理,干扰校正、计算 - 原子吸收光谱分析等,中国学者都有过开创性的工作。据统计,这一时期发表的学术论文有了大幅度的增加,1975 ~ 1985 前十年发表的论文数为 500 余篇,而 1986 ~ 1995 年发表的学术论文数达 1 750 余篇。刊载原子吸收光谱分析论文的学术期刊的类型和数目也有了很大的增长。国际学术交流日趋活跃,我国学者参加了 1979 年举行的历届国际光谱学学术大会及各种国际学术会议,2007 年 9 月在厦门由黄本立院士成功主持承办了第 35 届国际光谱学学术大会。从 1985 年起,开始举办北京分析测试学术报告会及展览会(BCEIA)。通过两年一届的 BCEIA 学术交流和展览会,邀请知名原子吸收光谱专家(Slavin、L' vov、保田和雄等)来我国讲学,我国一些知名光谱专家如黄本立院士、方肇伦院士、傀哲明教授、张展霞教授以及更多的中青年学者应邀在不同国家举办的国际学术会议上作大会报告或担任顾问委员会委员,出任国际分析化学期刊编委。国内学术交流活动日益活跃,全国或地方各专业学会每年都举办全国性或地区性的原子光谱分析学术报告会、学术交流会或培训班,这些学术交流活动有力推动了我国原子吸收光谱分析事业的发展。

4.2 基本原理

4.2.1 原子吸收光谱的产生、共振线

原子的核外电子层具有不同的电子能级,在通常情况下,最外层电子处于最低的能级状态,整个原子也处于最低能级状态,这个能态称为基态。基态原子的外层电子得到

一定的能量后,会发生电子从低能级向高能级的跃迁。当通过基态原子的某辐射线所具有的能量(或频率)恰好符合该原子从基态跃迁到激发态所需的能量(或频率)时,该基态原子就会从入射辐射中吸收能量跃迁到激发态,引起入射光强度的变化产生原子吸收光谱。

共振发射线和共振吸收线都简称为共振线。共振发射线是指原子外层电子由第一激发态直接跃迁至基态所辐射的谱线。共振吸收线是指原子外层电子从基态跃迁至第一激发态所吸收一定波长的谱线。

各种元素的共振线因其原子结构不同而各有其特征性,而从基态到第一激发态的跃迁最易发生,因此对大多数元素来说,共振线是指元素所有谱线中最灵敏的谱线。在原子吸收光谱法中,就是利用处于基态的待测原子蒸气对从光源发射的共振发射线的吸收来进行分析的。

4.2.2 谱线轮廓和变宽因素

原子结构比分子结构简单,理论上应产生线状谱线。但实际上原子吸收谱线不是严格几何意义上的线,而是占据有限的相当窄的频率或波长范围,即有一定的宽度。所谓谱线轮廓,就是谱线强度按频率有一定的分布值。若在各种频率 ν 下测定吸收系数 K_ν,以 K_ν 为纵坐标,ν 为横坐标绘出一条关系曲线,称为吸收曲线(图 4.1)。由图 4.1 可见,不同频率下吸收系数不同,在 ν_0 处最大,其数值决定于原子跃迁能级间的能量差,即 $\nu_0 = \Delta E/h$;中心频率处的 K_0 称为峰值吸收系数。在峰值吸收系数一半($K_0/2$)处吸收曲线呈现的宽度称为半峰宽,用 $\Delta\nu$ 表示。吸收曲线的形状就是谱线轮廓,谱线轮廓以中心频率和半峰宽来表征,谱线变宽效应可用 $\Delta\nu$ 和 K_0 的变化来描述。

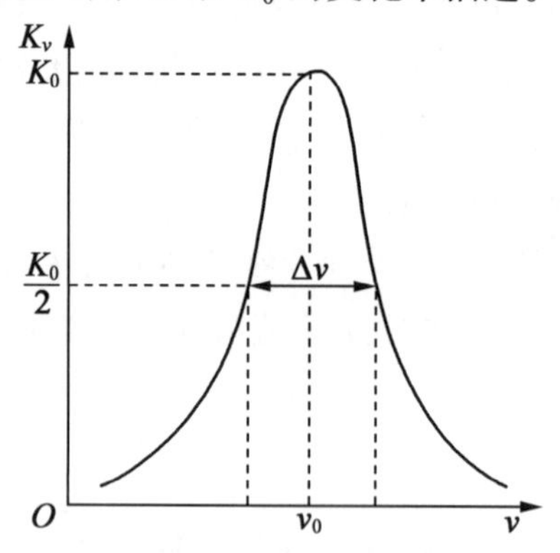

图 4.1 原子吸收光谱轮廓图

原子吸收谱线变宽主要由原子本身的性质和外界因素决定,本节简要讨论几种较重要的变宽因素。

(1) 自然宽度。

在没有外界条件影响下的谱线本身固有的宽度称为自然宽度,以 $\Delta\nu_N$ 表示,其大小

与产生跃迁的激发态原子的平均寿命有关,可表示为

$$\Delta\nu_N = \frac{1}{\Delta\tau} \tag{4.1}$$

由式(4.1)可见,谱线的自宽度 $\Delta\nu_N$ 与激发态原子的平均寿命 $\Delta\tau$ 成反比。不同谱线有不同的自然宽度,一般情况下约为 10^{-5} nm 数量级,与其他变宽效应相比,其值甚微,可以忽略。

(2)多普勒变宽。

多普勒变宽(Doppler broadening)是由原子在空间做无规则热运动引起的,又称热变宽,它是影响原子吸收谱线宽度的主要因素。当火焰中基态原子向光源方向运动时,多普勒效应使光源辐射的波长增大,基态原子将吸收较长的波长。因此,原子的无规则运动使该吸收谱线变宽。当处于热力学平衡时,多普勒变宽可用下式表示:

$$\Delta\nu_D = 7.16 \times 10^{-7}\nu_0\sqrt{\frac{T}{A_\tau}} \tag{4.2}$$

式中,$\Delta\nu_D$为多普勒变宽;ν_0 为中心频率;T 为热力学温度;A_τ 为原子量。

由式(4.2)可见,多普勒变宽随温度升高或相对原子量的减小而增大。对于大多数元素而言,多普勒变宽约为 10^{-3} nm 数量级。

(3)压力变宽。

在原子蒸气中,大量粒子相互碰撞造成谱线变宽。原子之间的相互碰撞导致激发态原子平均寿命缩短,引起谱线变宽。相互碰撞的概率与原子吸收区的气体压力有关,故称为压力变宽。概据相互碰撞的粒子不同,压力变宽又分为洛伦兹(Lorentz)变宽和霍尔兹马克(Holtsmark)变宽。

洛伦兹变宽是吸收原子与外来气体中其他原子或分子碰撞产生的,它随原子吸收区内气体压力而增大或随温度升高而增大。洛伦兹变宽与多普勒变宽有相同的数量级,都可达 10^{-3} nm。

霍尔兹马克变宽则是指同种原子碰撞引起的变宽,也称共振变宽,只有在待测元素浓度高时才起作用,待测元素浓度较低时,霍尔兹马克变宽的影响可忽略。

(4)自吸变宽。

光源辐射共振线被光源周围较冷的同种原子所吸收的现象称为自吸,自吸现象使谱线强度降低,同时导致谱线轮廓变宽,由自吸现象而引起的谱线变宽称为自吸变宽。自吸变宽的原因是在谱线中心波长处自吸收最强,两翼的自吸较弱,使中心波长处辐射强度相对有较大降低。这样,从谱线半宽的定义来看,就好像谱线变宽了,其实自吸现象并没有引起谱线频率的改变,所以自吸变宽不是真正的谱线变宽。

4.2.3 基态原子和激发态原子的玻尔兹曼分布

原子吸收光谱法是基于测量蒸气中基态原子对其共振线的吸收程度来进行定量分析的一种仪器方法。按照热力学理论,在热平衡状态下,基态原子和激发态原子的分布

符合玻尔兹曼(Boltzmann)分配定律,即

$$\frac{N_i}{N_0}=\frac{g_i}{g_0}\exp\left[-\frac{E_i-E_0}{kT}\right] \tag{4.3}$$

式中,N_i 和 N_0 分别为激发态和基态的原子数; g_i 和 g_0 分别为激发态和基态能级的统计权重,它表示能级的简并度;k 为玻尔兹曼常数; E_i 和 E_0 分别为激发态和基态的能量;T 为热力学温度。对于共振线来说,电子是从基态($E_0=0$)跃迁到第一激发态,于是式(4.3)可写为

$$\frac{N_i}{N_0}=\frac{g_i}{g_0}\exp(-E_i/kT) \tag{4.4}$$

在原子光谱中,对一定波长的谱线,g_i、g_0、E_i 均为已知。若知道火焰温度,就可以计算出 N_i/N_0 的值。表4.1列出了一些元素在不同温度下的 N_i/N_0 值。

表4.1 一些元素共振线的 N_i/N_0 值

元素	λ 共振线/nm	g_i/g_0	激发能/eV	N_i/N_0	
				$T=2\,000$ K	$T=3\,000$ K
Na	589.0	2	2.104	0.99×10^{-5}	0.83×10^{-4}
Co	422.7	3	2.932	1.22×10^{-7}	3.55×10^{-5}
Fe	372.0	—	3.332	0.99×10^{-9}	1.31×10^{-6}
Ag	328.1	2	3.778	6.03×10^{-10}	8.99×10^{-7}
Cu	324.8	2	3.817	4.82×10^{-10}	6.65×10^{-7}
Mg	285.2	3	4.346	3.35×10^{-11}	1.50×10^{-7}
Pb	283.3	3	4.375	2.83×10^{-11}	1.34×10^{-7}
Zn	213.9	3	5.795	7.45×10^{-15}	5.50×10^{-10}

从表4.1可以看出,温度越高,N_i/N_0 值越大,即激发态原子数随温度升高而增加;电子跃迁的能级差越小,吸收波长越长,N_i/N_0 也越大。但是在原子吸收光谱法中,原子化温度一般低于3 000 K,大多数元素的共振线波长都小于600 nm,N_i/N_0 值绝大多数都在 10^{-3} 以下,激发态原子数不到基态的千分之一,激发态的原子数在总原子数中可以忽略不计,即可以用吸收介质中的原子总数 N 代替基态原子数 N_0。因此,原子吸收测定的吸光度与吸收介质中原子总数 N 呈正比关系。

4.2.4 积分吸收与峰值吸收

1. 积分吸收

在原子吸收光谱法中，积分吸收是指原子蒸气中的基态原子吸收共振线的全部能量，相当于对吸收线轮廓下面所包围的整个面积进行积分。根据爱因斯坦经典理论，积分吸收与基态原子数的关系为

$$\int K_\nu \mathrm{d}\nu = \frac{\pi e^2}{mc} f N_0 \tag{4.5}$$

式中，K_ν 为吸收系数；e 为电子电荷；m 为电子质量；c 为光速；f 为振子强度；N_0 为单位体积原子蒸气中基态原子数目。在一般原子吸收光谱分析条件下处于激发态的原子数很少，基态原子数可近似等于吸收原子数。

2. 峰值吸收

积分吸收公式是原子吸收分析的定量理论基础，若能测得积分吸收值，即可求得样品中的待测元素浓度。但是，要测定一条半宽度为千分之几纳米的吸收线轮廓以求出它的积分吸收，要求单色器的分辨率达 5×10^5 以上，目前的制造技术还无法做到。因此，这种直接计算法尚不能使用。

1955 年，澳大利亚物理学家 A. Walsh 提出用锐线光源作为激发光源，用测量峰值吸收系数的方法代替吸收系数积分值的方法，解决了吸收测量的难题。吸收线中心波长处的吸收系数 K_0 为峰值吸收系数，简称峰值吸收。

峰值吸收是积分吸收和吸收线半宽的函数。从吸收线轮廓可以看出，若 $\Delta\nu$ 越小，吸收线两边越向中心频率靠近，因而 K_0 越大，即 K_0 与 $\Delta\nu$ 成反比；若 K_0 增大，则积分面积也增大，可见 K_0 与积分吸收成正比。于是可写出下式：

$$\frac{K_0}{2} = \frac{b}{\Delta\nu}\int K_\nu \mathrm{d}\nu \tag{4.6}$$

式中，K_0 为峰值吸收；b 为常数，其值取决于谱线变宽因素。

将式(4.5)代入式(4.6)，则

$$K_0 = \frac{2b\pi e^2}{\Delta\nu mc} f N_0 \tag{4.7}$$

当多普勒变宽是唯一变宽因素时，有

$$b = \sqrt{\frac{\ln 2}{\pi}} \tag{4.8}$$

当洛仑兹变宽是唯一变宽因素时，有

$$b = \frac{1}{2\sqrt{\pi}} \tag{4.9}$$

事实上，谱线变宽因素不是唯一的，通常是某一因素为主，另一因素为次，所以 b 介于二者之间。由式(4.7)可见，峰值吸收与原子浓度成正比，只要能测出 K_0，就可得

到 N_0。A. Walsh 还提出用锐线光源来测量峰值吸收,从而解决了原子吸收的实用测量问题。

锐线光源指发射线的半宽度比吸收线的半宽度窄得多的光源。当其发射线中心频率或波长与吸收线中心频率或波长相一致时,也就是说,由锐线光源发射的辐射为被测元素的共振线。

假设从锐线光源发射的强度为 I_0、频率为 ν 的共振线,通过长度为 L 的被测元素原子蒸气时,根据吸收定律,其透过光的强度 I 为

$$I = I_0 \exp(-K_\nu L) \tag{4.10}$$

即

$$\ln \frac{I_0}{I} = K_\nu L \tag{4.11}$$

在通常原子吸收分析条件下,若吸收线轮廓仅取决于多普勒变宽,则

$$K_0 = \frac{2}{\Delta\nu}\sqrt{\frac{\ln 2}{\pi}}\frac{\pi e^2}{mc} f N_0 \tag{4.12}$$

对于中心吸收,由式(4.11)可得

$$A = \lg \frac{I_0}{I} = 0.434 K_0 L \tag{4.13}$$

将式(4.12)代入式(4.13),得到

$$A = 0.434 \frac{2}{\Delta\nu}\sqrt{\frac{\ln 2}{\pi}}\frac{\pi e^2}{mc} f L N_0 \tag{4.14}$$

在一定的实验条件下,试样中待测元素的浓度 c 与原子化器中基态原子的浓度 N_0 有恒定的比例关系,式(4.14)的其他相关参数又均为常数,因此可将式(4.14)改写为

$$A = kc \tag{4.15}$$

式中,k 为常数。式(4.15)表明吸光度与试样中待测元素的浓度成正比,这就是原子吸收分光光度法定量分析的基础。

4.3 原子吸收分光光度计

4.3.1 原子吸收分光光度计简介

原子吸收光谱仪也称为原子吸收分光光度计,它由光源、原子化器、单色器和检测器等部分组成,按光束形式可分为单光束和双光束两类。原子吸收分光光度计的基本结构如图 4.2 所示。

单光束原子吸收分光光度计结构简单、操作方便,但不能消除光源波动造成的影响,易造成基线漂移。为了消除火焰发射的辐射线干扰,空心阴极灯可采取脉冲供电,或使

用机械扇形板斩光器将光束调制成具有固定频率的辐射光,通过火焰使检测器获得交流信号,而火焰所发出的直流辐射信号被过滤掉。

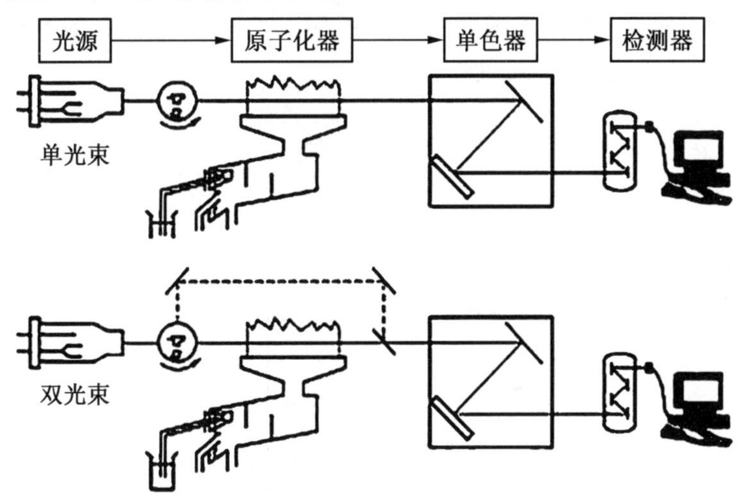

图4.2 原子吸收分光光度计基础结构图

双光束原子吸收分光光度计,光源(空心阴极灯)发出的光被斩光器分成两束,一束通过火焰(原子蒸气),另一束绕过火焰为参比光束,两束光线交替进入单色器。双光束仪器可以使光源的漂移通过参比光束的作用进行补偿,能获得稳定的信号。

4.3.2 光源

光源的作用是发射被测元素的特征共振辐射。对光源的基本要求是发射的共振辐射的半宽度要明显小于吸收线的半宽度,辐射强度大、背景小、稳定性好、噪声小、使用寿命长等。最常见的光源有空心阴极灯和无极放电灯,其他光源还有蒸气放电灯、高频放电以及激光光源灯等。

1. 空心阴极灯

空心阴极灯(HCL)是一种辐射强度大、稳定性好的锐线光源,应用最广。其结构示意图如图4.3所示,空心阴极灯是由玻璃管制成的封闭低压气体的放电管。主要由一个阳极和一个空心阴极组成。阳极为钨棒,阴极为空心圆柱形,由待测元素的高纯金属或合金制成,贵金属在阴极内壁。玻璃管内充有0.1~0.7 kPa的惰性气体,如Ne、Ar等。灯的光窗材料是根据空心阴极灯所发射的共振线波长而定,在可见光波段(400~750 nm)用硬质玻璃,紫外波段用石英玻璃。

空心阴极灯放电是一种特殊形式的低压辉光放电,放电集中在阴极腔内。当在两极之间施加几百伏电压时,管内气体中存在着少量的阳离子向阴极运动,并轰击阴极表面,使阴极表面的电子获得外加能量而逸出。逸出的电子在电场作用下,向阳极做加速运动,运动过程中与惰性气体碰撞,使惰性气体原子电离出正离子。在电场作用下,这些质量较重、速度较快的正离子向阴极运动并轰击阴极表面，不但使阴极表面的电子被击出，而且还使阴极表面的原子获得能量从晶格能的束缚中逸出而进入空间，这种现象称为阴极的溅射。溅射与蒸发出来的原子进入空腔内，再与电子、原子和离子等粒子发生碰撞而被激发，发射出相应元素的特征共振辐射。

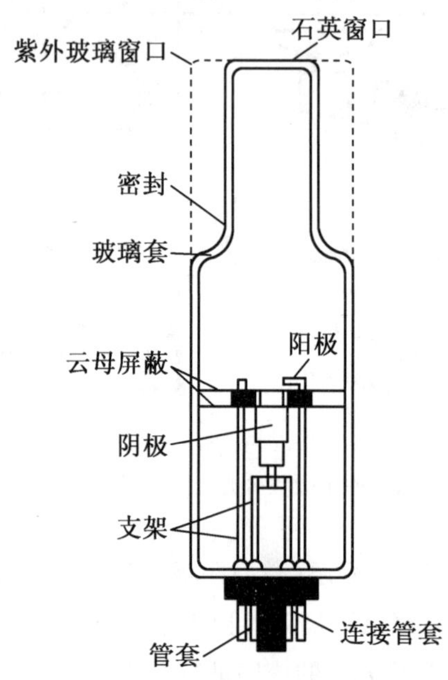

图 4.3 空心阴极灯结构示意图

空心阴极灯的辐射强度与工作电流有关，使用灯电流过小，放电不稳定；灯电流过大，溅射作用增强，原子蒸气密度增大，谱线变宽，甚至引起自吸，导致测定灵敏度降低，灯寿命缩短。因此在实际工作中，应选择合适的工作电流。一般原则是在保证有足够强且稳定的光强输出条件下，尽量使用较低的工作电流。通常以空心阴极灯上标明的最大电流的一半至三分之二作为工作电流为宜。

目前，国内生产的空心阴极灯可测元素达 60 余种。实际工作中希望能用一个灯进行多种元素的分析，可免去换灯的麻烦，减少预热消耗的时间，又可以降低原子吸收分析的成本。现已应用的多元素灯，一灯最多可测 6 ~ 7 种元素。使用多元素灯易产生干扰，使用前应先检查测定的波长附近有无单色器不能分开的非待测元素的谱线。

2. 无极放电灯

无极放电灯也称微波激发无极放电灯，它是由一个长数厘米、直径 5 ~ 12 cm 的石英玻璃圆管制成。管内装入数毫克待测元素的卤化物，充入几百帕压力的氩气，制成放电管。将此管装在一个高频发生器的线圈内，并装在一个绝缘的外套里，然后放在一个微波发生器的同步空腔谐振器中。这种灯的强度比空心阴极灯大几个数量级，没有自吸，谱线更纯。

无极放电灯的发射强度比空心阴极灯强 100 ~ 1 000 倍，且主要是共振线，因为光源寿命长共振线强度大,所以特别适用于共振线在紫外区易挥发元素的测定。目前已制成Al、Ge、P、K、Rb、Ti、Tl、Zn、Cd、Hg、In、Sn、Pb、As、Sb、Bi、Se、Te等18种元素的商品无极放电灯。

4.3.3 原子化器

原子化器的功能是提供能量,使试液干燥、蒸发和原子化,即提供被测试样原子化所需的能量。由于锐线光源中发射的特征谱线是在原子化器中被基态原子吸收的,因此对原子化器的要求是必须有足够高的原子化效率,具有良好的稳定性和重现性,操作简便以及干扰小等。常用的原子化器有火焰原子化器和无火焰原子化器。

1. 火焰原子化器

火焰原子化器由化学火焰的热能提供能量,使被测元素原子化。火焰原子化器主要由喷雾器、雾化室、燃烧器组成,其结构示意图如图4.4所示。

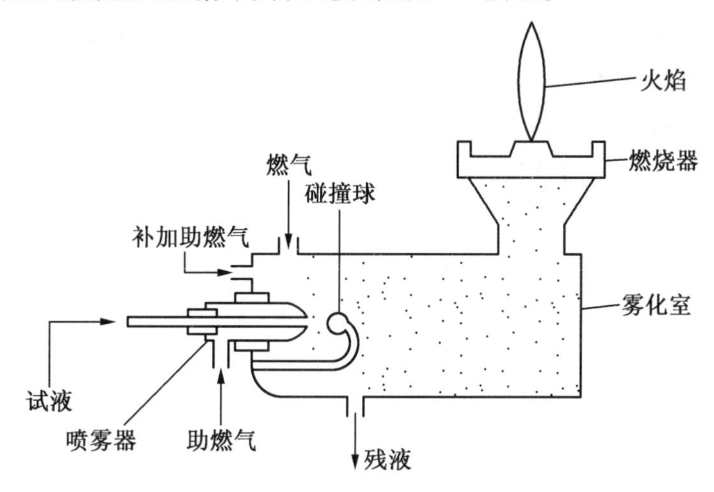

图4.4 火焰原子化器结构示意图

(1)喷雾器。

喷雾器的作用是使试样溶液雾化。对喷雾器的要求是雾化效率高、雾滴细、喷雾稳定。雾化室的作用是使试液进一步雾化并与燃气均匀混合,以获得稳定的层流火焰。燃烧器的作用是产生火焰并使试样原子化。常用的喷雾器有几种,包括气动喷雾器、离心喷雾器、超声喷雾器和静电喷雾器等,目前广泛采用的是气动喷雾器。其原理如图4.4所示。高速助燃气流通过毛细管口时,把毛细管口附近的气体分子带走,在毛细管口形成一个负压区,若毛细管另一端插入试液中,毛细管口的负压就会将液体吸出,并与气流冲击而形成雾滴喷出。

(2)火焰。

火焰在燃烧器上方燃烧,是进行原子化的能源。试液的脱水、气化和热分解原子化等反应过程都在这里进行。火焰的温度取决于燃气和助燃气的种类及其流量,按照燃气和助燃气比例不同,可将火焰分为以下3类。

①化学计量火焰。化学计量火焰也称中性火焰,使用的燃气和助燃气的比例符合化学反应配比,产生的火焰温度高、干扰少、稳定、背景低,适合许多元素的测定,是最常用的火焰类型。

②富燃火焰。富燃火焰也称还原性火焰,燃烧不完全,测定较易形成难熔氧化物的元素Mo、Cr、稀土等。

③贫燃火焰。贫燃火焰也称氧化焰,即助燃气过量,过量助燃气带走火焰中的热量,使火焰温度降低,适合测定易电离、易解离的元素,如碱金属。

按火焰提供方法不同,火焰原子化器又分为化学火焰原子化器和等离子体火焰原子化器,使用最广泛的是化学火焰原子化器,其常用的火焰包括如下几种。

①空气-煤气(丙烷)火焰。火焰温度大约为1 900 K,适用于分析生成的化合物易挥发、易解离的元素,如碱金属、Cd、Cu、Pb、Ag、Zn、Au及Hg等。

②空气-乙炔火焰。这种火焰最为常用。其最高温度2 300 ℃,能测35种元素,此种火焰比较透明,可以得到较高的信噪比。

③N_2O-乙炔火焰。此种火焰燃烧速度低,火焰温度可达3 000 ℃,大约可测定70种元素,是目前广泛应用的高温化学火焰,该火焰几乎对所有能生成难熔氧化物的元素都有较好的灵敏度。

④空气-氢火焰。此种火焰是无色低温火焰,适于测定易电离的金属元素,尤其是测定As、Se和Sn等元素,特别适用于共振线位于远紫外区的元素。表4.2列出几种常见火焰的燃烧特性。

表4.2 几种常见火焰的燃烧特性

燃气	助燃气	最高着火温度/K	最高燃烧速度/($cm \cdot s^{-1}$)	最高燃烧温度/K	
				计算值	实验值
乙炔	空气	623	158	2 523	2 430
	氧气	608	1 140	3 341	3 160
	氧化亚氮	2 990	—	3 160	3 150
氢气	空气	803	310	2 373	2 318
	氧气	723	1 400	3 083	2 933
	氧化亚氮	—	390	2 920	2 880
煤气	空气	560	55	2 113	1 980
	氧气	450	—	3 073	3 013
丙烷	空气	510	82	—	2 198
	氧气	490	—	—	2 850

(3)燃烧器。

燃烧器的作用是使雾粒中的被测组分原子化,有全消耗型和预混合型两种。全消耗型燃烧器是将试液直接喷入火焰。预混合型燃烧器可将试液雾化后进入雾化室,与燃气充分混合,较大的雾滴在室壁上凝结后经雾化室下方的废液管排出,最细微的雾粒进入火焰原子化。雾化室的要求是能使雾滴与燃气、助燃气混合均匀、噪声低、废液排出快。燃烧器可分为“单缝燃烧器”,喷口是一条长狭缝;“三缝燃烧器”,喷口是三条平行的狭缝;“多孔燃烧器”,喷口是排在一条线上的小孔。

目前多采用“单缝燃烧器”,做成狭缝式,这种形状既可获得原子蒸气较长的吸收光程,又可防止回火。但“单缝燃烧器”产生的火焰很窄,使部分光束在火焰周围通过,不能被吸收,从而使测量的灵敏度下降。采用“三缝燃烧器”,由于缝宽较大,并避免了来自大气的污染,稳定性好,但气体耗量大、装置复杂。燃烧器的位置可调。

2. 无火焰原子化器

无火焰原子化器也称电热原子化器,这种装置是利用电热、阴极溅射、等离子体或激光等方法使试样中待测元素形成基态自由原子。无火焰原子化器克服了火焰原子化器样品用量多,不能直接分析固体样品的缺点。目前广泛使用的是电热高温石墨炉原子化器。

石墨炉原子化器,也称石墨管原子化器。如图4.5所示,石墨炉原子化器由石墨炉电源、炉体和石墨管三部分组成,其本质是一个石墨电阻加热器。用大电流(250~500 A,10~25 V)加热石墨管,最高温度可达3 300 K。使用的石墨管有普通石墨管、金属碳化物涂层石墨管、热解石墨涂层管、内层衬以某些金属片的石墨管等。常用的石墨管内径不超过8 mm、长为30 mm左右,管的中央上方开有进样口,以便用微量进样器将试样注入石墨管内。样品在石墨管内原子化。光源发出的光从石墨管的中间通过。在测定时先用小电流在100 ℃左右进行干燥,再在适当温度下灰化,最后加热到原子化温度。炉体具有冷却水外套,用于保护炉体。当电源切断时,炉子很快冷却至室温。为防止试样及石墨管氧化,同时排除干燥和灰化过程中产生的蒸气,需通惰性气体氩气加以保护。

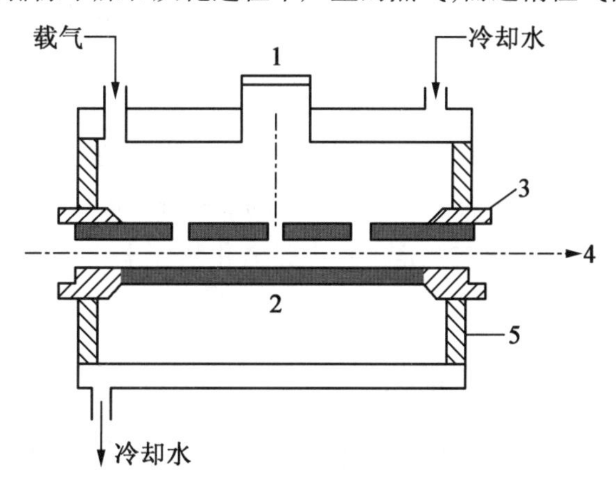

图4.5 石墨炉原子化器结构示意图

1—进样器;2—套管;3—石英窗;4—光束;5—绝缘体

石墨炉原子化过程与火焰原子化器不同，石墨炉原子化器采用直接进样和程序升温方式，样品需经干燥、灰化、原子化和净化四个阶段。

(1)干燥阶段。在低温(通常干燥的温度稍高于溶剂的沸点)下蒸发掉样品中的溶剂，以免由于溶剂存在引起灰化和原子化过程飞溅。

(2)灰化阶段。目的是尽可能除去试样中挥发的基体和有机物，保留被测元素，灰化温度取决于试样的基体及被测元素的性质，最高灰化温度以不使被测元素挥发为准。

(3)原子化阶段。以各种形式存在的分析物挥发并离解为基态原子，原子化温度随待测元素而异，原子化时间为3 ~ 10 s，最佳原子化温度和时间可通过实验确定。在原子化过程中，应停止氩气通过，以延长原子在石墨炉中的停留时间。

(4)净化阶段。在一个样品测定结束后，升至更高的温度，除去石墨管中的残留分析物，来减少和避免记忆效应，以便下一个试样的分析。

石墨炉原子化器的优点是原子化效率高；绝对灵敏度高，其绝对检出限可达$10^{-12} \sim 10^{-14}$ g；进样量少，通常液体试样为1 ~ 50 μL，固体试样为0.1 ~ 10 mg；固体、液体均可直接进样；可分析元素范围广。

石墨炉原子化器的缺点是基体效应、化学干扰较多，测量的重现性比火焰法差。

3. 其他原子化法

对砷、硒、汞以及其他一些特殊元素，可以用某些化学反应来使它们原子化。化学原子化法又称低温原子化法，指的是使用化学反应的方法将样品溶液中的待测元素以气态原子或化合物的形式与反应液分离，引入分析区进行原子光谱测定。常用的有汞低温原子化法及氢化物原子化法。

(1)汞低温原子化法。

汞是唯一可采用汞低温原子化法测定的元素。汞在室温下有一定的蒸气压，将试样中的汞离子用$SnCl_2$或盐酸羟胺完全还原为金属汞后，用气流将汞蒸气带入具有石英窗的气体测量管中进行吸光度测量。特点是在常温下有背景吸收测量，其灵敏度、准确度较高。

(2)氢化物原子化法。

氢化物原子化法适用于Ge、Sn、Pb、As、Sb、Bi、Se和Te等元素的测定。这些元素在酸性条件下的还原反应中形成极易挥发与分解的氢化物，如AsH_3、SnH_4、BiH_3等，然后经载气送入石英管中进行原子化与测定。特点是氢化物原子化温度低、灵敏度高、基体干扰和化学干扰小。

4.3.4 分光系统和检测系统

分光系统由入射狭缝、出射狭缝、反射镜和色散元件组成，其作用是将待测元素的吸收线与其他谱线分开。原子吸收所用的吸收线是锐线光源发出的共振线，谱线比较简单，因此对仪器的色散能力、分辨能力要求较低。谱线结构简单的元素，如K、Na可用干涉滤光片作为单色器。一般元素可用棱镜或光栅分光。目前商品仪器多采用光栅。

检测系统主要由检测器、放大器和读数、记录系统组成。检测器一般采用光电倍增管,其作用是将单色器分出的光信号转变成电信号。对于多元素同时测定的光谱仪,通常使用电荷注入检测器(ClD)和电荷耦合检测器(CCD)。放大器的作用是将光电倍增管输出的电压信号放大后送入显示器,原子吸收光谱仪中常使用同步检波放大器以改善信噪比。经放大器放大的电信号,再通过对数变换器,就可以分别采用表头、检流计、数字显示器或记录仪、打印机等进行读数。

4.4 干扰及其消除方法

原子吸收光谱法早期被认为是无干扰或少干扰的一种分析方法,然而随着原子吸收光谱法的发展,大量事实证明原子吸收光谱法仍存在不容忽视的干扰问题,而且在某些情况下干扰还很严重,影响了分析结果的准确度。原子吸收光谱分析中,干扰效应按其性质和产生的原因可以分为四类,分别为光谱干扰、物理干扰、化学干扰、电离干扰。

4.4.1 光谱干扰

光谱干扰是指与光谱发射及吸收有关的干扰,主要有谱线干扰和背景吸收所产生的干扰,包括谱线重叠、光谱通带内存在非吸收线、分子吸收、光散射等。前两种因素一般不予考虑,主要考虑分子吸收和光散射的影响,它们是形成光谱背景的主要因素。光谱干扰主要来自光源和原子化器,也与共存元素有关。其消除方法主要有减小狭缝宽度、更换空心阴极灯、改变火焰、更换谱线等。谱线干扰通常有以下三种情况。

(1)谱线重叠干扰。共存元素吸收线与被测元素分析线波长很接近时,两谱线重叠或部分重叠,会使分析结果偏高,可通过调小狭缝或另选分析线来抑制或消除这种干扰。

(2)光谱通带内存在的非吸收线。这些非吸收线可能是待测元素的其他共振线与非共振线,也可能是光源中所含杂质的发射线等。克服这种干扰的办法是减小狭缝宽度与灯电流,或另选分析线。

(3)原子化器内直流发射干扰。为了消除原子化器内的直流发射干扰,可以对光源进行机械调制,或者是对空心阴极灯光源采用脉冲供电。

背景吸收干扰也是一种光谱干扰,分子吸收干扰与光散射是形成背景干扰的两个主要因素。分子吸收干扰是指在原子化过程中生成的气态分子对光源共振辐射的吸收而引起的干扰,它是一种宽频率吸收,可采用高温使分子离解来消除,例如,碱金属的卤化物在紫外区的大部分波段均有吸收。光散射是指在原子化过程中,产生的固体颗粒对光产生散射,使被散射的光偏离光路而不能被检测器检测,形成假吸收,导致光度值偏高。背景干扰使吸收值增加,产生正误差。石墨炉原子化器背景吸收干扰比火焰原子化器严重,有时不扣除背景就无法进行测量。背景校正方法有以下三种情况。

(1)用邻近非共振线校正背景。

当背景分布比较均匀时,可以认为与分析线邻近的非共振线吸收与分析线的背景吸收近似相等。用分析线测量原子吸收与背景吸收的总吸光度,而非共振线不产生原子吸收,用它测量背景吸收的吸光度,两次测量值相减即得到校正背景后的原子吸收的吸光度。例如,测定含 Ca 较多试样中的 Pb,使用 Pb 的 283.3 nm 共振线为分析线,在此波长附近 Ca 的原子也有吸收,此时测得的吸光度为 Pb 的原子吸收与 Ca 的原子吸收之和。然后在 Pb 的 283.3 nm 附近选一非共振线 280.2 nm,此时 Pb 原子没有吸收,Ca 分子是宽带吸收,这时测得的 280.2 nm 处的吸光度即为背景吸收,两者之差即为 Pb 扣除背景后的吸光度值。背景吸收随波长而改变,因此,非共振线校正背景法的准确度较差,只适用于分析线附近背景分布比较均匀的场合。

(2)连续光源校正背景。

先用锐线光源测定分析线的原子吸收和背景吸收的总吸光度,再用氘灯(紫外区)或碘钨灯、氙灯(可见区)在同一波长测定背景吸收(这时原子吸收可以忽略不计),计算两次测定吸光度之差,即可使背景吸收得到校正。

(3)塞曼效应校正背景。

塞曼效应校正背景是基于磁场将吸收线分裂为具有不同偏振方向的组分,利用这些分裂的偏振成分来区别被测元素和背景吸收。塞曼效应校正背景分为两类,即光源调制法和吸收线调制法。光源调制法是将强磁场加在光源上,吸收线调制法是将磁场加在原子化器上,后者应用较广。

塞曼校正与连续光谱校正相比,校正波长范围宽,背景校正准确度高,可校正吸光度高达 1.5 ~2.0 的背景(氘灯只能校正吸光度小于 1 的背景),但测定的灵敏度低、仪器复杂、价格高。

4.4.2 物理干扰

物理干扰是指试样在转移、蒸发和原子化过程中,由于试样任何物理特性(如黏度、表面张力、密度等)的变化而引起原子吸收强度下降的效应。物理干扰是非选择性干扰,对试样各元素的影响基本相同。物理干扰主要发生在抽吸过程、雾化过程和蒸发过程中。

消除方法是配制与被测样品组成相同或相近的标准溶液;不知道试样组成或无法匹配试样时,可采用标准加入法。若样品溶液浓度过高,可稀释试样。

4.4.3 化学干扰

化学干扰是指待测元素与其他组分之间的化学作用所引起的干扰,它主要影响待测元素的原子化效率,是原子吸收分光光度法中的主要干扰。由于被测元素的原子与干扰物质之间形成更稳定的化合物,因此影响被测元素化合物的解离及其原子化。

消除化学干扰的方法主要有以下几种。

(1)提高原子化温度。可使难解离的化合物分解,减少化学干扰。如在高温火焰中,磷酸根不干扰钙的测定。

(2)加入释放剂。与干扰物质生成比待测元素更稳定的化合物,使待测元素释放出来。例如磷酸根干扰钙的测定,可在试液中加入 La、Sr 的盐类,它们与磷酸根生成比钙更稳定的磷酸盐,将钙释放出来。

(3)加入保护剂。通过与待测元素或干扰元素形成稳定的络合物而消除干扰。保护剂一般是有机配合剂,常用的是 EDTA 和 8 - 羟基喹啉。例如磷酸根干扰钙的测定,可加入 EDTA 作为保护剂,此时钙与 EDTA 生成既稳定又易分解的 Ca - EDTA 配合物,消除了磷酸根的干扰。

(4)加入基体改进剂。基体改进剂的加入可提高待测物质的稳定性或降低待测元素的原子化温度,以消除干扰。例如汞极易挥发,加入硫化物生成稳定性较高的硫化汞,灰化温度可提高到 300 ℃。

4.4.4 电离干扰

电离干扰是指在高温下原子会电离,使基态原子数减少,引起原子吸收信号降低,此种干扰称为电离干扰。电离干扰与原子化温度和被测元素的电离电位及浓度有关。

消除电离干扰最有效的方法是在试液中加入过量消电离剂,消电离剂是比待测元素电离电位低的其他元素,通常为碱金属元素。在相同条件下,消电离剂首先被电离,产生大量电子,从而抑制待测元素基态原子的电离。例如在测定 Sr 时加入过量 KCl 可有效抑制电离干扰。一般来说,加入元素的电离电位越低,所加入的量可以越少,加入的量由实验确定,加入的量太大会影响吸收信号和产生杂散光。

4.5 原子吸收光谱分析的实验技术

4.5.1 灵敏度

国际纯粹与应用化学联合会(IUPAC)建议规定,灵敏度和检出限是评价分析方法和分析仪器的重要指标。灵敏度是表示被测物质浓度或含量改变一个单位时所引起测量信号的变化程度。其测量值与浓度的关系为

$$X = f(c) \tag{4.16}$$

式中,X 为测量值;c 为待测元素的浓度或含量。则灵敏度 S 为

$$S = \frac{dX}{dc} \tag{4.17}$$

由此可见,灵敏度就是分析校正曲线的斜率,斜率越大,灵敏度越高。

在原子吸收光谱分析中,通常用能产生1%吸收(即吸光度值为0.004 4)时所对应被测元素的浓度或质量来表示分析的灵敏度,称为1%吸收灵敏度,也称为特征灵敏度。在火焰原子吸收法中,特征灵敏度以特征浓度 S_c,表示,其计算公式为

$$S_c = \frac{c \times 0.0044}{A} \tag{4.18}$$

式中,S_c 为元素的特征浓度,μg · mL/1%;c 为待测元素的浓度,μg/mL;A 为测得的吸光度值。

在非火焰原子吸收法中,测定的灵敏度取决于加到原子化器中试样的质量,其特征灵敏度以特征质量 S_m 表示,计算公式为

$$S_m = \frac{cV \times 0.0044}{A} \tag{4.19}$$

式中,S_m 为特征质量,μg/1%;c 为待测元素的浓度,μg/mL;V 为试液的体积,mL;A 为吸光度。在分析工作中,显然是特征浓度或特征质量越小越好,但这样表示的灵敏度不足之处是,它并不能指出可测定的最低浓度及可能达到的精密度。

4.5.2 检出限

检出限是指仪器能以适当的置信度检出元素的最低浓度或最低质量。在原子吸收光谱分析中将待测元素给出3倍于标准偏差的读数时,所对应元素的浓度或质量称为最小检测浓度或最小检测质量。以最小检测浓度为例,其计算公式如下:

$$D = \frac{c \times 3\sigma}{A} \tag{4.20}$$

式中,D 为检出限,μg/mL;c 为测试溶液的浓度,μg/mL;A 为测试溶液的平均吸光度;σ 为空白溶液的测量标准偏差。其计算式为

$$\sigma = \sqrt{\frac{\sum (A_i - \bar{A})^2}{n-1}} \tag{4.21}$$

式中,n 为测定次数($n \geqslant 10$);$\bar{A}$ 为空白溶液的平均吸光度;A_i 为空白溶液单次测量的吸光度。

灵敏度和检出限是衡量分析方法和仪器性能的重要指标。只有存在量达到或高于检出限,才能可靠地将有效分析信号与噪声信号区分开,确定试样中被测元素具有统计意义的存在。“未检出”指被测元素的量低于检出限。

检出限比灵敏度具有更明确的意义,它考虑到了噪声的影响,并明确指出了测定的可靠程度。由此可见,降低噪声、提高测定精密度是改善检出限的有效途径。

4.5.3 测量条件的选择

在原子吸收光谱分析中,测量条件选择的是否恰当,对测定的准确度和灵敏度都会

有较大影响。因此,选择合适的测量条件,才能得到满意的分析结果。

1. 分析线

通常选择元素最灵敏的共振吸收线作为分析线,测定高含量元素时,可以选用灵敏度较低的非共振吸收线为分析线。As、Se 等共振吸收线位于 200 nm 以下的远紫外区,火焰组分对其有明显吸收,故用火焰原子吸收法测定这些元素时,不宜选用共振吸收线为分析线。表 4.3 列出了常用的元素分析线。

表 4.3 原子吸收光谱分析中常用的分析线

元素	λ/nm	元素	λ/nm	元素	λ/nm
Ag	328.07,338.29	Hg	253.65	Ru	349.89,372.80
Al	309.27,308.22	Ho	410.38,405.39	Sb	217.58,206.83
As	193.64,197.20	In	303.94,325.61	Sc	391.18,402.04
Au	242.80,267.60	Ir	209.26,208.88	Se	196.09,703.99
B	249.68,249.77	K	766.49,769.90	Si	251.61,250.69
Ba	553.55,455.40	La	550.13,418.73	Sm	429.67,520.06
Be	234.86	Li	670.78,323.26	Sn	224.61,520.69
Bi	223.06,222.83	Lu	335.96,328.17	Sr	460.73,407.77
Ca	422.67,239.86	Mg	285.21,279.55	Ta	271.47,277.59
Cd	228.80,326.11	Mn	279.48,403.68	Tb	432.65,431.89
Ce	520.00,369.70	Mo	313.26,317.04	Te	214.28,225.90
Co	240.71,242.49	Na	589.00,330.30	Th	371.0,380.30
Cr	357.87,359.35	Nb	334.37,358.03	Ti	364.27,337.15
Cs	852.11,455.54	Nd	463.42,471.90	Tl	276.79,377.58
Cu	324.75,327.40	Ni	232.00,341.48	Tm	409.4
Dy	421.17,404.60	Os	290.91,305.87	U	351.46,358.49
Er	400.80,415.11	Pb	216.70,283.31	V	318.40,385.58
Eu	459.40,462.72	Pd	247.64,244.79	W	255.14,294.74
Fe	248.33,352.29	Pr	495.14,513.34	Y	410.24,412.83
Ga	287.42,294.42	Pt	265.95,306.47	Yb	398.80,346.44
Gd	386.41,407.87	Rb	780.02,794.76	Zn	213.86,307.59
Ge	265.16,275.46	Re	346.05,346.47	Zr	360.12,301.18
Hf	307.29,286.64	Rh	343.49,339.69		

2. 狭缝宽度

狭缝宽度影响光谱通带与检测器接收辐射的能量。原子吸收光谱分析中,谱线重叠的概率较小，因此，可以使用较宽的狭缝，以增加光强与降低检出限。在实验中，也要考虑被测元素谱线复杂程度，碱金属、碱土金属谱线简单，可选择较大的狭缝宽度；过渡元素与稀土元素等谱线比较复杂，要选择较小的狭缝宽度。

狭缝宽度的选择要能使吸收线与邻近干扰线分开。当有干扰线进入光谱通带内时，吸光度值将立即减小。不引起吸光度减小的最大狭缝宽度，为应选取的狭缝宽度。

3. 空心阴极灯的工作电流

一般在保证稳定放电和合适的光强输出前提下，尽可能选用较低的工作电流。灯电流过大，灯丝发热量大，导致热变宽和压力变宽，并增加自吸收，使辐射光强度降低，结果是灵敏度下降、校正曲线下弯、灯寿命缩短。最适宜的工作电流应通过实验确定，配制浓度合适的标液，以不同的灯电流测定相应的吸光度，找出吸光度值最大的最小灯电流作为工作电流。空心阴极灯一般需要预热 10 ~ 30 min。

4. 原子化条件的选择

火焰原子化条件的选择如下。

(1)试液进样量的选择。

当试液喷雾时，进样量受吸液毛细管的内径、长度及通入压缩空气的压强等影响，通常控制在 3 ~ 6 mL/min，雾化效率可达 10%。进样量较小，雾化效率高，但灵敏度会降低；进样量大时，雾化效率降低，大量试液作为废液排出，灵敏度也不会提高。

(2)火焰的选择。

不同元素可选择不同种类的火焰，原则是使待测元素获得最大原子化效率。易原子化的元素用较低温火焰，反之需要高温火焰。当火焰选定后，要选用合适的燃气和助燃气的比例；对于难原子化元素宜选用助燃比大于化学反应计量比的富焰；对于氧化物不是十分稳定的元素可采用助燃比小于化学反应计量的贫焰或燃助比与化学反应计量关系相近的化学计量火焰。

(3)燃烧器高度的选择。

光源的光束通过火焰的不同部位，对测定的灵敏度和稳定性有一定的影响。为保证测定的灵敏度，应使光源发出的光通过火焰中基态原子密度最大的中间薄层区(位于燃烧器狭缝上方 2 ~ 10 mm 附近)。该区域火焰比较稳定，干扰也少。适宜的燃烧器高度可以通过实验确定，即用一固定浓度的溶液喷雾，再缓缓上下移动燃烧器，直至吸光度达到最大值，此时的位置即为燃烧器的最佳高度。

(4)燃烧器角度的选择。

在通常情况下其角度为 0°，即燃烧器缝口与光轴方向一致。在测量高浓度试样时，可选择一定的角度，当角度为 90°时，灵敏度仅为 0°时的 1/20。

无火焰原子化条件的选择如下。

(1)载气选择。

可使用惰性气体氩或氮作为载气，通常使用的是氩气，采用氮气作为载气时要考虑高温原子化时产生氮化碳带来的干扰。载气流量影响灵敏度和石墨管寿命,目前大多采用内外单独供气方式,外部供气不间断,流量为 1 ~5 L/min;内部气体流量为 60 ~70 mL/min,在原子化期间,内气流的大小与测定元素有关,可通过实验确定。

(2)操作温度的选择。

样品在石墨炉原子化器中经历干燥、灰化、原子化和高温净化四个阶段。干燥阶段通常选择 100 ℃,对 10 ~100 μL 样品,干燥时间为 15 ~60 s。灰化阶段作用是除去基体组分,减少或消除共存元素的干扰,通常温度为 100 ~1 800 ℃,时间为 10 ~30 s。原子化阶段的作用是将试样中的待测元素转化为原子蒸气,通常可控制温度为 1 800 ~2 900 ℃,时间为 3 ~5 s。高温净化是在每个样品测定结束后,在短时间内使石墨炉内温度升至最高,燃尽残存样品,净化环境。通常控制在 3 000 ℃,时间约 5 s。

(3)冷却水的选择。

为使石墨管温度迅速降至室温,通常使用水温为 20 ℃,流量为 1 ~2 L/min 的冷却水,可在 20 ~30 s 内冷却,水温不宜过低,流速不宜过大,以免在石墨锥体或石英窗上产生冷凝水。

4.5.4 定量分析方法

1. 标准曲线法

标准曲线法是最常见的基本分析方法。配制一组合适的标准溶液,在最佳测定条件下,由低浓度到高浓度依次测定它们的吸光度 A,以吸光度 A 对浓度 c 作图,得到标准曲线。

实际工作中,应用标准曲线时,标准曲线必须是线性的,在应用本法时应注意以下几点。

(1)所配标准溶液的浓度,应在 A 与 c 呈线性关系的范围内。

(2)标准溶液与试样溶液应用相同试剂处理,以消除基体干扰。

(3)应扣除空白值。

(4)在分析过程中,操作条件应保持不变。

(5)由于喷雾效率和火焰状态经常变动,标准曲线的斜率也随之变动,因此,每次测定前,应用标准溶液对吸光度进行检查和校正。

2. 标准加入法

当试样组成复杂,无法配制与之匹配的标准样品,或待测元素含量很低时,采用标准加入法是合适的,它能消除基体或干扰元素的影响。取几份体积相同的待测试液,其中一份不加被测元素,其余各份分别按比例加入不同量待测元素的标准溶液,然后稀释至相同体积,其浓度依次为 c_s、$2c_s$、$3c_s$、…,分别测定它们的吸光度 A,以 A 为纵坐标,以对应的加入待测元素的浓度为横坐标作图,得图 4.6 所示的直线。

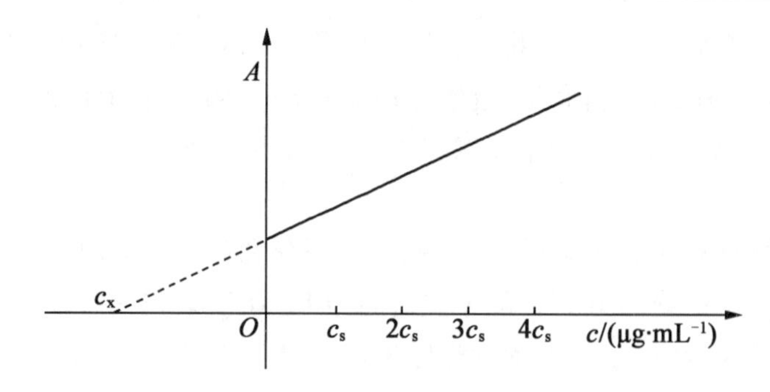

图 4.6 标准加入法的 $A-c$ 曲线

使用标准加入法进行定量分析时,应注意以下几点。

(1)标准加入法是建立在 A 与 c 成正比的基础上,故要求相应的标准曲线是一条过原点的直线,被测元素的浓度应在此范围内。

(2)为得到较为精确的外推结果,加入标准液的量不能过高或过低,否则会引起较大误差。

(3)标准加入法可以消除基体效应带来的影响,但不能消除背景吸收的影响,因此只有扣除了背景之后,才能得到被测试样中待测元素的真实含量,否则得到的结果就偏高。

4.6 前沿技术与应用

环境分析研究的对象是环境中的化学物质,其成分复杂、种类繁多、含量低且稳定性差。原子吸收光谱法已成为一种非常成熟的仪器分析方法,主要用于测定各类样品中微痕量金属元素,但如果和其他化学方法或手段相结合,也可间接测定一些无机阴离子或有机化合物。

4.6.1 水质分析

水质分析是经常做的项目,对于雪、雨水、无污染的清洁水样,金属元素的含量极微量时,可采用共沉淀、萃取等富集手段,然后测定。但要注意干扰,如果对各种元素的干扰不明时,采用标准加入法可获得理想的结果。对于污水、矿泉水所含的无机物、有机物比较多,情况复杂,一般是将萃取法、离子交换法等分离技术与标准加入法配合使用,主要测定水体中的铅、铜、镉、铬、铁、锰、镍、汞、锌、钴及锑等金属。马晓国等使用分散液相微萃取-石墨炉原子吸收光谱法测定环境水样中的痕量镉,实验表明,该方法具有灵敏、准确、快速和环保等特点,是一种分析水样中痕量镉的较好方法。原子吸收法还可以进行元素的形态和价态分析,如用冷原子吸收法可分别测定河水中的有机汞和无机汞;采用砷化氢发生器系统,用原子吸收法可测定环境水样中的价态砷等。

多种金属元素必须用相应光源进行原子激发，而环境中的水含有大量不同种类的离子，分析物重金属离子含量往往较低，给检测带来一定困难。因此样品需要预处理，提高灵敏度和准确度，例如萃取、在线富集等方法。

罗宇杏用原子吸收火焰法和石墨炉法对水中铅的含量进行比较，结果表明，两种方法无明显差异，原子吸收火焰法比石墨炉法省时、省力、省干扰；石墨法更适合于水中低含量铅的测定。在适合的选择条件下火焰法对高浓度的元素测量准确度很高，可以应用到污水中铅的测定；而石墨炉法测量精准度较好的领域是饮用水和自然水中痕量铅的测定；两种方法测量重金属铅无论是加标回收率、精准度等都满足规范要求，同时良好的准确性也在不同范围浓度中表现。原理相同的两种方法，通过改变金属气化方式，导致两种方法在不同浓度测量过程中达到最理想的精准度。同时，两种方式的共同优点是试剂简单、受污染因素小、测量迅速等，适合自然水体、污水中铅元素的大批量测量。

Furkan Uzcan 等人发明了一种新的原子吸收光谱法测定超分子溶剂液相微萃取的方法，其装置如图 4.7 所示，四氢呋喃和癸酸组合作为超分子溶剂用于 1 -(2 - 吡啶基偶氮) - 2 - 萘酚(PAN)螯合物的铜(Ⅱ)的分离和预浓缩，用于测定水中的铜。其基本操作是取 10 mL 水样置于 50 mL 锥形底离心管中，然后加入 2mL pH 5.0 的醋酸缓冲液以稳定培养基的 pH。加入 100 μL 的 PAN，形成复合物。随后，250 μL 四氢呋喃和 100 mg 癸酸分别添加到管中，形成超分子溶剂系统，超声波浴 4 min。将混浊溶液在 4 000 r/min 的离心机中分离 4 min，分离超分子溶剂相和富含分析物的废水相。分析物富集相分离后，用甲醇溶解至最终体积为 1.0 mL。用原子吸收分光光度法(AAS)对溶解于甲醇中的溶液进行测量。

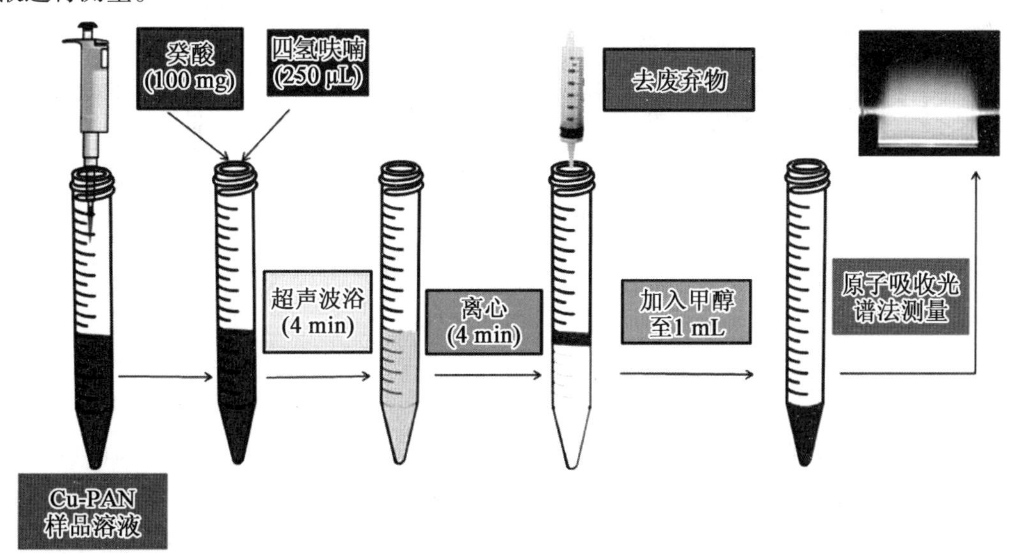

图 4.7 超分子溶剂液相微萃取法

Çăgdas, Büyükpınar 等人利用低分子量有机酸作为光化学试剂，建立了一种廉价、精密度高的自来水中镉含量测定的方法——紫外光化学蒸气发生 - 裂隙石英管原子陷阱 - 火焰原子吸收分光光度法。该系统是在火焰原子吸收分光光度系统测量前，将紫外光化学蒸汽发生系统与裂隙石英管原子陷阱系统相结合。其装置如图 4.8 所示，在最佳实验条件下，将传统火焰原子吸收分光光度系统的标定曲线斜率与改进方法进行比较，灵敏度提高了 106 倍。LOD 和 LOQ 值分别为 2.5 μg/L 和 8.2 μg/L。该方法在环境水样品镉含量的检查中具有很好的适用性和高回收率。

4.6.2　大气及颗粒物

利用原子吸收光谱法测定大气或飘尘中的微量元素时，一般用大气采样器，控制一定的流量，用装有吸收液的吸收管或滤纸采样，然后用适当办法处理。可根据具体测定的元素选择消解体系和基体改进剂，石墨炉原子吸收法已用来分析环境空气、工业废气、香烟烟气及大气颗粒物中的锡、铅、镉、铬、汞、铜、锌等金属元素，其准确度和精密度较高。肖美丽等使用石墨炉原子吸收分光光度法测定大气颗粒物中的镉，测定结果的相对标准偏差为 2.1% ~7.5%，检出限为 0.366 μg/L，该方法适用于大气和固定污染源排气中镉的测定。

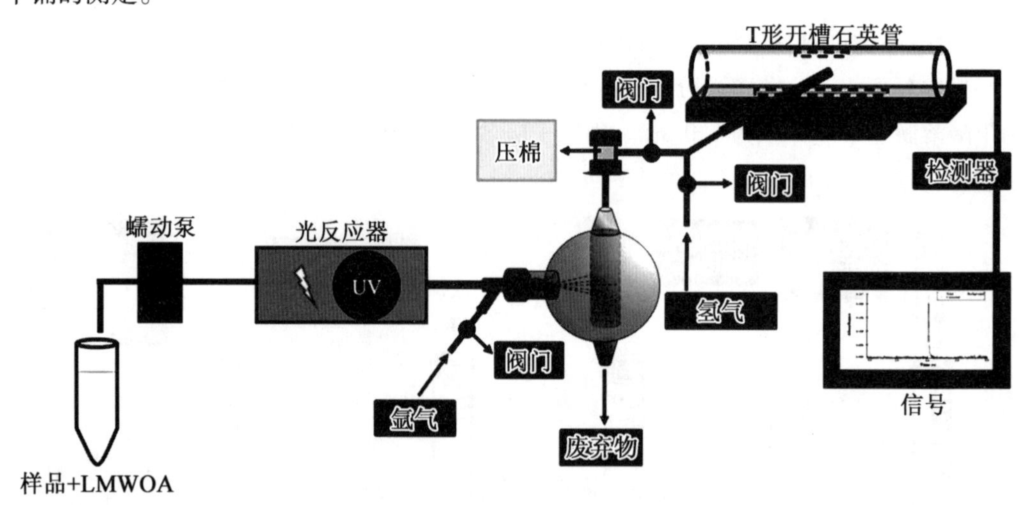

图 4.8　紫外光化学蒸气发生 - 裂隙石英管原子陷阱 - 火焰原子吸收分光光度法装置图

陈金鹏采用 4 种不同的消解体系，分别为硝酸 - 盐酸微波消解、硝酸 - 盐酸电热板消解、硝酸 - 氢氟酸 - 高氯酸微波消解、硝酸 - 氢氟酸 - 高氯酸电热板消解对石英纤维滤膜材质采集的颗粒物样品进行消解，利用原子吸收光谱法测定样品中的锌元素，为不同的实验条件及环境进行颗粒物锌分析提供选择，易于推广应用。

蒋慧以石英超细纤维滤膜采集上海市长宁区的大气颗粒物（PM2.5）样品，采用球磨机将滤膜研磨成细微颗粒，并以 0.7% Triton X - 100 作为分散剂，制备了稳定均一悬浮液，建立一种简便、绿色、快速的悬浮液进样－石墨炉原子吸收法测定 PM2.5 中铅和镉的方法。铅在 0.1～75 μg/L 范围内，镉在 0.2～3 μg/L 范围内，校正曲线的线性相关性大于0.998；铅和镉的检出限分别为0.36 μg/L 和 0.06 μg/L，相对标准偏差小于5%。采用 HF－HNO_3体系消解样品，并与电感耦合等离子体质谱法和石墨炉原子吸收光谱法测试结果对比，验证了方法的准确性。

4.6.3 土壤及沉积物

利用火焰原子吸收光谱法可以直接测定土壤中的钼。用石墨炉原子吸收法可以测定土壤和沉积物中的钡、离子交换态的镉。微波消解－原子吸收光度法可以测定土壤和近海沉积物标准物质中的铜、锌、铅、镉、镍和铬。景丽洁等采用微波消解法预处理待测土壤，火焰原子吸收分光光度法测定污染土壤消解液中的锌、铜、铅、镉、铬5种重金属，实验表明，该方法简便、灵敏、准确，适用于污染土壤中重金属含量的测定。

土壤样品最常见的预处理方法有电热板湿法消解、电热石墨消解和微波消解。传统的电热板湿法消解采取手动加酸，存在一定危险性，加热温度不均匀、耗时长、效率低。微波消解操作简单、密闭性好、效率高，且空白值小；但是批处理量小。对全自动石墨消解仪来说，石墨加热体是整体加热，受热均匀，可自动化、高精度添加各种试剂，实现自动振摇和定容，并能准确控制时间，效率高。综合考虑，采用全自动石墨消解仪消解土壤。周冬梅等人以4 μL 的硝酸钯（10 g/L）为基体改进剂，在进样总体积为20 μL、灰化温度和原子化温度分别为454 ℃、1 806 ℃时测试土壤中的镉，方法精密性好，准确度高。

郑兴宝建立了用硝酸－氢氟酸－高氯酸体系全自动石墨原子吸收分光光度法测定土壤中 Pb 的分析方法，解决了电热板湿法消解随机误差大、工作效率低等问题，提高了实验的再现性。标准土壤样品和实际土壤样品测定的结果表明，方法的准确度和精密度完全能够满足土壤中 Pb 的监测。全自动石墨消解仪可实现自动加酸、自动加热控温和自动定容等一系列土壤样品预处理过程，规避了酸气危害，缩短了样品分析周期，节省了人力物力财力，避免了人工操作不当对实验结果造成的随机误差。每个消解管的消解进度一致，保证了实验结果的精密度。该方法安全、快速、简单、灵敏度高、重现性好，能可靠、高效同时大批量分析土壤中 Pb 的含量。

AAS 除了在以上大气、水样、土壤及矿样方面的应用，还有很多其他应用，用原子吸收光谱法可以测定汽油、原油和渣油中铁、镍、铜等金属，用间接原子吸收法测定茶叶中茶多酚、维生素 C 及异烟肼等有机物的含量。

本章参考文献

[1] 刘志广，张华，李亚明. 仪器分析[M]. 大连：大连理工大学出版社，2004.

[2] 王中慧，张清华．分析化学[M]．北京：化学工业出版社，2013．
[3] 魏福祥．仪器分析及应用[M]．北京：中国石化出版社，2007．
[4] 魏海培，曹国庆．仪器分析[M]．北京：高等教育出版社，2007．
[5] 孙凤霞．仪器分析[M]．2 版．北京：化学工业出版社，2011．
[6] 袁存光，祝优珍，田晶，等．现代仪器分析[M]．北京：化学工业出版社，2012．
[7] 董慧茹，仪器分析[M]．3 版．北京：化学工业出版社，2016．
[8] 韩长秀，毕成良，唐雪娇．环境仪器分析[M]．2 版．北京：化学工业出版社，2018．
[9] 邓勃．原子吸收光谱分析在我国发展历程的回顾[C]．2017 年中国光谱仪器前沿技术研讨会论文集．中国仪器仪表学会：现代科学仪器编辑部，2017：16－15．
[10] 马晓国，罗颂华，曾倩．分散液相微萃取－石墨炉原子吸收光谱法测定环境水样中的痕量镉[J]．生态环境学报，2011，20(12)：1909－1911．
[11] 罗宇杏．原子吸收火焰法与石墨炉法测定水中铅含量的比较[J]．广东化工，2021，48(03)：177－178，183．
[12] UZCAN F, SOYLAK M. An environmentally friendly, simple and novel microextraction procedure for copper at trace level from urine, sweat, dialysis solution and water samples before its FAAS detection[J]. International Journal of Environmental Analytical Chemistry, 2020：1－12.
[13] BÜYÜKPLNAR Ç, BODUR S, YAZICl E, et al. An accurate analytical method for the determination of cadmium: Ultraviolet based photochemical vapor generation－slotted quartz tube based atom trap－flame atomic absorption spectrophotometry[J]. Measurement, 2021：176.
[14] 景丽洁，马甲．火焰原子吸收分光光度法测定污染土壤中 5 种重金属[J]．中国土壤与肥料，2009(1)：74－77．
[15] 郑兴宝．全自动石墨消解原子吸收法测定土壤中的 Pb[J]．环境保护与循环经济，2021，41(01)：73－75．
[16] 周冬梅，王仁宗，范青，等．石墨炉原子吸收法测定土壤中镉[J]．磷肥与复肥，2020，35(12)：36－38．
[17] 肖美丽，冷家峰，刘仙娜，等．石墨炉原子吸收分光光度法测定大气颗粒物中的镉[J]．化学分析计量，2003，12(6)：22－23．
[18] 陈金鹏．原子吸收分光光度法在不同消解体系下测定大气颗粒物中的锌[J]．山东化工，2020，49(19)：240－241，248．
[19] 蒋慧，黎林，江永红，等．大气细颗粒物中金属元素的检测方法研究进展[J]．应用预防医学，2018，24(06)：493－495．

第5章　紫外－可见分光光度法

5.1　概　　述

在仪器分析中，紫外－可见分光光度法是历史最悠久、应用最广泛的一种光学分析方法。它的测定原理是基于物质分子或离子对200～780 nm波长区域内光辐射的吸收作用，对物质进行定性、定量及结构分析。

大多数物质都是有颜色的，例如硫酸铜溶液的天蓝色、高锰酸钾溶液的紫红色等。当这些物质溶液的浓度改变时，溶液颜色的深浅也会随之变化。因此比较待测溶液本身的颜色或加入试剂后呈现颜色的深浅来测定溶液中待测物质的浓度的方法就称为比色分析法。这种方法仅在可见光区适用。目前广泛使用的分光光度法是根据物质对不同波长单色光的吸收程度不同，而对物质进行定性和定量分析的方法，又称吸光光度法。

分光光度法始于牛顿(Newton)，早在1665年，牛顿就做了一个惊人的实验。他让太阳光透过暗室窗上的小圆孔，在室内形成很细的太阳光束，该光束经棱镜色散后，在墙壁上呈现红、橙、黄、绿、蓝、靛、紫的色带，这些色带称为“光谱”。牛顿通过这个实验，揭示了太阳光是复合光的事实。1815年夫琅和费(J. Fraunhofer)仔细观察了太阳光谱，发现太阳光谱中有600多条暗线，并且对主要的8条暗线标以A、B、C、D、…、H的符号。这就是人们最早知道的吸收光谱线，被称为“夫琅和费线”。但当时人们对这些线还不能作出正确解释。1859年本生(R. Bunsen)和基尔霍夫(G. Kirchhoff)发现由食盐发出黄色谱线的波长和“夫琅和费线”中的D线波长完全一致，才知道一种物质所发射的光波长(或频率)与它所能吸收的波长(或频率)是一致的。

1862年，密勒(Miller)应用石英摄谱仪测定一百多种物质的紫外吸收光谱。他把光谱图表从可见区扩展到了紫外区，并指出吸收光谱不仅仅与组成物质的基团质有关。接着，哈托莱(Hartolay)和贝利(Balley)等人又研究了各种溶液对不同波段的截止波长，并发现吸收光谱相似的有机物质，它们的结构也相似，并且可以解释用化学方法所不能说明的分子结构问题，初步建立了分光光度法的理论基础，以此推动了分光光度计的发展。1918年美国国家标准局研制成功世界上第一台紫外可见分光光度计；此后，紫外可见分光光度计很快在各个领域的分析工作中得到了应用。

朗伯(Lambert)早在1760年就发现物质对光的吸收与物质的厚度成正比，后被人们称之为朗伯定律；比耳(Beer)在1852年又发现物质对光的吸收与物质浓度成正比，后被人们称之为比耳定律。在应用中，人们把朗伯定律和比耳定律联合起来称为朗伯－比耳定律。随后，人们开始重视研究物质对光的吸收，并试图在物质的定性、定量分析方面予以使用。因此，许多科学家开始研究以比耳定律为理论基础的仪器装置。经过一个漫长的时期后，美国Beckman公司于1945年推出世界上第一台成熟的紫外可见分光光度计商品仪器。从此，紫外可见分光光度计的仪器和应用开始得到飞速发展。

近年来，随着技术的不断革新，紫外－可见分光光度法在科学研究中的应用日益增多，同时越来越多的紫外－可见光谱在线检测监测仪器得以开发，在环境领域的应用越发广泛。许金鑫等人采用紫外－可见分光光度法对崇明东滩湿地表层土壤溶解性有机质(DOM)进行研究，证明湿地南部土壤DOM的分子量较高，受大分子有机质影响较大；江韬等人在测定三峡库区典型消落带土壤及沉积物DOM的紫外－可见光谱基础上，通过特征参数及光谱模型来获取DOM的地化特征和信息。由此可见，紫外－可见光谱对于环境领域的研究与应用至关重要。

5.1.1　紫外－可见分光光度法的分类

紫外－可见吸收光谱是由成键原子的分子轨道中电子跃迁产生的，分子的紫外线吸收和可见光吸收的光谱区依赖于分子的电子结构。紫外－可见吸收光谱分析法按测量光的单色程度分为分光光度法和比色法。

分光光度法是指应用波长范围很窄的光与被测物质作用而建立的分析方法。分光光度法是在比色法的基础上发展起来的，两者的基本原理相同，但分光光度法采用更为先进的单色系统及光检测系统，使其在灵敏度、准确度、精密度及应用范围上大大优于比色法。分光光度法中，按光的波谱区域不同又可分为可见分光光度法(400～780 nm)、紫外分光光度法(200～400 nm)和红外分光光度法($3\times10^3\sim3\times10^4$ nm)。

根据所用光的波长范围不同，又可分为紫外分光光度法和可见分光光度法，二者合称紫外－可见分光光度法。紫外－可见光区又可分为100～200 nm的远紫外光区、200～400 nm的近紫外光区、400～800 nm的可见光区。其中，远紫外光区的光能被大气吸收，所以远紫外光区的测量必须在真空条件下，因此也称为真空紫外区；近紫外光区又称为石英区，对物质结构的研究很重要；可见光区则指其电磁辐射能被人的眼睛所感觉到的区域。

比色法是指应用单色性较差的光与被测物质作用而建立的分析方法，适用于可见光区。光的波长范围可借用所呈现的颜色来表征，光的相对强度可由颜色的深浅来区别，故称比色法。其中以人的眼睛作为检测器的可见光吸收方法称为目视比色法，以光电转换器件作为检测器的方法称为光电比色法。

5.1.2　光的选择吸收与物质颜色的关系

不同物质的分子能选择性吸收某一个或数个波带的光波，而对其他光波很少吸收或不吸收。有色物质本身所呈现的颜色与其所选择的光波颜色成互补色,光的互补关系见表5.1。

表5.1 光的互补关系

物质外观颜色	吸收光	
	吸收光的颜色	波长范围/nm
黄绿色	紫色	400～450
黄色	蓝色	450～480
橙色	绿蓝色	480～490
红色	蓝绿色	490～500
红紫色	绿色	500～560
紫色	黄绿色	560～580
蓝色	黄色	580～610
绿蓝色	橙色	610～650
蓝绿色	红色	650～780

5.1.3 紫外－可见分光光度法分析法的特点

紫外－可见分光光度法是在仪器分析中应用最广泛的分析方法之一,具有如下优点。

(1)灵敏度较高,适用于微量组分的测定。

(2)通常所测试液的浓度下限达 10^{-6}～10^{-5} mol/L。

(3)吸光光度法测定的相对误差较低,一般为2%～5%。

(4)测定速度快、仪器操作简单、价格低廉、应用广泛。

(5)几乎所有的无机物质和许多有机物质的微量成分都能用此法进行测定。

(6)常用于化学平衡等研究。

5.2 光的吸收定律及化合物的紫外－可见分光光度法

5.2.1 光的吸收定律

1. 光强度、透射率和吸光度

光的吸收程度与光通过物质前后的光强度变化有关。光强度是指单位时间内照射在单位面积上的光能量,用 I 表示。它与单位时间内照射在单位面积上的光子数目有关,与光的波长无关。

当一束强度为 I_0 的平行单色光通过一个均匀且非散射和反射的吸收介质时(图 5.1),由于光子与吸光物质的作用,一部分光子被吸收,另一部分光子透过介质。设透过的光强度为 I_t,则 I_t 与入射光强度 I_0 之比定义为透射率 T,有

$$T = \frac{I_0}{I_t} \tag{5.1}$$

T 的取值范围为 0% ~100% ,随着 T 的增加,物质对光的吸收减少,$T=0\%$ 时表示光全部被吸收,$T=100\%$ 时表示光全部透过。

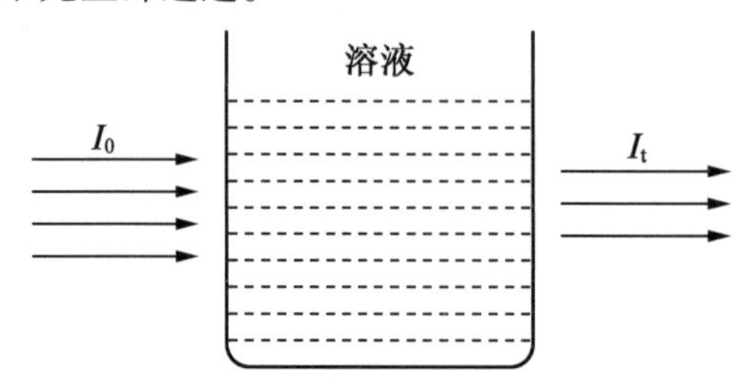

图 5.1 溶液吸光示意图

物质对光的吸收程度可用吸光度 A 表示,吸光度与光强度 I_t、透射率 T 之间的关系为

$$A = -\lg T = \lg \frac{I_0}{I_t} \tag{5.2}$$

A 的取值范围为 0 ~ ∞ ,随着 A 的增大,物质对光的吸收增加,$A=0$ 时表示光全部透过,$A \to \infty$ 表示光全部被吸收。

2. 朗伯—比尔定律

朗伯定律:当一束平行光照射到一固定浓度的溶液时,其吸光度与光通过的液层厚度成正比,即

$$A = k_1 b \tag{5.3}$$

式中,b 为液层厚度,cm;k_1 为比例系数。

比尔定律:当入射光通过不同浓度的同一种溶液,若液层厚度一定,则吸光度与溶液浓度成正比,即

$$A = k_2 c \tag{5.4}$$

式中,c 为溶液浓度;k_2 为比例系数。

当溶液厚度和浓度都改变时,要考虑两者同时对透过光的影响。将式(5.3)和式(5.4)合并,则有

$$A = kbc \tag{5.5}$$

式中,k 为比例常数,与溶液性质、温度和入射光波长有关。这就是在分光光度测定中常用的朗伯 - 比尔定律。该定律表明,当一束平行单色光垂直通过溶液时,溶液对光的吸收程度与溶液浓度和液层厚度的乘积成正比。

k 的物理意义是指液层厚度为 1 cm 的单位浓度溶液对一定波长光的吸光度。它表

示某物质对特定波长光的吸收能力。随着 k 的增大，该物质对光的吸收能力增强，分光光度测定的灵敏度升高。另外，k 的单位及数值还与浓度采用的单位有关，一般有两种表达方式，具体见表 5.2。

表 5.2　k 与浓度单位之间的变化关系

c 的单位	k 的单位	名称	符号	定量关系
mol/L	L/(mol · cm)	摩尔吸收系数	k	$k = aM$
g/L	L/(g · cm)	质量吸收系数	a	M 为物质摩尔质量

【例 5.1】　已知某化合物分子量为 251，以乙醇作为溶剂将此化合物配成浓度为 0.150 mmol/L 的溶液，在 480 nm 波长处用 2.00 cm 吸收池测得透射率为 39.8%。求该化合物在上述条件下的摩尔吸收系数 k 及质量吸收系数 a。

【解】　已知 $c = 0.150 \times 10^{-3}$ mol/L，$b = 2.00$ cm，$T = 0.398$，则

$$A = -\lg T = -\lg 0.398 = 0.400$$

由朗伯－比尔定律的表达式 $A = kbc$ 得出摩尔吸收系数为

$$k = \frac{A}{cb} = \frac{0.400}{0.150 \times 10^{-3}\ \text{mol/L} \times 2.00\ \text{cm}} = 1.33 \times 10^{3}\ \text{L/(mol} \cdot \text{cm)}$$

质量吸收系数：

$$a = \frac{k}{M} = \frac{1.33 \times 10^{-3}\ \text{L/(mol} \cdot \text{cm)}}{251\ \text{g/mol}} = 5.30\ \text{L/(g} \cdot \text{cm)}$$

3. 朗伯－比尔定律的应用条件

朗伯－比尔定律不仅适用于可见光、紫外线，还适用于红外线；不仅适用于均匀非散射的液态样品，还适用于粒子分散均匀的固态或气态样品。此外，由于吸光度具有加和性，即在某一波长下，如果样品中几种组分能同时产生吸收，那么样品的总吸光度等于各个组分的吸光度之和，即

$$A = A_1 + A_2 + A_3 + \cdots + A_n = \sum^{\frac{1}{n}} A_n$$

因此，朗伯－比尔定律可用于多组分的同时测定。

4. 朗伯－比尔定律的偏离现象

根据朗伯－比尔定律，对于一定厚度的溶液，用吸光度对溶液浓度作图，得到的应为一条过原点的直线，即二者之间呈线性关系。但在实际工作中，吸光度与浓度之间常呈偏离线性关系，如图 5.2 所示。该现象称为朗伯－比尔定律的偏离现象，产生偏离的主要因素如下。

(1) 朗伯－比尔定律的局限性。

朗伯－比尔定律有一定的限制性，假设吸光粒子之间无相互作用，因此仅适用于溶

液为稀溶液的情况。在高浓度时，由于吸光物质的分子或离子之间的平均距离缩小，相邻的吸光粒子（分子或离子）的电荷分布互相影响，因此改变其对光的吸收能力。由于这种影响的过程与浓度相关，因此吸光度 A 与浓度 c 之间的线性关系发生偏离。

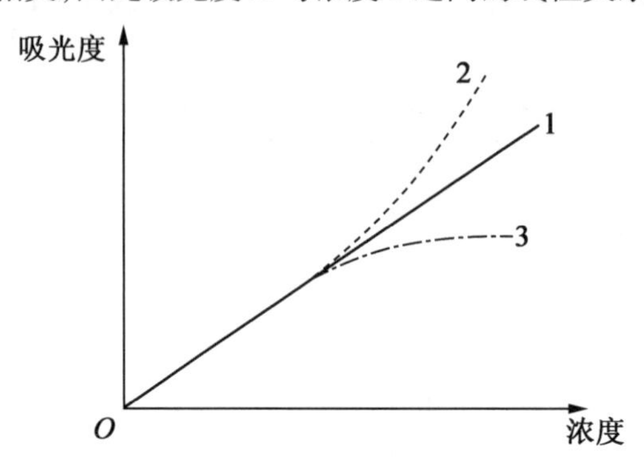

图 5.2　朗伯 - 比尔吸收定律的偏离示意图

1—正常单色平行光下吸光度随浓度变化趋势；2—非平行变化趋势光引起的正偏移；3—杂散光或及合光引起的负偏移

（2）非单色入射光引起的偏离。

严格来说，朗伯 - 比尔定律仅在单色入射光的情况下才是正确的。实际上，一般分光光度计中的单色器获得的光束不是严格的单色光，而是具有较窄波长范围的复合光带，这些非单色光会因朗伯 - 比尔定律而偏离。这种偏离由仪器条件的限制造成，而非定律本身的错误。为减少这种偏离，通常选择吸光物质的最大吸收波长作为分析的测量波长。

（3）溶液本身发生化学变化引起的偏离。

由于被测物质在溶液中会发生解离、缔合或互变异构、溶剂化、配合物的逐级形成等化学变化，造成对朗伯 - 比尔定律的偏离。这些原因造成的误差称为化学误差。例如，在一非缓冲体系的铬酸盐溶液中存在以下平衡：

$$Cr_2O_7^{2-} + H_2O \Longleftrightarrow 2HCrO_4^- \Longleftrightarrow 2CrO_4^{2-} + 2H^+$$

测定时，大部分波长处 $Cr_2O_7^{2-}$ 与 $Cr_2O_4^{2-}$ 的吸收系数不同，因此当铬的总浓度相同时，溶液的吸光度取决于 $Cr_2O_7^{2-}$ 和 $Cr_2O_4^{2-}$ 的浓度比。浓度比会随溶液的稀释发生显著变化，因而造成 A 和 c 之间的线性关系明显偏离。

（4）光的散射、折射引起的偏离。

当待测溶液中有胶体、悬浮物质或乳液存在时，入射光通过溶液时一部分光会因为散射而损失，使吸光度偏大，导致朗伯 - 比尔定律的正偏离。此外，测定溶液折射率的改变也会导致光吸收定律的偏离。

此外，有些配合物的稳定性较差，由于溶液稀释导致配合物解离度增加，溶液颜色变浅，因此有色配合物的浓度不等于金属离子的总浓度，导致 A 与 c 不呈线性相关。

5.2.2 化合物的紫外 – 可见吸收光谱

以无机化合物的紫外吸收光谱为例，许多金属离子及非金属阴离子均可利用紫外光区进行定量测定。某些分子同时具有电子给予体部分和电子接受体部分。在外来辐射的激发下，电子可从给予体外层轨道向接受体跃迁，这样产生的光谱称为电荷转移吸收光谱。金属络合物的电荷转移吸收光谱可分为三种类型，分别是配位体—金属、金属—配位体、金属—金属间的电荷转移。一般来说，在络合物的电荷转移过程中，金属离子是电子接受体，配位体是电子给予体。

电荷转移就是一个电子由配位体的轨道跃迁到与中心离子相关轨道上去，这是络合物对紫外光和可见光吸收的一种重要方式。

电荷转移的实质是络合物分子中的中心离子作为氧化剂，配位体作为还原剂的一种“内氧化还原”。当中心离子是很强的电子接受体或配位体是很强的电子给予体时，电荷转移跃迁的倾向就强，电荷转移跃迁所吸收的能量就小，该络合物离子会对波长较长的光产生吸收。

电荷转移吸收光谱的摩尔吸光系数可达 $10^4 \sim 10^5$ 数量级。因此，电荷转移吸收常用于微量组分的定量分析。无机化合物的紫外吸收测定见表 5.3。

表 5.3 无机化合物的紫外吸收测定

被测物	试剂	介质	最大吸收峰	测定范围/($\mu g \cdot g^{-1}$)
Hg	SCN^-	水溶液	281	1 ~ 20
Co	NH_4SCN	水溶液	312	0.2 ~ 10
Nb	$SNCl_2 + NH_4SCN$	乙醚	385	10 ~ 260
Nb	浓 HCl	水溶液	281	1 ~ 10
Bi	KBr	水溶液	365	—
Sb	KI	H_2SO_4	330	0 ~ 4
Ta	邻苯三酚	HCl	325	0 ~ 40
Nb	8 – 羟基喹啉	$CHCl_3$	385	1.5 ~ 6
Fe	EDTA	水溶液	260	0 ~ 4
Zr	苯基羟基乙酸	氨水	258	—
NO_2	4 – 氨基苯磺酸	水溶液	270	—
S	—	丁醇或环己烷	275	5 ~ 40

5.3　紫外－可见分光光度计

5.3.1　基本组成

紫外－可见分光光度计的基本组成为光源、单色器、样品室、检测器及结果显示记录系统。

1. 光源

光源指发光物体。在整个紫外光区或可见光区可以发射连续光谱，具有足够的辐射强度、较好的稳定性及较长的使用寿命。理想的光源应能提供连续辐射，也就是说它的光谱应包括所用光谱区内所有波长的光，光的强度必须足够大，且在整个光谱区内其强度不应随波长有明显变化。实际上，这种理想的光源并不存在，所有光源的光强都随波长改变而改变。分光光度计中常用的光源有热辐射光源和气体放电光源两类。热辐射光源用于可见光区，如钨丝灯和卤素灯；气体放电光源用于紫外光区，如氢灯和氘灯。

（1）钨灯和卤钨灯。

钨灯的使用范围为 340～2 500 nm。钨灯是利用电能将灯丝加热至白炽而发光，它的光谱分布与灯丝的工作温度有关。灯丝温度为 2 000 K 时，可见光区能量仅占 1%，其他部分为红外光。灯丝温度为 3 000 K 时，可见光区能量增至 15%。钨灯的工作温度一般为 2 400～2 800 K，虽然提高灯丝温度有利于光谱向短波长方向移动，但随着灯丝温度的提高，将导致钨丝蒸发速度增加，钨灯的寿命急剧缩短。例如：抽真空的钨灯，当灯丝温度从 2 400 K 提高到 3 000 K 时，钨丝蒸发速度提高 7600 倍，寿命将从 1 000 h 下降到不足 1 h。为了降低钨丝的蒸发速度，提高钨灯的寿命，常往灯泡里充入一些惰性气体（如氦、氩、氪、氙等）。

卤钨灯是在钨灯中加入适量的卤素或卤化物（如碘钨灯加入纯碘，溴钨灯加入溴化氢），并且多用石英或高硅氧玻璃制作的灯泡。卤钨灯具有比普通钨灯较高的发光效率和较长的寿命，因此不少分光光度计已采用卤钨灯代替普通钨灯作为可见光区及近红外区的光源。

（2）气体放电灯。

气体放电灯多用作紫外光区的光源。它们可在 160～375 mm 范围内产生连续辐射光源。气体放电灯在接通电路时就会放电发光，其发光过程为，自由电子的运动在外电场的作用下被加速，加速电子穿越气体时就会与气体分子发生碰撞，结果引起气体分子或原子中的电子能级、振动能级、转动能级的激发，当受激发的分子或原子返回基态时就发光。经常使用的是氢灯和氘灯，两者的光谱分布相似，但氘灯的光强度比相同功率的氢灯要大 3～5 倍。

2. 单色器

单色器是将光源发射的复合光分解成单色光,并从中选出任一波长单色光的光学系统,包括入射狭缝(光源的光由此进入单色器)、准光装置(透镜或反射镜使入射光成为平行光束)、色散元件(可将复合光分解成单色光;一般采用棱镜或光两种形式,棱镜是利用各种波长光折射率不同分光,光栅是利用光的衍射作用分光)、聚焦装置(透镜或凹面反射镜,将分光后所得单色光聚焦至出射狭缝)及出射狭缝。

3. 样品室

样品室可放置各种类型的吸收池(比色皿)和相应的池架附件等。吸收池主要包括石英池和玻璃池两种。在紫外区采用石英池,可见区一般采用玻璃池。

4. 检测器

检测器是一种将光能转换成可测电信号的电子器件。在分光光度计中,为了把通过试样溶液与参比溶液光强度的比值表示出来,需要一些设备对光强度加以检测并把光强度以电信号形式显示,这种光电转换设备称为检测器。常用的检测器有光电池、光电管和光电倍增管等,它们通过光电效应将照射到检测器上的光信号转成电信号。对检测器的要求是在测定的光谱范围内具有高的灵敏度;对辐射能量响应时间的检测器,早期的有光电池、光电管,现在多用光电倍增管,最新检测器为光二极管阵列检测器,它由多个二极管组成,能在极短时间内获得全光谱。

5. 结果显示记录系统

结果显示记录系统包括检流计、数字显示系统等。一般采用微机进行仪器自动控制和结果处理,即电信号经放大器放大后送至记录器,绘制波长和吸光度之间的关系曲线。

新型紫外 - 可见分光光度计信号指示系统大多采用微型计算机,它不但可用于仪器自动控制,实现自动分析,还可以进行数据处理,记录样品的吸收曲线,大大提高了仪器的灵敏度和稳定性。

5.3.2 紫外 - 可见分光光度计的类型

1. 单光束分光光度计

单光束分光光度计是最简单的光度计。一束光通过一个样品池,空白样和样品应分开测定。早期的分光光度计都是单光束的,如国产的 721 型、125 型、751 型,日本岛津 QV50 型和英国 SP500 型等。单光束分光光度计特点是结构简单、价格低廉,适于在给定波长处测量吸光度或透光度。一般不能作为全波段光谱扫描,要求光源和检测器的稳定性高。此外,这种仪器操作麻烦,不适合做定性分析。

2. 双光束分光光度计

斩光器将一个波长的光分成两束,分时交替照射空白池和样品池,克服了因光源不稳定而引入的误差,可实现自动记录、快速全波段扫描,同时消除了检测器灵敏度变化等因素的影响,特别适用于结构分析,但仪器复杂,价格较高。这类仪器有国产的 710 型、

730 型、740 型,英国 SP700 型,日立 220 系列及日本岛津 UV210 等。

3. 双波长分光光度计

将不同波长的两束单色光(λ_1、λ_2)快速交替通过同一吸收池而后到达检测器,产生交流信号,无须参比池,$\Delta\lambda = 1 \sim 2$ nm。两波长同时扫描即可获得导数光谱。

上述紫外-可见光谱的测量仪器中,以双光束自动记录式紫外光谱仪最为实用。紫外光源主要使用氢灯和碘钨灯,两种光源的发射波长光度范围不同。氢灯可产生 165 ~ 360 nm 波长范围的光;当超过 360 nm 时则应采用钨灯或碘钨灯,钨灯或碘钨灯一般在 340 ~ 2 500 nm 范围内均可使用,光源可以自动切换。

5.3.3 紫外-可见分光光度计的校正

(1)波长的校正。用氢(氘)灯、苯蒸气、钬玻璃等谱线校正仪器波长。

(2)吸光度校正。用规定浓度的标准有色溶液(如硫酸铜溶液)校正。

(3)吸收池的校正。参比液和样品液交换放置在配对的吸收池中测定,应使测得的 $\Delta A < 1\%$。

5.3.4 紫外-可见分光光度计的日常维护

正确安装、使用和保养对保持仪器良好的性能和保证测试的准确度有重要作用。

(1)对仪器工作环境的要求。

分光光度计应安装在稳固的工作台上,仪器周围不宜有强磁场,应远离电场及发射高频波的电器设备,室内温度宜保持在 15 ~ 28 ℃。室内应干燥,相对湿度控制在 45% ~ 65%。室内应无腐蚀性气体(如 SO_2、NO_2 及酸雾等),应与化学分析准备室隔开,室内光线不宜过强。

(2)仪器保养和维护方法。

①仪器工作电源一般允许(220 ± 10%)V 的电压波动。为保持光源灯和检测系统的稳定性,电源电压波动较大的实验室最好配备稳压器(有过电压保护)。

②为了延长光源使用寿命,在不使用时不要开光源灯。如果光源灯亮度明显减弱或不稳定,需要及时更换新灯。

③单色器是仪器的核心部分,装在密封的盒内,一般不宜拆开。要经常更换单色器盒内的干燥剂,以防止色散原件受潮、生霉。

④必须正确使用吸收池,保护吸收池光学面。

⑤光电器件不宜长时间曝光,应避免强光照射或受潮积尘。

5.4 紫外－可见分光光度法在环境分析中的应用

紫外－可见分光光度法不仅可以用来对物质进行定性分析及结构分析，还可以进行定量分析及测定某些化合物的物理化学数据（如分子量、配合物的配合比及稳定常数和电离常数等）。

5.4.1 紫外－可见分光光度法的定性分析

紫外－可见分光光度法对无机元素的定性分析应用得很少，无机元素的定性方法主要是用发射光谱法或化学分析法。在有机化合物的定性鉴定和结构分析中，由于紫外可见光谱较简单、特征性不强，因此紫外－可见分光光度法的应用受到一定限制。紫外－可见分光光度法适用于不饱和有机化合物，尤其是共轭系统的鉴定，以此推断未知物的骨架结构，再配合红外光谱、核磁共振波谱、质谱等进行结构鉴定及分析。紫外－可见分光光度法是一种好的辅助方法。

定性分析方法有两种，一是比较吸收光谱法，二是用经验规则计算最大吸收波长，然后与实测值比较。

1. 比较吸收光谱法

两个试样若是同一化合物，其吸收光谱应完全一致。在鉴定时，为了消除溶剂效应，应将试样和标准样品以相同浓度配置在相同溶剂中，在相同条件下分别测定其吸收光谱，比较两光谱图是否一致。可再用其他溶剂分别测定以进一步确认，如吸收光谱仍然一致，则进一步肯定两者为同一物质。

也可将样品吸收光谱与标准光谱图相比较。这时制样条件及测定条件应与标准光谱图给出的条件尽量一致。目前常用的标准光谱图及电子光谱数据表如下。

（1）1978 年出版的“Sadtler Standard Spectra（Ultraviolet）”。此谱图集共收集了 46 000 种化合物的紫外光谱。

（2）1951 年出版的“Ultraviolet Spectra of Aromatic Compound”。此谱图集共收集了 579 种芳香化合物的紫外光谱。

（3）1976 年出版的“Handbook of Ultraviolet and Visible Absorption Spectra of Organic Compounds”。

（4）1987 年出版的“Organic electronic Spectra Data”。这是一套由许多作者共同编写的大型手册性丛书。所收集的文献资料自 1946 年开始，目前仍在继续编写。

值得注意的是，紫外吸收光谱相同的两种化合物，有时是结构不同的两种化合物。因为紫外吸收光谱通常只有 2～3 个较宽的吸收峰，具有相同生色团而结构不同的分子，有时会产生相同的紫外吸收光谱，所以不能只凭紫外吸收光谱下结论。

2. 经验规则计算最大吸收波长法

当采用其他的物理和化学方法判断某化合物的几种结构时，可用经验规则计算最大吸收波长，并与实测值比较，然后确认物质的结构。常用的经验规则是伍德沃德－菲泽尔(Woodward－Fieser)经验规则和斯科特(Scott)经验规则。

(1)计算共轭二烯、三烯和四烯以及α、β－不饱和羰基化合物的$\pi \rightarrow \pi^*$跃迁的最大吸收波长λ_{max}，可用伍德沃德－菲泽尔经验规则，见表5.4和表5.5。

表5.4 计算共轭二烯λ_{max}的伍德沃德－菲泽尔规则

生色团	λ_{max}/nm	助色团	λ_{max}增加值/nm
二烯	217	每扩展一个共轭双键	30
		共轭系统上环外双键	5
		烷基—R	5
异环二烯	214	$—OCOCH_3$	0
		═O═R	6
		—Cl或—Br	17(稠环5)
同环二烯	253	—SR	30
		$—NR_2$	60

表5.5 计算α、β－不饱和羰基化合物λ_{max}的规则 **溶剂:乙醇**

生色团	λ_{max}/nm	溶剂	溶剂校正值
X =—R(烷)	215	环己烷	11
X =—H	207	乙醚	7
X* =—OH或—OR	193	二氧六环	5
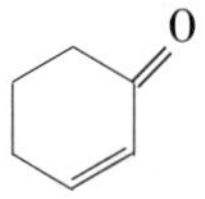 O	215	氯仿	1
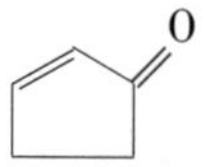 O	202	水	－8

续表 5.5

助色团	λ_{max}增加值/nm						助色团	λ_{max}增加值/nm
	α**	γ	δ	δ+1	δ+2			
烷基 —R	10	12	18	18			$—NR_2$	95
—Cl	15	12	12	12				
—Br	25	30	25	25			每扩展一个共轭双键	30
—OH	35	30	30	50	18	18		5
—OR	35	30	17	31			环外双键	
—SR		85						39
—OCOR	6	6	6	6			同环共轭双烯	

* 指 α、β - 不饱和酸酯，共轭系统内有五节或七节环内双键时，λ_{max}为 198 nm。

* * α、β、γ、δ 指取代基的位置。

计算时以母体生色团的最大吸收波长 λ_{max}为基数，再加上连接在母体 π 电子系统上的不同取代助色团的修正值。通常来说同一化合物的计算值和实验值比较接近，相差约 5 mm 或更小。

(2)计算苯甲酸、苯甲醛或苯甲酸酯等芳香族羰基的衍生物($R—C_6H_4—COX$)的 λ_{max}，可用类似于伍德沃德 - 菲泽尔规则的斯科特经验规则，见表 5.6。

表 5.6　计算芳香族羰基衍生物($R—C_6H_4—COX$)λ_{max}的规则　　溶剂：乙醇

母体		λ_{max}	苯环上取代基	λ_{max}增加值/nm		
(苯环，取代基 COX、R)	X = 烷基—R	246		邻位	间位	对位
	X = —H	250	烷基 —R，环残余	3	3	10
	X = —OH，—OR	230	—OH，—OR	7	7	25
			—O	11	20	78
			—Cl	0	0	10
			—Br	2	2	15
			$—NH_2$	13	13	58
			$—NHCOCH_3$	20	20	45
			$—NR_2$	20	20	85

5.4.2　紫外 - 可见分光光度法的定量分析

紫外 - 可见分光光度法定量分析的依据是朗伯 - 比耳定律，即物质在一定波长处的吸光度与它的浓度呈线性关系。因此通过测定溶液对一定波长入射光的吸光度，就可求出溶液中物质的浓度和含量。下面介绍几种常用的测定方法。

1. 单组分定量分析方法

(1)校准曲线法。

单组分是指试样中只含有一种组分,或者在混合物中待测组分的吸收峰并不位于其他共存物质的吸收波长处。在这两种情况下,应选择在待测物质的吸收峰波长处进行定量测定。这是因为在此波长处测定的灵敏度高,并且在吸收峰处吸光度随波长的变化较小,波长略有偏移,对测定结果影响并不大。如果一个物质有几个吸收峰,可选择吸光度最大的一个波长进行定量分析。如果在最大吸收峰处其他组分也有一定吸收,则选择其他吸收峰进行定量分析,且以选择波长较长的吸收峰为宜,因为在一般情况下,在较短波长处其他组分的干扰较多,而在较长波长处,无色物质干扰较小或不干扰。

在建立一个方法时,首先要确定符合朗伯 - 比耳定律的浓度范围,即线性范围,定量测定一般在线性范围内进行。具体操作方法是:配置一系列不同含量的标准溶液,以不含被测组分的空白液作为参比,在相同条件下测定标准溶液的吸光度,绘制吸光度(A) - 浓度(c)曲线,这个曲线就是校准曲线。在相同条件下测定未知试样的吸光度,从校准曲线上就可以找到与之对应未知试样的浓度。

(2)标准比较法。

在相同条件下测定试样溶液和某一浓度的标准溶液的吸光度 A_x 和 A_s,由标准溶液的浓度 c_s 便可以计算出试样中被测物的浓度 c_x。

$$A_s = Kc_s$$

$$A_x = Kc_x$$

$$c_x = c_s \frac{A_x}{A_s} \tag{5.6}$$

这种方法比较容易,但只有在测定的浓度范围内溶液完全遵守朗伯 - 比耳定律,并且 c_x 和 c_s 很接近时,才能得到较为准确的结果。

2. 多组分定量分析方法

(1)联立方程法。

根据吸光度具有加和性的特点,在同一试样中可以测定两个以上组分。假设试样中含有 x、y 两种组分,在一定条件下将它们转化为有色化合物,分别绘制出吸收光谱,会出现三种情况,如图 5.3 所示。图 5.3(a)的情况是两组分互不干扰,可分别在 λ_1 和 λ_2 处测量溶液的吸光度。图 5.3(b)的情况是组分 x 对组分 y 的光度测定有干扰,但组分 y 对 x 无干扰。这时可以先在 λ_1 处测量溶液的吸光度 A_{λ_1} 并求得 x 组分的浓度。然后再在 λ_2 处测量溶液的吸光度 $A_{\lambda_2}^{x+y}$ 和纯组分 x 的 $\varepsilon_{\lambda_2}^{x}$、纯组分 y 的 $\varepsilon_{\lambda_2}^{y}$ 值,根据吸光度的加和性原则,得出吸光度的计算式为

$$A_{\lambda_2}^{x+y} = \varepsilon_{\lambda_2}^{x} lc_x + \varepsilon_{\lambda_2}^{y} lc_y \tag{5.7}$$

由式(5.7)即可求得组分 y 的浓度 c_y。

图 5.3(c)表明两个组分彼此互相干扰。这时首先在 λ_1 处测定混合物吸光度 $A_{\lambda_1}^{x+y}$ 和

纯组分 x 的 $\varepsilon_{\lambda_2}^{x}$ 值、纯组分 y 的 $\varepsilon_{\lambda_2}^{y}$ 值。而后在 A_2 处测量混合物吸光度 $A_{\lambda_2}^{x+y}$ 和纯组分 x 的 $\varepsilon_{\lambda_2}^{x}$ 值、纯组分 y 的 $\varepsilon_{\lambda_2}^{y}$ 值。根据吸光度的加和性原则，可列出

$$A_{\lambda_1}^{x+y} = \varepsilon_{\lambda_1}^{x} lc_x + \varepsilon_{\lambda_1}^{y} lc_y A_{\lambda_2}^{x+y} = \varepsilon_{\lambda_2}^{x} lc_x + \varepsilon_{\lambda_2}^{y} lc_y \tag{5.8}$$

式中，$\varepsilon_{\lambda_1}^{x}$、$\varepsilon_{\lambda_1}^{x}$、$\varepsilon_{\lambda_2}^{x}$、$\varepsilon_{\lambda_2}^{y}$ 均可由已知浓度 x 和 y 的纯溶液测得。试液的 $A_{\lambda_1}^{x+y}$ 和 $A_{\lambda_2}^{x+y}$ 由实验测得，c_x 和 c_y 值可通过联立方程求得。

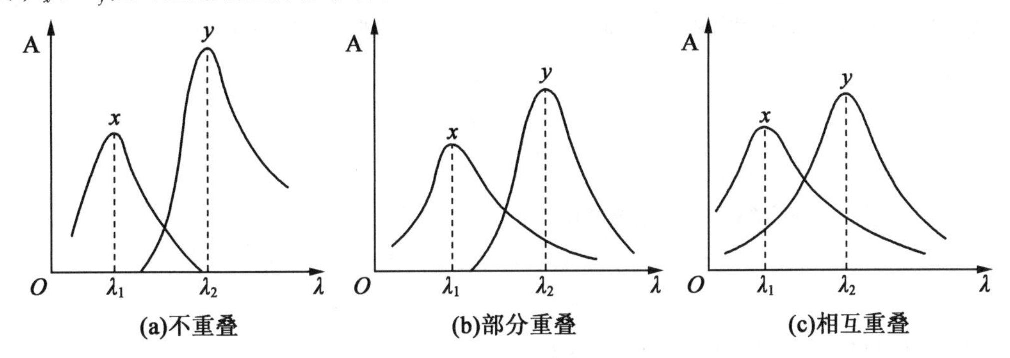

图 5.3 混合物的紫外吸收光谱

(2)双波长分光光度法。

当混合物的吸收曲线重叠时(图 5.4)，可利用双波长光光度法来测定。

具体做法是将 a 视为干扰组分，要测定 b 组分。相关步骤如下。

①分别绘制各自的吸收曲线。

②画一平行于横轴的直线分别交于 a 组分曲线上两点，并与 b 组分曲线相交。

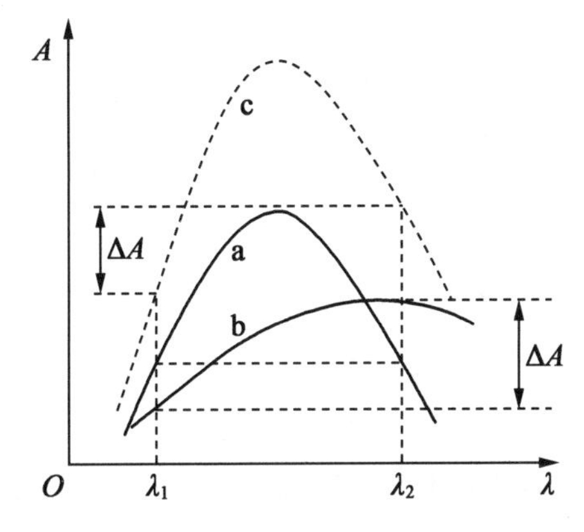

图 5.4 双波长法测定示意图

a，b—组分 ab 的吸收曲线；c—两组分混合后的吸收曲线

③以交于 a 组分曲线上一点所对应的波长 λ_1 为参比波长，另一点对应的为测量波长 λ_2，并测量混合液，可得

$$\begin{aligned} A_1 &= A_{1a} + A_{1b} + A_{1s} \\ A_2 &= A_{2a} + A_{2b} + A_{2s} \end{aligned} \tag{5.9}$$

若两波长处的背景吸收相同,即 $A_{1s}=A_{2s}$,两式相减得

$$\Delta A=(A_{2a}-A_{1a})+(A_{2b}-A_{1b})$$

由于 a 组分在两波长处的吸光度相等,因此

$$\Delta A=A_{2b}-A_{1b}=(\varepsilon_{2b}-\varepsilon_{1b})lc_b$$

可见,吸光度差 ΔA 与待测物浓度成正比,从中可求出 c_b,同理可求出 c_a,此法称为等吸收点法。但其中一干扰组分 b 在测量波长范围内无吸收峰时,可采用系数倍率法。

具体做法由式(5.9)可得

$$\begin{cases}A_1=A_{1a}+A_{1b}\\A_2=A_{2a}+A_{2b}\end{cases} \tag{5.10}$$

两式分别乘以常数 k_1、k_2 并相减,得

$$\begin{aligned}S&=k_2(A_{2a}+A_{2b})-k_1(A_{1a}+A_{1b})\\&=(k_2A_{2b}-k_1A_{1b})+(k_2A_{2a}-k_1A_{1a})\end{aligned} \tag{5.11}$$

调节信号放大器,使之满足 $k_2/k_1=A_{1b}/A_{2b}$,则

$$S=k_2A_{2a}-k_1A_{1a}=(k_2\varepsilon_2-k_1\varepsilon_1) \tag{5.12}$$

因此,差示信号 S 只与 c_a 有关,从而求出 c_a。同样可求 c_b。

(3)差示分光光度法。

吸光度 A 在0.2~0.8 范围内误差最小。超出此范围,如高浓度或低浓度溶液,其吸光度测定误差比较大。一般分光光度法测定选用试剂空白或溶液空白作为参比,差示分光光度法则选用一已知浓度的溶液作参比。该法的实质是相当于透光率标度放大。

(4)导数光谱法。

导数光谱法是解决干扰物质与被测物光谱重叠,消除胶体等散射影响和背景吸收,提高光谱分辨率的一种数据处理技术。

5.5　前沿技术与应用

基于紫外－可见分光光度法的环境检测技术,由于其操作简便、检测速度快、无二次污染等优点,近年来被广泛应用于环境检测的各个方面,受到国内外诸多研究者的青睐。紫外－可见分光光度法检测系统的核心技术,主要包括连续光谱检测技术和化学计量分析方法。连续光谱检测技术主要由分光光度技术发展而来,其决定了系统的分辨率、稳定性和可靠性;而适用于特定系统、特定场景的化学计量分析方法,则决定了系统的分析速度与精度。

目前,紫外－可见分光光度法进行环境检测分析的技术主要应用于水质 COD、TURB 和 NO3－N 等参数的分析测试。按照检测方式的不同,紫外－可见分光光度法分析参数主要有单波长分析法、双波长补偿法、多波长分析法和连续分光光度法几种。随着科学

研究进展与仪器研发进展,紫外 - 可见分光光度法的环境检测技术也在不断更新。国外方面,相关机构开展的研究相对较早,在技术方面拥有垄断优势。维也纳农业大学的 G. Langergraber研究团队,研制了浸没(入)式紫外 - 可见光谱水质分析仪,结合化学计量方法监测污水处理过程,可同时测量 COD、TSS(Total Suspended Solid,总悬浮固体量)和 NO_3 - N 等参数,具有较好的重复性和测量精度。在此基础上,该团队提出了基于紫外 - 可见分光光度法的突发水质污染灾害预警方法,该方法将水质紫外 - 可见光谱作为输入变量,通过监测光谱的异常变化来对水质灾害事件进行预警,并对几种污染事件进行了模拟仿真。国内方面,天津大学的赵友全团队研制了投入式光谱法紫外吸收水质监测系统,可测量光谱范围为 200 ~ 720 nm,采用开放流通池设计,使仪器可以直接投入待检测水体中,对于环境领域的研究有重要促进作用;浙江大学王晓萍团队基于平面光栅的光谱仪研制了基于紫外 - 可见连续光谱技术的水质分析样机,根据实际水样的吸光度值可以快速推算出水样的 COD 值,结果表明该法能有效地提高检测精度。

美国 HACH 公司生产的 UVASecosc 型紫外吸收在线分析仪(图 5.5)通过测量样本对 254 nm 的吸光值,提出“特别吸光系数”这一概念,即用 SAC254 来表达测量结果,能校正样品的浊度影响,消除电源的波动、元件老化等影响。该设备适用于小型污水厂中的吸光度的测量,可检测环境中尤其是水中(饮用水、地表水和城市污水等多种场景)溶解有机物,还可用于需要监测有机物浓度趋势的中小型污水处理厂,可实现水环境中的溶解性有机污染物的连续监测。法国 Tethy 公司最新推出的 UV500 型在水质分析仪(图 5.6)通过在 180 ~ 800 nm 波长之间对待测样进行光谱扫描,可测量环境中 COD、硝酸盐、色度、氨氮等参数。

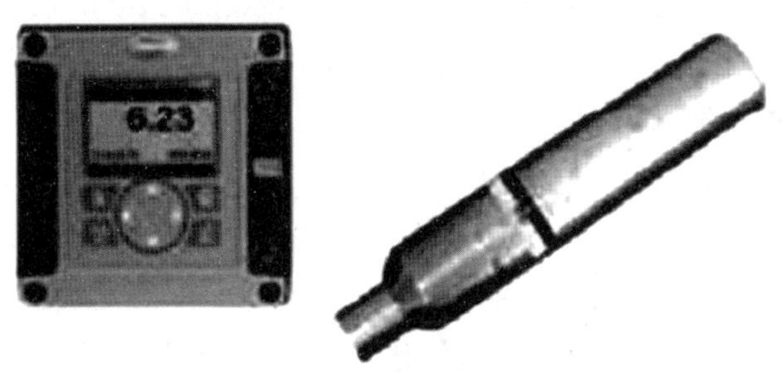

图 5.5　美国 HACH 公司 UVASecosc 紫外吸收在线分析仪

我国少数公司开展了紫外 - 可见连续波长检测技术的环境检测仪器的研究。北京东西分析公司生产的 EW - 2100 型 CODcr 在线自动分析仪(图 5.7),采用紫外吸收双波长光学方法进行环境检测与分析,采用双光束、双波长的光学结构方式,克服了监测水样基体干扰,提高了准确度。系统测量范围 0 ~ 1 500 mg/L,重复性小于 ±2%,零点漂移小于 ±2%,测量周期时间为 1 min。

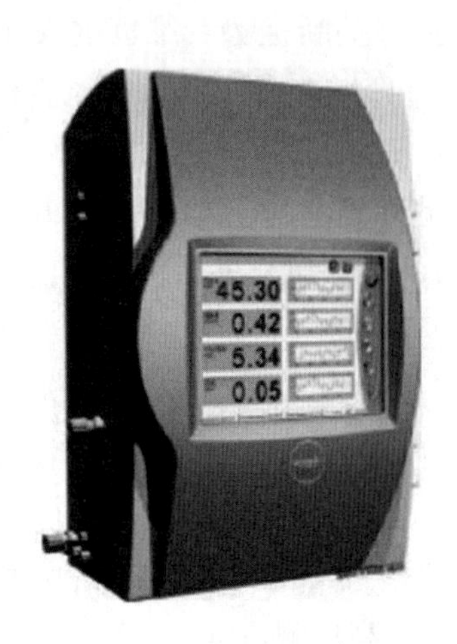

图 5.6　法国 Tethy 公司 UV500 在线水质分析仪

图 5.7　北京东西分析仪器有限公司 EW－2100 型 CODcr 在线自动分析仪

本章参考文献

[1]　苏克曼，潘铁英，张玉兰．波谱解析法[M]．上海：华东理工大学出版社，2002.
[2]　朱开宏．分析化学例题与习题[M]．上海：华东理工大学出版社，2005.
[3]　浙江大学分析化学教研室．分析化学习题集[M]．北京：人民教育出版社，1985.
[4]　孙毓庆．分析化学习题集[M]．北京：科学出版社，2005.
[5]　王明德．分析化学学习指导[M]．北京：高等教育出版社，1988.
[6]　孙延一，吴灵．仪器分析[M]．武汉：华中科技大学出版社，2012.
[7]　钱晓荣，郁桂云．仪器分析实验教程[M]．上海：华东理工大学出版社，2009.
[8]　朱为宏，杨雪艳，李晶，等．有机波谱及性能分析[M]．北京：化学工业出版社，2007.
[9]　李建颖，石军．分析化学学习指导与习题精解[M]．天津：南开大学出版社，2008.
[10]　张纪梅．仪器分析[M]．北京：中国纺织出版社，2013.
[11]　买巍．基于紫外/可见光谱的活性染料染色废水化学需氧量原位检测研究[D]．天津：天津工业大学，2017.
[12]　赵勇．色度计的研制及比尔朗伯定律的应用分析[J]．科技创新导报，2013(19)：26－27.
[13]　许金鑫，王初，姚东京，等．崇明东滩湿地土壤溶解性有机质的光谱特征分析[J]．

环境工程，2020，38(11)：218－225.
[14] 江韬，卢松，王齐磊，等. 三峡库区内陆腹地典型水库型湖泊中 DOM 吸收光谱特征[J]. 环境科学，2016，37(06)：2073－2081.
[15] LANGERGRABER G, HABER R, LABER J, et al. Evaluation of substrate clogging processes in vertical flow constructed wetlands [J]. Water Science & Technology, 2003, 48(5): 25－34.
[16] 赵友全，李玉春，郭翼，等. 基于光谱分析的紫外水质检测技术[J]. 光谱学与光谱分析，2012，32(5)：1301.
[17] 王晓萍，林桢，金鑫. 紫外扫描式水质 COD 测量技术与仪器研制[J]. 浙江大学学报：工学版，2007，40(11)：1951－1954.
[18] 汤斌. 紫外－可见光谱水质检测多参数测量系统的关键技术研究[D]. 重庆：重庆大学，2014.

第6章　红外光谱法

6.1　概　　述

红外吸收光谱分析法(简称红外光谱法)是依据物质对红外辐射的特征吸收建立起来的一种光谱分析方法。红外吸收带的位置和强度反映化合物的特性，是光谱定性和定量分析的基础。当样品受到频率连续变化的红外光照射时,分子吸收了某些频率的辐射,并由其振动或转动运动引起偶极矩的净变化,产生分子振动和转动能级从基态到激发态的跃迁,使这些吸收区域的透射光强度减弱。记录红外光透光率与波数或波长关系的曲线,就得到红外光谱。红外光谱有化合物“指纹”之称，是鉴定有机化合物和结构分析的重要工具。鉴于其专属性强各种基因吸收带信息多，故可用于固体、液体和气体定性和定量分析。

红外光谱发展简史最早于1800年,英国科学家赫谢尔发现红外线;1936年世界第一台棱镜分光单光束红外光谱仪面世;1946年双光束红外光谱仪制成;20世纪60年代又制成以光栅为色散原件的第二代红外光谱;70年代制成傅立叶变换红外光谱仪,使扫描速度大大增加;70年代末出现了激光红外光谱仪,共聚焦显微红外光谱仪等。

近年来随着科学技术的发展和电子计算机的应用，出现了多种分析技术和联用技术，继傅立叶变换红外(FT - IR)光谱法后，又相继出现了时间分辨(Time - resolved)光谱、步进扫描(Step - scan)光谱、基体分离(Matrix - isolation)光谱、光声(Photoacoustic)光谱、光热(Photothermal)光谱及多维(Multidimensional)光谱分析技术等。联用技术的应用与发展如气相色谱(GC)、高效液相色谱(HPLC)、临界超流体色谱(SFC)、薄层色谱(TLC)、热重分析技术(TGA)、裂解色谱(PYGC)等与傅立叶变换色谱联用，大大拓宽了红外光谱法的应用范围。目前已广泛用于石油化工、生化、医药、食品环保、油漆、涂料、超导材料、天文学、军事科学等各个领域。

红外光谱仪的研发和应用在国外已经越来越成熟,我国在石油化工、农林渔牧、环境科学等方面应用越来越广泛,随着仪器和光谱处理化学计量学软件的国产化及各类应用模型的开发,红外光谱作为一种绿色、快速、高效、可在线的分析技术,将会在更多领域得到开发和利用。

6.1.1 红外光谱区的划分

红外光谱在可见光区和微波区之间,其波长范围为0.78~1 000 μm(12 800~10 cm^{-1})。习惯上将红外光区分为近红外光区、中红外光区和远红外光区。

一般说来,近红外光谱是由分子的倍频、合频产生的;中红外光谱属于分子的基频振动光谱;远红外光谱则属于分子的转动光谱和某些基团的振动光谱。三个区的波长(波数)范围和能级跃迁类型见表6.1。

表6.1 红外光谱区

区域	$\lambda/\mu m$	σ/cm^{-1}	能级跃迁类型
近红外	0.78~2.5	12 800~4 000	O—H、N—H 和 C—H 键伸缩振动的倍频吸收
中红外	2.5~50	4 000~200	分子振动、转动
远红外	50~1 000	200~10	分子骨架振动、转动

6.1.2 红外光谱的特点及发展状况

紫外-可见吸收光谱是电子振转光谱,常用于研究不饱和有机化合物,特别是具有共轭系统的有机化合物。红外光谱波长长、能量低,物质分子吸收红外光后,只能引起振动和转动能级的跃迁,不会引起电子能级跃迁,所以红外光谱又称为振动转动光谱。红外光谱主要研究在振动转动中伴随有偶极矩变化的化合物,除单原子和同核分子(如Ne、He、O_2)以外,几乎所有的有机化合物在红外光区都有吸收。红外吸收带的波长位置与吸收谱带的强度反映分子结构的特点,可以用来鉴定未知物的结构组成或确定其化学基团,因而红外光谱最主要的用途是对有机化合物进行结构分析;而吸收谱带的吸收强度与分子组成或其化学基团的含量有关,可以进行定量分析和纯度鉴定。红外光谱分析对气体、液体、固体试样都适用,具有用量少、分析速度快和对试样无损等特点。

目前红外光谱技术在应用过程中不需要对样品进行处理,因为近红外区内的光散射效应很大,而且在这个范围内光的穿透力度是非常大的,这种现象会造成红外光谱技术能够迅速测定样品,样品不需要经过预处理过程就能够进行测定。红外光谱技术在测定过程中可以将样品分成不同的小组进行同时测定,通过一次性光谱的扫描来查看样品的化学成分信息,最后依据所获得的信息通过数字模型进行计算,通过这种方法能够详细获取样品内各种不同物质的化学成分和含量。

红外光谱技术在应用过程中的一个特点就是没有破坏性,红外光谱技术在发挥作用的过程中只是能够获取样品的光谱信号,不会大幅度消耗样品,红外光谱技术对样品的内在结构没有太大的影响。红外光谱技术在扫描过程中消耗的时间非常短,在很短的时间内就能够获取样品完整的光谱图,所获取到的数据能够及时地输入数字模型之中,对样品的成分进行测定。红外光谱技术也能够对远距离样品进行采集并分析样品成分,所以在线分析的过程中很多时候会应用红外光谱技术,能够利用光导纤维技术将光谱信号输送到主机之上,直接测定出样品的成分和含量,确定样品的性质。红外光谱技术与常见的化学方法相比精确性更高。

红外光谱法与紫外吸收光谱分析法、质谱法和核磁共振波谱法并称四大谱学方法,现已成为有机化合物结构分析的重要手段。

对于一个未知的有机物,可以用红外光谱进行分析。可分析内容包括以下几个方面。

(1)鉴别分子所含的基团。一张红外光谱图可以通过判定这个化合物是否含有—OH、—NH_2或 C ═ O,从而判断该化合物是醇、醛还是酸;还可以回答该化合物是芳香族化合物还是脂肪族化合物,是饱和化合物还是不饱和化合物,这些基团又是如何连接的等。

(2)可以推断分子结构。

(3)可以进行组分纯度分析(定量分析)。

此外,在有机化学理论研究中,红外光谱还可以用于推断分子中化学键的强弱,以及测定键长、键角,研究反应机理等。

6.2 基本原理

6.2.1 红外光谱区域

光是电磁波的一种,红外光、X 光、紫外光、可见光以及无线电波一样,都是电磁波,只是波长不同。各种光谱区域划分如图 6.1 所示,从图中可见红外光是一种波长大于可见光的电磁波。

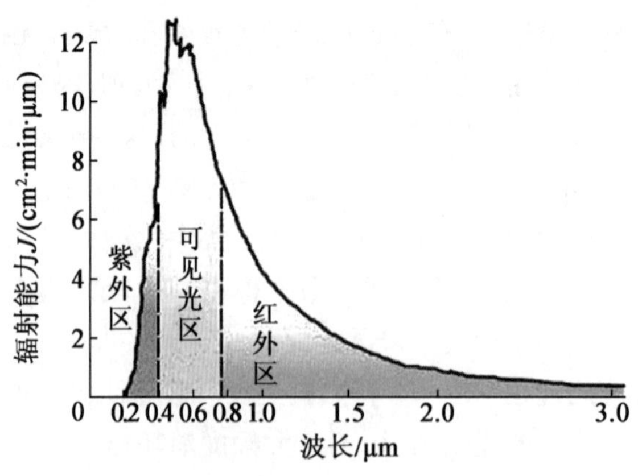

图 6.1 各种光谱区域

红外光区为0.7 ~200 μm,通常将红外光区分作近红外区、中红外区和远红外区三个区域。

(1)近红外区[0.7 ~2.5 μm(12 800 ~4 000 cm^{-1})]。

靠近可见光的红外光称近红外光,低能量的电子跃迁、氢的伸缩与弯曲振动的倍频与结合频都在此区,主要用于定量分析,适用于对含 O—H、N—H 或 C—H 基团的水、醇、酚、胺及不饱和碳氢化合物的组成测定。

(2)中红外区[2.5 ~50 μm(400 ~200 cm^{-1})]。

分子中原子振动的基频谱带出现在中红外区,在对有机化合物作结构分析和定量分析中,中红外区最为常用。

(3)远红外区[50 ~1 000 μm(20 ~10 cm^{-1})]。

因远离可见光区而称远红外区,主要是骨架弯曲振动及有机金属化合物等重原子的振动谱带,主要用于分子结构的研究,并可研究气体的纯转动光谱。

6.2.2 分子振动与红外光谱的产生

1. 分子的振动和转动

物质分子是在不断运动的,而分子本身的运动很复杂。作为一级近似,分子运动可以把它分为分子的平动、转动、振动和分子内电子相对于原子核的运动。平动不会产生光谱,与产生光谱有关的运动方式包括分子内电子相对于原子核的运动、分子的振动和分子的转动。

(1)分子的振动。

以 HCl 双原子分子的振动为例,双原子分子 HCl 的两个原子以较小振幅围绕其平衡位置振动,可将其近似看作谐振子,如图6.2 所示。

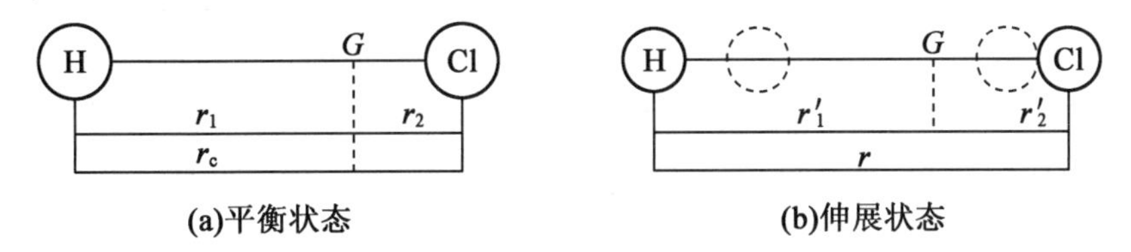

图6.2 双原子分子振动示意图

双原子分子振动的能量为

$$E_{振} = (V + \frac{1}{2})h\nu \tag{6.1}$$

式中,V 为振动量子数($V = 0,1,2,3,\cdots$);ν 为振动频率;h 为普朗克常数。

双原子分子频率公式为

$$\nu = \frac{1}{2\pi}\sqrt{\frac{K}{\mu}} \tag{6.2}$$

该公式由虎克定律推导所得。式中,μ 为折合质量;K 为力常数,有

$$E_{振}=\frac{h}{2\pi}\sqrt{\frac{K}{\mu}}(V+\frac{1}{2}) \tag{6.3}$$

(2)分子的转动。

除了原子振动以外,分子还可以绕不同轴转动,如 HCl 分子的转动如图 6.3 所示。可以绕键轴(a 轴)转动,也可以绕通过分子重心 G 并垂直于键轴的 b、c 轴转动。后者转动时发生偶极矩的改变,有红外活性,纯转动光谱出现在远红外光区。

双原子分子对刚性转子而言的转动能量为

$$E_{转}=BhcEJ(J+1) \quad J=0,1,2,3,\cdots \tag{6.4}$$

式中,B 为转动常数,$B=\frac{h}{8\pi^2 Ic}$;I 为转动惯量矩;c 为光速;h 为普朗克常数;J 为转动量子数。

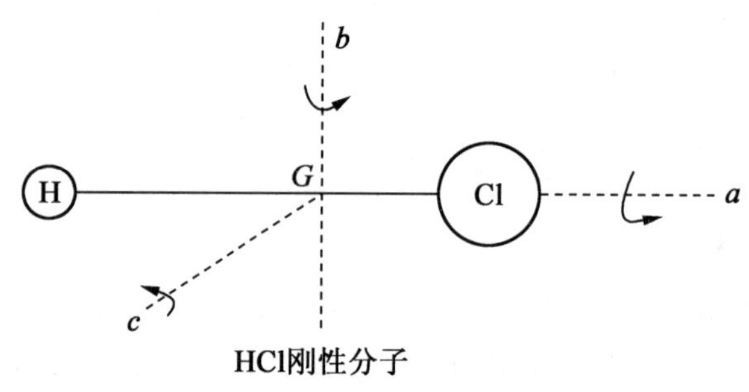

图 6.3 HCl 分子的转动

2. 分子内部的能级

图 6.4 所示为双原子分子能级示意图(多原子分子能级分布更加复杂)。

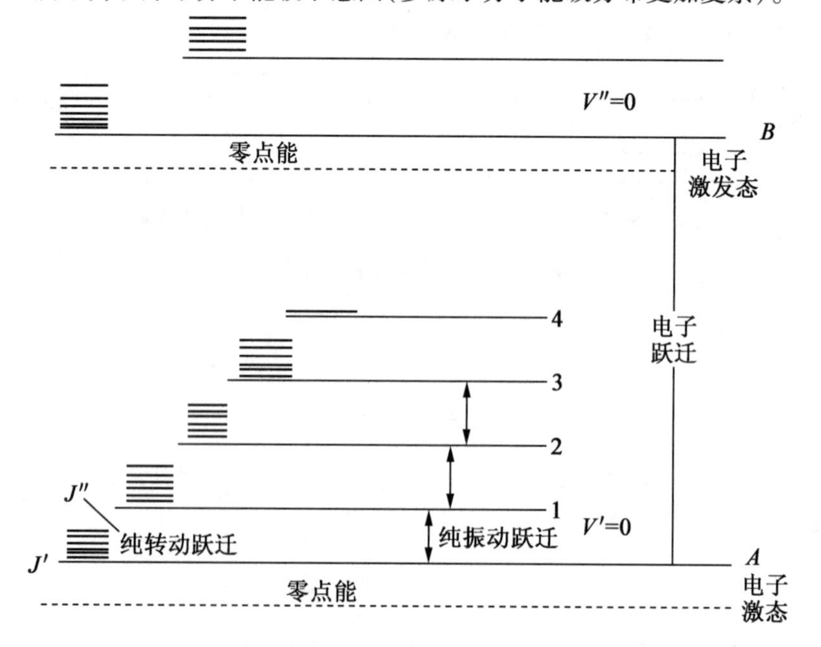

图 6.4 双原子分子能级示意图

分子运动方式包括平动、振动、转动和分子内电子相对于核的运动，因此分子的总能量可以写成

$$E_{总} = E_0 + E_{平} + E_{电} + E_{振} + E_{转} \tag{6.5}$$

式中，E_0 为分子内在的能量，不随分子运动而改变，也称为零点能；$E_{平}$ 为平动能，它的变化不会产生红外光谱；$E_{电}$ 为电子能量；$E_{振}$ 为振动能量；$E_{转}$ 为转动能量。与红外光谱有关的能量变化是 $E_{电}$、$E_{振}$、$E_{转}$。这三种能量都是量子化的，所以分子总的量子化的能量为

$$E_{总} = E_{电} + E_{振} + E_{转} \tag{6.6}$$

量子化的能量可以由能级表示（图6.4）。图中 A、B 是电子能级，在两个电子能级中间有许多振动能级，在振动能级中间又包含很多转动能级。由图6.4可见电子能级间隔大，即能量差大，振动能级间隔较小，转动能级间隔最小。

（1）电子能级。

A、B 表示两个不同的电子能级。A 能级低，B 能级高。电子能级间隔很大，表示能量差大。

$$\Delta E = 1 \sim 20 \text{ eV} \quad 1 \text{ eV} = 96\ 571.64 \text{ J/mol}$$

（2）振动能级。

V'、V''为称振动量子数，表示振动能级，$V' = 0,1,2,3,\cdots$，是 A 电子能级中各个振动能级；$V'' = 0,1,2,3,\cdots$，是 B 电子能级中各个振动能级。V'、V''数值越大，表示振动能级越高，振动能级的间隔越小。

$$\Delta E = 0.05 \sim 1.0 \text{ eV}$$

（3）转动能级。

J'、J''称为转动量子数，表示转动能级，$J' = 0,1,2,3,\cdots$，是振动能级 $V' = 0$ 中各个转动能级；$J'' = 0,1,2,3,\cdots$是振动能级 $V' = 1$ 中各个转动能级。

同样，J'、J''数值越大，表示转动能级越高，振动能级间隔越小，所以能量差也越小。

3. 能级的跃迁

（1）电子能级跃迁。

用钨灯或氢灯照射化合物分子，用能量大、频率高的可见光或紫外光照射分子，化合物分子吸收能量后会引起分子中电子能量升高，从电子基态 A 跃迁到激发态 B，称为发生了电子的能级跃迁。

（2）振动能级跃迁。

如果用红外光照射化合物分子，因为红外光的能量比可见光低，不足以引起电子能级的跃迁，但可以引起振动运动状态的变化。通常分子中的原子处于基态 $V' = 0$。当吸收能量后原子的振动能量升高至 $V' = 1$，就称为发生了振动跃迁（图6.4）。若振动能量升高至 $V' = 2,3,\cdots$，则所处的振动能级就更高。

若振动能级由 $V' = 0$ 向 $V' = 1$ 跃迁，有

$$E_1 - E_0 = \Delta E_{振} = \left(1 + \frac{1}{2}\right)h\nu - \left(0 + \frac{1}{2}\right)h\nu = h\nu \tag{6.7}$$

可见任意两个相邻能级之间的能量差都是 $\Delta E = h\nu$。分子吸收的能量就变成了它增加的振动能量。由式(6.7)可见,每个增加的振动能量 $\Delta E_{振}$ 相当于一个频率 ν,ν 各种基态从 $V'=0 \rightarrow V'=1$ 吸收的 ΔE 不同,所以它们的振动频率 ν 也各不相同,这个振动频率就是基团和化学键的特征频率。如果各种基团或化学键吸收能量发生跃迁时,ΔE 都相同,ν 也一样,那就没有特征可言了。

(3)转动能级跃迁。

如果用远红外光(能量低于红外光)照射化合物分子,只能使分子的转动运动状态发生变化,分子吸收能量后,转动能量由 $J'=0$ 变为 $J'=1$,这就称发生了纯转动跃迁(图6.4);如果转动能级变化由 $J'=0$ 至 $J'=2,3,\cdots$,则转动跃迁后所处的转动能级就更高一些。

前面提到,对于双原子分子刚性转子而言,其转动能量为

$$E_{转} = BhcEJ(J+1) \tag{6.8}$$

当转动能级由 J 向 $J+1$ 跃迁,其能量差为

$$\begin{aligned}\Delta E_{转} &= E_{J+1} - E_J \\ &= Bhc(J+1)(J+2) - BhcJ(J+1) \\ &= Bhc(J+1)(J+2-J) \\ &= 2Bhc(J+1) \\ &= h\nu_{转}\end{aligned} \tag{6.9}$$

此时

$$\nu_{转} = 2Bc(J+1) \tag{6.10}$$

由式(6.9)可见,一个 $\Delta E_{转}$ 也相当于对应一个转动频率 $\nu_{转}$,因此,不同基团吸收能量后发生转动能量的改变,$\Delta E_{转}$ 不同,转动频率 $\nu_{转}$ 也不同。

红外光谱由分子中原子振动产生,因此红外光谱也称为振动光谱。由于在振动过程中分子还在不停转动,因此红外光谱称为振-转光谱。

将双原子分子以谐振子和刚性转子来处理,则

$$\Delta E_{振-转} = \left(V + \frac{1}{2}\right)h\nu + BhcJ(J+1) \tag{6.11}$$

若由 $(V=0, J) \rightarrow (V=1, J+1)$,$J=0,1,2,3,\cdots$,可以算出:

$$\begin{aligned}\Delta E_{振-转} &= \left(1 + \frac{1}{2}\right)h\nu_{振} + Bhc(J+1)(J+2) - BhcJ(J+1) \\ &= h\nu_{振} + Bhc(J+1)(J+2-J) \\ &= h\nu_{振} + 2Bhc(J+1)\end{aligned} \tag{6.12}$$

也可以算出:

$$\nu_{振-转} = \frac{\Delta E_{振-转}}{h} = \frac{h\nu_{振} + 2Bhc(J+1)}{h} = \nu_{振} + 2Bc(J+1) \tag{6.13}$$

由此可见,分子吸收红外能量,就变成它所增加的振动能量和转动能量。由于各种分子结构不同,其能级分布不同,也就是其产生跃迁时所需能量不同,即各种基团或化学键都具有自己的特征频率。

通常情况下,大多数分子处于能量最低的基态,仅在外来的电磁辐射能量恰好等于基态与某一激发态之间的能量差($\Delta E = h\nu$)时,这个能量才被分子吸收产生红外光谱。即只有当外来电磁辐射的频率恰好等于从基态跃迁到某一激发态的频率时,才能产生红外光谱。

分子振动和转动都服从一定规律。

①振动选律。双原子分子谐振子跃迁的选律:$\Delta V = \pm 1$。

对于真实分子(非谐振子)的振动跃迁的选律不仅局限于 $\Delta V = \pm 1$,而是 $\Delta V = \pm 1, \pm 2, \pm 3, \cdots$,这就是红外光谱中除了可以看到强的基频吸收外,还可以看到弱的倍频和组合频吸收的缘故。

即可以由:

$V' = 0 \rightarrow V' = 1$　第一激发态——基频

$V' = 0 \rightarrow V' = 2$　第二激发态——倍频

$V' = 0 \rightarrow V' = 3$　第三激发态——倍频

由于通常情况下分子处于基态,通常 $V' = 0 \rightarrow V' = 1$ 的跃迁概率最大,所以出现相应吸收峰强度也最高,称为基频。特征频率都是基频,其他跃迁的概率较小,出现的吸收峰较弱。

②转动选律。多原子线型分子转动跃迁的选律。

$\Delta J = 0, \pm 1$,　偶极矩变化平行于分子轴

$$\Delta J' = 0 \rightarrow J' = 1$$

纯转动光谱,出现在远红外或微波区

$$J' = 1 \rightarrow J' = 2$$

在振动跃迁的同时,必然伴有转动跃迁。振动跃迁的同时转动能量究竟怎样变化,服从于选律,也取决于分子构型。选律是由量子力学计算出来的,同时也被实验所证实。

在这里还要强调一下,分子振动引起红外光谱,但必须是在分子振动过程中引起分子偶极矩的变化,转动也是如此。如 HCl 分子振动时能引起偶极矩的变化,这种振动称为有红外活性的,即可以观察到红外光谱。如果在振动过程中没有偶极矩的改变,例如同核的双原子分子 H_2、N_2、O_2 的振动称为无红外活性,所以同核双原子分子没有红外光谱,同时具有对称中心的分子也无红外活性。

6.3　红外光谱仪组成

6.3.1　色散型红外光谱仪

双光束光学自动平衡红外光谱仪的主要部件有五部分,包括红外光源(发射各种波长的红外光)、单色器(将复合光分解成单色光)、检测器(将红外辐射转换成电信号)、电子放大器(将探测器输出的电信号放大)、信号记录装置(将经电子放大器放大的电信号记录在图纸上,向用户提供红外光谱图)。

另外,目前绝大多数红外光谱仪都配有计算机,一方面使某些操作程序化和自动化,另一方面可使光谱数据的处理自动化。对于色散型仪器来说,计算机虽然不是必需的,但可以提高仪器的功能和效率,从而方便用户使用。

根据单色器所用色散元件的不同,色散型仪器分为棱镜型仪器和光栅型仪器。前者用棱镜(NaCl、KBr 等透红外光的材料)制成作为色散元件,分辨率较低;后者用光栅作为色散元件,分辨率较高。

色散型仪器的扫描过程是色散元件连续改变方向的过程,在某一时刻到达检测器的红外光是波长范围极小的复色光,称为单色光,其他波长的光都被色散系统阻挡而不能到达检测器。因此,在某一时刻检测器"感受"到的光能量极弱即信号很弱,这就是色散型仪器灵敏度较低的内在原因。

色散型仪器的另一个缺点是扫描速度慢。色散型仪器的扫描过程是色散元件慢慢转动和记录装置慢慢传动的过程。这一过程不能太快,否则峰位和峰高都将发生偏差。

色散型仪器的第三个缺点是可动部位(如色散元件、狭缝、斩光器、减光器、记录传动装置)太多,光经过的反射镜也较多,这些都会增加噪声强度。因此,色散型仪器的信噪比(SN)较低。

色散型仪器的第四个缺点是在整个光谱区域(例如 4 000 ~ 400 cm^{-1})内分辨率不一致,长波长区分辨率较高而短波长区分辨率较低。

6.3.2　傅立叶变换红外光谱仪

1. 仪器构造和原理

傅立叶变换红外(Fourier Transform Infrared, FT - IR)光谱仪的构造和工作原理与色散型仪器相比有很大区别。FT - IR 光谱仪由六部件组成,分别为红外光源、干涉仪、检测器、电子放大器、记录装置、计算机。

FT - IR 光谱仪光学系统的核心部件是一台迈克逊干涉仪(图 6.5)。由红外光源 B 发出的红外光,经准直镜 C 反射后变成一束平行光入射到光束分裂器 BS 上。其中一部分光透过 BS 垂直入射到定镜 M_1 上,并被 M_1 垂直反射到 BS 的另一面上成为光束Ⅰ。这束光一部分透过 BS 成为无用部分，另一部分光被分束器 BS 反射后，垂直入射到动镜 M_2 上，并被 M_2 垂直反射回来，入射到 BS 上。入射到 BS 上的光被 BS 反射成为无用光，另一部分则透过 BS 进入后继光路成为第Ⅱ束光。当两束光合二为一时，即发生干涉。干涉光经凹面镜 H 聚焦后透过样品 S 照射到检测器 D 上，并被 D 转变成电信号。

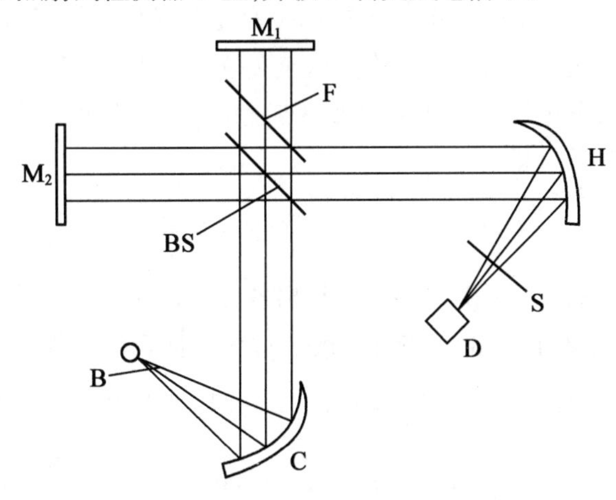

图 6.5 干涉型红外光谱仪光路示意图（F 为补偿器）

干涉光强度与光束Ⅰ和Ⅱ经过的路程的差别——光程差有关。当光程差为零或等于波长的整数倍时，两束光发生相长干涉，干涉光最强；当光程差等于波长的半整数倍时，发生相消干涉，干涉光最弱。对于单色光而言，干涉强度 $I'(x)$ 计算式为

$$I'(x)=2RTI(\bar{\nu})[1+\cos(2\pi\bar{\nu}x)] \tag{6.14}$$

式中，x 为光束Ⅰ与光束Ⅱ的光程差；$\bar{\nu}$ 为频率；$I(\bar{\nu})$ 为波长为 $(\bar{\nu})^{-1}$ 的红外光强度，在实验条件一定时，仅随 $\bar{\nu}$ 变化；R 为光束器的反射比，实验条件和波长一定时为常数；T 为分束器的透射比，实验条件和波长一定时为常数。

式(6.14)包括两项。对于单色光来说，第一项 $I'(x)=2RTI(\bar{\nu})$ 是常数，称为直流部分；第二项 $2RTI(\bar{\nu})\cos(2\pi\bar{\nu}x)$ 随 x 而变，称为交流部分。对光谱测量而言，仅有交流部分有意义，可用式(6.15)表示：

$$I(x)=2RTI(\bar{\nu})\cos(2\pi\bar{\nu}x) \tag{6.15}$$

对于单色光来说，$I(x)$ 仅为 x 的函数，称为干涉图。在理想状态下，单色光的干涉图是一条余弦曲线，不同波长的光的干涉图，不仅周期不同，而且由于入射光强度 $I(\bar{\nu})$ 不同，干涉曲线的振幅也不同。令

$$B(\bar{\nu})=2RTI(\bar{\nu}) \tag{6.16}$$

则有

$$I(x)=B(\bar{\nu})\cos(2R\pi\bar{\nu}x) \tag{6.17}$$

对于不同频率的光，$B(\bar{\nu})$ 不同，与光程差无关。红外光源发出的光为连续波长的复

色光。复色光的干涉光强度可用下式表示：

$$I_{总}(x) = \int_0^{\infty} B(\bar{\nu})\cos(2R\pi\bar{\nu}x)\mathrm{d}\bar{\nu} \quad (6.18)$$

由于多种波长的单色光在零光程差处都会发生相长干涉，因此零光程差出的 $I_{总}(0)$ 极大；随着 $|x|$ 的增大，各种波长的干涉光在很大程度上互相抵消，$I_{总}(x)$ 很小。因此，复色光的干涉图是一条中心极大、左右对称且迅速衰减的曲线。

由式(6.18)可知，复色光的干涉图的每一点上都包含各种单色光的光谱信息。将式(6.18)进行傅立叶变换，可得

$$B(\bar{\nu}) = \int_{-\infty}^{+\infty} I_{总}(x)\cos(2\pi\bar{\nu}x)\mathrm{d}x \quad (6.19)$$

根据仪器测得的 $I_{总}(x)$，可由式(6.19)算出各种波长的红外光的强度 $B(\bar{\nu})$，从而得到单光束光谱。横坐标表示波数（或波长、频率），纵坐标表示光强度。测得样品的单光谱 $B_S(\bar{\nu})$。再测得残余单光束光谱 $B_R(\bar{\nu})$，将二者作比即可得透射光谱：

$$T(\bar{\nu}) = \frac{B_S(\bar{\nu})}{B_R(\bar{\nu})} \times 100\% \quad (6.20)$$

式中，$T(\bar{\nu})$ 为样品对波数($\bar{\nu}$)光的透过率。

由上述分析可见，虽然干涉型仪器和色散型仪器的工作原理完全不同，但两种仪器测得光谱是可比的。

2. FT－IR 光谱仪的优点

(1)扫描速度快。

色散型仪器的扫描过程是单色器和机械转动装置慢转动的过程。为保证测量的准确性，扫描速度不宜太快（常规约 6 min）。由于这个缺点的限制，色散仪不能用于快速变化过程的监测。

FT－IR 光谱仪扫描速度更快，动镜移动一个周期即完成一次扫描。目前的 FT－IR 光谱仪的动镜移动速度可达 80 s^{-1}。在保证分辨率为 8 cm^{-1} 的前提下，时间分辨率可达到 0.02 s。因其扫描速度快的特性，FT－IR 光谱仪可用于快速变化过程的测定，例如红外和色谱联合测定、快速反应过程的动力学研究等。

(2)灵敏度高。

在色散型仪器中，各种波长的红外光按波长大小依次到达检测器，在某时刻检测器"感受"到的是某一波长的单色光的强度，其他波长的光由于单色器阻挡而不能到达检测器，因此信号很小。相反，干涉型仪器没有色散系统，从光源发出的各种波长的红外光起到达检测器，因此信号很强。此外，由于干涉型仪器扫描快，在短时间内可进行多次扫描，因此利用计算机的累加功能可实现 S/N 的大大提高。

(3)波数精度高。

色散型仪器在扫描过程中只能测量光强度而不能测量波长；波长通过单色器转动和机械部件转动记录下来，其波数（或波长）精度不高。

FT-IR光谱仪的光学系统结构简单,除干涉仪的动镜运动外,其他部件均不运动。动镜位移是以单色性极好的He-Ne激光的波长为标尺进行测量的,故采样非常精确。FT-IR光谱仪测量的干涉图,不仅包括各种单色光的强度信息,还包括相应波数(或波长)的信息;经过傅立叶变换,可准确地把这两种信息计算出来。FT-IR光谱仪测量的波数精确度可达0.01 cm^{-1}。

(4)分辨率高。

色散型仪器的分辨率与色散系统夹缝宽度有关,狭缝越窄,分辨率越高。但随着狭缝减小,通过光的强度也会减小,*S/N*将随之降低。为了不使*S/N*太小,狭缝不能太窄,因此色散型仪器的分辨率很难达到0.1 cm^{-1}。

FT-IR光谱仪的分辨率取决于动镜最大位移,最大位移越大,分辨率越高。目前研究型FT-IR光谱仪的动镜最大位移可长达2 m,分辨率高达0.002 6 cm^{-1}。

(5)全波段内分辨率。

以光栅仪器为例,光栅对光的分辨率与光波的波长有关;波长越长,分辨率越高。此外,红外光源对不同波长光的发光强度不同:长波长区发光强度较强,而短波长区光强度较弱。扫描过程中,为了使短波长区的光通量不至于太小,狭缝宽度适当加大(狭缝宽度由仪器自动调节)。由于上述原因,色散型仪器在全波段内的分辨率不一致,高频区分辨率较低,低频区分辨率较高。

FT-IR光谱仪则没有这样的限制,在整个光谱范围内分辨率一致。

6.4 各化合物特征基团频率

下面按基团逐一加以说明。

1.羟基(—OH)

羟基的特征频率与氢键的形成密切相关,羟基(—OH)是强极性基团,由于氢键的作用,醇羟基通常总是以缔合状态存在,只有在极稀的溶液(浓度小于0.01 mol/L)中,才以游离状态存在。

游离—OH的伸缩振动:伯—OH 3 640 cm^{-1}、仲—OH 3 630 cm^{-1}、叔—OH 3 620 cm^{-1}、酚—OH 3 610 cm^{-1}、二分子缔合(二聚体)3 600~3 500 cm^{-1}和多分子缔合(多聚体)3 400~3 200 cm^{-1}。

图6.6所示为不同浓度的乙醇/四氯化碳溶液的红外谱图变化,图中3 640 cm^{-1}是游离—OH的峰,3 515 cm^{-1}是二聚体—OH的峰,3 350 cm^{-1}是多聚体—OH的峰。仅在浓度小于0.01 mol/L时乙醇以游离状态存在,而在0.1 mol/L时,多聚体—OH吸收峰明显增强,二聚体的吸收也很明显,当浓度为1.0 mol/L时游离—OH的吸收峰变得很弱,基本是以多聚体的形式存在。

由图6.6可知:①当—OH由于氢键作用发生缔合时,—OH的伸缩振动频率ν_{-OH}向低波数位移;②浓度越低,游离—OH 越多吸收峰越高。随着浓度的增大,缔合—OH 增多,缔合峰(多聚体)的吸收增强。分子之间氢键是随浓度而变的,但分子内氢键不随浓度而变。

氢键的缔合还会随温度而变,温度升高,缔合减弱,缔合峰(3 350 cm^{-1})的波数就会下降。

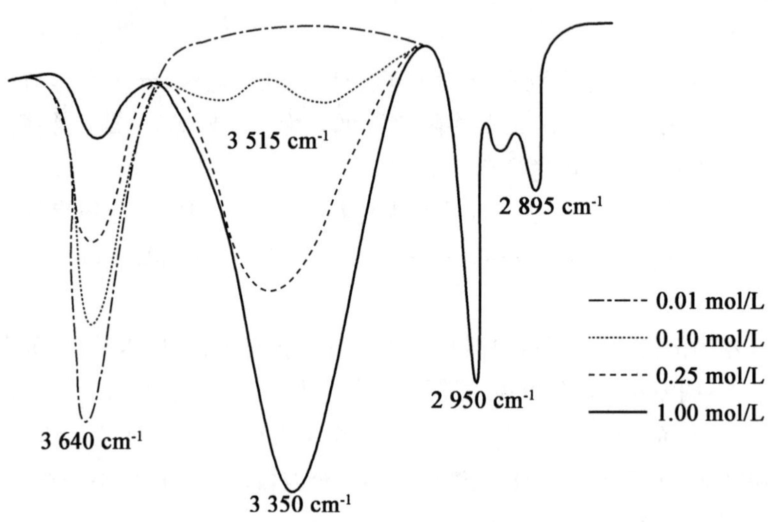

图 6.6 不同浓度的乙醇/四氯化碳溶液的谱图变化

—OH 变形振动(面内)1 200～1 500 cm^{-1}和面外变形振动 250～650 cm^{-1}的两个区域的吸收峰无实用价值。

2. —NH_2和—NH

胺的主要特征吸收有 N—H 的伸缩振动、N—H 弯曲振动和 C—N 伸缩振动。

(1)N—H 伸缩振动。

游离的伯胺(R—NH_2和 Ar—NH_2)有两个谱带,反对称伸缩振动($\nu_{as}\approx$3 500 cm^{-1})和对称伸缩振动($\nu_s\approx$3 400 cm^{-1})。

游离的仲胺(R—NH—R 和 AR—NH—R)如下。

R—NH—R	3 350～3 310 cm^{-1}	一个谱带
AR—NH—R	3 450 cm^{-1}	一个谱带

通常以此区的双峰或单峰来区别是伯胺或仲胺。

—NH_2也能形成氢键,产生缔合,缔合时从游离谱带的位置低移小于 100 cm^{-1},与相应的—OH 谱带相比较,一般谱带较弱较尖,随浓度变化比较小。

(2)N—H 弯曲振动(变形振动)。

①NH_2:1 640～1 560 cm^{-1}(面内弯曲)相当于 CH_2的剪式振动,在 RNH_2及在 $ArNH_2$中相同。900～650 cm^{-1}(面外弯曲)相当于 CH_2的扭曲振动。

②NH:1 580～1 490 cm^{-1}难以测出。特别是在 Ar—NH 中受芳核 1 580 cm^{-1}谱带的

干扰。在缔合的情况下 N—H 的弯曲振动吸收峰向高波数位移。

(3) C—N 伸缩振动。其位置与 C—C 伸缩振动没太大区别,但由于 C—N 键的极性,所以强度较大,如图 6.7 所示。

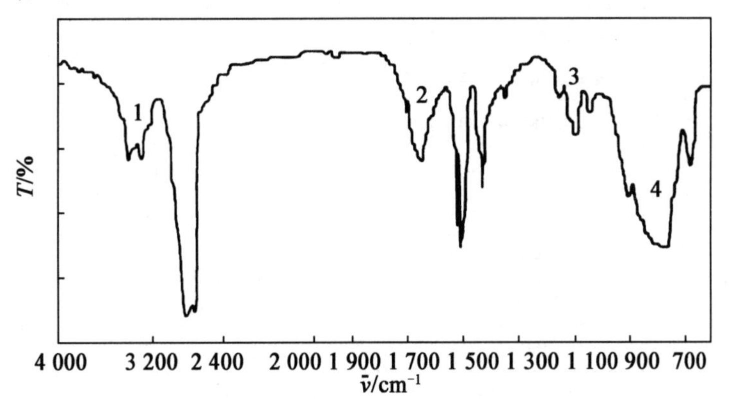

图 6.7 正己胺[$CH_3(CH_2)_5NH_2$]的红外光谱

1—NH_2 的 ν_{as} 和 ν_s;2—NH_2 的弯曲振动;3—C—N 的伸缩振动;4—NH_2 面外弯曲

3. 饱和烃(链烷)

饱和烷基的 C—H 伸缩振动的频率在 3 000 cm^{-1} 以下,其中只有环丙烷 3 060 ~ 3 040 cm^{-1} 和卤代烷 $\nu_{as}\approx$3 060 cm^{-1} 是例外。各个烷烃的特征吸收带见表 6.2。

表 6.2 烷烃的特征吸收带

基团		波数	振动类型	振动强度
伸缩振动	CH_3	(2 962 ± 10) cm^{-1}	CH_3 反对称伸缩振动	强
		(2 872 ± 10) cm^{-1}	CH_3 对称伸缩振动	强
	CH_2	(2 926 ± 5) cm^{-1}	CH_2 反对称伸缩振动	强
		(2 853 ± 5) cm^{-1}	CH_2 对称伸缩振动	强
	CH	(2 890 ± 10) cm^{-1}	CH 伸缩振动	弱,无实用意义
弯曲振动	—C—CH_3	(1 450 ± 20) cm^{-1}	CH_3 反对称变形振动	中
		(1 375 ± 5) cm^{-1}	CH_3 对称变形振动	强
$RCH(CH_3)_2$		1 372 ~ 1 368 cm^{-1} 1 389 ~ 1 381 cm^{-1}	CH_3 对称变形振动 裂分双峰	强度相等
$RC(CH_3)_2R$		1 368 ~ 1 366 cm^{-1} 1 391 ~ 1 381 cm^{-1}	CH_3 对称变形振动	前者峰强度是 后者的 5/4 倍
$R(CH_3)_3$		1 405 ~ 1 393 cm^{-1}	CH_3 对称变形振动 1 374 ~ 1 366 cm^{-1}	
		1 374 ~ 1 366 cm^{-1}	峰强度是 1 405 ~ 1 393 cm^{-1} 的 2 倍	
		(1 465 ± 20) cm^{-1}	CH_2 剪式振动(中)与 CH_3 反对称变形振动重叠	

续表 6.2

基团	波数	振动类型	振动强度
—$(CH_2)_n$—	$n \geqslant 4$ 724 ~ 722 cm^{-1}	CH_2的平面摇摆(弱)也称为骨架振动,$n \geqslant 4$ 时 722(液态)一个峰,固态或晶态(如聚乙烯晶态)裂分成双峰	
	$n = 3$ 729 ~ 726 cm^{-1}		
	$n = 2$ 743 ~ 734 cm^{-1}		
	$n = 1$ 785 ~ 770 cm^{-1}		
	1 340 cm^{-1}	C—H 弯曲振动(弱)	
骨架振动 $RCH(CH_3)_2$	(1 170 ± 5) cm^{-1}	1 170 cm^{-1}峰较强但比 1 380 cm^{-1}弱	
	(1 155 ± 5) cm^{-1}	1 170 cm^{-1}的肩部	
	(815 ± 5) cm^{-1}		
$R(CH_3)_3$	(1 250 ± 5) cm^{-1}	1 250 cm^{-1}峰位置更固定	
	1 250 ~ 1 200 cm^{-1}		
$RC(CH_3)_2R$	1 215 cm^{-1}	1 215 cm^{-1}是 1 295 cm^{-1}的肩部	
	1 195 cm^{-1}	1 195 cm^{-1}峰位置更固定	

(1)饱和 C—H 伸缩振动吸收峰,在区别饱和与不饱和化合物时特别有用,只要在 2 900 cm^{-1}和 2 800 cm^{-1}附近有强吸收峰,就可以断定是饱和 C—H 的峰;如果是$=CH_2$则在 3 100 cm^{-1}附近有吸收峰;若为 —C≡CH 则在 3 300 cm^{-1}附近有吸收峰。

光栅光谱可以将 C—H 伸缩振动区里的 CH_3和 CH_2的对称伸缩振动和反对称伸缩振动的四个峰分开,如图 6.8 所示。但是分辨率低的仪器就只能分出两个峰(四个峰部分重叠)。

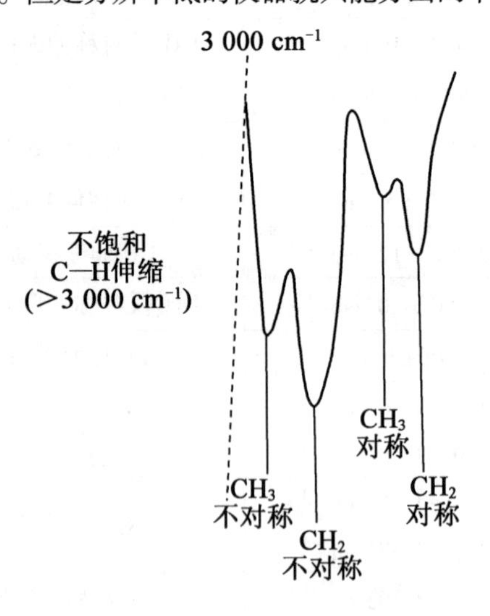

图 6.8　烷烃的 CH 伸缩振动频率

(2)烷烃异构化的情况可以从 1 380 cm^{-1}峰的裂分来判断。从裂分峰的相对强度可推得:双峰强度相等则是异丙基,强度比 1:5/4 则是偕二甲基,强度比为 1:2 则是叔丁基。

此外还可以从骨架振动进一步得到证明(图 6.9)。

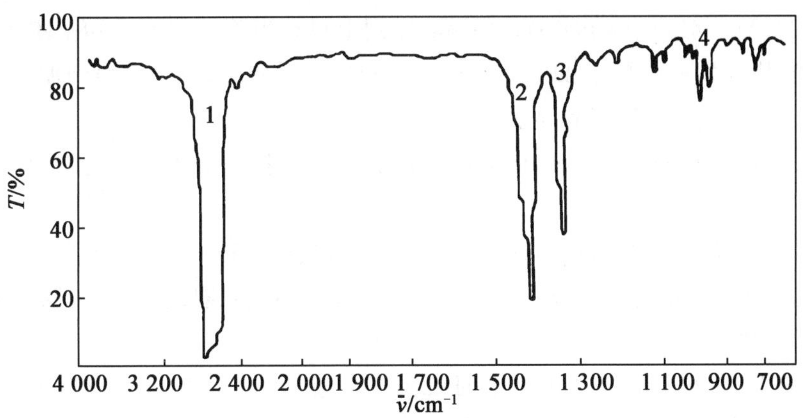

图 6.9 3-甲基戊烷的红外光谱

1—饱和 CH 伸缩振动;2—CH_2 剪式振动和 CH_3 反对称变形振动;3—CH_3 对称变形振动;4—乙基中的 CH_2 面内摇摆

(3)CH_1、CH_2的相对含量还可以由弯曲振动频率来估算。如正庚烷、正十烷和正二十八烷的 CH_3变形振动(1 380 cm^{-1})的相对强度相差不大,而 1 460 $cm^{-1}$$CH_2$剪式振动带则是正二十八烷最强,因为它的链最长。

(4)长链的存在还可以由 720 cm^{-1}带证明。当 720 cm^{-1}出现峰时,表示分子链中含有四或四个以上连续相连的 CH_2结构,n 越大,720 cm^{-1}峰越高,这与所述一致。

(5)—CH_3、—CH_2与 C ═ O 邻接时就会使 2 800 cm^{-1}、2 900 cm^{-1}附近—CH_3、—CH_2的峰强度大大下降,尤其是—CH_3的情况下。在变形振动区,C ═ O 的影响使—CH_3的对称变形频率低移至 1 360 cm^{-1}强度增加很多,使—CH_2剪式振动位移至 1 420 cm^{-1}。

4. C≡N 基团

C≡N 的伸缩振动出现在 2 260 ~ 2 240 cm^{-1},当与不饱和键或芳核共轭时,该峰就位移到 2 230 ~ 2 220 cm^{-1},一般共轭 C≡N 伸缩振动比非共轭的低约 30 cm^{-1},而且强度增加。C≡N 峰形尖锐似针状。注意此峰与 C≡C (C≡C 末端的为 2 140 ~ 2 100 cm^{-1},中间的为 2 260 ~ 2 190 cm^{-1})都是尖峰,但 C≡N 峰更尖锐。

5. 芳烃(萘、菲等与苯系类似)

芳香族基团的存在可由 3 030 cm^{-1}、1 600 cm^{-1}及 1 500 cm^{-1}的谱带表示,芳环上的取代类型由 900 cm^{-1}以下的强吸收谱带的位置确定,有时也可用 2 000 ~ 1 600 cm^{-1}的倍频和组合频谱带来确定,而面内弯曲 1 225 ~ 950 cm^{-1}的谱带经常受 C—C、C—O 吸收的干扰很少用。

(1)3 030 cm^{-1}处 n 个小峰是 Ar—H 的伸缩振动,当烷基存在时,此谱带只是烷基峰的一个肩部。

(2)2 000 ~ 1 650 cm^{-1}几个小峰这是面外变形的倍频和合频,由 2 ~ 6 个峰组成的取代类型特征谱带,往往需要样品浓度高于常规 10 倍以上才能观察到。

(3)1 600(1 580)cm^{-1}、1 500(1 450)cm^{-1}是芳环 C ═ C 的骨架振动,强度可变。1 500 cm^{-1}的峰一般强于1 600 cm^{-1}的峰,原则上只有当苯基与不饱和基团或具有未共用电子对的基团共轭时才会出现1580 cm^{-1}的谱带,共轭使这三个峰得到加强,但位置不变,1 450 cm^{-1}的峰与 CH_2谱带重叠。

(4)1 225 ~950 cm^{-1}为 Ar—H 的面内弯曲,常受到 C—C、C—O 吸收的干扰而很少用。

(5)900 ~650 cm^{-1}为 Ar—H 的面外弯曲,吸收较强。这一区域的吸收峰是表征苯核上的取代位置的,这里的峰可以回答苯环上是单取代还是双取代,是邻位取代还是间位、对位取代等问题。

①单取代(有五个相邻的 H)。特征峰为 770 ~730 cm^{-1}和 710 ~690 cm^{-1}两个峰。

②邻位取代(有四个相邻的 H)。特征峰为 770 ~735 cm^{-1}一个峰。

③间位取代(有三个相邻的 H)。特征峰为 810 ~750 cm^{-1}和 710 ~690 cm^{-1}两个峰。

④对位取代(有两个相邻的 H)。特征峰为 833 ~810 cm^{-1}一个峰。

由上可见,相邻 H 原子的数目决定了产生谱带的位置和数目,一般频率随相邻 H 原子数目的减少而升高,而通常与取代基的性质无关。

由芳环的特征吸收可以看出,只要在 3 030 cm^{-1}及 1 500 cm^{-1}、1 600 cm^{-1}有峰就可以确定是芳香族化合物,进而又从 900 ~650 cm^{-1}这一区域的峰确定取代基的取代位置。

多核芳香烃类取代后峰的图形也取决于相邻 H 原子数目。例如,1 - 甲基萘就会出现 1,2 - 二取代(四个相邻 H)和 1,2,3 - 三取代(三个相邻 H)。

6. C ═ O 基

羰基伸缩振动的频率是很宽的 1 928 ~1 580 cm^{-1},但较通常的吸收范围是 1 850 ~1 650 cm^{-1}。具有 C ═ O 的化合物类型很多,如醛、酮、酸、酯、酰胺和酐等都具有 C ═ O,它们的特征吸收峰的位置都在此范围内,但略有不同。如:

酮　1 715 cm^{-1}(图 6.10)

醛　1 725 cm^{-1}(图 6.11)

酰胺　—C—NH_2　1 680 cm^{-1}(图 6.14)

酸　1 760 cm^{-1}(单体)　1 710 cm^{-1}(二聚体)气态或液态总能观察到两个峰

酯　1 735 cm^{-1}

共轭时 C ═ O 往低波数位移,一般单靠 C ═ O 频率来鉴别醛酮酸酯是不够的,必须依靠其他特征峰来作为旁证。

(1)醛类:还可以由—(CHO)中的 CH 伸缩振动的峰通常在 2 820 cm^{-1}和 2 720 cm^{-1}(弱)的双峰来证明。

(2)羧酸:氢键极强且容易缔合,所以还可由 3 300 ~2 500 cm^{-1}整个范围的高低不平且很宽的峰来证明(图 6.12)。这一组弱的谱带最高频处的谱带归属于—OH,其他则是合频。也可以从 1 420 cm^{-1}(弱)和 1 300 ~1 200 cm^{-1}(弱)的 C—O 伸缩和—OH 变形振动的耦合峰加以证明,有时也可以从 920 cm^{-1}宽、中等强度的二聚体—OH 面外弯曲吸收峰来证明。

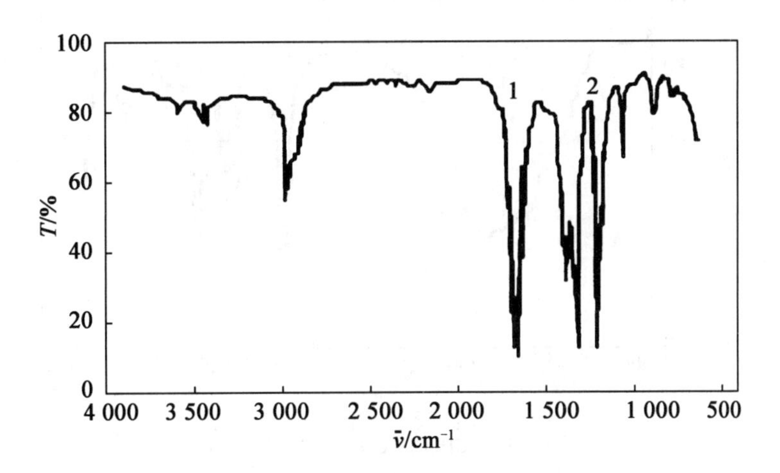

图 6.10 丙酮的红外光谱

1—1 715 cm^{-1};酮羰基的伸缩振动;2—酮羰基骨架振动

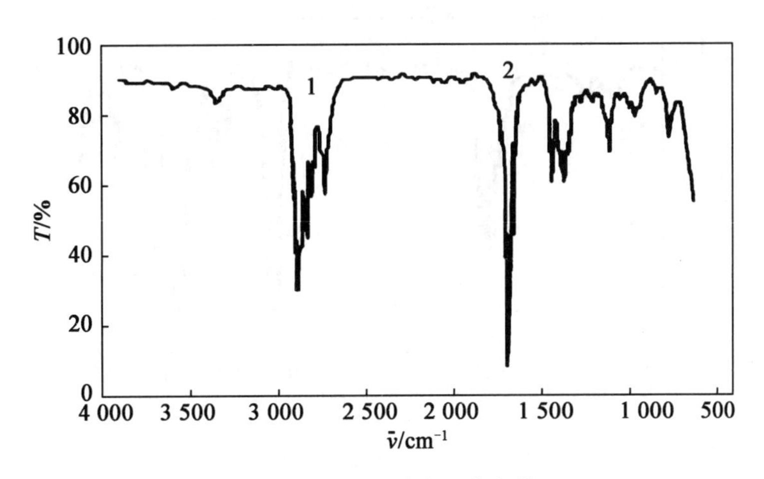

图 6.11 1-丁醛的红外光谱

1—C—H 伸缩与 C—H 变形振动倍频的耦合峰;2—醛 C═O 的伸缩振动

(3)酯类:可以用 1 300 ~ 1 030 cm^{-1}的强吸收来证明(图 6.13),这是酯类基团的对称和反对称伸缩振动引起的。此峰通常比 C═O 峰强且宽,偶尔分裂为双峰。酯类基团的谱带与酯的类型有关。

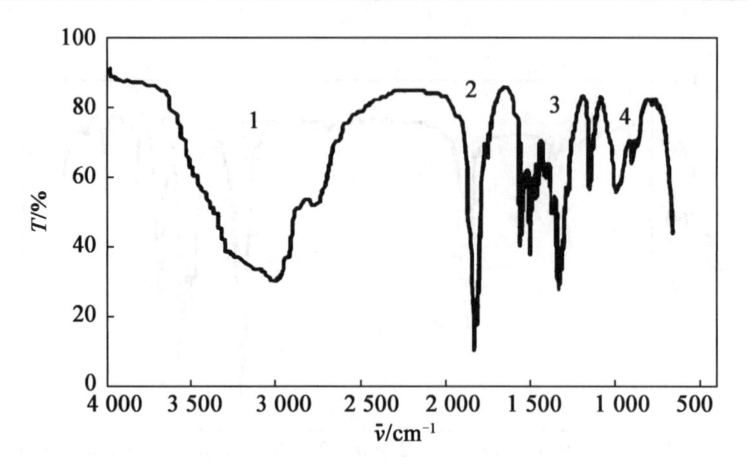

图 6.12　CH_3CH_2COOH 的红外光谱

1—3 000 ~ 2 500 cm^{-1}宽峰是羧酸的特征；2—羧酸 CO 的伸缩；

3——OH 面内弯曲与 C—O 伸缩耦合峰（二聚体）；4—二聚体的—OH 面外弯曲

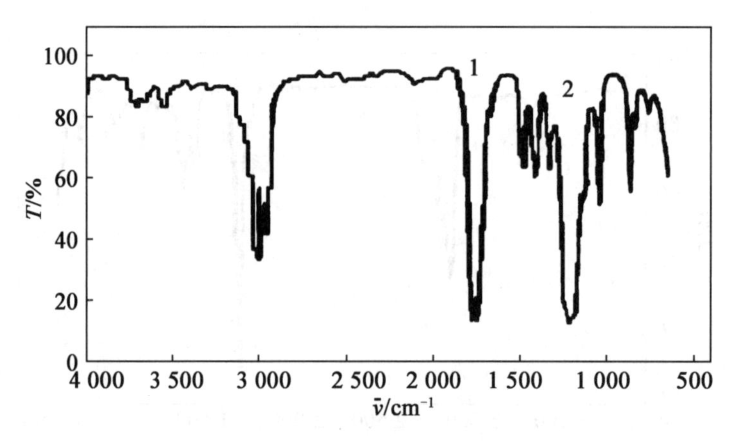

图 6.13　甲酸乙酯的红外光谱

1—酯中 C ═ O 伸缩振动；2—C—O—C 对称及反对称伸缩振动

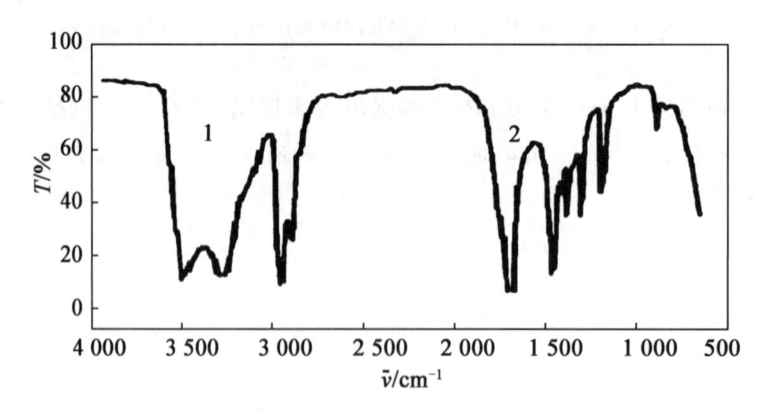

图 6.14　丁酰胺的红外光谱

1—NH_2伸缩振动双峰；2—酰胺 C ═ O 伸缩振动

7. S ═ O 基

(1)亚砜(R—S ═ O):1 060 ~ 1 040 cm^{-1}共轭时有氢键时向低波数位移 10 ~ 20 cm^{-1},与卤素或氧相连时向高波数位移(图 6.15)。

(2)砜(R—SO_2—R):1 350 ~ 1 310 cm^{-1}(ν_{as})和 1 160 ~ 1 120 cm^{-1}(ν_s)固态时往低波数位移 10 ~ 20 cm^{-1},常裂分成谱带组,不受共轭和环张力的影响(图 6.16)。

(3)磺酰胺(R—SO_2—NH_2):1 370 ~ 1 330 cm^{-1}固态时低 10 ~ 20 cm^{-1},1 180 ~ 1 160 cm^{-1}固态时位置相同。磺酰胺的两个 S ═ O 谱带频率比砜的高(图 6.17)。

(4)磺酰氯(R—SO_2Cl):1 370 ~ 1 365 cm^{-1}(ν_{as})和 1 190 ~ 1 170 cm^{-1}(ν_s)(图 6.18)。

(5)碱酸(R—SO_2—OH):(1 345 ±5)cm^{-1}(ν_{as})和(115 ±5)cm^{-1}(ν_s)这些是无水酸的数值,磺酸易于生成水合物在 1 200 cm^{-1}和 1 050 cm^{-1}有峰(图 6.19)。

(6)磺酸酯(R—SO_2—OR):1 370 ~ 1 335 cm^{-1}(ν_{as})强的双峰,频率高者强度较强,1 200 ~ 1 170 cm^{-1}(ν_s)(图 6.20)。

(7)硫酸酯(R—SO_2—OR)(图 6.20):1 415 ~ 1 380 cm^{-1}(ν_{as})和 1 200 ~ 1 185 cm^{-1}(ν_s),由于两个氧原子连在 SO_2上,所以比磺酸和磺酸酯波数高。

由图 6.21 可知:①C—H、O—H、N—H 伸缩振动频率较高,C—C、C—O、C—N 伸缩振动频率低是因为质量大;C—Cl 也因为 Cl 原子更重,频率就更低。②C—C、C ═ C、C≡C 伸缩振动由于力常数 K 增加,所以频率逐个增高。

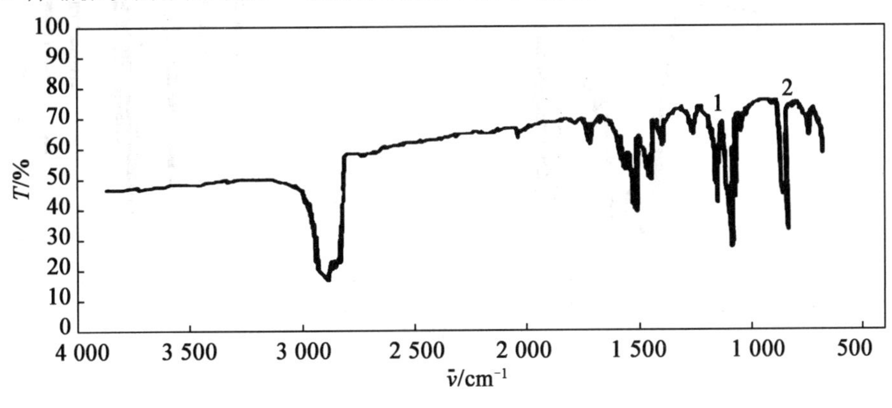

图 6.15 CH_3—C_6H_4—S(═O)—C_6H_4—CH_3 的红外光谱

1—S ═ O 亚砜;2—相邻两个 H 的面外弯曲振动

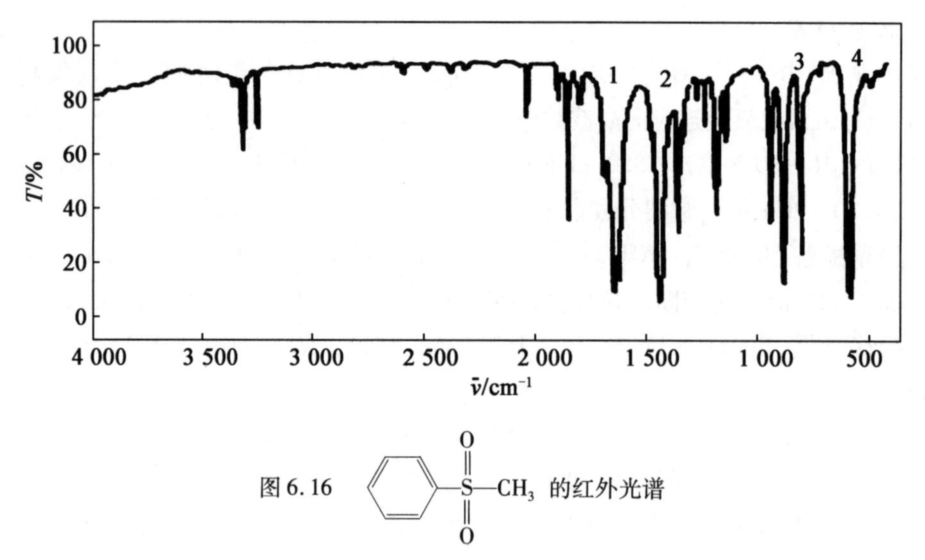

图 6.16 $C_6H_5-SO_2-CH_3$ 的红外光谱

1—SO_2反对称伸缩振动;2—SO_2对称伸缩振动;3,4—相邻 5 个 H 的面外弯曲振动

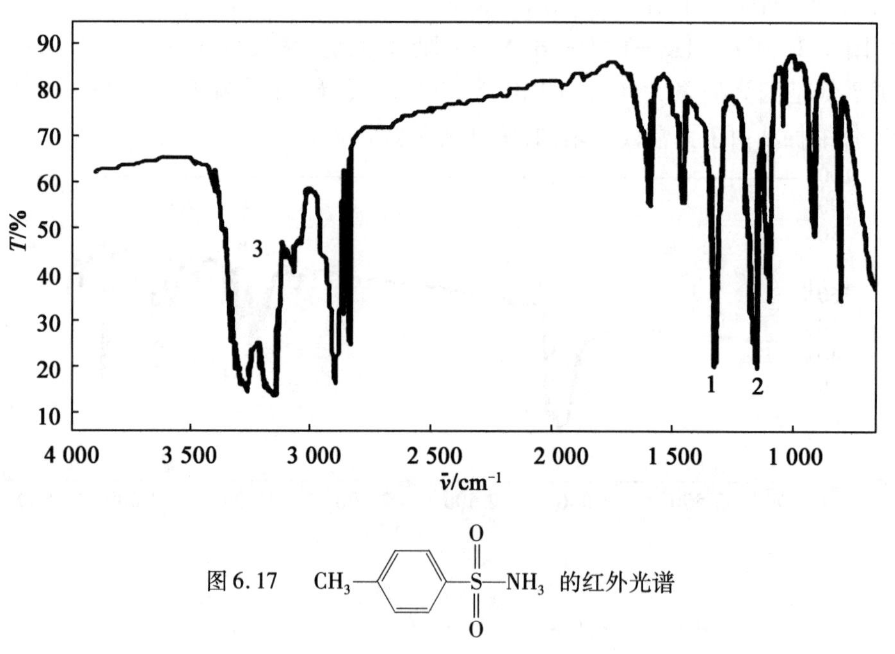

图 6.17 $CH_3-C_6H_4-SO_2-NH_3$ 的红外光谱

1,2—SO_2谱带;3—NH_2对称、反对称伸缩振动

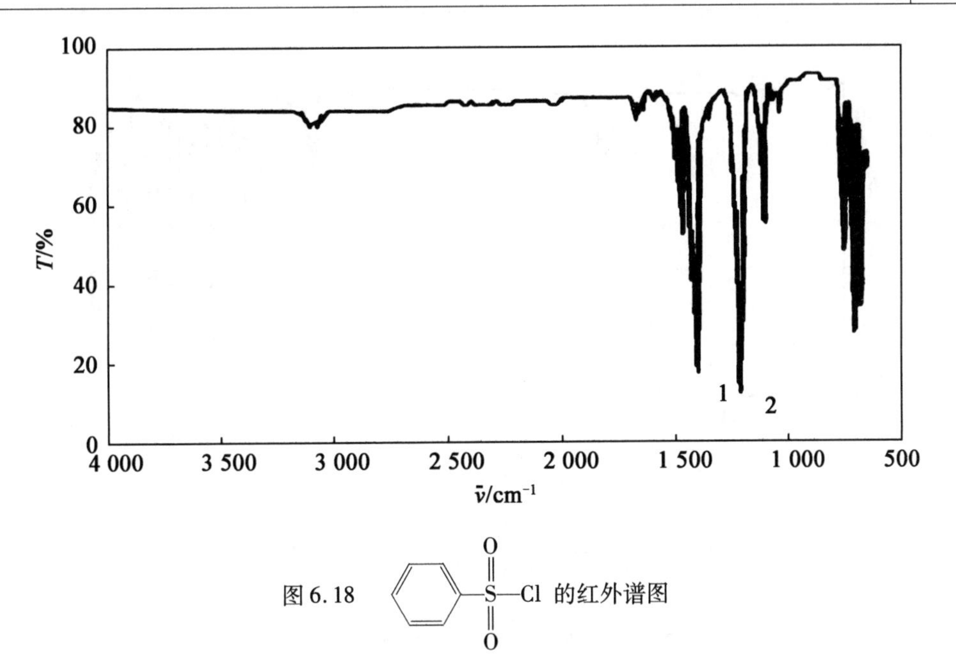

图 6.18 苯磺酰氯（$C_6H_5SO_2Cl$）的红外谱图

1—SO_2 的反对称伸缩振动；2—SO_2 对称伸缩振动

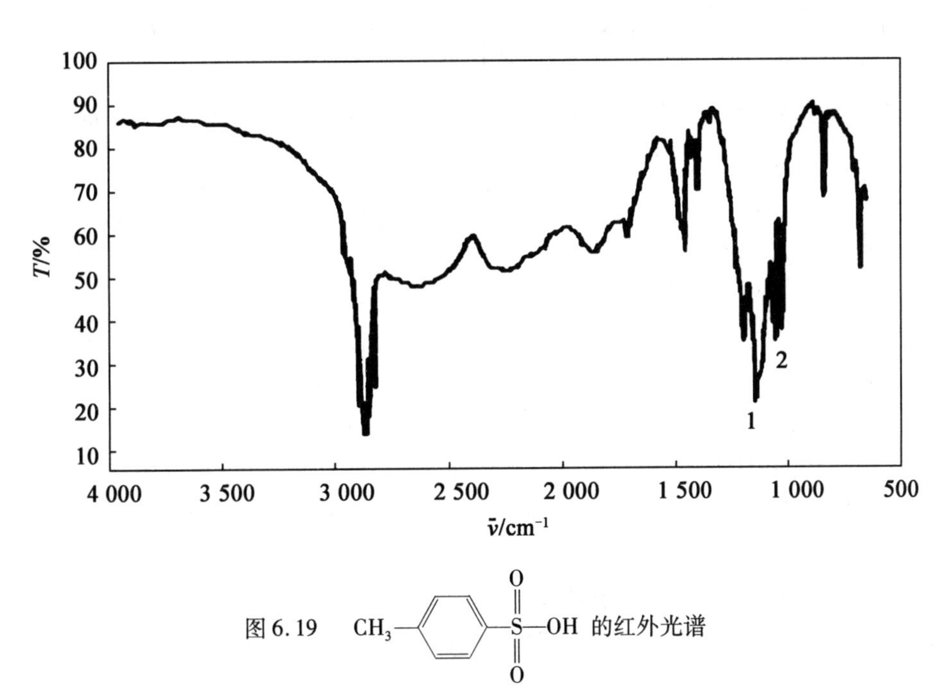

图 6.19 对甲苯磺酸（$CH_3C_6H_4SO_2OH$）的红外光谱

1—SO_2 的反对称伸缩振动；2—SO_2 对称伸缩振动

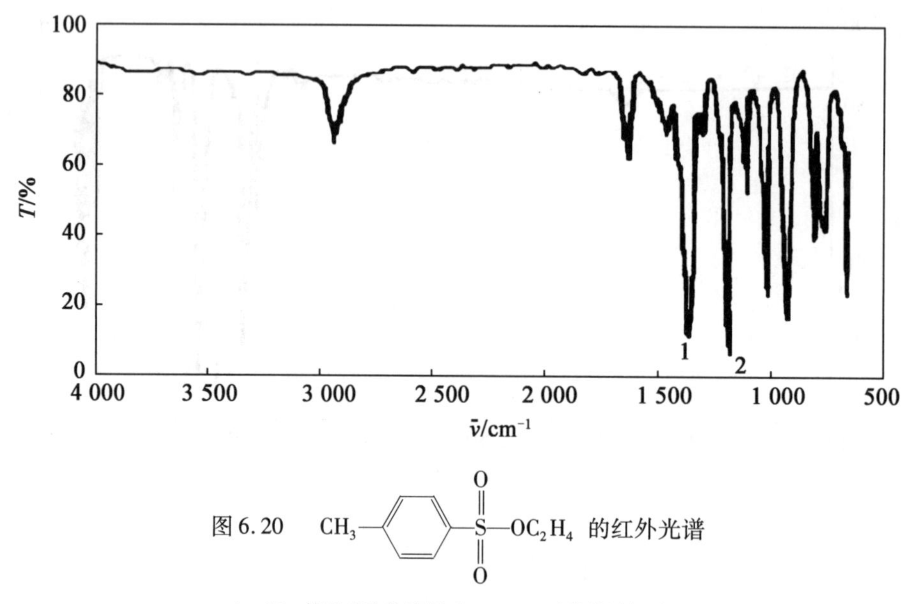

图6.20 CH_3—⟨苯环⟩—$S(=O)_2$—OC_2H_4 的红外光谱

1—SO_2 的反对称伸缩振动；2—SO_2 对称伸缩振动；

伸缩	X—H(X是C、N、O、S)	C≡X(X是C或N)	C═X(X是C、N、O)	C—X(X是C、N、O)
	3 700 cm^{-1} ~ 2 500 cm^{-1}	2 300 cm^{-1} ~ 2 000 cm^{-1}	1 900 cm^{-1} ~ 1 500 cm^{-1}	1 300 cm^{-1} ~ 800 cm^{-1}

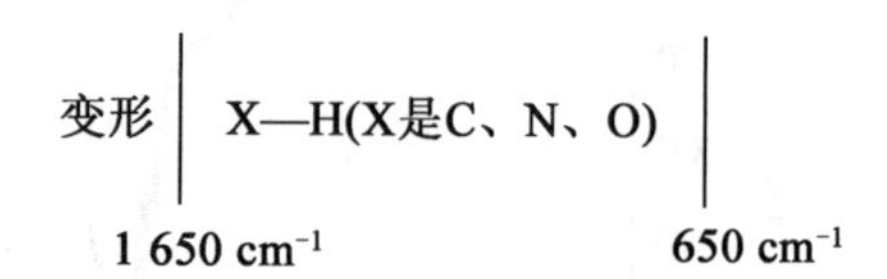

图6.21 基频红外区谱带的频率

③由于伸缩振动的力常数比对应变形振动的力常数大些，所以伸缩振动频率更高。

④1 300 cm^{-1}以下是一些单键的伸缩振动和弯曲振动，在一个化合物分子中单键很多，那么这些单键的吸收峰就会互相重叠和干扰，因此在1 300 cm^{-1}以下出现的峰不是特征峰。

大量的实验发现同一种化学键或基团在不同化合物中红外光谱吸收峰的位置大致相同(变化范围比较窄)，如—OH在伯醇、仲醇中或不同缔合状态的—OH其特征吸收带总在3 650 ~3 200 cm^{-1}之间，但又不是一个固定值，因为基团在不同的分子中会受到外部因素和内部因素的影响导致频率有若干变化。比如基团受到氢键、共轭、诱导、空间效应的影响等，频率就会发生若干改变。虽然受到环境的影响，但频率又不会过大改变，所以在不同构型的分子中，频率值在一个较窄的范围内变化。

6.5 试样处理与制备

6.5.1 红外吸收光谱对试样的要求

红外吸收光谱法可以分析气体、液体和固体试样，但是试样应满足分析测定的要求。

(1) 试样应该是单一组分的纯物质。纯度应高于 98% 或符合商业规格，这样便于与纯化合物的标准光谱进行对照。多组分试样应在测定前尽量预先分馏、萃取、重结晶、区域熔融或用色谱法进行分离提纯，否则各组分光谱互相重叠，无法解析光谱图。

(2) 试样中不应含有游离水。水分的存在不仅会侵蚀吸收池的盐窗，而且水分本身在红外区有吸收，将使测得的光谱图变形。

(3) 试样的浓度和测试厚度应选择适当，一般以使光谱图上大多数峰的透光率处于 15% ~70% 范围内为宜。过薄、过稀常使一些弱峰和细微部分显示不出来；而过厚、过浓又会使强吸收峰的高度超越标尺刻度，不能得到一张完整的光谱图。

6.5.2 试样的制备方法

1. 固态试样

固态试样的制备方法通常有压片法、石蜡糊法和薄膜法。

(1) 压片法。将 1 ~2 mg 的试样与纯 KBr 研细混匀，装入压片机，一边抽气一边加压，制成厚度为 1 mm 的透明样片。KBr 在 4 000 ~400 cm^{-1} 光区不产生吸收，故将含试样的 KBr 片放在仪器的光路中，测得试样的红外吸收光谱。

(2) 石蜡糊法。将干燥处理后的试样研细，与液状石蜡或全氟代烃混合，调成糊状，夹在盐片中测定。液状石蜡油自身的吸收简单，但此法不宜用于测定饱和烷烃的红外吸收光谱。

(3) 薄膜法。用于高分子化合物试样，可直接加热试样熔融涂膜或压制成膜，也可以将试样溶于低沸点易挥发的溶剂中，涂在盐片上，待溶剂挥发后成膜来测定。

2. 液体试样

液体试样可注入液体吸收池内测定。吸收池的两侧是用 NaCl 或 KBr 等晶片做成的窗片。常用的液体吸收池有三种：厚度一定的密封固定池、垫片可自由改变厚度的可拆池、用微调螺丝连续改变厚度的密封可变池。

液体的制备方法通常有液膜法、溶液法。

(1) 液膜法。在可拆池两窗之间，滴上 1 ~2 滴液体试样，形成液膜。液膜厚度可借助于池架上的固紧螺丝做微小调节。该法适用于高沸点及不易清洗的试样进行定性分析。

(2) 溶液法。将试样溶在红外用溶剂（如 CS_2、CCl_4、$CHCl_3$ 等）中，然后注入固定池中进行测定。该法适用于定量分析。此外,它还适用于红外吸收很强、用液膜法不能得到满意谱图的液体试样的定性分析。但在采用溶液法时,必须特别注意红外溶剂的选择,除了对试样有足够的溶解度外,还要求在较大范围内无吸收。

3. 气体试样

气态试样一般灌入气体槽(图 6.22)内进行测定。槽体一般由带有进口管和出口管的玻璃组成。它的两端黏有透红外光的窗片,窗片的材质一般是 NaCl 或 KBr,再用金属池架将其固定。气槽的厚度常为 100 mm。分析前先抽真空,然后通入经过干燥的气体试样。

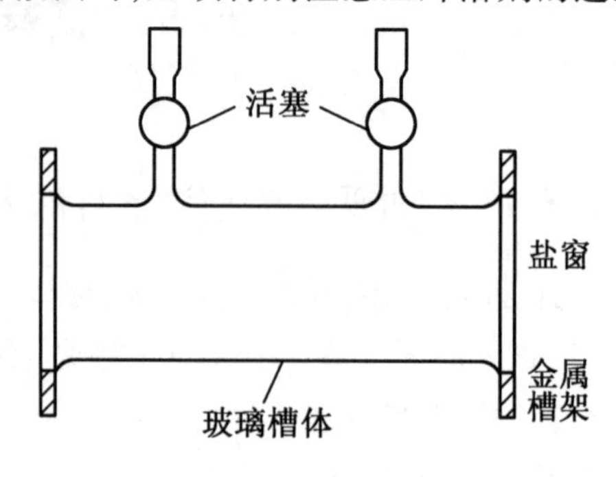

图 6.22 红外气体槽

6.6 前没技术与应用

6.6.1 已知化合物的确认

合成一个已知化学组成的化合物,想鉴定一下合成的化合物是否是所要的结构,或形成了什么副产物,或带入了什么杂质,可以采用红外光谱做出鉴定,将此化合物的红外光谱图与标准红外光谱图对比,如果峰形、峰的个数及位置强弱次序都和标准图一致,化合物就可以确定了。如果比标准谱图的峰还多几个,那就是杂质的峰,根据杂质峰的波数值可以推断是什么官能团,根据反应过程推断可能带入的杂质或生成某种副产物。

常用红外光谱来鉴定化合物中的某个官能团,用红外光谱鉴定官能团是最简便而有力的工具。

6.6.2 未知物结构的测定

根据红外光谱图提供的信息来推断未知化合物的结构。

【例 6.1】 确定某化合物(分子式 C_6H_{14})的结构,其红外光谱图如图 6.23 所示。

解:$U = 1 + 6 + 1/2(0 - 14) = 0$

由不饱和度计算可知此化合物是饱和化合物。由图可见没有 3 030 cm^{-1}、1 500 cm^{-1}、1 600 cm^{-1}峰,可知没有芳烃特征。

峰的归属如下。

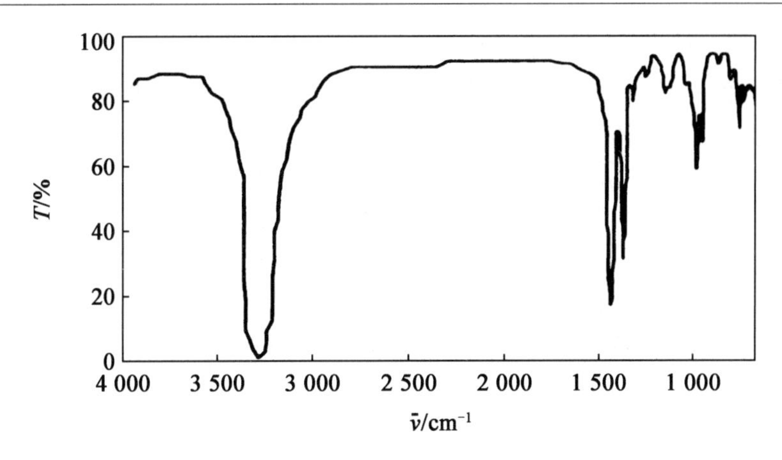

图 6.23　未知物分子式

(1)2 800 ~ 2 900 cm^{-1}可能是 CH_3、CH_2反对称和对称伸缩振动并互相重叠。

(2)1 461 cm^{-1}是 CH_3反对称变形振动和 CH_2剪式振动。

(3)1 380 cm^{-1}是 CH_3对称变形振动。

(4)775 cm^{-1}是乙基中 CH_2的平面摇摆振动即一个 CH_2的面内摇摆。

分子式是 C_6H_{14}的烷烃有许多类型，可能的类型如下。

(1)$CH_3(CH_2)_4CH_3$。否，因图中无 720 cm^{-1}峰。

(2)$CH_3—CH—CH_2—CH_2CH_3$。否，因图中 1 380 cm^{-1}没有裂分，不可能有异丙基。
　　　　|
　　　CH_3

　　　CH_3
　　　　|
(3)$CH_3—C—CH_2CH$。否，此结构虽有乙基，但又有叔丁基，而图中 1 380 cm^{-1}又没
　　　　|
　　　CH_3

有裂分为双峰。

(4) $CH_3—CH—CH—CH_3$。否，此构型中无乙基，有两个异丙基，但因图中
　　　　|　　|
　　　CH_3 CH_3

1 380 cm^{-1}并没有裂分。

(5)$CH_3—CH_2—CH—CH_2CH_3$。此结构是正确的，但还需要与标准谱图对照。
　　　　　　　|
　　　　　　CH_3

6.6.3　红外光谱的定量分析

1. 单一组分的定量——工作曲线法

进行定量分析时，首先要选定一个峰，一般选组分的特征吸收峰(不干扰、不重叠的峰)，但当所选的特征吸收峰附近有干扰时也可另选一个峰，但此峰必须是在浓度变化时

其强度变化灵敏的峰，这样分析误差小。

通常采用峰高或峰面积法定量，峰面积法包括整个振动能级跃迁的吸收，还要用求积仪，根据公式计算很麻烦。峰高法比较方便。

用基线法量取峰高，ab 之间的距离即所求的峰高，如图 6.24 所示。

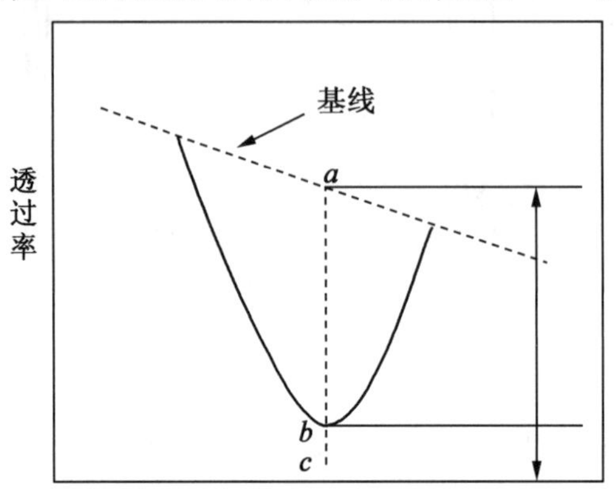

图 6.24　基线画法及峰高量取

定量的方法有直接计算法、吸收强度比法和补偿法等。对于单一组分，通常采用工作曲线法，尤其是当样品测定工作量较大时，该法比较方便。

2. 多元组分的定量

(1)解联立方程式。

对于多元组分来说，要选择互不干扰孤立的特征峰很困难。如果各组分在溶液中遵守朗伯－比尔定律，便可以根据吸光度的加和性原理来定量。若甲乙两组分在 λ_1 处都有吸收，则在 λ_1 处测得的吸光度 A 值是由甲乙两者贡献的结构，如图 6.25 所示。

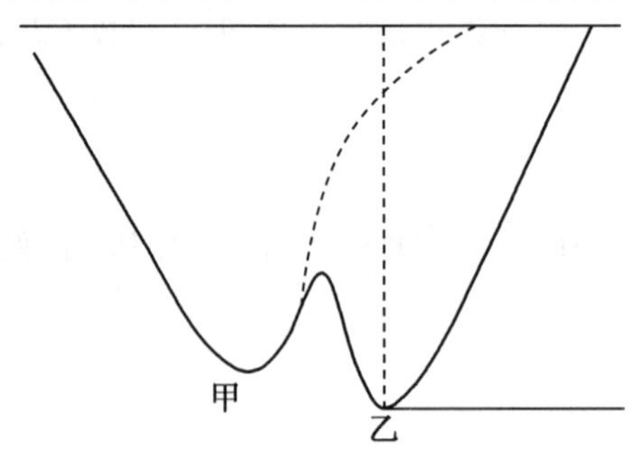

图 6.25　吸光度的加和性

λ_1 处有 $A = A_{\lambda_1甲} + A_{\lambda_1乙}$。例如一个混合物有 n 个组分，浓度分别为 $c_1, c_2, c_3, c_4, \cdots, c_n$。在波长 λ 处的消光系数 $K_{\lambda_1}, K_{\lambda_2}, K_{\lambda_3}, \cdots, K_{\lambda_n}$，在 λ 处各组分的各自 K 值可由纯物质求得。在 λ 处总吸光度为

$$\begin{aligned} A &= A_{\lambda_1} + A_{\lambda_2} + A_{\lambda_3} + \cdots + A_{\lambda_n} \\ &= K_{\lambda_1} c_1 L + K_{\lambda_2} c_2 L + K_{\lambda_3} c_3 L + \cdots + K_{\lambda_n} c_n L \end{aligned}$$

选择 n 个分析波长就可以得到 n 个方程：

$$\lambda_1: A_1 = K_{11}c_1L + K_{12}c_2L + K_{13}c_3L + K_{1n}c_nL$$

$$\lambda_2: A_2 = K_{21}c_1L + K_{22}c_2L + K_{23}c_3L + K_{2n}c_nL$$

$$\lambda_3: A_3 = K_{31}c_1L + K_{32}c_2L + K_{33}c_3L + K_{3n}c_nL$$

$$\lambda_4: A_n = K_{n1}c_1L + K_{n2}c_2L + K_{n3}c_3L + K_{n2}c_nL$$

由上可见，3 种组分就会有 9 个 K 值，4 种组分就会有 16 个 K 值，n 种组分就会有 n^2 个 K 值。

n 种组分在 n 个波长处的 K 值，可由已知纯样分别在 n 个波长下求得。这样上述联立方程组中就只有 n 个浓度 $c_1, c_2, c_3, c_4, \cdots, c_n$ 是未知数，有 n 个方程就可以解出 n 个未知数。

(2) 基线扣除法。

多元组分定量还可以采用基线扣除法直接计算。

【例 6.2】 聚丁二烯微观结构的定量测定。

①选择特征峰作为分析波长：顺 -1,4 - 聚丁二烯 738 cm^{-1}、反 -1,4 - 聚丁二烯 967 cm^{-1}、反 -1,2 - 聚丁二烯 911 cm^{-1}。

当背景吸收干扰不太大又可以精确扣除时，可采用基线扣除法量取各个峰的高度。在光谱图上作基线以扣除临近吸收峰的背景干扰，可以通过确定每一组分的消光系数来求得它们的浓度。以反 -1,4 - 聚丁二烯的特征峰 967 cm^{-1} 为例(图 6.26)，由于 990 cm^{-1} 峰对此峰有干扰必须扣除。

a. 以 ab 为基线，则量出的峰高比实际的要小。

b. 以 bc 为基线，量出的峰高比实际的峰高大。这样量出的峰高是由 967 cm^{-1} 和邻近的 990 cm^{-1} 两者贡献的结果。

c. 由 967 cm^{-1} 峰的定点向横坐标作一垂线，与 ab、bc 交于 M、N 点，M、N 的中点 O 的距离比较合理地代表了 967 cm^{-1} 峰的真实峰高(吸光度)。

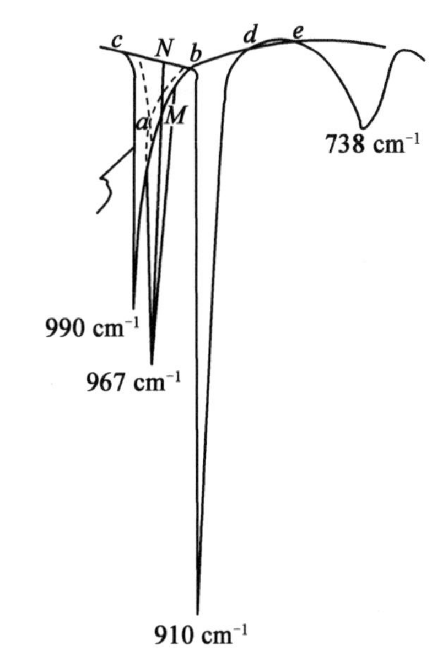

图 6.26 反 -1,4 - 聚二丁烯指纹区吸收峰

910 cm^{-1} 峰作 bd 切线为基线，由910 cm^{-1} 峰顶端向横坐标作垂线与 bd 的交点间的距离代表 910 的峰高。

738 cm^{-1} 峰由 e 点约 840 cm^{-1} 处作一与横坐标平行的线为基线。由 738 cm^{-1} 顶点作一垂线与横坐标平行线的交点间的距离是 738 cm^{-1} 峰的峰高。

②摩尔吸光系数的确定(可由纯物质测得)。

聚丁二烯各微观结构的吸光系数:

顺-1,4-聚丁二烯(c) $\varepsilon_{738\ cm^{-1}}=31.4\ L/(mol \cdot cm)$

反-1,4-聚丁二烯(t) $\varepsilon_{967\ cm^{-1}}=117\ L/(mol \cdot cm)$

1,2-聚丁二烯(v) $\varepsilon_{910\ cm^{-1}}=151\ L/(mol \cdot cm)$

③直接计算。

$$A=\varepsilon cL$$

A_{738}、A_{911}、A_{967}都是已扣除背景的吸光度值,由实验测得。

求它们的浓度百分数:

$$c_c=\frac{c_c}{c_c+c_v+c_t}\times 100\%$$

$$c_v=\frac{c_v}{c_c+c_v+c_t}\times 100\%$$

$$c_t=\frac{c_t}{c_c+c_v+c_t}\times 100\%$$

虽然红外光谱一般用于定性较多,用于定量较少,但是对于高聚物的各种微观结构的定量分析是一种很好的方法。如聚丁二烯、聚异戊二烯的各种微观结构的定量分析采用红外光谱是很方便的,用其他方法很难测定。

6.6.4 红外光谱在环境分析中的具体应用

1. 检测固体环境

固体环境存在的污染很多,它靠普通仪器不能检测出来。比如土壤固体环境,土壤里面包含的微生物和化学成分较多,这时环境部门就需要利用红外光谱技术进行土壤分析,红外光谱技术能够检测菌体等其他微生物,并分析其相关特性,研究人员就可以通过分析其特殊性,研究出杀菌药品进行土壤杀菌,能有效地帮助改善土质,改善其土壤环境。相关研究人员还会通过运用红外光谱法,对土壤中的农药进行检测分析,红外光谱技术能够代替原始检测方法,加快检测时间、检测质量和提高检测的效率,所以利用红外光谱技术检测固体环境能有效检测出有害物质,从而帮助相关部门改善土质,改善其环境。

例如运用高效液相色谱法的方法对农药中吡虫啉的含量进行检测,我国相关研究人员在灵活运用红外光谱法的基础上,对农药中吡虫啉的具体含量进行检测,并且样品主要以 KBr 压片法为主。从吡虫啉标准品与商品吡虫啉农药的结果可以看到,当吡虫啉在 93 912 cm^{-1}时,形成的吸收峰不会因为农药的其他成分而受到任何影响,可以把此峰当作定量分析波数。不仅如此,吡虫啉红外光谱在 947~92 518 cm^{-1}时形成的峰面积与其存在的净含量符合线性方程 $Area=113\ 665\times 10^{-1}+2\ 137\times 10^{-2}\times c$,同时相关系数 $r=0.199\ 953$。由此可见,科学合理地使用红外光谱技术对农药吡虫啉的含量进行检测具有一定的可行性，同时还可以替代常规的理化分析，进而达到快速分析的实际需要。

2. 监测液体环境

近年来水体污染率随着各方面的污染升高,其中有机污染物对水体污染的占比最大,为改善我国的水体质量,检测液体中的有机污染物就显得尤为重要。例如,Browne 等使用 FT－IR 对每一个疑似塑料的颗粒进行图谱分析,不仅可以鉴别微塑料的聚合物成分,避免非塑料颗粒的假阳性结果,还能获取微塑料的数量信息。红外光谱分析是一种非侵入式的分析手段,不会破坏样本。再如,重铬酸盐法就是传统化学需氧量(COD)的测量手段之一，有着较为烦琐的操作流程，会花费较长的检测时间，同时还会产生一定污染，对于实时测量来说并不适用。鉴于此，我国相关研究人员经过认真研究以后，研制出了使用近红外光谱法检测废水 COD 的手段。在该次实验中使用相应的回归建模，同时还建立了标准水样模型以及废水样模型。结合相关研究结果可以看出,标准液水样的理论 COD 值和预测值所得系数是 0.999，且交叉验证方差是 15.14 mg/L;针对废水水样来说，其 COD 实测值和预测值所得系数是 0.945 3，同时预测标准差为35.4 mg/L。由此可见，灵活运用近红外光谱法对 COD 进行检测的方法具有一定可行性。这种新技术流程少精准度高,所以用红外光谱技术检测液体环境中的污染物对改善液体环境很有帮助。

3. 检测气体环境

气体环境中的污染物是极其微小的,需要非常精准的仪器才能检测出气体环境中存在的杂质。检测部门能够通过红外光谱技术检测出气体环境中存在的污染颗粒,并会自动分析得出污染物的光谱信息。环境部门就可以利用其光谱信息知道污染物的构成,从而对症下药提出改善环境的方法。随着科研人员的不断研究,在灵活运用中红外光谱技术以及色谱技术的基础上，能够较好地将气体污染物成分中的光谱信息分离出来，其中也涵盖了国外一些发达国家颁布的 188 种污染气体,或者是酸性有机物以及相关有机分子等，比如苯、氯仿等。无论针对红外大气窗口 3～5 μm 的气体分子来说，还是就红外大气窗口 8～12 μm 的气体分子而言，都能够依赖于 FTIR 的手段对其浓度进行科学的探测。因为几乎所有的光谱数据都是在野外得到的，所以会在很大程度上受到干扰(如烟雾、尘土等)以及气候环境的影响，会致使目标特性变得更加烦琐化，甚至一些特征埋没在了噪声当中，这些因素的存在都会对目标光谱的识别带来严重影响。因此，我国一些研究人员采取有效措施把相关神经网络与多尺度分析巧妙的和红外技术结合在一起，进而构建了一套完善的提取与识别系统。结合相关研究结果可以看出,该系统不但可以将干扰物清除干净，在某种程度上强化目标物的光谱特征，而且还能将系统的识别水平加以提升，继而为污染气体红外光谱多目标识别系统可以得到进一步研究创造有利条件。

本章参考文献

[1] 张纪梅. 仪器分析[M]. 北京：中国纺织出版社，2013.
[2] 李润卿，范国梁，渠荣遴. 有机结构波谱分析[M]. 天津：天津大学出版社，2002.
[3] 崔永芳. 实用有机物波谱分析[M]. 北京：中国纺织出版社，1994.
[4] 毛培坤. 表面活性剂产品工业分析[M]. 北京：化学工业出版社，1985.
[5] 邱颖，陈兵，贾东升. 红外光谱技术应用的进展[J]. 环境科学导刊，2008，51：23－26.
[6] 杨家宝. 红外光谱技术在环境监测中的应用[J]. 中国资源综合利用，2020，38(04)：148－150.
[7] 李磊，陈丰. 红外光谱分析技术在化工生产中的应用[J]. 化工设计通讯，2020，46(04)：150，156.
[8] 欧宇. 浅谈红外光谱技术在环境科学中的应用与展望[J]. 江西化工，2021，37(01)：94－96.
[9] 林超华. 红外光谱技术在环境科学中的应用与展望[J]. 化工设计通讯，2018，44(10)：213.
[10] 汤庆峰. 环境样品中微塑料分析技术研究进展[J]. 分析测试学报，2019，38(08)：1009－1019.

第7章　核磁共振波谱法

7.1　概　　述

核磁共振(Nuler Magnetie Resonane,NMR)是一门发展十分迅速的科学,磁场使有自旋磁矩的原子核发生能级分裂,在射频频率范围的电磁波的作用下,原子核吸收电磁波的能量,从低能态跃迁到高能态,此现象为核磁共振现象。核磁共振技术是利用核磁共振得到化学结构信息的一门新技术。核磁共振波谱学是基于核磁共振现象建立原子核物理和化学特性的研究方法,属于吸收光谱范围,核磁共振波谱能够提供分子的结构、动力学、反应速率和化学环境的有关信息。

国外核磁发展史是从 1939 年, 拉比(I. Rabi)通过实验高温蒸发后的物质观测到核磁共振现象开始, 但是这种高温蒸发过程破坏了凝聚物质的宏观结构, 因而在实际应用中受到很大的限制。尽管如此,Rabi 还是因为这一发现获得了 1944 年的诺贝尔物理学奖。1945 年底,美国哈佛大学珀赛尔(E. M. Purcell)在石蜡样品中观测到稳态的核磁共振信号。几乎在同一时间(1946 年初),斯坦福大学布洛赫(F. Bloch)在水中观测到了稳态的核磁共振现象。两人因为这一发现而共享了 1952 年诺贝尔物理学奖,从此,核磁共振技术彻底实现了在不破坏物质结构的前提下迅速、准确地了解物质内部结构的测量目标。20 世纪 50 年代初,核磁共振首次应用于有机化学。60 年代初,Varian Associates A60 Spectrometer 问世,核磁共振开始广泛应用。1991 年,瑞士物理化学家 Richard R. Ernst 因其在核磁共振波谱学方面的突出贡献(脉冲傅立叶变换核磁共振谱、二维核磁共振谱、核磁共振成像)获得诺贝尔化学奖。2002 年,瑞士科学家 Kurt Wüthrich 因发明利用核磁共振技术测定溶液中生物大分子三维结构的方法获得诺贝尔化学奖。2003 年,美国科学家 Paul Lauterbur 与英国科学家 Peter Mansfield 由于在核磁共振成像技术的研究而获得诺贝尔生理医学奖,从而把核磁共振成像技术推广应用到生物化学和生物物理学领域。通过一大批科学家的深入研究,核磁共振技术不断获得改进和创新,目前已经发展出一系列具有特殊用途的核磁共振信技术,比如核磁双共振、二维核磁共振、核磁共振成像技术、魔角旋转技术和极化转移技术等。这些技术的完善和成熟使核磁共振技术在生产、生活、科研中获得了广泛的应用。

目前国内关于核磁共振的研究主要包括,应用核磁共振波谱研究中医药代谢组学,通过采用 NMRs 分析技术结合主成分分析法(PCA)、正交偏最小方差判别分析(OPLS - DA)等模式识别对机体内部的各代谢物信息进行采集和分析,对比 NMRS 代谢物数据库找出各类症状的标志性代谢产物。利用核磁共振波谱进行高温超导体的机理研究,近年来,随着新型铁基高温超导材料家族的发现以及基于强磁场下核磁共振技术的发展,相关高温超导方面的核磁共振研究也有许多新的进展,这些工作对高温超导电性的机理研究起到了积极的推动作用。利用固态核磁共振研究电池材料离子扩散机理,固态核磁共振技术不仅可以获得电池材料的局部微观结构,还可以获得不同时间尺度上的离子动力学信息,对于开发设计性能更优异的电池材料具有很重要的指导意义。利用液体核磁共振技术在原子水平对生物大分子不同位点的动态特性同时进行表征,能够覆盖从皮秒到秒甚至更慢的时间尺度,具有其他研究手段不可比拟的优越性。近年来新技术和新方法的发展使核磁共振技术可以研究更大分子量和更加复杂体系的动态特性。

低场核磁共振广泛应用于食品加工、贮藏以及检测领域。低场核磁共振技术在食用的品质鉴定上快速、准确并且无损伤,所以在食品的品质控制及评价方面具有很大的应用潜力。目前,利用低场核磁共振在食品快速检测方面的应用主要包括产品的固态发酵监测、掺假鉴别和油脂氧化监测等。利用核磁共振水分仪进行田间土壤水分的测定,该仪器基于核磁共振法,是通过直接对氢质子的含量进行检测,从而达到测定土壤水分和土壤孔隙度的一种方法,具有无辐射、快速和非接触的优点。借助核磁共振技术可以为生物化学的研究提供帮助,以 NMR 方法的作用较为突出,在具体的应用中,NMR 法可以对分子中非常容易移动的部分进行证明,从而对蛋白质结构进行有效的解读。针对蛋白质的分析,可以从多个维度对蛋白质的结构和具体的分子作用进行分析,有效推动生物化学研究的效率。

现如今,在分析化学领域当中,常利用高效液相色谱 - 核磁共振波谱(HPLC - NMR)或超临界流体萃取 - 核磁共振波谱(SFE - NMR)等连用技术对复杂样品进行分离和分析。HPLC - NMR 分离检测技术已有 30 年的发展历史,随着仪器性能不断提高,其分离技术也不断发展,但受到传统的傅立叶实验相位编码模式的限制,仍然无法最大化发挥对物质的分析功能。现今几年里,由于快速取样 NRM 方法的不断发展,为 HPLC - NMR 的在线联用提供了便利的条件,HPLC - NMR 技术不但实现对物质结构的在线分析和解析,还优化了传统的分析过程,使其在物质结构分析方面彰显优势,在药物检测、自然物质、环境检测、新药合成等领域具有广泛的应用前景。NMR 技术作为一种研究和测试工具,随之发展起来的还有核磁共振录井、测井技术。其中,核磁共振测井可以提供与岩性无关的准确孔隙度,直接测量地层自由流体体积、毛管束缚流体体积、黏土束缚流体体积,提供连续的渗透率曲线,反映储层孔隙结构,识别油水层,快速检测岩石物性参数。

利用固体核磁技术检测高分子微观结构和动力学,研究化学键和微观相互作用对聚集态结构的影响,揭示高分子中复杂的链运动模式、结晶机理、玻璃化转变以及相分离演化规律等对高分子凝聚态物理理论的发展也有重要的意义,对高分子科学的发展起推动作用。固体 NMR 技术现已发生了革命性飞跃,高场磁体、超高速魔角旋转、多量子、连续相调制多脉冲和动态核极化等新技术的应用使科学家对化学、材料和生命科学的认识上升到一个新的层次,对高分子科学的研究和发展产生深远的影响。

核磁共振经过了 70 多年的发展和应用,已经成为在物理、化学、医学、生物、地质、材料和能源领域的强大工具。

现代科学的发展也极大地推动了核磁共振技术的发展,如今液体核磁、固体核磁、核磁共振成像在理论上相互补充,在使用技术上彼此借鉴,形成了三足鼎立的局面,也共同繁荣了核磁共振学科。

7.2 核磁共振的基本原理

7.2.1 原子核自旋与磁矩

大多数原子核都有围绕某个轴做自身旋转运动的现象,此现象称为核的自旋运动,因其具有自旋角动量 $\boldsymbol{P}$ 及自旋量子数 I。原子核在自转时会产生核磁矩,用 $\boldsymbol{\mu}$ 表示。自旋角动量和核磁矩都是矢量,两者方向相互平行,且核磁矩与角动量成正比,即

$$\boldsymbol{\mu} = \gamma \boldsymbol{P} \tag{7.1}$$

式中,γ 为磁旋比,是原子核的特征值之一。自旋角动量 $\boldsymbol{P}$ 是量子化的,其大小能被自旋量子数 I 表示为

$$P = \frac{h}{2\pi}\sqrt{I(I+1)} \tag{7.2}$$

式中,h 为普朗克常量,其值为 6.63×10^{-34} J/s。自旋量子数 I 的取值与原子核的质子数和中子数有关,见表 7.1。

表 7.1 原子核自旋量子量

质量数	质子数	中子数	I	NMR 信号	典型核
偶数	偶数	偶数	0	无	^{12}C、^{16}O、^{32}S
偶数	奇数	奇数	$n(n=1,2,3,\cdots)$	无	^{2}H、^{14}N、^{6}Li、^{10}B、^{14}N、^{58}Co
奇数	奇数或偶数	奇数或偶数	$n/2(n=3,5,\cdots)$	有	^{17}O、^{35}Cl、^{25}Mg、^{27}Al、^{55}Mn、^{67}Zn
奇数	奇数或偶数	奇数或偶数	1/2	有	^{1}H、^{13}C、^{19}F、^{15}N、^{31}P、^{77}Se、^{113}Cd、^{119}Sn、^{195}Pt、^{199}Hg

①当 $I=0$ 时,$P=0$,没有自旋现象,因此没有磁矩,不产生核磁共振吸收,故不能用

核磁共振方法来研究。

②当 I 等于非零整数 $n(n=1,2,3,\cdots)$ 或者半整数 $n/2(n=3,5,\cdots)$ 时，原子核自旋不为零，有核磁共振现象，但这类核的电荷在原子核表面呈椭圆形分布，分布不均匀，具有电四极矩，其特殊的弛豫机制会导致核磁共振谱线加宽，不利于信号的检测，目前在核磁共振研究应用较少。

③当 I 等于半整数 $n/2(n=1)$ 时，有自旋现象，能够产生核磁共振吸收，且电荷在原子核表面呈球形均匀分布，特别适用于核磁共振实验，是核磁共振中最主要的研究对象，其中 $^1H_1$ 和 $^{13}C_6$ 的研究已经成为有机化合物结构分析的重要手段。某些原子核的磁特性见表 7.2。

表 7.2 某些原子核的磁特性

核	天然丰度/%	自旋量子数 I	核磁矩 $\boldsymbol{\mu}$	磁旋比 γ
^1H	99.980	1/2	2.792	2.675
^2H	0.016	1	0.805	0.410
^{11}B	81.170	3/2	2.688	0.858
^{13}C	1.100	1/2	0.702	0.672
^{14}N	99.620	1	0.407	0.193
^{15}N	0.360	1/2	-0.280	-0.271
^{17}O	0.039	5/2	-1.893	-0.362
^{19}F	100.000	1/2	2.628	2.523
^{31}P	100.000	1/2	1.130	1.083

核磁共振信号的强度与被测磁性核的天然丰度和旋磁比的立方成正比，如 ^1H、^{19}F 和 ^{31}P 等天然丰度比较高，所以，它们的信号比较强；而 ^{13}C 的天然丰度只有 1.1%，其共振信号较弱，所以必须经过多次累加才能得到较强的分析信号。

7.2.2 核磁共振现象

当 $I\neq0$，没有外磁场时，磁性核自旋角动量的方向是随机的。当其还处于沿着 z 方向的外磁场 B_0 中时，由于核与外磁场的相互作用，核磁矩具有一定的取向。由量子力学的原理可知，此时原子核自旋角动量的取向有 $2I+1$ 个，且各个取向都可以用一个磁量子数 m 来表示，$m=I,(I-1),(I-2),\cdots,-I$。如 $I=1$，则 m 有 $2\times1+1=3$ 个不同的取向，其值为 $+1,0,-1$；当 $I=1/2$ 时，m 有 $2\times1/2+1=2$ 个取向，其值为 $+1/2,-1/2$，每个取向对应一个能级(图 7.1)。

可以从经典力学(拉莫尔(Lamor)进动)和量子力学模型(能级跃迁)两个角度来理解核磁共振现象。

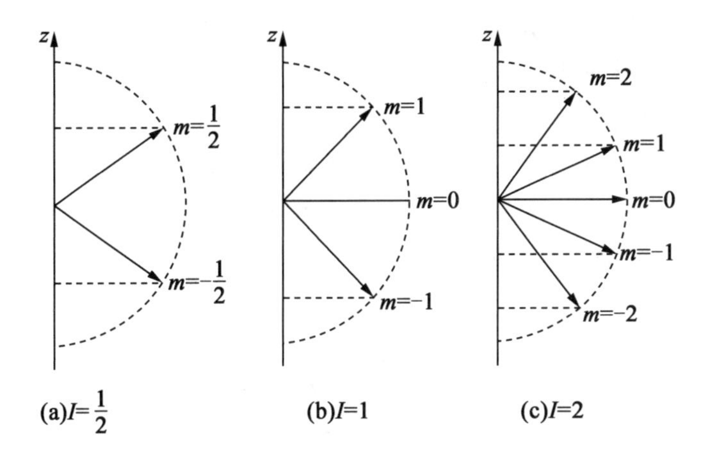

图7.1 静磁场原子核自旋角动量空间量子化

1. 经典力学

带电的自旋核具有磁矩,它在磁场中自旋产生的磁场可与外磁场发生相互作用。但由于这种作用不在同一方向,而是呈现一定的角度。因此,自旋核将受到一个力矩,即自旋核在磁场中,一方面自旋,一方面自旋轴以一定角度围绕外磁场进行回旋,这种现象称为拉莫尔进动(图7.2)。

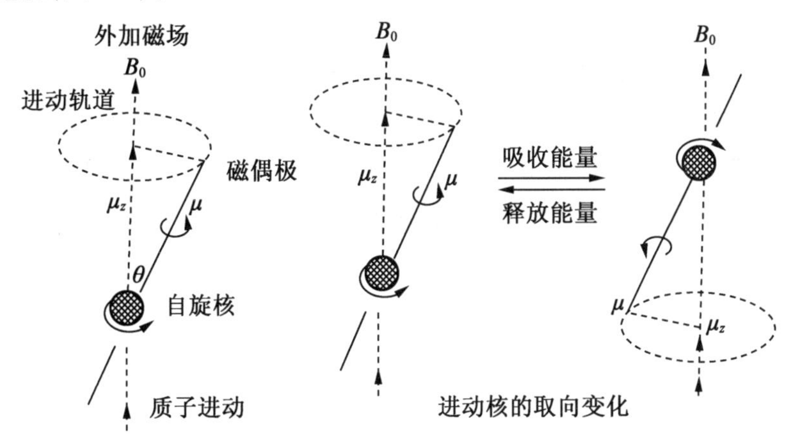

图7.2 自旋核在磁场中的拉莫尔进动

当自旋核置于外磁场 B_0 中时,核磁矩除了自旋外,还与外磁场保持某一固定的夹角 θ,绕外磁场进动,类似于陀螺在重力场中的运动。核磁矩 $\boldsymbol{\mu}$ 在磁场 B_0 中进动频率由下式决定:

$$\nu_0 = \gamma B_0 / 2\pi \tag{7.3}$$

式中,γ 为磁旋比;B_0 为外磁场强度;ν_0 为核的进动频率。

若在垂直于 B_0 的外磁场平面上施加一个与磁矩旋转方向相同的偏振磁场 B_1,则核磁矩与 B_1 产生相互作用。当 B_1 旋转频率 ν 等于核进动频率 ν_0 时,核磁矩 $\boldsymbol{\mu}$ 发生了翻转,即原子核吸收能量,使核磁矩$\boldsymbol{\mu}$以一种取向翻转为另一种取向,这种由于$\nu=\nu_0$时产生的能量吸收的现象就是核磁共振现象。

2. 量子力学模型

在没有外加磁场时,自旋核的$2I+1$个能级是简并的,仅有一个核磁矩$\boldsymbol{\mu}$,因此不会发生能级跃迁从而产生共振吸收。但是,当具有磁矩的自旋核处于磁场中时,偶极在磁场中同样具有能量(位能),其能量为

$$E=-B_0 \tag{7.4}$$

将核磁矩$\boldsymbol{\mu}$在z方向上的投影$\mu_z=\gamma P_z=\gamma mh$代入式(7.4),得到

$$E=-\frac{\gamma mhB_0}{2\pi} \tag{7.5}$$

原子核不同能级之间的能极差为

$$\Delta E=\frac{\gamma\Delta mhB_0}{2\pi} \tag{7.6}$$

根据选择定则可知,只有$\Delta m=\pm1$的跃迁才是允许的,所以相邻能级之间发生能级跃迁所对应的能量差为

$$\Delta E=\frac{\gamma hB_0}{2\pi} \tag{7.7}$$

由式(7.7)可知,ΔE除了与核本身的性质(旋磁比γ)有关之外,还与B_0呈正比关系。在静磁场中,具有磁矩的原子核分裂成不同能级。此时,若用一定频率的电磁波照射原子核,且当能量刚好满足原于核能级差ΔE时,该原子核就会吸收电磁波的能量从低能级跃迁到高能级,核磁共振现象。图7.3所示为自旋量子数为$I=1/2$时的原子核在外磁场中裂分的示意图。因此产生核磁共振的条件为

$$\nu=\frac{\gamma B_0}{2\pi} \tag{7.8}$$

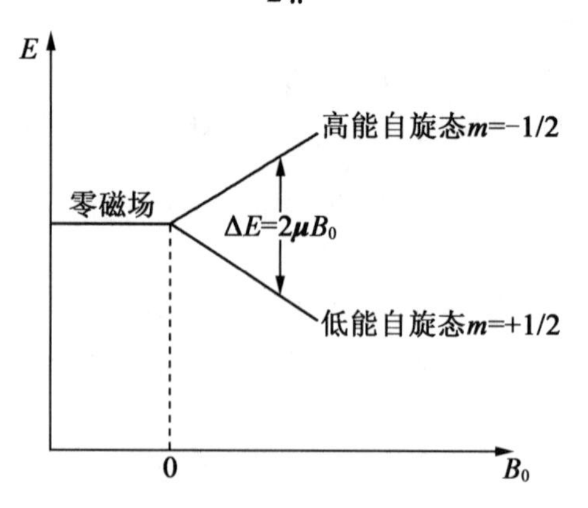

图7.3　自旋核在静磁场中的能级裂分

由表7.2可知,对于相同的核,其射频频率ν与外磁场强度B_0成正比。不同核在相

同磁场中的共振频率则与旋磁比 γ 有关。实验中一般采用射频振荡线圈在与外磁场 B_0 垂直的方向产生交变磁场 B_1,从而产生所需要的射频。核磁共振谱仪场强的大小通常用质子的共振频率来表示,600 MHz 的核磁共振谱仪就是指氢的吸收频率是 600 MHz。

7.2.3 饱和与弛豫

1. 饱和

在没有外加磁场的情况下,处于两种状态($m = \pm 1/2$)的氢核数目应该是相等的;当置于磁场中,处于低能态和高能态的氢核分布可由玻尔兹曼分布公式计算。

例如,氢核在室温 $T=298$ K 的条件下,处于强度 2.348 8 T 的磁场中,当发生核磁共振时,需要吸收的能量为

$$\nu = \frac{\gamma B_0}{2\pi} = \frac{2.68 \times 10^8}{2 \times 3.14} \times 2.348\,8\ \text{T} = 100(\text{MHz})$$

根据玻尔兹曼定律,位于高、低能级的氢核数目之比为

$$\frac{N_{(-1/2)}}{N_{(+1/2)}} = \exp\left(-\frac{h\nu}{kT}\right) = \exp\left(-\frac{6.63 \times 10^{-34} \times 100 \times 10^6}{1.38 \times 10^{-23} \times 298}\right) = 0.999\,983\,878\,16$$

与紫外-可见吸收光谱和红外吸收光谱相同,NMR 也是靠低能态吸收一定辐射能量而跃迁至高能态产生吸收光谱;与前两种不同的是,前两种吸收光谱方法中低能态为基态,处于基态的原子或分子数目远远高于激发态数目,而在 NMR 中,室温条件下,处于高低能态之间的核数目相差仅百万分之十六。由于高低能态的跃迁概率一致,因此,这些极少量过剩的低能态氢核可以产生 NMR 信号。如果低能态的核吸收电磁波能量向高能态跃迁的过程连续下去,那么这些极微量过剩的低能态氢核就会逐渐减少,吸收信号的强度随之减弱,最后低能态与高能态的核数趋于相等,使吸收信号完全消失,称为饱和现象。在核磁共振实验中,如果照射的电磁波能量过大,或扫描时间过长,就容易出现饱和现象。

2. 弛豫和弛豫过程

处于高能态的原子核,可以通过某种途径把多余能量传递给周围介质而重新返回低能态,这个过程称为弛豫。原子核的弛豫过程又分为两类,分别为自旋-晶格弛豫和自旋-自旋弛豫。

(1)自旋-晶格弛豫。

自旋-晶格弛豫指的是处于高能态的原子核将能量传递给周围晶格(环境)回到低能态的过程,又称为纵向弛豫,纵向弛豫反映了体系和环境的能量交换。激发态的核自旋通过能量交换,把多余的能量转给晶格而回到基态,从而保持低能态的核数目高于高能态,维持核磁共振吸收。纵向弛豫的过程的快慢可以用 $1/T_1$ 来表示,T_1 称为纵向弛豫时间。

(2)自旋-自旋弛豫。

自旋-自旋弛豫是高能态的核与低能态的核非常接近时产生自旋交换的现象,表现

在一个核的能量转移到另一个核,因此又称为横向弛豫。横向弛豫并没有增加低能态核的数目,而是缩短了原子核处于高能态的时间。横向弛豫过程的快慢可以用 $1/T_2$ 来表示,T_2 称为横向弛豫时间。

7.3 核磁共振波谱仪

核磁共振波谱仪是利用不同元素原子核性质的差异来分析物质结构,主要用于检测和记录核磁共振的信号并绘制出波谱图。随着仪器技术的发展,核磁谱图已从一维谱图发展到二维谱图、三维谱图甚至到更高维谱图。

7.3.1 核磁共振波谱的主要组成部分

核磁共振波谱仪主要由磁铁、射频发生器、探头、扫描单元、信号检测和记录处理系统等部分组成,如图 7.4 所示。

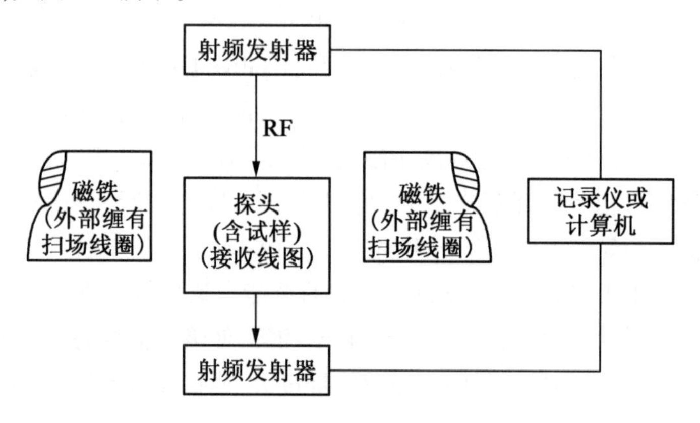

图 7.4 核磁共振的基本结构图

(1)磁铁。

磁铁是用来产生一个恒定且均匀的磁场,是决定核磁共振仪测量准确度的关键部分。因为 NMR 仪的灵敏度与磁场强度的 2/3 次方成正比,因此,增大磁场强度,提高仪器的灵敏度。常用的磁铁有三种,分别为永久磁铁、电磁铁、超导磁铁。

永久磁铁产生的磁场稳定性好、耗电少且不冷却,但对室温变化较敏感。因为温度变化可使永磁体的体积发生变化,从而导致 N 和 S 极间距改变,进而使作用于样品的磁场强度发生变化。此外,外界的磁干扰及铁磁物质的运动,也会影响磁极间隙中磁场的稳定性。因此,需将永久磁铁置于精密的恒温横以金属箱进行磁屏蔽,需使得恒温槽连续运行,否则调节至仪器所需的恒定温度,需要花费 2 ~3 天时间。

电磁铁是由绕有激磁线圈的软磁性材料制成的,通电后可提供 2.3 T 的磁场。电磁铁最突出的特点是对外界温度变化不敏感、稳定状态快,但耗电量大,且需冷却水循环系统，日常维护费用高。

超导磁铁是利用超低温条件下，金属的超导性可形成强磁场的原理制成。在极低温度下，导线电阻近似为0 ℃，通电闭合后，电流即可循环不止，产生强磁场。通常用装有铌钛合金的丝绕成螺旋管状，放在液氦的杜瓦瓶中制成，可提供5.8 T，最高可达12 T的磁场。超导磁铁的特点是磁场强度大且稳定性好，但价格昂贵，需使用液氦，日常维护难、成本高。

(2)射频发生器。

射频发生器即射频源，类似于激发源，它能提供能量，使磁核从低能级跃迁到高能级。为提高分辨率，射频发生器输出功率(功率小于1 W)波动应小于1%，频率波动应小于10^{-8}。样品管在磁场中需以几十赫兹的速率旋转，使磁场的不均匀平均化。在连续波-NMR中，扫描线圈提供10^{-5}T的磁场变化来进行磁场扫描。

(3)探头(样品装置)。

探头是核磁共振波谱仪的核心元件，它固定于磁铁或磁体的中心，主要用来放置被测样品以及产生和接受核磁共振信号。探头中不仅包含样品支架，还包括扫描线圈和接收线圈。为了避免扫描线圈与接收线圈互相干扰，两线圈要垂直放置，并采取措施防止磁场的干扰。样品支架连同试管可以由压缩空气驱动使之旋转，以使作用在样品上的磁场均匀。

(4)扫描单元。

扫描单元是连续波核磁共振波谱特有的一个部件，其主要功能是控制扫描速度和扫描范围。在连续波核磁共振波谱仪中，有扫频和扫场两种工作方式，大部分商品仪器采用扫场方式，即在扫描线圈内加上一定电流，来进行核磁共振扫描。相对扫场方式来说，扫频工作方式比较复杂。

(5)信号检测和数据处理系统。

核磁共振产生的射频信号通过探头上的接收线圈加以检测，产生的电信号要经放大器放大处理输出。数据工作站具有积分功能，可以自动绘制积分曲线，计算积分面积。但是，积分强度不像峰高易受多种条件影响，因此可以估计各类核的相对数目，进行定量分析。

7.3.2 核磁共振波谱仪分类

核磁共振波谱仪有多种分类方法，但最常用的是按工作方式将其分为连续波核磁共振(CW-NMR)和傅立叶变换核磁共振(PFT-NMR)两种。

(1)连续波核磁共振(CW-NMR)。

连续波核磁共振的工作方式就是将照射频率连续不断地作用于样品，以用于观察NMR现象。由式(7.8)可知，可以采取固定照射频率而连续改变磁场强度(扫场法)或者固定磁场强度而连续改变照射频率(扫频法)两种方式得到吸收分量与频率(或磁场强度)的关系曲线,也即 NMR 波谱。两种方式得到的谱图完全相同,这种波谱仪称为连续波 NMR 仪。CW - NMR 仪的特点如下。

①要求对磁场的扫描速度不能过快,一般全谱扫描要 200 ~ 300 s。因为扫描过快,共振核来不及弛豫,信号将严重失真,谱线会发生畸变。

②灵敏度低,需要样品量大。

(2)傅立叶变换核磁共振(PFT - NMR)。

与连续波核磁共振波谱仪一样,脉冲傅立叶变换核磁共振波谱仪也由磁体、射频发生器、信号检测器及探头等部件组成。不同的是,脉冲傅立叶变换核磁共振波谱仪是在外磁场保持不变的条件下,用一个强的射频脉冲将样品中所有的核同时激发,相当于一个多通道射频发生器。在这个过程中,射频接收器中接收到的是一个随时间衰减的信号,称为自由感应衰减(Free Induction Decay, FID)信号。这个信号经过傅立叶变换后一次性给出所有 NMR 谱线数据。脉冲的作用时间非常短,仅为微秒级,同时计算机进行快速傅立叶变换的时间也很短,完成一次采样的时间只有数秒。为了提高信噪比,可进行多次重复照射、接收,将信号累加。PFT - NMR 仪的特点如下。

①仪器灵敏度高。经计算得出,用 PFT 和 CW 两种方法得到的信噪比可达 100,即 PFT - NMR 的灵敏度是 CW - NMR 的 100 倍左右。因此,即使自然丰度很小的^{13}C 核的 NMR 谱也可得以测量。

②测量速度快。由于 PFT - NMR 每发射一次脉冲,相当于 CW - NMR 仪的一次全扫描测量。因此,PFT - NMR 仪记录一张全谱所需要的时间很短,便于多次累加,从而可以更快地自动测量高分辨谱线以及对应于各谱线的弛豫时间。此外,PFT - NMR 还可用于核的动态过程、瞬变过程和反应动力学等方面的研究。

③除常规的^{1}H 谱和^{13}C 谱外,还可以用于扩散系数、化学交换、固体高分辨谱和弛豫时间的测量等等。

7.4 核磁共振氢谱

7.4.1 化学位移

1. 化学位移的定义

由式(7.3)可知,在 1.409 T 的外加磁场中,所有的质子都将吸收 60 MHz 的电磁波能量发生跃迁,或者说,如固定射频磁场的频率不变(60 MHz),则所有质子都应在 1.409 T 的外加磁场中发生共振,产生共振峰。但是在实际实验中发现,化合物中各种不同的原子核,在 60 MHz 频率下,共振磁场强度并不完全一致。这种原子核由于在分子中所处的化学环境不同,造成在不同的共振磁场下显示吸收峰的现象称为化学位移。这种现象表明，共振频率不完全取决于核本身，还与被测核在分子中所处的化学环境有关。

图7.5所示为乙基苯的核磁共振图。

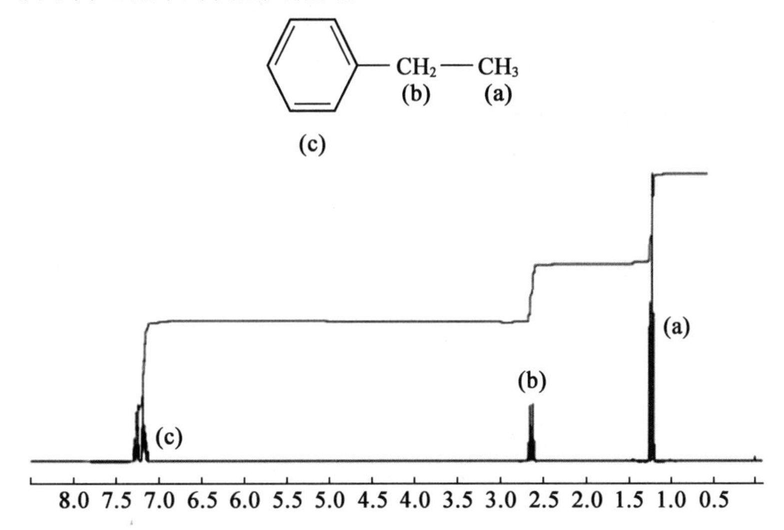

图7.5 乙基苯的核磁共振图

从图7.5中可以看出，在乙基苯的分子（$C_6H_5CH_2CH_3$）中，C_6H_5基团上的5个^1H、CH_2基团上的2个^1H以及CH_3基团上的3个^1H，在各自分子中所处的化学环境是不同的，因而在不同的磁场强度下产生共振吸收峰，即它们具有不同的化学位移。

2. 屏蔽效应和屏蔽常数

屏蔽效应是指核外电子产生的感应磁场导致原子核实际受到的磁场强度小于外磁场强度，如图7.6所示。分子中原子核外面包围着电子云，在外磁场 B_0 的作用下，核外电子会在垂直于外磁场的平面上绕核旋转，形成电子环流，产生对抗主磁场的感应磁场 B'。此时感应磁场的方向与外磁场的方向相反，在一定程度上减弱了外磁场对磁核的作用，实际作用于原子核的静磁场强度不是 B_0 而是 $B_0(1-\sigma)$，σ 为屏蔽常数，因此共振频率与磁场强度之间的关系应为

$$\nu = \gamma B_0(1-\sigma)/2\pi \tag{7.9}$$

由式(7.9)可知，如果磁场强度 B_0 不变，化学环境不同的原子核具有不同的屏蔽常数，因此会产生不同的共振频率，即在谱图的不同位置上出峰。由于这种分子中原子所处环境不同，而在不同频率产生共振吸收的现象称为化学位移。

3. 化学位移的表示方法

由于 σ 的值远小于1，因此不同化学环境的质子共振频率的变化也很小，要想精确测定其绝对值比较困难。与照射的射频频率 ν_0 或磁场强度 B_0 相比，不同质子共振频率的差值只有 ν_0 或 B_0 的百万分之一。所以为了消除不同仪器测量误差，实际工作中用化学位移常数 δ 来进行表征。通过在试样中加入一种标准物质，如四甲基硅烷（TMS）作为内标物质，把它的共振信号设为0 Hz，不同官能团的原子核谱峰位置相对于0 Hz的距离，

反映了它们化学环境变化的相对值,用 δ 来表示,其大小如式(7.10)所示,即

$$\delta=\frac{(B_{样品}-B_{标准})}{B_{仪器}}=\frac{(\nu_{样品}-\nu_{标准})}{\nu_{仪器}} \tag{7.10}$$

式中,$B_{样品}$ 和 $B_{标准}$ 分别为样品中磁性核和标准物质中磁性核产生共振吸收时的外磁场强度;化学位移 δ 为一个无量纲的相对值。又因为 $\nu_{样品}$ 和 $\nu_{标准}$ 的数值之差非常小,而 $\nu_{仪器}$ 的数值很大,因此化学位移常数 δ 的数值非常小,通常只有百万分之一,为了方便读写,在式(7.10)中乘 10^6,单位用 μg 表示。

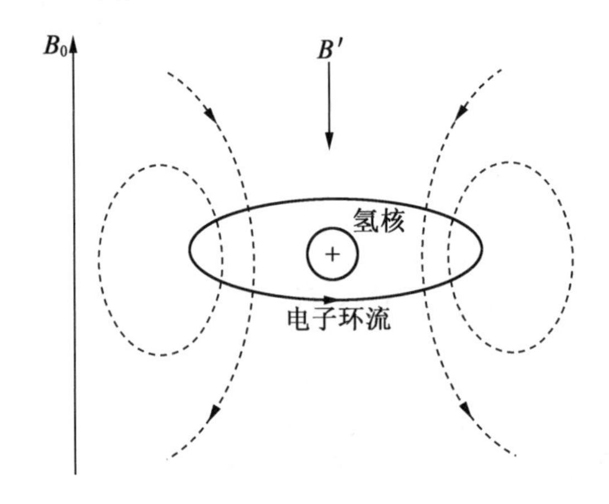

图 7.6 核外电子的抗磁效应

对于不同核的检测,通常会用不同的标准物质,但绝大多数使用的标准物质是四甲基硅烷(TMS),定义其化学位移值为 0,规定在四甲基硅峰左边的 δ 值为正,位于其右边的峰 δ 值为负。多数有机物中的氢的 δ 在 0 ~ 15 之间,0 为高场,15 为低场。

7.4.2 化学位移与分子结构

核磁共振氢谱(^1H-NMR),也称质子磁共振谱(PMR)。因为绝大多数的有机物分子中都含有氢,而且 ^1H 在自然界的丰度达 99.98%,远大于其他两个同位素 ^2H 和 ^3H。另外,由于 ^1H 的磁旋比 γ 较大,其绝对灵敏度是所有磁核中最大的,因此,^1H 核磁共振最早和最广泛地得到了发展、研究和应用,在 20 世纪 70 年代以前,核磁共振谱图几乎就是指核磁共振氢谱。

图 7.7 所示为乙醇的 ^1H-NMR 谱图。

图 7.7 中的横坐标是化学位移 δ,它的数值代表谱峰的位置,即质子的化学环境,是核磁共振氢谱提供的首要信息。$\delta=0$ 处的峰为内标物 TMS 的谱峰。图的横坐标从左向右代表了磁场强度增加或者频率减弱的方向,也是 δ 值减少的方向。将图的左端称为低场,右端称为高场,以便于讨论质子峰位置的变化。谱图的纵坐标代表谱峰的强度。谱峰强度的精确测量是依据谱图上台阶状的积分曲线,每一个台阶的高度代表其下方对应峰的面积,峰的面积与其代表的质子数成正比。因此,谱峰面积是核磁共振氢谱提供的

第二个重要信息，目前使用的 PFT－NMR 不再给出积分曲线和台阶，而是在横坐标的下方谱峰的相应位置给出每一组峰的面积的相对比例，该数字与该组峰的质子数成正比。图中有的位置上谱峰出现了多重峰形，由此可以得到耦合常数，并推测耦合的对象。这是自旋耦合引起的谱峰裂分，这是核磁共振氢谱提供的第三个重要信息。在图 7.7 中，从高场到低场共有三组峰，$\delta=1.20$ 左右的三重峰是乙醇分子中与亚甲基相连的甲基的位移峰；$\delta=3.60$ 左右的四重峰是甲基与羟基之间的亚甲基的位移峰；$\delta=5.80$ 左右的单峰则是与亚甲基相连的羟基的位移峰。它们的峰面积之比（即积分曲线高度之比）为 3:2:1，等于相应三个基团上的质子个数之比。

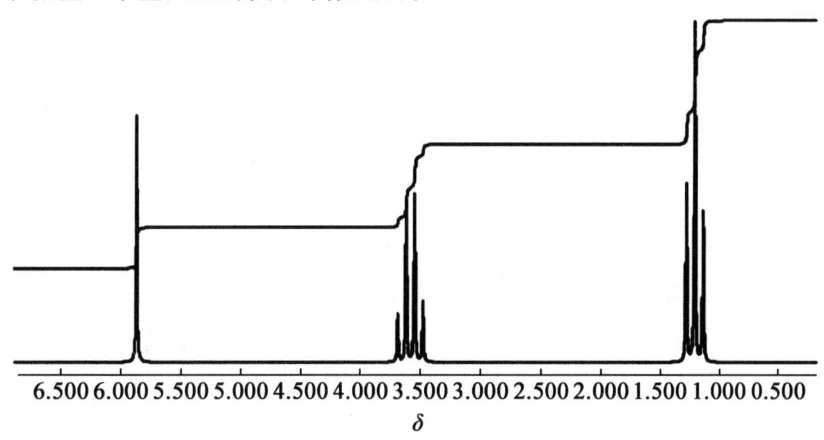

图 7.7 乙醇的^{1}H－NMR 谱图

1. 影响化学位移 δ 的因素

化学位移取决于核外电子云密度，凡能引起核外电子云密度改变的因素都能影响 δ 值。主要有以下几个因素。

（1）电负性。

电负性大的原子或基团（吸电子基）降低了氢核周围的电子云密度，使得屏蔽效应降低，化学位移向低场移动，δ 值增大，且氢核周围吸电子基团越多，屏蔽效应就越低。电负性小的原子或基团（给电子基）增加了氢核周围的电子云密度，使得屏蔽效应增大，化学位移移向高场，δ 值降低。

（2）各向异性效应。

当分子中某些原子或基团的电子云排布不呈球形对称时，它就会对邻近的氢核产生一个各向异性的磁场，从而使某些空间位置的氢核受屏蔽，而另一些空间位置的氢核去屏蔽，这一现象称各向异性效应。表 7.3 分子的 δ 值不能用电负性来解释，其 δ 的大小与分子的空间构型有关。

表 7.3　不同基团的化学位移值

基团	CH_3CH_3	$CH_2=CH_2$	$CH\equiv CH$	Ar—H	RCHO
δ	0.96	5.25	2.80	7.26	7.8 ~ 10.8

造成这种结果的原因是在外磁场作用下，含有双键或三键的体系中，其环电流有一定取向，因此产生的感应磁场对邻区的外磁场起着增强或减弱的作用，这种屏蔽作用的方向性，称为磁各向异性效应。

①单键。C—C 单键是碳原子 sp^3 杂化轨道重叠而成，电子产生的各向异性较小。而当 CH_3 中 H 被 C 取代，去屏蔽效应增大。所以 CH_3、CH_2、CH 中质子的 δ 值依次增大。

②双键。C ═ C 双键轨道是以碳的 sp^2 杂化形成的，π 电子在平面上下形成环电流。在外磁场作用下，乙烯或羰基双键上的 π 电子环流产生一个感应磁场以对抗外加磁场，感应磁场在双键及双键平面上下方与外磁场方向相反，该区域称屏蔽区，用(+)表示，处于屏蔽区的质子峰移向高场，δ 值变小。由于磁力线的闭合性，在双键周围侧面，感应磁场的方向与外磁场方向一致，这块区域称去屏蔽区，用(-)表示。处于去屏蔽区质子峰移向低场，δ 值较大。乙烯分子中的 H 处于去屏蔽区，因此其吸收峰移向低场，如图 7.8 所示。

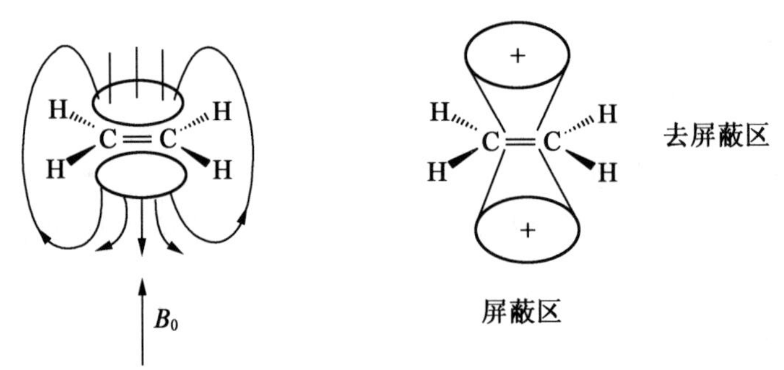

图 7.8　双键的磁各异性

③三键。 C≡C 是由 sp 杂化的 σ 键与两个 π 键组成。炔氢与烯氢相比，应处于较低场，但事实正好相反。这是由于三键呈直线形，π 电子云呈圆柱形分布，构成桶状的电子云，绕 C—C 键成环流。乙炔质子处于屏蔽区，使质子的 δ 值向高场移动。如图 7.9 所示。

④芳环。芳环中的 6 个 C 原子都是以 sp^2 杂化形成的，每一个 C 原子的 sp^2 杂化轨道与相邻的 C 原子形成 6 个 C—C 的 σ 键，每一个 C 原子又以 sp^2 杂化轨道与 H 原子的 s 轨道形成 C—H 的 σ 键，由于 sp^2 杂化轨道的夹角是 120°，所以 6 个 C 原子和 6 个 H 原子处于同一平面上。每一个 C 原子还有一个垂直于此平面的 p 轨道，6 个 p 轨道彼此重叠，在平面的上下形成环形 π 电子云。在外磁场的作用下 π 电子云形成大 π 电子环流。电子环流所产生的感应磁场使苯环平面上下两圆锥体为屏蔽区，其余为去屏蔽区。苯环质子

处在去屏蔽区,所得共振信号位置与大多数质子相比在较低场。

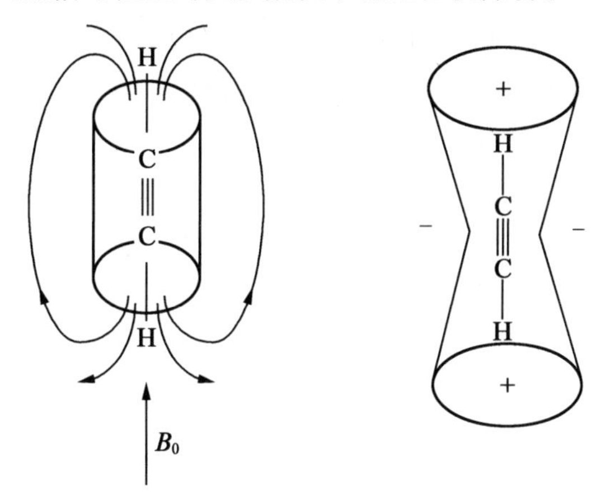

图7.9 三键的磁各异性

(3)共轭效应。

如苯、苯甲醚和硝基苯中共轭效应对化学位移的影响。苯环上的H被供电子基(如CH_3O)取代,由于发生了CH_3O与苯环的p-π共轭,苯环的电子云密度增大,苯环邻、对位的电子云密度大于间位,因此邻、对位质子的δ值小于间位质子。但由于CH_3O供电子效应使苯环上总的电子云密度增加,所以间位的δ值仍然小于未取代苯上H的δ值。当苯环上的H被吸电子基团(NO_2)取代,由于π-π共轭,苯环上的邻、对位的电子云密度比间位更小,因此邻、对位质子的δ值大于间位质子。但由于吸电子效应使苯环上总的电子云密度减少了,所以间位的δ值仍然大于未取代苯上H的δ值,如图7.10所示。

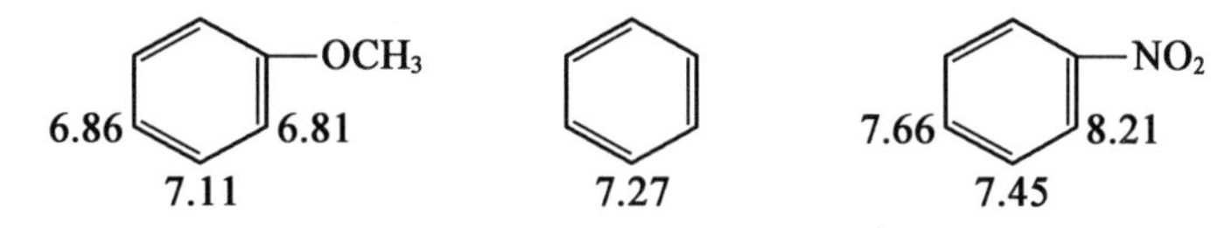

图7.10 共轭效应的影响

(4)氢键效应。

羟基、氨基等基团能形成氢键,如β-二酮的烯醇式形成的氢键和醇形成的分子间氢键。两个电负性基团靠近形成氢键的质子,它们分别通过共价键和氢键产生吸电子的诱导作用,造成较大的去屏蔽效应,使质子周围的电子云密度降低,吸收峰移向低场,δ值增大。

(5)范德瓦耳斯效应。

当两个质子非常靠近时,负电荷的电子云互相排斥,质子周围的电子云密度减少,减少了对质子的屏蔽,使信号向低场位移,δ值增大,该效应称为范德瓦耳斯效应。

除此之外还有溶剂效应和化学交换效应的影响。

2. 化学位移与分子结构的关系

化学位移是确定分子结构的一个重要信息，主要用于基团的鉴定。基团具有一定的特征性，即处在同一类基团中的氢核其化学位移相似，因而其共振峰在一定的范围内出现，即各种基团的化学位移具有一定的特征性。常见特征质子的化学位移见表7.4。

表7.4 常见特征质子的化学位移

质子类型	化学位移 δ	质子类型	化学位移 δ
$(CH_3)_4Si$(TMS)	0.0	HO—CH	3.4~4.0
R—CH_3	0.9	RO—CH	3.3~4.0
CH_2R_2	1.3	RCOO—CH	3.7~4.1
CHR_3	1.5	ROOC—CH	2.0~2.2
C═C—H	4.6~5.9	HOOC—CH	2.0~2.6
C≡C	2.0~3.0	O═C—CH	2.0~2.7
Ar—H	6.0~8.5	RCHO	9.0~10.0
Ar—C—H	2.2~3.0	RO—H	1.0~5.5
C═C—CH_3	1.7	ArO—H	4.0~12
F—C—H	4.0~4.5	C═C—OH	15~17
Cl—C—H	3.0~4.0	RCOOH	10.5~12
Br—C—H	2.5~4.0	R—NH_2	1.0~5.0
I—C—H	2.0~4.0	Ar—NH_2	3.0~6.0
N—CH_3	2.3	$RCONH_2$	5.0~12

3. 谱线强度

谱线强度又称峰面积、谱线积分、积分强度等。

核磁共振谱图上的谱线强度也是提供结构信息的重要参数。特别是氢谱中，在一般实验条件下由于质子的跃迁概率及高低能态上核数的比值与化学环境无关，因此谱线强度直接与相应质子的数目成正比，即同一化学位移的核群的谱峰面积与其谱带所相应基团中的质子数目成正比。

7.4.3 自旋耦合和自旋裂分

1. 核磁共振氢谱的自旋耦合和自旋裂分

Gutowsty 等人在1951年发现 $POCl_2F$ 溶液中 ^{19}F 核的核磁共振谱中存在两条谱线。该分子中只有一个F原子，为什么出现两个共振峰呢？显然不能用化学位移理论解释这一现象。前面讨论化学位移，只考虑了单独原子核的化学环境，而同一分子中不同原子核间也会存在相互作用,这种作用不影响化学位移但对谱峰形状有重要影响。以乙醇为例,在其核磁共振氢谱中,其甲基 CH_3 峰与亚甲基 CH_2 峰为三重峰和四重峰,这是由甲基与亚甲基的氢原子核之间相互干扰引起的,这种原子核之间的相互干扰称为自旋耦合,由自旋耦合引起的谱线增多的现象称为自旋裂分。

当两个磁性核相距很远时两者是相互独立的,不能发生相互之间的作用,通常认为两个核相距三个化学键以上长度时就没有相互作用了,此时它们都是单峰。而当两个磁性核相距在三个化学键之内(包括三键)时,就会发生相互作用,即自旋耦合,会出现多重峰。以简单的两个质子为例,说明由氢核之间的耦合作用引起谱峰的裂分(图 7.11)。

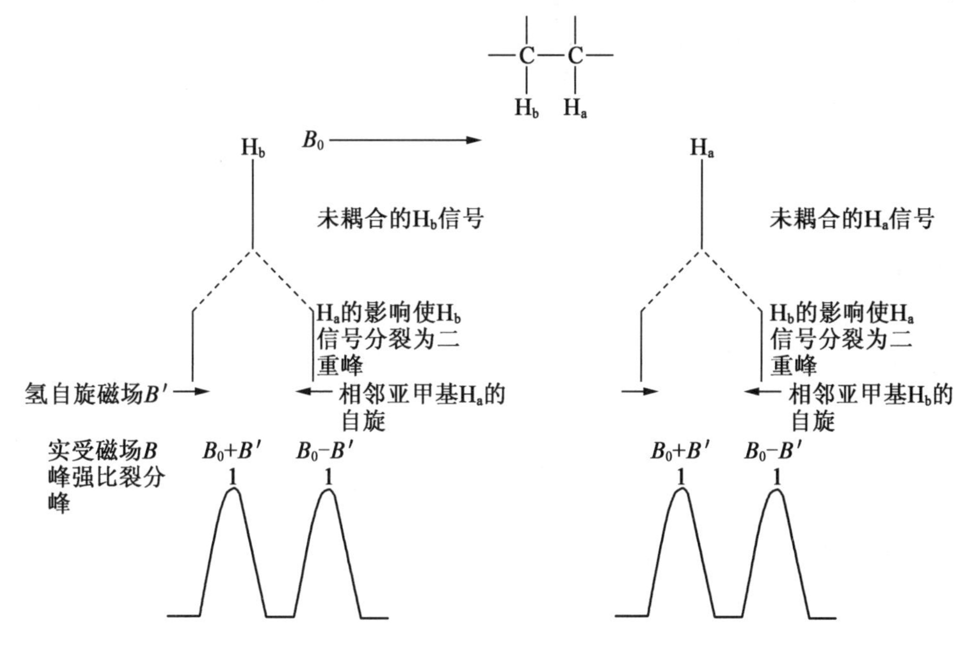

图 7.11　H_a 核与 H_b 核的自旋耦合作用

两个^1H 原子核,H_a、H_b 之间以三个化学键连接,H_a—C—C—H_b 处于外磁场 B_0 中,如果不考虑耦合作用,H_a 与 H_b 质子都会出现一个共振信号,对应在核磁谱图上会出现两个单峰。如果考虑耦合作用,此时在磁场中 H_b 核的自旋有两种取向。一种取向与外磁场 B_0 方向平行($m = +1/2$),另一种取向与 B_0 方向相反($m = -1/2$)。H_a 核除了受到外磁场 B_0 的作用,还受到 H_b 产生的自旋磁场 B'的作用,即 H_a 核受到($B_0 + B'$)和($B_0 - B'$)两种磁场的作用,产生两个共振信号,使得 H_a 质子信号裂分为双重峰。同理,H_b 核吸收峰也裂分为两重峰,并且两个谱峰的强度是相同的。

同样,以乙醇为例说明对于一组磁性核受到两个或三个核耦合时的谱峰裂分情况。磁性核 H_a 受到磁性核 H_b 的影响产生耦合裂分,两个 H_a 有四种不同组合的自旋磁场,H_b 核会受到三种局部磁场的作用($B_0 + 2B'$、B_0、$B_0 - B'$),H_b 裂分为三重峰,强度之比为 1:2:1。同理,三个 H_b 核有八种不同组合的自旋磁场,H_a 核会受到四种不同组合自旋磁场的作用,从而裂分为四重峰,强度比为 1:3:3:1,如图 7.12 所示。

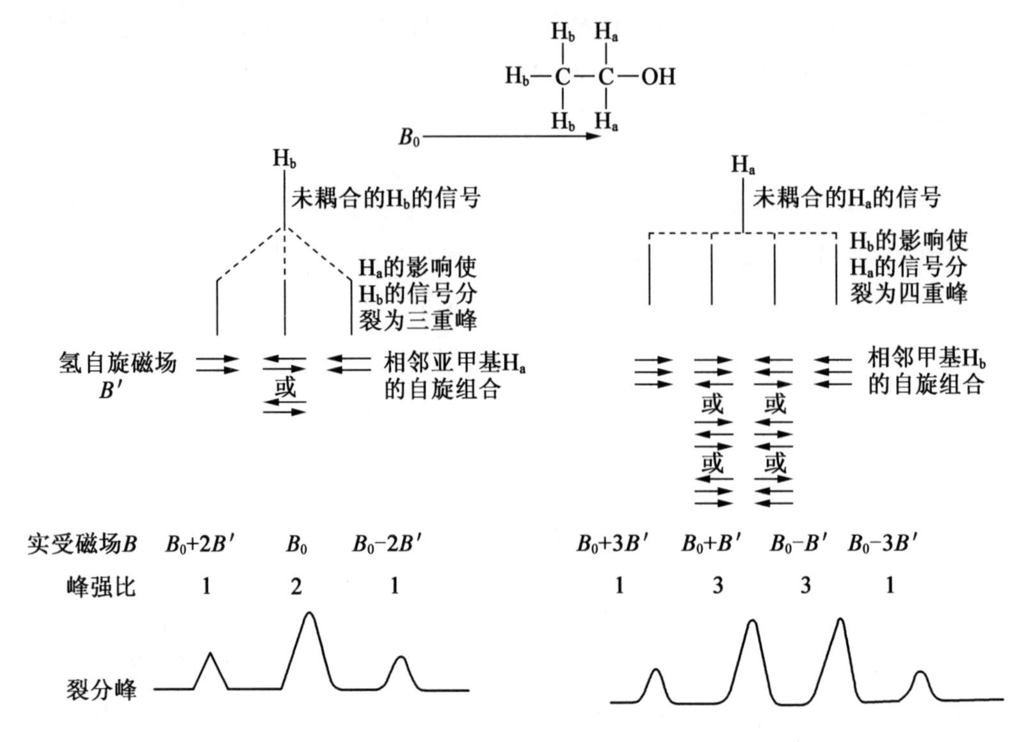

图 7.12　乙醇中 H_a 核与 H_b 核的自旋耦合作用

2. 化学等价和磁等价

前面讨论了乙醇中甲基质子和亚甲基质子的耦合裂分情况,那么甲基的三个质子之间会不会存在耦合裂分呢?要解释这个问题,首先介绍两个概念,即化学等价和磁等价。

(1)化学等价。

在核磁共振谱中,有相同化学环境的核具有相同的化学位移,这种有相同化学位移的核称为化学等价,如不同的^{1}H 原子核或基团处于相同的化学环境,具有相同的化学位移,则它们是化学等价的。

(2)磁等价。

磁等价是指分子中的一组氢核,其化学位移相同,且对组外任何一个原子核的耦合常数也相同。如乙醇中甲基 CH_3 中的三个质子不仅化学位移相同,而且还以相同的耦合常数与组外的任意核耦合,这类核称为磁等价核。如乙醇中甲基的三个质子不仅是化学等价,还以相同的耦合常数与次甲基质子耦合,则甲基质子也是磁等价的。同理,亚甲基质子也是磁等价的,所以其两个质子之间不会产生耦合裂分。由定义可知,磁等价的核一定化学等价,而化学等价的核不一定是磁等价的。通常磁等价的核之间的耦合不必考虑,而磁不等价的核之间能够产生自旋耦合,产生出耦合裂分。

3. 耦合常数

由于耦合引起的谱图中的谱峰裂分的距离称为自旋耦合常数,简称为耦合常数,一般用 J 来表示,单位为赫兹(Hz),左上角表示耦合核之间键的数目,右下角表示其他信息,如 $^3J_{\mathrm{HH}}$ 表示连接氢原子经三键耦合的耦合常数。因为原子核间的自旋耦合是通过成键电子传递的,所以耦合常数与外磁场无关,只与化合物的分子结构有关;当两个核相互耦合时,其耦合常数必然相等,因此可以根据耦合常数的相同与否来判断哪些核存在着相互耦合。耦合常数可为正数也可为负数,但是核磁图谱上不能直接求出耦合常数的绝对符号,只能求得相对符号。

自旋耦合引起的自旋裂分是有一定规律的,一般来讲,质子自旋裂分产生的峰符合 $n+1$ 规律,即当某基团上的氢有 n 个相邻的氢时,其谱图中会显示 $n+1$ 个峰。当这些邻近的氢处在不同环境中时,则是各环境中的氢数 $n+1$ 的连乘,但如果它们的耦合常数相同时,则计算氢总数 $n_{总}+1$。由此可见,裂分成多重峰的数目与基团本身的原子核数目无关,而与它相邻的基团的原子核数目有关。裂分的谱峰相对强度之比等于二项式 $(a+b)^n$ 展开式各项系数之比,n 为磁等价的核个数。

同样以乙醇分子为例,乙醇分子中的甲基 CH_3 与亚甲基 CH_2 中的两个 ^{1}H 核耦合,由 $n+1$ 规律,甲基 CH_3 产生 $2+1=3$(三重峰),其强度比为 $(a+1)^2$ 展开式的系数之比为 1:2:1;而 CH_2 与 CH_3 中的三个 ^{1}H 核耦合,产生 $3+1=4$(四重峰),其强度比为 1:3:3:1。

能够运用 $n+1$ 规律进行分析的核磁共振谱通常称为一级谱图,这种分析比较简单,但不一定十分精确。所以,要运用 $n+1$ 规律通常要求两组 ^{1}H 核的化学位移差 $\Delta v \geq 6J$ 即化学位移差是耦合常数的 6 倍以上。

7.5 核磁共振谱图解析

核磁共振谱图对于分子结构的分析具有重要作用,它能够提供丰富的结构信息。核磁共振谱依据氢谱数目得到分子中氢原子的种类;由氢谱的化学位移知道不同组分氢原子的环境;由各种峰的面积比可知各种氢的数目比;根据谱峰的裂分情况可以推测原子的连接情况。解析核磁共振谱图首先要计算不饱和度,当化学式为 $C_xH_yN_zO_wF_a$ 时,不饱和度为

$$U=1+x+\frac{1}{2}z-\frac{1}{2}(a+y)$$

【例 7.1】 某化合物分子式为 $C_{10}H_{14}$,其 ^{1}H-NMR 谱图如图 7.13 所示,并且红外显示 740 cm^{-1} 处有吸收,试推断其结构。

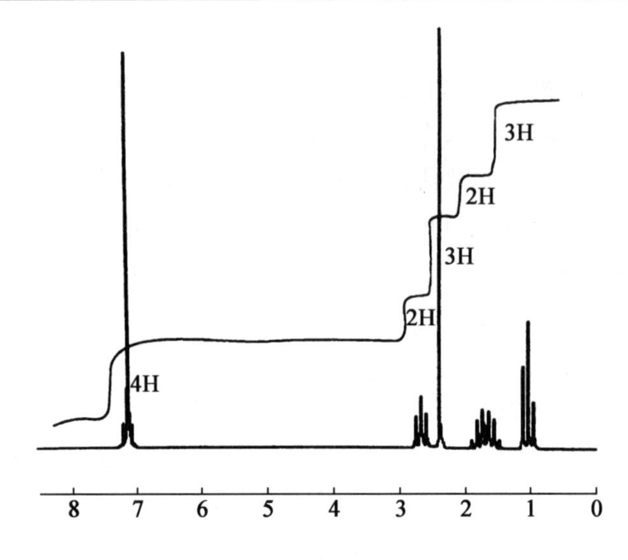

图 7.13　$C_{10}H_{14}$的^1H-NMR谱图

【解析】　计算不饱和度 $U=1+10-\frac{1}{2}\times14=4$，根据不饱和度判断有苯环存在。

化学位移在 7 ~ 8 之间有峰，可以认为是苯环上的氢原子；从积分曲线上看出 H 原子的个数比为 4:2:3:2:3，已知 H 的个数是 14 个，H 的个数比为 4H:2H:3H:2H:3H，式子中一共有 10 个 C 原子，所以 H 原子分别对应的基团为苯环、—CH_2—、—CH_3、—CH_2—，—CH_3；在化学位移为 1 处的—CH_3裂分为三重峰，说明它与一个—CH_2—基团相连，形成CH_3—CH_2—的结构，在化学位移为 2.7 处的—CH_2—裂分为三重峰、说明它与一个—CH_2—基团相连，形成—CH_2—CH_2—的结构单元；在化学位移为 2.3 处的—CH_3没有发生耦合作用，说明在三键之内没有 H 原子与其连接；并且除了上述结构片段，考虑到还有苯环的存在、苯环上有 6 个 C 原子，根据分子式可知还有 4 个 C 原子。将前面的—CH_3—CH_2—片段和—CH_2—CH_2—片段连接在一起，即为—CH_2—CH_2—CH_3结构单元。同时考虑 H 原子，说明苯环上有两个取代基。从红外光谱的数据可以得到，苯环是邻位取代的，所以推断出该化合物的分子式结构为

【例 7.2】　某化合物的分子式为 $C_{11}H_{20}O_4$，其^1H-NMR中，δ 为 0.79、1.23、1.86、4.14处分别有三重峰、三重峰、四重峰和四重峰，积分高度比为 3:3:2:2；红外光谱显示含有酯基，试推测分子结构。

【解析】

（1）有四组化学等同核。

(2)由积分比3:3:2:2,及分子中有20个质子,表明分子结构对称,有2个甲基、2个甲基及2个亚甲基及另2个亚甲基,由耦合知有2个相同的CH_3CH_2。

(3)除去2个相同的酯基—COO—,剩下一个C,为季碳。

(4)该化合物应为

A

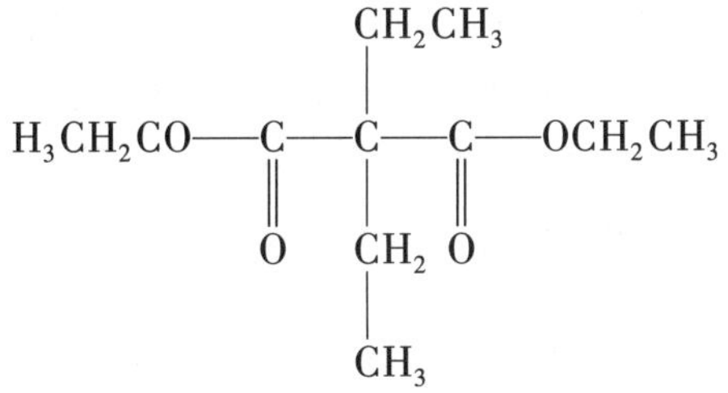

$$\begin{array}{ccccccc} & & & CH_2CH_3 & & & \\ & & & | & & & \\ H_3CH_2CO & — & \underset{\Vert}{C} & — & C & — & \underset{\Vert}{C}—OCH_2CH_3 \\ & & O & & | & & O \\ & & & & CH_2 & & \\ & & & & | & & \\ & & & & CH_3 & & \end{array}$$

B

$$\begin{array}{ccccccccc} & & & & CH_2CH_3 & & & & \\ & & & & | & & & & \\ H_2CH_2O & — & \underset{\Vert}{C} & —O— & C & —O— & \underset{\Vert}{C} & — & CH_2CH_3 \\ & & O & & | & & O & & \\ & & & & CH_2 & & & & \\ & & & & | & & & & \\ & & & & CH_3 & & & & \end{array}$$

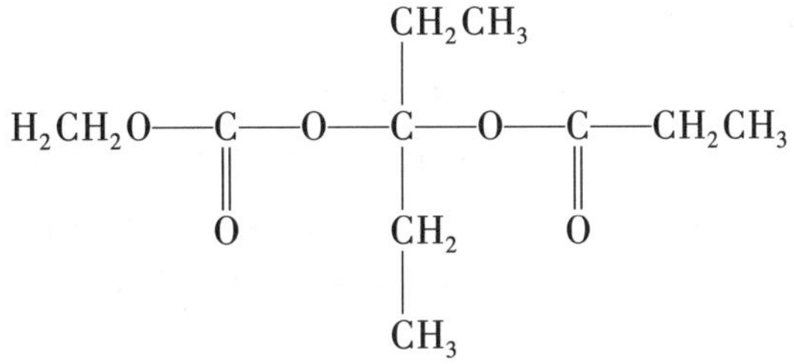

7.6 前沿技术与应用

7.6.1 用核磁共振波谱法测定废水中二氯甲烷含量

二氯甲烷是一种使用广泛的有机溶剂,同时也是一种重要的有机化工原料,由于二氯甲烷化学性质较稳定,进入废水中很难消除,且其生物毒性大、易在生物体内积累,对水体环境和人体健康会造成很大威胁,对废水中的二氯甲烷进行分析检测是处理含二氯甲烷废水的前提和评价处理效果的重要环节。目前,对于水溶液中二氯甲烷的检测,国家标准采用顶空气相色谱法,但色谱法需要配备较昂贵的电子捕获检测器(ECD),需用标准品制定标准曲线,数据处理量较大,前期准备工作较烦琐。为了规避这些缺点,现已开发了定量核磁共振波谱法(Q-NMR)对废水中的二氯甲烷含量进行检测。基于氢核磁共振波谱(^1H-NMR)中共振峰面积和对应的质子数成正比的原理,核磁共振波谱法可用于一些有机物的定量分析,该方法简单、快捷,且不需要待测组分的标准品。以重水为溶剂,以邻苯二甲酸氢钾为内标,建立并优化了测定废水中二氯甲烷含量的定量核磁共振测试方法,该方法可实现对废水中二氯甲烷的快速在线检测,且操作简便,结果准确、可靠。

7.6.2 分散液相微萃取－定量核磁共振^{31}P 谱测定有机磷农药残留

有机磷农药不仅可以用作除草剂，还可以用作杀虫剂、杀菌剂、植物生长调节剂等，因而应用广泛，有机磷农药在投入使用后，只有少量的部分能够到达、作用于靶标，其他大部分都渗透到土壤中和水体中，因此有机磷农药的广泛使用，会影响人类生活的生态环境。近年来，有机磷农药中毒事件屡见报道，有机磷农药残留问题已成为人类和科学研究关注的热点。将定量核磁共振^{31}P 谱内标法与分散液相微萃取技术相结合，建立了农田土壤中毒死蜱和甲基对硫磷农药残留的测定方法。

7.6.3 核磁共振波谱结合^{13}C 和^{15}N 标记技术研究农作物的腐烂残留物

在作物秸秆还田过程中，施用化肥所产生的氮被微生物固定化，并与秸秆本身结合形成生物有效性较差的有机氮化合物，然而，人们对这些化合物的化学成分仍然知之甚少。了解固定肥料氮的化学组成对于了解其在田间的命运及其对化肥施用和管理的相关影响至关重要。在此基础上，利用^{13}C{^{15}N}旋转回波双共振(REDOR)和二维(2D)^{15}N－^{13}C 异核单量子相干(HSQC)两种先进的核磁共振技术，对小麦秸秆(^{13}C)和肥料氮(尿素－^{15}N)的耦合同位素标记进行表征。在此研究条件下发现，厌氧条件下固定化的肥料氮主要以质子化酰胺的形式出现，而好氧条件下固定化的肥料氮倾向于有更多样化的 N 组，包括肽酰胺(54%)、甲基化酰胺(22%)、胺(7%)、苯胺(5%)和杂环氮(3%)。55%～80%的固定化肥氮主要以胺和酰胺的形式存在，从其化学结构来看，可以认为是不稳定组分。这些结果具有重要的环境和农业意义。

7.6.4 原位核磁共振光反应器研究环境光化学

光化学是与环境中污染物的去向、来源和毒性直接相关的关键环境过程。近年来，核磁共振技术已成为环境研究的一个重要补充工具，它可以为光化学反应的分子结构、机理和动力学提供前所未有的信息。此外，它是一种非选择性的、多用途的、高度可重复的技术，提供了有效的和不加区分的信息，这些信息可能被传统方法所遗漏。该技术可以有效跟踪化学反应的进展。利用^{19}F 核磁共振波谱研究氟乐灵的降解，将核磁共振管中的样品置于室外阳光直射下，然后定期带入核磁共振分析，研究确定一系列降解产物和反应机制。

氙灯光源(Suntest 仪器提供)与循环流系统相结合是利用核磁共振原位光谱技术探索环境光解过程最合适的模型。它在一系列环境系统中的应用表明，核磁共振是一个强大的补充工具，核磁共振提供的同分异构体信息是质谱的重要补充，在揭示复杂环境系统的光化学过程中具有重要作用。

7.6.5 核磁共振光谱法对环境中氟烷基物质进行总体和类特异性分析

由于无处不在的持久性化学品的残留物正在污染世界各地的饮用水源，由全氟烷基物质和多氟烷基物质(PFASs)造成的环境污染越来越令人担忧,高水平的PFASs残留物通过垃圾填埋场渗滤液进入环境,城市和工业废水处理厂的废水中也含有PFASs。PFASs可以在人体中生物积累,会诱导某些癌症的发生,造成激素和免疫系统干扰,溃疡性结肠炎和内分泌紊乱。事实证明,^{19}F-核磁共振光谱法作为PFASs总和类特异性分析工具具有明显优势。每个被测PFAS的特征化学位移被确定为对新PFAS的鉴定和定量有用。值得注意的是,样品矩阵对^{19}F的信号强度或化学位移的影响很小,这为在高度复杂的样品中定量PFASs提供一个重要的机会。此外,其他研究表明,^{19}F-核磁共振光谱法在环境水平和总有机氟测量方面是有用的。

7.6.6 低场氢-1核磁共振(^1H-NMR)测定污染海岸砂中的水和油

在过去的几十年里,对含有大量多环芳烃被石油污染的沿海砂石(OCCS)的管理和修复由于其致癌性质而成为主要的环境问题。人们提出了各种物理、化学和生物方法来修复OCCS,在OCCS处理过程中,水、油含量的测定是评价OCCS修复效率和质量的关键。一些研究报告使用传统分析方法来测量油污染砂中的水和油含量,如索氏提取法、近似分析等,这些方法的缺点是延长提取时间,消耗大量有毒溶剂。由于其固有的优点,如非破坏性和流体敏感性高,低场氢-1核磁共振(^1H-NMR)被认为是一种有效的核磁共振方法,可以确定油和水含量的工具。这是一种利用结合物理(顺磁离子Mn^{2+})和数学分离(反褶积算法)新方法,实现了重叠横向松弛(T_2)光谱中水和油信号的快速、有效分离。

7.6.7 低场核磁共振检测柠檬酸生物污泥脱水过程

柠檬酸(2-羟基-2,3-丙三羧酸)是一种三羧酸,广泛应用于食品、饮料、制药、化妆品等行业的酸化、抗氧化、增香、保鲜以及作为增塑剂和增效剂。柠檬酸是通过生物物质发酵获得所有化学品中产量最大的,也是使用最广泛的有机酸,自2015年以来,每年全球产量超过200万t。柠檬酸生产废水5天生化需氧量为(6 000 ± 500)mg/L,生化需氧量与化学需氧量之比为0.6 ± 0.05。这些值远远高于城市污水,导致活性污泥法处理柠檬酸废水会产生大量难以脱水和处理的生物污泥。为了加深对污泥脱水过程的了解,采用低场核磁共振(NMR)技术研究了柠檬酸污泥脱水过程中内部、附近、间质和自由水含量及结合度的变化,考察了聚合氯化铝(PAC)、聚合氯化铝(PAC)、氧化钙(PAC + CaO)和阳离子聚丙烯酰胺(CPAM)处理的效果,并对混凝剂的用量进行了调整。总体而言,这3种调解剂的处理效果依次为CPAM > PAC + CaO > PAC。低场NMR被证明是研究污泥处理过程中水分分布变化的一种方便可靠的方法,采用低场核磁共振波谱技术检测柠檬酸生物污泥机械脱水过程中水分分布的变化,研究结果为该污泥预处理方法提供了理论依据,其可以快速、准确地测定污泥中的含水量,松弛时间可以用来表征水与污泥絮凝体之间的结合紧密性。总体来说,NMR是研究污泥水分布的一种快速、方便的方法。

7.6.8 高分辨率魔角旋转(HR－MAS)^{13}C 核磁共振光谱法对城市固体废弃物有机组分进行分子和氧化过程的表征

固体废物对环境污染是多方面的,固体废物投入水体,影响和危害水生生物的生存和水资源的利用。排入海洋的废物会在一定海域造成生物的死亡。废物堆积或垃圾填埋场,经雨水浸淋,渗出液和滤沥也会污染河流、湖泊和地下水;固体废物中的尾矿、粉煤灰、干污泥和垃圾中的尘粉会随风飞扬,污染大气。多固体废物本身或者在焚化时,会散发毒气和臭气,危害人体健康;固体废物及其渗出液和滤沥所含的有害物质会改变土壤性质和土壤结构,影响土壤中微生物的生活,有碍植物根系生长,或在植物体内积蓄,通过食物链影响到人体健康。许多种固体废物所含的有毒物质和病原体,除通过生物传播外,还以水汽为媒介传播和扩散,危害人体健康。对于固体垃圾,可以选择正确的工艺将其转化,例如通过厌氧消化转化为沼气或通过生物堆肥过程转化为土壤改良剂用于农业,选择合适的工艺则首先要根据废物的成分进行分类。高分辨率魔角旋转(HR－MAS)^{13}C 核磁共振波谱法是一种创新的非破坏性方法,用于研究城市固体废物有机部分的化学组成,并用于监测初始基质在铁基芬顿氧化处理过程中的组成演变。^{13}C 核磁共振氢谱的高质量和高分辨率允许精确分配和量化分析有机基质中存在的各种类型的碳。

7.6.9 核磁共振气相色谱分析大气气溶胶中极性化合物

大气气溶胶是地球大气中占比很小但非常重要的一部分。它们通过对温度、湿度或降水的直接影响,对包括当地气候在内的环境产生重大影响。同时,气溶胶颗粒对人类健康有不利影响,尤其影响呼吸道和循环系统。从化学成分来看,气溶胶颗粒中无机和有机化合物的比例似乎相等。虽然无机部分和挥发性有机化合物得到了很好的探索,但关于极性、非挥发性有机部分的知识仍然相当有限。大气气溶胶分析最常用的方法是气相色谱－质谱,这是一种非常敏感的技术。然而,通过气相色谱－质谱分析极性化合物需要衍生化,并且定量非常耗时。第二种广泛使用的技术是离子色谱。现如今,离子色谱通常用于分析特定组的有机化合物,如羧酸、胺或碳水化合物。用于气溶胶化学目的的核磁共振光谱学是最近才发现的,提出了一种用于大气气溶胶分析的核磁共振方法,称为核磁共振气相色谱,并为此建立了一个包含大气气溶胶中存在的大约 150 种化合物的综合光谱库。该方法能够测定真实大气气溶胶样品中多达 60 种化合物,区分季节性气溶胶样品。此外,还可以识别典型的季节性化合物。利用代谢谱库,首次在气溶胶中鉴定出三种新化合物,并证实了另外四种化合物与大气颗粒物的关联。核磁共振气相色谱通过多元统计分析清楚区分了夏季和冬季气溶胶样品。目前,这项技术正在经历快速发展和灵敏度的提高。

7.6.10 利用核磁共振氢谱对污染环境的非水相液体进行表征

位于地下水面和/或地下水位的非水相液体通常是当前或以前的商业/工业设施附

近地下水污染的重要来源。由于许多工业场所的历史复杂而漫长,这些非水相液体通常含有复杂的污染物混合物,因此很难用传统的分析方法完全表征。随后,在含有非持久性有机污染物的地点开展补救和风险评估活动可能会受到阻碍,因为污染情况可能无法完全了解。使用一维(1D)^{1}H 核磁共振波谱和二维(2D)^{1}H 核磁共振波谱相结合的方法,对从位于前化学制造厂附近的受污染场地收集的非水相液体样品进行分析。结果表明,1D 核磁共振实验有助于快速识别存在的化合物类别,而 2D 核磁共振实验有助于识别特定的化合物。使用核磁共振波谱仪作为一种简单且成本有效的工具来帮助分析受污染场地,可能有助于改善许多严重污染场地的实际特征,并有助于改善风险评估和补救策略。

本章参考文献

[1] 张云. 核磁共振技术的历史及应用[J]. 科技信息,2010(15):116 - 118.

[2] 郭心甜,俞仲毅. 应用核磁共振波谱研究中医药代谢组学的现状分析[J]. 上海中医药大学学报,2017,31(04):92 - 98.

[3] 周睿,吴涛. 高温超导体的核磁共振最新研究进展[J]. 中国科学:物理学 力学 天文学,2021,51(04):140 - 187.

[4] 张恒瑞,沈越,于尧,等. 固态核磁共振在电池材料离子扩散机理研究中的应用进展[J]. 储能科学与技术,2020,9(S1):78 - 94.

[5] 牛晓刚,金长文. 利用核磁共振技术表征生物大分子的动态特性[J]. 中国科学:化学,2020,50(10):1375 - 1383.

[6] 陈琳,高彤,方嘉沁,等. 低场核磁共振在食品加工中的应用研究进展[J]. 食品工业,2021,42(02):274 - 278.

[7] 刘锦月. 核磁共振水分仪在田间的应用和标定[D]. 北京:中国科学院大学(中国科学院教育部水土保持与生态环境研究中心),2020.

[8] 毛婳. 化学领域中核磁共振技术的发展与应用分析[J]. 通讯世界,2017(04):261 - 262.

[9] 孟强. 核磁共振波谱在分析化学领域应用的新进展[J]. 当代化工研究,2017(11):98 - 99.

[10] 肖欢. 核磁共振技术在勘探生产中的应用[J]. 赤峰学院学报(自然科学版),2015,31(10):177 - 181.

[11] 王粉粉,孙平川. 固体核磁共振技术在高分子表征研究中的应用[J]. 高分子学报,2021,52(07):840 - 856.

[12] 赵恒军,陈朝阳,张伟,等. 核磁共振波谱法测定废水中二氯甲烷的含量[J]. 上海化工,2021,46(02):16 - 19.

[13] 周霞云. 分散液相微萃取－定量核磁共振^{31}P谱测定农田土壤中有机磷农药残留[D]. 南京:南京农业大学,2017.

[14] CHEN Xi,JIN Mengcan,DUAN Pu,et al. Structural composition of immobilized fertilizer N associated with decomposed wheat straw residues using advanced nuclear magnetic resonance spectroscopy combined with 13C and 15N labeling[J]. Geoderma, 2021,398:115110.

[15] LIORA B,RUDRAKSHA D M, RONALD S, et al. Development of an in situ NMR photoreactor to study environmental photochemistry. [J]. Environmental Science & Technology,2016,50(11):5506－5516.

[16] CAMDZIC D,DICKMAN REBECCA A,AGA DIANA S. Total and class－specific analysis of per－and polyfluoroalkyl substances in environmental samples using nuclear magnetic resonance spectroscopy[J]. Journal of Hazardous Materials Letters,2021,2: 100023.

[17] BAI Ningchen,WANG Diansheng,ZHANG Yingpeng, et al. Determination of water and oil in contaminated coastal sand by low－field hydrogen－1 nuclear magnetic resonance(;H NMR)[J]. Analytical Letters,2021,54(9):1496－1509.

[18] ROSACHIARA A S, GIORGIO C, GIUSEPPINA D L. Molecular characterization of the organic fraction of municipal solid waste and compositional evolution during oxidative processes assessed by HR－MAS^{13}C NMR spectroscopy[J]. Applied Sciences, 2021,11(5):2267.

[19] HORNÍK ŠTĚPÁN,SYKORA JAN,SCHWARZ JAROSLAV,et al. Nuclear magnetic resonance aerosolomics: a tool for analysis of polar compounds in atmospheric aerosols. [J]. ACS Omega,2020,5(36):22750－22758.

[20] DARCY F, HANNAH BALKWILL T, JULIE K, et al. Practical application of ^{1}H benchtop NMR spectroscopy for the characterization of a nonaqueous phase liquid from a contaminated environment[J]. Magnetic Resonance in Chemistry,2019,57(2－3): 93－100.

[21] 郭景文. 现代仪器分析技术[M]. 北京: 化学工业出版社, 2004.

[22] 郭旭明, 韩建国. 仪器分析[M]. 北京: 化学工业出版社, 2014.

[23] 董慧茹. 仪器分析[M]. 北京: 化学工业出版社, 2016.

[24] 于晓萍. 仪器分析[M]. 北京: 化学工业出版社, 2013.

[25] 王世平. 现代仪器分析原理与技术[M]. 北京: 科学出版社, 2015.

第8章　气相色谱法

8.1　概　　述

按照国际纯粹与应用化学联合会的定义,色谱法是将待分离组分在固定相和流动相间进行分配的物理分离方法。色谱法中有两个相,一个相是流动相,另一个相是固定相。如果用液体作为流动相,就称为液相色谱;用气体作为流动相,就称为气相色谱。气相色谱法(Gas Chromatography,GC)就是以气体为流动相的色谱方法,主要用于分离易挥发物质。1906年,俄国植物学家茨维特(M. S. Tswett)首次使用了"chroma - tography"(色谱)一词,标志着现代色谱法的诞生。1941年,英国人马丁(A. J. P Martin)和辛格(R. L. MSynge)在研究分配色谱理论的过程中,预言气体可替代液体作为流动相。随后马丁和詹姆斯(A. T. James)在1952年合作采用气 - 液分配色谱用于分离挥发性脂肪酸,进一步推进了气相色谱技术的发展。此后,气相色谱法进入了高速发展的阶段,1955年第一台商业化气相色谱仪问世,1956年,色谱过程的速率理论被提出,1957年毛细管气相色谱诞生,1979年弹性石英毛细管色谱柱出现。从理论的研究到各种检测技术的应用,GC已经发展到非常成熟的水平,成为实验室分析的常规手段,并在环境分析等各领域广泛应用(图8.1)。气相色谱法是色谱法的一种。

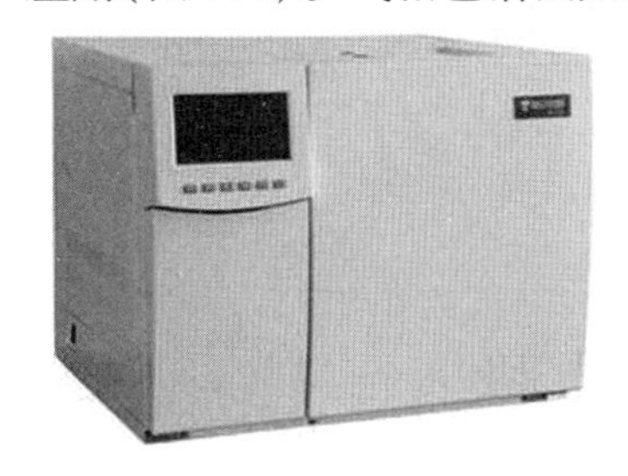

图8.1　不同型号的气相色谱仪

气相色谱法由于所用的固定相不同,可以分为两种,用固体吸附剂作为固定相的称为气固色谱,用涂有固定液的单体作为固定相的称为气液色谱。按色谱分离原理来分,气相色谱法可分为吸附色谱和分配色谱两类,在气固色谱中,固定相为吸附剂,气固色谱属于吸附色谱,气液色谱属于分配色谱。按色谱操作形式来分,气相色谱属于柱色谱,根据所使用的色谱柱粗细不同,可分为一般填充柱和毛细管柱两类。一般填充柱是将固定相装在一根玻璃或金属的管中,管内径为2~6 mm。毛细管柱又可分为空心毛细管柱和填充毛细管柱两种。空心毛细管柱是将固定液直接涂在内径只有0.1~0.5 mm的玻璃或金属毛细管的内壁上,填充毛细管柱是近几年才发展起来的,它是将某些多孔性固体颗粒装入厚壁玻管中,然后加热拉制成毛细管,一般内径为0.25~0.5 mm。在实际工作中,气相色谱法是以气液色谱为主。

目前气相色谱技术常与其他技术联用,如气相色谱-质谱联用(Gas Chromatography - Mass Spectrometry, GC-MS),其是一种结合色谱高分离能力和质谱高鉴别能力的在线分离、定性和定量检测技术,适用于挥发性成分的分析。20世纪60年代出现了气相色谱-质谱联用技术,该技术通过特殊的接口将气相色谱仪与质谱仪连接在一起(图8.2),混合样品通过进样口进入色谱柱后被分离成为单一组分,单一组分进入质谱仪,在离子源中被电离成离子从而获得质谱信号,利用质谱图对所检测的样品进行组分结构及定量分析。近年来,随着样品预处理技术及配套仪器的不断发展,GC-MS技术的分离性能越来越好、检测灵敏度越来越高,使其被广泛应用于食药领域中的成分分析、品质分析、掺假鉴别和有害物检测等方面。

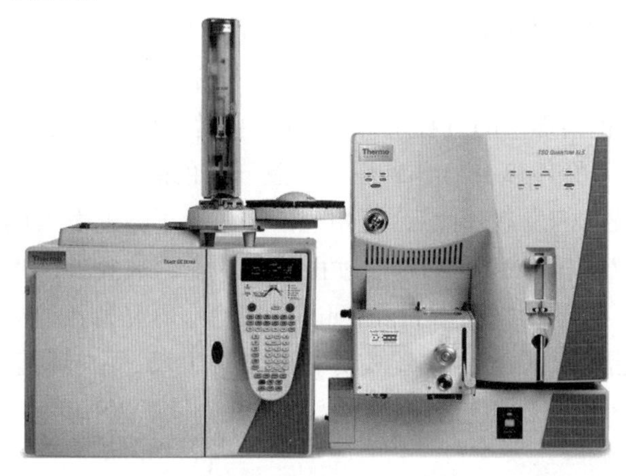

图8.2 赛默飞公司生产的气质联用仪

8.2 气相色谱仪的基本原理

8.2.1 气相色谱仪的基本组成结构

气相色谱仪主要由六个基本组件构成,包括气路系统(包括气源、净化干燥器和气体流速控制)、进样系统(包括进样器和气化室)、分离系统(色谱柱)、检测系统(各种类型的检测器,其中氢离子火焰检测器为常规气相色谱的标准配置)、控制系统(包括柱箱、气化室、检测器等用于控制温度和气体流速、气体压力的部分)和数据处理系统等。其主要结构示意图如图8.3所示。

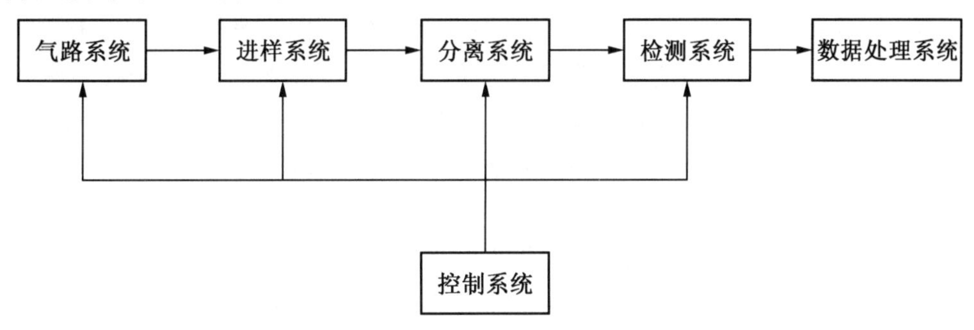

图8.3 气相色谱的主要结构示意图

一般的气相色谱的流程图如图8.4所示。

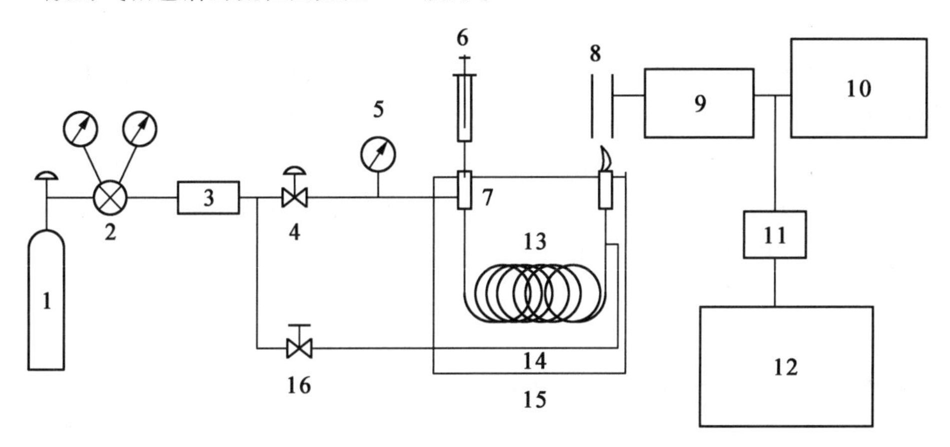

图8.4 气相色谱的流程示意图

1—载气钢瓶;2—减压阀;3—净化器;4—稳压阀;5—压力表;6—注射器;7—气化室;8—检测器;9—静电计;10—记录仪;11—数模转换;12—数据处理系统;13—色谱柱;14—补充气(尾吹气);15—柱恒温器;16—针型阀

8.2.2 气相色谱仪的主要功能单元

1.气路系统

气相色谱仪的气路系统是一个使气体可以连续运行且管路密闭的系统,包括各种气源、气体净化器、辅助气体的高压钢瓶或气体发生器。气体在GC仪中称为流动相或载气,通常使用的载气有氮气、氢气、氦气和氩气等。其中,氢气、氦气由于分子量小、导热系数大、黏度小,因此常应用于热导检测器;氮气由于扩散系数小、柱效比较高,因此除热导检测器以外的大多数检测器选择以氮气为载气。此外,当使用氢离子火焰检测器时,需要使用氢气(燃气)和空气(助燃气)作为辅助气。气体一般由储气钢瓶或小型气体发生器供给,需要经过净化、稳压和流量控制等步骤。除此之外,为了减少背景噪声、保护色谱柱和检测器,气相色谱分析需要使用高纯度载气(纯度为99.999%,体积分数)。

在气化室前的气路中通常串联一些气体净化管(捕集器),净化管内装有分子筛、硅胶、活性炭和脱氧剂等,去除气体中可能存在的一些永久气体、水蒸气和低分子有机化合物。为了保证气相色谱分析的重现性,要求载气的流量恒定,载气流量一般控制在10~200 mL/min。传统气相色谱一般采用多级控制方法,通过减压阀、稳压阀和针型阀等控制载气的流速和稳定性,选用压力表或流量表指示载气的流量和流速。

2. 进样系统

气相色谱进样系统的目标是使样品进入分离柱前瞬间气化,形成一段气态样品柱(50~500 ℃),其主要由样品引入装置(如注射器和自动进样器)和进样口(气化室)组成。

(1)进样器。

气相色谱分析多使用气密型微量注射器进样,按进样方式可以分为手动和自动两种类型。手动进样通常采用1~10 μL的微量注射器,抽吸一定量样品注入气相色谱仪的气化室中完成进样。当采用手动进样的方式时,需要注意取样的准确,注射速度要快,避免样品间的交叉干扰,因此对操作者的技术要求较高,操作者技术不熟练时往往会带来较大的人为操作误差。近年来,气相色谱仪已经广泛使用自动进样器,它可自动完成进样针清洗、润冲、取样、进样、换样等过程,在样品盘内可放置数十个样品,自动进行连续进样。与手动进样相比,自动进样不但工作效率高,而且重现性好,但仪器购置成本较高。

(2)进样口。

进样口又称为气化室,其作用是将液体样品瞬间气化为蒸汽。它实际上是一个加热器,通常采用金属块作为加热体。当用注射器针头直接将样品注入热区时,样品瞬间气化,然后由预热过的载气(载气先经过加热的气化器载气管路)在气化室前部将气化的样品迅速带入色谱柱内。气相色谱分析要求气化室热容量要大、温度要足够高、气化室体积尽量小、无死角,以防止样品扩散,减小死体积,提高柱效。

图8.5所示为一种常用的填充柱进样口,它的作用就是提供一个样品气化室,使所有气化的样品都被载气带入色谱柱进行分离。气化室内不锈钢套管中插入石英玻璃衬管,起到保护色谱柱的作用,使用时应保持衬管干净,及时清洗。进样口的隔垫一般为硅橡胶,其作用是防止漏气,其在使用多次后会失去作用,应经常更换。一个隔垫的连续使用时间不能超过一周。

另外,正确选择液体样品的气化温度十分重要,尤其对高沸点和易分解的样品,要求在气化温度下,样品能瞬间气化而不分解。一般仪器的最高气化温度为350~420 ℃,有的仪器可达450 ℃。大部分气相谱仪应用的气化温度在400 ℃以下,高档仪器的气化室有程序升温功能。

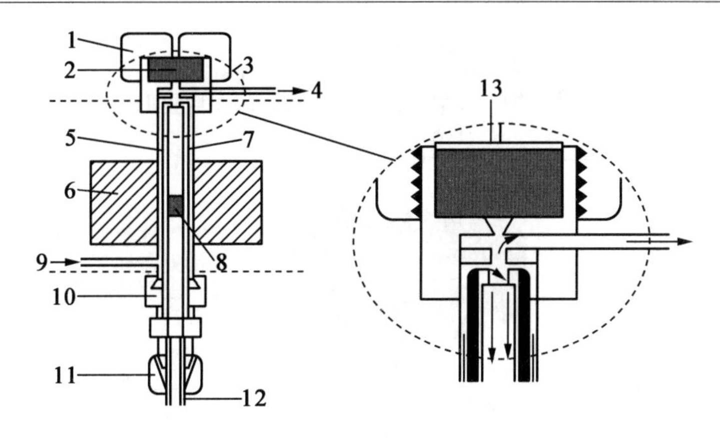

图 8.5 填充柱进样口结构图

1—固定隔垫的螺母;2—隔垫;3—隔垫吹扫装置;4—隔垫吹扫气出口;5—气化室;6—加热块;7—玻璃衬管;8—石英玻璃毛;9—载气入口; 10—柱连接件固定螺母;11—色谱柱固定螺母;12—色谱柱;13—3 的放大图

3. 分离系统

分离系统包括柱箱和色谱柱,其中色谱柱是色谱仪的核心部件,其作用是将多组分样品分离成单一样品。

(1)柱箱。

在分离系统中,柱箱的作用相当于一个精密的恒温箱。其基本参数有两个,一个是尺寸,另一个是柱箱的控温参数。柱箱的尺寸主要关系到是否能安装多根色谱柱,以及操作是否方便。尺寸大一些是有利的,但太大了会增加能耗,同时增大仪器体积。目前商品气相色谱仪柱箱的体积一般不超过 15 dm^3。

(2)色谱柱。

常用的色谱柱主要有两类,分别为填充柱和毛细管柱。填充柱是指在柱内均匀、紧密填充固定相颗粒的色谱柱,早期的色谱柱大多是填充柱,柱长一般为 0.5 ~5 m,内径为 2 ~4 mm。

毛细管柱又称空心柱,如图 8.6 所示。它比填充柱在分离效率上有较大提高,可解决复杂的和填充柱难以解决的分析问题。现在的毛细管柱为中空的熔融的玻璃管,柱长从几十米到上百米,柱内径一般由 0.1 mm,管壁约为 25 μm,具有很好的弹性,容易弯曲,管外涂布高聚物材料,以增加强度和减少破损。一般将毛细管柱分为三种类型:涂壁开管(Wall - Coat Open Tabular, WCOT)柱、载体涂渍开管(Support Coated Open Tubular, SCOT)柱和多孔开管(Porous Layer Open Tubular, PLOT)柱。目前,应用最多的是 WCOT 柱。

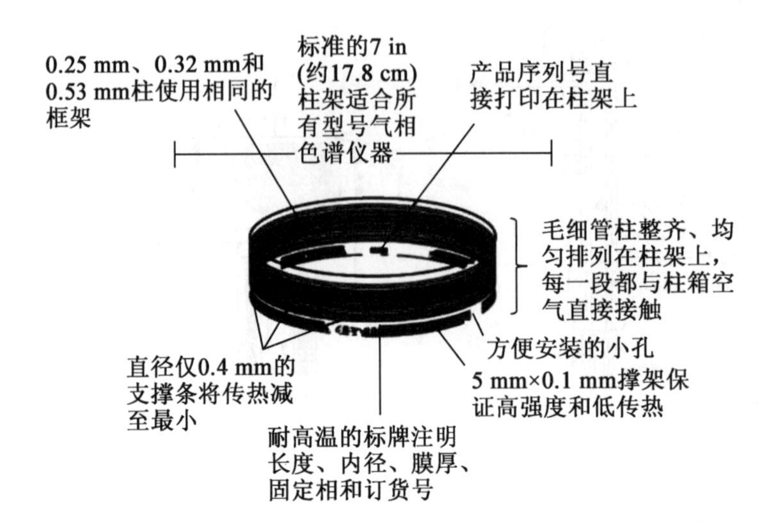

图 8.6 毛细管柱的结构

4. 检测系统

气相色谱检测器的作用是将经色谱柱分离后按顺序流出的化学组分的信息转变为便于记录的电信号,然后对被分离物质的组成和含量进行鉴定和测量。目前,气相色谱仪常用的检测器有氢火焰离子检测器(FID)、热导检测器(TCD)、电子捕获检测器(ECD)、氮磷检测器(NPD)、火焰光度检测器(FPD)和质谱检测器(MSD)等。根据检测器的相应信号与被测组分质量和浓度的关系,检测器又分为浓度敏感型检测器和质量敏感型检测器。浓度敏感型检测器的响应值取决于载气中组分的浓度,常见的浓度型检测器有 TCD 和 ECD;质量敏感型检测器输出信号的大小取决于组分在单位时间内进入检测器的量,而与浓度关系不大,常见检测器有 FID、NPD、FPD 和 MSD。

检测器还可以分为通用型检测器和选择型检测器,前者对所有组分均有响应,FID 和 TCD 属于通用型检测器;后者只对特定组分有响应,ECD、NPD 和 FPD 属于选择型检测器。检测器选用之前要依据分析对象和目的来确定。

5. 数据处理系统

数据处理系统采集并处理检测系统输出的信号,显示和记录色谱分析结果。包括放大器、记录仪,有的色谱仪还配有数据处理器。目前多采用色谱专用数据处理机或色谱工作站,不仅可以对色谱数据进行采集和自动处理,给出定性、定量分析结果;还可对色谱参数进行控制。

6. 控制系统

在气相色谱分离中,温度是重要指标,它直接影响色谱柱的选择分离、检测器的灵敏度和稳定性。温度控制是否准确,升、降温速度是否快速是市售色谱仪器最重要指标之一。

控温系统包括对三个部分的控温,即气化室、柱箱和检测器。气化室的温度应是试样瞬时气化而又不分解,在一般情况下气化室的温度比色谱柱温度高 30 ~ 70 ℃;柱箱的控温方式有恒温和程序升温两种,对于沸点范围很宽的混合物,通常采用程序升温法进行分析。程序升温指的是在一个分析周期内,炉温随时间由低温向高温线性或非线性地变化,使沸点不同的组分各在其最佳柱温下流出,从而改善分离效果,缩短分析时间。检测器的温度比柱箱温度稍高,防止样品在检测器中冷凝。

除 FID 外,所有检测器对温度的变化都很敏感,尤其是 TCD,温度的微小变化将影响 TCD 的灵敏度和稳定性,因此,检测器的控温精度要求优于 ±0.1 ℃。

8.2.3 气相色谱仪的检测器

1. 氢火焰离子化检测器

氢火焰离子化检测器(FID)利用 H_2 - Air 火焰产生的高温(约 2 100 ℃)作为离子化源。当经色谱分离的有机化合物在载气的带动下进入检测器后,在氢火焰中发生电离,所产生的带电离子在极化电场的作用下形成离子流,然后根据离子流产生电信号强度的大小,检测被色谱柱分离的组分(图 8.7)。电流大小与带电离子数量成正比,即与在氢火焰中发生离子化的有机化合物的量成正比。电流信号被放大输出后,产生色谱图。

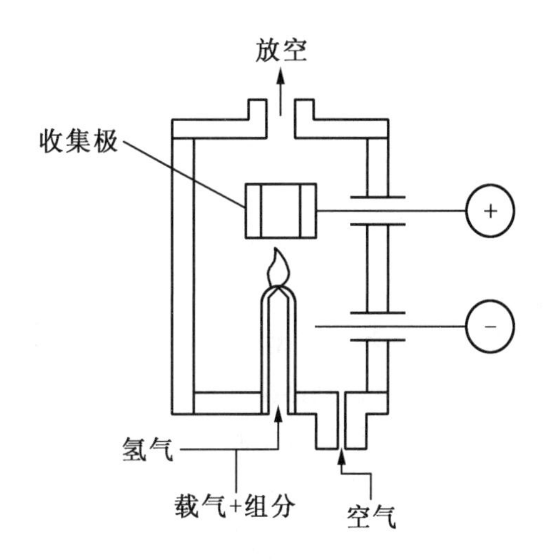

图 8.7 FID 示意图

FID 是气相色谱最常用的检测器之一,灵敏度高(比热导检测器的灵敏度高 10^3 倍),几乎对全部有机化合物有响应,并且稳定性好,对压力、温度及流速变化不敏感,线性范围宽(可达 10^6),适用于痕量有机物的分析。FID 检测器是与毛细管柱匹配的最理想的检测器之一,但是分析过程中样品被破坏,无法进行收集,不能检测永久性气体、H_2O、H_2S、CO、CO_2、氮的氧化物等。

2. 热导检测器

热导检测器(TCD)是利用被测组分和载气的热导率不同而响应的浓度型检测器,也称为热导池检测器,热导检测器的示意图如图 8.8 所示。热丝具有电阻随温度变化的特性,当有一恒定直流电通过热导池热丝时(此时池内已预先通有一定流速的纯载气),热丝被加热。载气的热传导作用使热丝一部分热量被载气带走,一部分热量传给池体。当热丝产生的热量与散失的热量达到平衡时,此时热丝温度就稳定在一定数值,热丝的阻值也就稳定在一定数值。由于参比池和测量池通入的都是纯载气,同一种载气有相同的热导率,因此两臂的电阻值相同,电桥平衡,无信号输出,记录系统记录的是一条直线。当有样品组分进入检测器时,纯载气流经参比池,载气携带着待测组分气流经测量池,由于载气和待测组分二元混合气体的热导率和纯载气的热导率不同,测量池中散热情况发生变化,因此参比池和测量池两池孔中热丝电阻值之间产生差异,电桥失去平衡,检测器有电压信号输出,记录仪画出相应组分的色谱峰。并且载气中待测组分的浓度越大,测量池中气体热导率改变就越显著,温度和电阻值改变也越显著,电压信号就越强。此时输出的电压信号(色谱峰面积或峰高)与样品浓度成正比,这是热导检测器的定量基础。

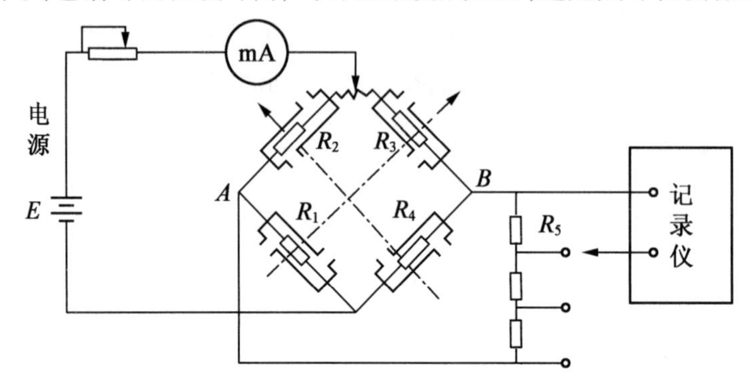

图 8.8　TCD 示意图

TCD 是一种通用型检测器,对于一些不能在其他检测器上产生响应的分析物仍可检测。此外,热导检测器是一种非破坏性检测器,分析物流过热导检测器后可以回收用于其他研究。但是,热导检测器的灵敏度较低,死体积较大,所以应用受到限制。

3. 电子捕获检测器

电子捕获检测器(ECD)的检测器池内有一个放射源(^{63}Ni)放射出 β 射线粒子使载气离子化,同时产生大量电子。这些电子在电场作用下向收集极(阳极)移动,形成恒定的电流(基流)。当电负性样品组分进入检测器时,会捕获慢速低能量电子,形成中性化合物,基流降低产生一个负峰,经过放大可记录得到响应信号,其信号大小与进入池中组分量成正比(图 8.9)。

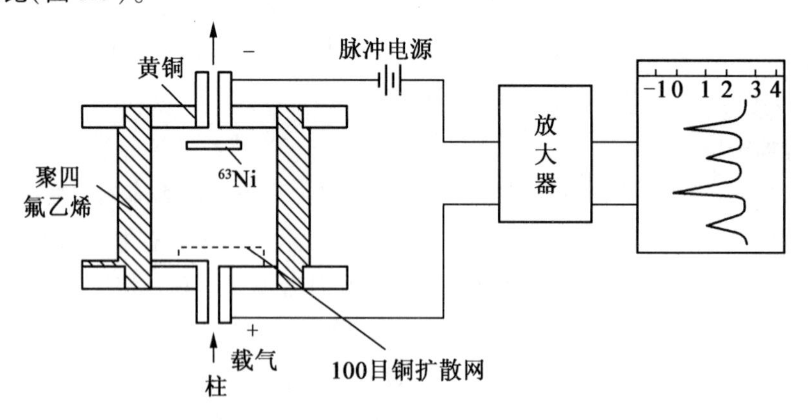

图 8.9　ECD 示意图

电子捕获检测器对含强电负性元素的化合物具有高选择性、高灵敏度,对含卤素、硫、氰基、硝基、共轭双键的有机物、过氧化物、醌类金属有机物等也具有高灵敏度,但是对胺类、醇类及碳氢化合物等灵敏度不高。

4. 氮磷检测器

氮磷检测器(NPD)又称热离子检测器(TID)、碱焰离子化检测器(AFID)。它对磷原子的响应大约是对氮原子响应的10倍,是碳原子的100倍。氮磷检测器对含氮、磷化合物的检测灵敏度与FID的检测灵敏度相比,NPD对磷元素的灵敏度是FID的500倍,对氮元素的灵敏度是FID的50倍。因此,氮磷检测器是用来测定痕量氮、磷化合物(如许多含磷的农药和杀虫剂)的气相色谱专用检测器,广泛应用于环保、医药、临床、生物化学和食品科学等领域。NPD的示意图如图8.10所示。

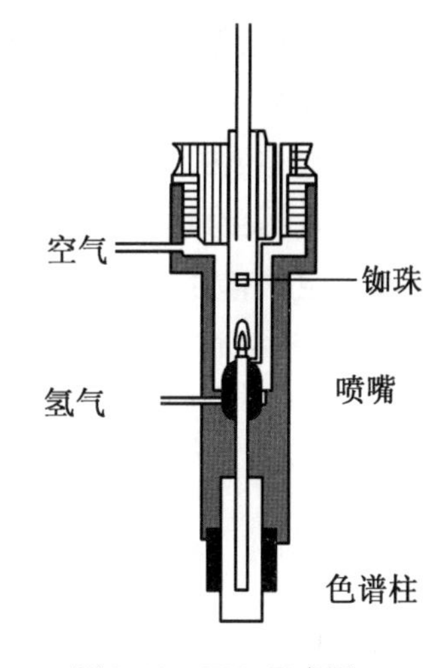

图8.10 NPD示意图

5. 火焰光度检测器

火焰光度检测器(FPD)也称硫磷检测器,对含硫、磷的化合物具有很高的选择性和灵敏度。当含硫、磷元素的化合物进入检测器后,在富氢火焰中燃烧可产生化学发光物质,硫化物燃烧时发出光的特征波长为394 nm,磷化物发出的光的特征波长为526 nm,通过测定特征光谱测硫和磷的含量,其示意图如图8.11所示。

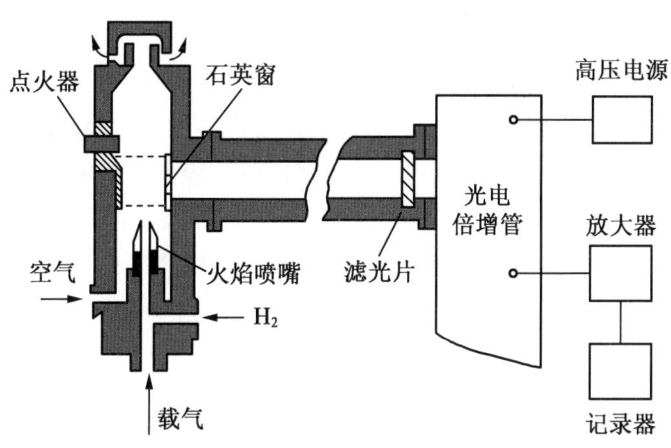

图8.11 NPD示意图

6. 质谱检测器

质谱检测器(MSD)近年来在气相色谱分析中被广泛采用。质谱法具有灵敏度高、定性能力强等特点,但进样要纯而且定量分析又较复杂;气相色谱法则具有分离效率高、定量分析简便等特点,但定性能力较差。因此若将这两种方法联用,则可相互取长补短,使气相色谱仪成为质谱法理想的“进样器”,试样经色谱分离后以纯物质形式进入质谱仪,就可充分发挥质谱法的特长,使得质谱仪成为色谱法理想的“检测器”。

气相色谱与质谱联用后,每秒可获数百至数千质量数离子流的信息数据,因此计算机系统(化学工作站)是一个重要且必需的组件,采取和处理大量数据,并对联用系统进行操作及控制。

由于气相色谱-质谱联用(GC-MS)所具有的独特优点,目前已得到十分广泛的应用,如环境污染物的分析、药物的分析、食品添加剂的分析等。GC-MS还是兴奋剂鉴定及毒品鉴定的有力工具。一般来说,凡能用气相色谱法进行分析的试样,大部分都能用GC-MS进行定性鉴定以及定量测定。

8.3 气相色谱仪固定相

气相色谱分析中样品组分的分离是在色谱柱内完成的。色谱柱中固定相不动,对样品产生保留特性,即在给定色谱条件下、因各组分与固定相间的作用力及作用强度不同,使组分在固定相中保留时间不同而得到分离。气相色谱的流动相(载气)种类相对较少,故其分离的选择性主要通过不同的固定相来改变。气相色谱固定相可分为气-固色谱固定相和气-液色谱固定相,相比之下,气-液色谱固定相因固定液种类众多、选择余地大而应用更广泛。

8.3.1 气-固色谱固定相

气-固色谱中的固定相是一种具有多孔性及较大比表面积的固体吸附剂,其具有吸附容量大、热稳定性好、使用方便等优点。其缺点是由于结构和表面的不均匀,吸附等温线非线性,形成的色谱峰有时为不对称的拖尾峰。气-固色谱固定相的性能与制备及活化条件有较大关系。同一种固定相,不同批次、不同厂家及不同活化条件都可能使分离效果有很大差异,使用时应特别注意。气-固色谱固定相种类有限(表8.1),能分离的对象不多,主要是永久性气体、无机气体和低分子碳氢化合物。

表8.1 气-固色谱固定相种类

吸附剂	主要化学成分	结晶形式	比表面积/($m^2 \cdot g^{-1}$)	极性	最高使用温度/℃	分离特性	备注
活性炭	C	无定型炭微晶炭	300~500	非极性	<300	分离永久性气体及低沸点烃类,不适于分离极性化合物	加入少量减尾剂或极性固定液(<2%),可提高柱效、减少拖尾、获得较对称峰形

续表 8.1

吸附剂	主要化学成分	结晶形式	比表面积 /($m^2 \cdot g^{-1}$)	极性	最高使用温度/℃	分离特性	备注
石墨化炭黑	C	石墨状细精	≤100	非极性	>500	分离气体及烃类,对高沸点有机化合物也能获得较对称峰形	
硅胶	$SiO_2 \cdot nH_2O$	凝胶	500~700	氢键型强极性	<300	分离永久性气体及低级烃	随活化温度不同,其极性差异大,色谱行为也不同;在 200~300 ℃活化,可脱水 95% 以上
氧化铝	Al_2O_3	主要为 $\alpha-Al_2O_3$	100~300	弱极性	<400	主要用于分离烃类及有机异构物,在低温下可分离氢的同位素	随活化温度不同,含水量也不同,从而影响保留值和柱效率
分子筛	$x(MO)$ $y(Al_2O_3)$ $z(SiO_2)$ nH_2O	均匀的多孔结晶	500~1000	强极性	<400	特别适用于永久性气体和惰性气体的分离	化学组成:M 代表金属元素,随晶型不同而分为 A、B、X、Y、B、L、F 等型号,天然泡沸石也属此类

常用的固体吸附剂主要有强极性的硅胶、弱极性的氧化铝、非极性的活性炭和特殊作用的分子筛等。使用时可根据它们对各种气体的吸附能力不同,选择最合适的吸附剂。

8.3.2 气-液色谱固定相

气-液色谱固定相由载体(也称担体)和固定液构成,载体为固定液提供大的惰性表面,以承担固定液,使其形成薄而均匀的液膜。

1. 载体

(1)载体的要求。

对载体的要求为表面有微孔结构,孔径均匀,至少具有 1 m^2/g 的比表面积,使固定液与样品的接触面积较大,能均匀分布成薄膜;但载体表面积不宜过大,否则易造成峰形拖尾;具有化学和物理惰性,不与样品组分发生化学反应,无吸附或弱吸附作用并可被固定液完全浸润;热稳定性好;形状规则,具有一定的机械强度。

(2)载体类型。

可分为硅藻土型和非硅藻土型两种类型。硅藻土载体是目前最常用的一种载体,天然硅藻土是由无定型二氧化硅及少量金属氧化物杂质的单细胞海藻骨架组成。根据处理方式不同,硅藻土可分为白色和含铁的红色载体。

①红色载体。因含少量氧化铁颗粒呈红色而得名。特点是表面孔穴密集、孔径小(平均孔径为 1 μm)、比表面大(比表面积 4.0 m^2/g),可负担较多固定液。因结构紧密,所以机械强度较好。缺点是表面存在活性吸附中心,分析极性物质时易产生拖尾峰。所以红色载体适用于分析非极性固定液。国产 6201 载体及美国 Chromosorb P、Gas Chrom R 系列都属于此类。

②白色载体。天然硅藻土在煅烧前加入助熔剂(如碳酸钠),煅烧生成白色的铁硅酸钠玻璃体,破坏了硅藻土中大部分细孔结构,黏结为较大的颗粒,表面孔径大(8 ~9 μm)、比表面积小(比表面积只有 1.0 m^2/g),载体中碱金属氧化物含量较高,pH 大。白色载体有较为惰性的表面,表面吸附作用和催化作用比红色载体的小,所以可用于高温分析,多用于分析极性物质。国产 101、102 载体,国外的 Celite、Chromosorb W、Gas Chrom 系列等都属于此类。

2. 固定液

固定液一般为高沸点有机物,均匀涂在载体表面,呈液膜状态。

(1)对固定液的要求。

选择性好,可用相对保留值 $r_{2,1}$ 来衡量,填充柱一般要求其 $r_{2,1} > 1.15$,对于毛细管柱,$r_{2,1} > 1.08$;固定液热稳定好、蒸气压低、流失少;化学稳定性好,不与样品组分、载体、载气发生化学反应;对分离组分应具有合适的溶解能力,即具有合适的分配系数。

(2)固定液与组分分子间的相互作用力。

固定液与被分离组分之间的相互作用力直接影响色谱柱的分离情况。如固定液作用强的组分,将较迟流出,作用弱的组分则先流出。所以,在进行色谱分析前,必须充分了解样品中各组分的性质及各类固定液的性能,以便选用最合适的固定液。分子间的作用力主要有静电力、诱导力、色散力和氢键作用力。此外,固定液与被分离组分之间还可能存在形成化合物或配合物的键合力等。

(3)固定液的分类。

用于色谱的固定液已有上千种,它们具有不同组成、性质和用途。如果能以通用的常数来表示色谱固定相的特征,就有可能比较方便地对所给定样品的分离要求选择出最适宜的固定相。固定液的分类有两种方式:按照极性分类和按照化学类型分类。

①按固定液极性分类。根据极性大小,一般将固定液分为四类:非极性、中等极性、强极性和氢键型。该原理在 1959 年由罗什那德提出用相对极性 P 来表示固定液的分离特征,此法规定强极性的固定液 β,β′-氧二丙腈的极性为 100,非极性的固定液角鲨烷的极性为 0。测定的方法是选择一对物质实验,如丁二烯-正己烷,分别测定它们在氧二

丙腈、角鲨烷及欲测定极性固定液的色谱柱上的相对保留值，将其取对数，得到

$$q = \lg \frac{t'_{R(丁二烯)}}{t'_{R(正己烷)}} \tag{8.1}$$

则被测固定液的相对极性 P_x 为

$$P_x = 100 - \frac{100(q_1 - q_2)}{q_1 - q_2} \tag{8.2}$$

式中，下标 1、2 和 x 分别为氧二丙腈、角鲨烷及被测固定液。由此测得的各种固定液的相对极性均在 0 ~ 100 之间，为了方便，一般将其分为 5 级，每 20 单位为一级。相对极性在 0 ~ +1 之间的为非极性固定液，+1 ~ +2 之间的为弱极性固定液，+3 为中等极性固定液，+4 ~ +5 为强极性固定液。“ - ”表示非极性。表 8.2 为常见固定液的相对极性。

表 8.2 常见固定液的相对极性

固定液	相对极性	级别	固定液	相对极性	级别
角鲨烷	0	0	XE - 60	52	+3
阿皮松	7 ~ 8	+1	PEG - 20M	68	+3
SE - 30, OV - 1	13	+1	己二酸聚乙二醇酯	72	+4
DC - 550	20	+2	PEG - 600	74	+4
己二酸二辛酯	21	+2	己二酸二乙二醇酯	80	+4
邻苯二甲酸二壬酯	25	+2	双甘油	89	+5
邻苯二甲酸二辛酯	28	+3	TCEP	98	+5
磷酸二甲酚酯	46	+3	β, β′ - 氧二丙腈	100	+5

②按固定液化学结构分类。将具有相同官能团的固定液排列在一起，按官能团的类型的不同进行分类。表 8.3 列出了按化学结构分类的各种固定液。

表 8.3 按化学结构分类的固定液

固定液的结构类型	极性	举例	分离对象
烃类	最弱极性	角鲨烷、液状石蜡	非极性化合物
聚硅氧烷类	弱极性	甲基聚硅氧烷、苯基聚硅氧烷	不同极性化合物
	中极性	氟基聚硅氧烷	
	强极性	氰基聚硅氧烷	
醇类和醚类	强极性	聚乙二醇	强极性化合物
酯类和聚酯	中强极性	苯甲酸二壬酯	各类化合物
腈和腈醚	强极性	氧二丙腈、苯乙腈	极性化合物
有机皂土	弱极性	—	分离芳香异构体

(4)固定液的选择。

选择固定液时,一般根据"相似相溶"的原则,可从以下几个方面考虑。

①分离非极性物质,选用非极性固定液。此时试样中各组分按沸点顺序先后流出色谱柱,沸点低的先出峰。若样品中兼有极性和非极性组分,则同沸点的极性组分先出峰。

②分离极性物质,选用极性固定液。此时试样中各组分主要按极性顺序分离,极性小的组分先流出色谱柱。

③分离非极性和极性混合物时,一般选用极性固定液。这时非极性组分先出峰,极性组分(或易被极化的组分)后出峰。

④对于能形成氢键的试样,如醇、酚、胺和水等分离,一般选极性或是氢键型的固定液。此时试样中的各组分按与固定液分子间形成氢键能力的大小的顺序先后流出,不易形成氢键的试样先流出。

⑤对于复杂难分离的物质,可用两种或两种以上的混合固定液,可采用联合柱或混合柱的方法。对于特别复杂样品的分析,还可以采用多维气相色谱法。

此外,也可以根据官能团相似的原则选择固定液,若待测组分为酯类,可选用酯或聚酯类固定液;若组分为醇类,则选用聚乙二醇固定液。还可按被分离组分性质的主要差别来选择,如果各组分之间的沸点是主要差别,则选用非极性固定液;如果极性是主要差别,可选用极性固定液。

对大多组分性质不明的未知样品,一般选择最常用的几种固定液。表 8.4 列出了几种最常用的固定液。

表 8.4 常用固定液及其性能

固定液	商品名	最高使用温度/℃	常用溶剂	相对极性	麦氏常数	分析对象
角鲨烷	SQ	150	乙醇	0	0	烃类及非极性化合物
阿皮松	APL	300	苯	—	143	非极性和弱极性各类高沸点有机化合物
硅油	OV-101	350	丙酮	+1	229	各类高沸点弱极性有机化合物
10%苯基甲基聚硅氧烷	OV-3	350	甲苯	+1	423	含氯农药、多核芳烃
20%苯基甲基聚硅氧烷	OV-7	350	甲苯	+2	529	含氯农药、多核芳烃
50%苯基甲基聚硅氧烷	OV-17	300	甲苯	+2	827	含氯农药、多核芳烃
60%苯基甲基聚硅氧烷	OV-22	300	甲苯	+2	1 075	含氯农药、多核芳烃
邻苯二甲酸二壬酯	DNP	130	乙醚	+2	—	芳香族化合物、不饱和化合物及各种含氧化合物
三氟丙基甲基聚硅氧烷	OV-210	250	氯仿	+2	1 500	含氯化合物,多核芳烃、甾类化合物

续表 8.4

固定液	商品名	最高使用温度/℃	常用溶剂	相对极性	麦氏常数	分析对象
25%氰丙基25%苯基甲基聚硅氧烷	OV-225	250	氯仿	+3	1 813	含氯化合物,多核芳烃、甾类化合物
聚乙二醇	PEG20M	250	乙醇	氢键	2 308	醇、醛酮、脂肪酸、酯等极性化合物
丁二酸二乙二醇聚酯	DESG	225	氯仿	氢键	3 430	脂肪酸、氯基酸等

8.4 气相色谱操作条件选择

在色谱分析实践中,期望样品中各组分能在最短时间内很好的分离,然后才能进行定性定量。在气相色谱分析中,影响分离结果的主要因素是固定相、柱温和载气。

8.4.1 色谱柱的选择

色谱柱的操作条件主要选择固定相(固定液)、柱长和柱内径。在气-液色谱中,应按照"相似相溶"的规律选择固定液,即非极性样品选择非极性固定液(如聚甲基硅氧烷),中等极性样品选择中等极性固定液(含苯基20%~50%的聚硅氧烷),强极性样品选择极性固定液(聚乙二醇),具有酸性或碱性的极性样品选择带有酸性或碱性基团的高分子多孔微球,能形成氢键的样品选择氢键型固定液,对于复杂样品可选择两种或两种以上固定液混合使用。

增加色谱柱长度能提高分离度,但柱长过长,分析时间增加且峰宽也会加大,导致总分离效能下降,不利于分离。柱长的选择应在能满足分离目的的前提下,尽可能选择用较短的色谱柱。毛细管柱内径的增加会增加柱容量,降低柱阻力,但也会降低分离度。气相色谱分析中毛细管柱优先考虑内径0.25 mm的色谱柱。

8.4.2 载气的选择

载气的选择应考虑载气的种类、流速对柱效及分离度的影响和检测器对载气的要求。载气采用低流速时,宜用分子量大的氮气为载气,抑制组分的纵向扩散,提高柱效。载气采用高流速时,可采用分子量小的氢气、氦气作为载气,减小传质阻力,提高柱效。如TCD常用导热系数较大的H_2、He作为载气,FID、FPD和ECD常用N_2作为载气。

8.4.3 柱温的选择

柱温是气相色谱重要的操作参数,直接影响分离效能和分析速度,是色谱分离条件选择的关键。柱温的选择首先应使它控制在色谱柱的最高使用温度和最低使用温度之间。选择的基本原则是使目标组分有好的分离度的前提下,尽量采用较低的柱温、适宜的保留时间,无峰拖尾影响。低柱温可增大分配系数,增加选择性,降低涡流扩散,减少固定相流失,延长柱寿命,但柱温降低会造成液相传质阻力增加,峰扩展,易拖尾。

柱温一般选择接近或略低于组分平均沸点的温度,在实际操作中一般采用恒温和程序升温两种方式。恒温是指在整个分析中,色谱柱温度保持恒定。柱温采用恒温时,后流出的组分色谱峰会发生明显的展宽。程序升温是指在一个分析周期内柱温随时间由低温向高温作线性或非线性变化,以达到最短时间获得最佳分离效果的目的。采用程序升温对多组分样品进行分离时,开始时柱温较低,低沸点的组分移动较快得到分离,随着温度的升高,组分会从低沸点到高沸点依次分离出来。对于组成复杂、组分沸点宽的样品,应使用程序升温的方式进行分离,有时甚至需要多阶程序升温。

8.4.4 载体粒度及筛分范围

(1)载体粒度(d_p)的减小有利于提高柱效。但也不能太小,太小不仅不易填充均匀,致使填充不规则因子 λ 增大,还需要较大的柱压,容易漏气,从而给仪器装配带来困难。一般填充柱要求载体颗粒直径是柱直径的1/10左右,即60~80目或80~100目较好。

(2)载体颗粒要求均匀,筛分范围要窄。一般使用颗粒筛分范围约为20目。

8.4.5 进样方式及进样量

进样速度必须很快,要以“塞子”方式进样,以防止峰形扩张,进样时间应在1 s以内。

色谱柱的进样量,随柱内径、柱长及固定液用量的不同有所差别,柱内径越大,固定液用量越多,可以适当增加进样量。但如果进样量过大,甚至超过最大进样量,不仅偏离峰高或峰面积与进样量的线性关系范围,而且会造成色谱柱超负荷,柱效急剧下降,峰形变宽,且保留时间也会发生改变。

8.5 定性定量分析

色谱法是分离性质相似的化学物质的重要方法,同时还能将分离后的物质直接进行定性和定量分析。

8.5.1 定性分析

在色谱分析中利用保留值定性是最基本的定性方法,其基本依据是,两个相同物质在相同色谱条件下应该具有相同的保留值。但是,相反的结论却不成立,即在相同的色谱条件下,具有相同的保留值的两个物质不一定是同一个物质。

1. 利用已知纯物质直接对照定性

利用已知纯物质直接对照定性的方法有以下几种。

(1)保留值 t_R定性。

利用已知物直接对照法定性是最简单的一种定性方法,通常在具有已知标准物质的情况下使用这一方法,如图 8.12 所示。将未知物和已知标准物在同一根色谱柱上,用相同的色谱操作条件进行分析,作出色谱图后进行对照比较。如果它们的保留时间相同,未知物可能是已知纯物质;若不同,则未知物质肯定不是纯物质。利用保留时间(t_R)直接比较,这时要求载气的流速和柱温一定要恒定。载气流速的微小波动和柱温的微小变化都会使 t_R改变,从而对定性结果产生影响。使用保留体积定性虽可避免载气流速变化的影响,但实际使用是不方便的,因为保留体积的直接测定是很困难的,一般都是利用流速和保留时间来计算保留体积。

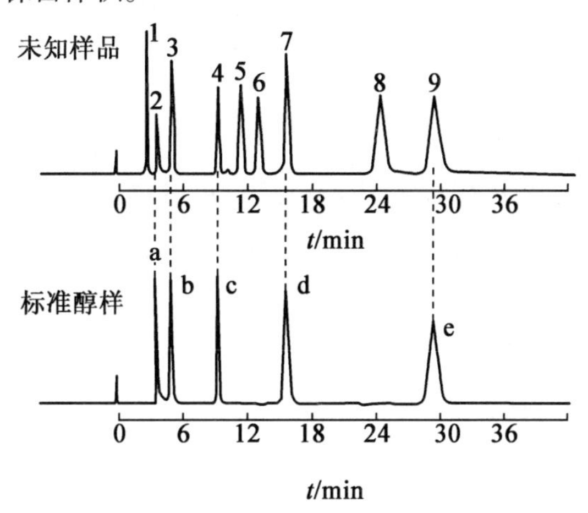

图 8.12 用已知纯物质与未知样品对照进行定性分析

1 ~9—未知物的峰;a—甲醇峰;b—乙醇峰;c—正丙醇峰;d—正丁醇峰;e—正戊醇峰

(2)峰高增加法定性。

为避免载气流速和温度的微小变化引起保留时间变化对定性分析结果带来的影响,常采用峰高增加法定性,如图 8.13 所示。当得到未知样品的色谱图后,在未知样品中加入一定量的已知纯物质,接着在同样的色谱条件下作已加纯物质的未知样品的色谱图。对比两张色谱图,峰高增加的峰就是加入的已知纯物质的色谱峰。此方法既可避免载气流速的微小变化对保留时间的影响,又可避免色谱图图形复杂时准确测定保留时间的困难。因此,峰高增加定性法是在确认某一复杂样品中是否含有某一组分的最好办法。

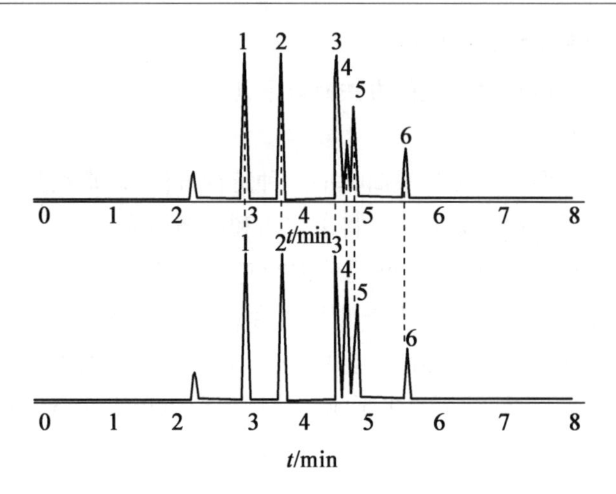

图 8.13　峰高增加法定性示意图

1—苯;2—甲苯;3—乙苯;4—对二甲苯;5—间二甲苯;6—邻二甲苯

(3)相对保留值 $r_{2,1}$ 法定性。

因为相对保留值是被测组分与加入的参比组分(其保留值应与被测组分相近)的调整保留值之比,所以当载气流速和温度发生微小变化时,被测组分与参比组分的保留值同时发生变化,而它们的比值即相对保留值则不变。因此在柱温和固定相一定时相对保留值为定值,可作为定性的较可靠参数。

2. 利用保留指数 *I* 定性

保留指数 I 又称科瓦茨(Kovats)指数,它具有重现性好(其精度可达 ±1 指数单位或更低一些)、标准物统一及温度系数小等优点。人们规定正构烷烃的保留指数等于该烷烃分子中碳原子数的 100 倍,如正丁烷、正庚烷和正十五烷的保留指数分别为 400、700、1 500,那么其他物质的保留指数,就可采用两个相邻正构烷烃的保留指数进行标定。测定时,可选取两个正构烷烃作为基准物质,其中一个的碳数为 Z,另一个 $Z+1$,将含物质 X 和所选的两个正构烷烃的混合物注入色谱柱,在一定温度条件下绘制色谱图。它们的调整保留时间分别为 $t'_{R(Z)}$、$t'_{R(X)}$、$t'_{R(Z+1)}$,只有当 $t'_{R(Z)} < t'_{R(X)} < t'_{R(Z+1)}$ 时,可以用下式计算其保留指数 I_X:

$$I_X = 100\left[Z + \frac{\lg t'_{R(X)} - \lg t'_{R(Z)}}{\lg t'_{R(Z+1)} - \lg t'_{R(Z)}}\right] \tag{8.3}$$

3. 双柱、多柱效应

在两根或多根不同极性的柱子上,将未知物的保留值与已知物的保留值或相关文献上的保留值(保留指数 I)进行对比分析,可以大大提高定性分析结果的准确度。

4. 与其他仪器联用

目前最常用 GC - MS 法来定性。未知组分经 GC - MS 分析可获得质谱图,采用计算机辅助检索的方法,将组分的质谱图与质谱数据库的标准谱图进行匹配比对,找出匹配度(或相似度)较高的化合物。这种方法虽简单,但检索结果往往同时包含多个可能的化合物,所以定性起来有些困难。近年来,随着高分辨率质谱的发展及应用,如飞行时间质谱(TOF - MS)开始应用于 GC - MS 定性分析。根据准确质量测定结果,可以推断出未知组分及其裂解碎片的元素组成,缩小质谱检索范围,同时避免某些定性错误,使分析结果更加准确。

8.5.2 定量分析

气相色谱的定量分析是依据待测组分的浓度与检测器的响应信号(峰高或峰面积)成正比。常用的定量分析方法为归一化法、外标法、内标法、标准加入法。

1. 归一化法

归一化法应用的前提是样品中所有组分全部流出色谱柱,并在色谱图上都出现色谱峰。其表达式如下:

$$\omega_i\% = \frac{f'_i A_i}{\sum_{i=1}^{n}(f'_i A_i)} \times 100 \tag{8.4}$$

式中,ω_i 为组分 i 的质量分数;A_i 为组分 i 的峰面积;f'_i为组分 i 的相对定量校正因子。

等量的不同组分在同一检测器上的响应值(峰面积)不一定相同,因此在用峰面积定量时需将测得的峰面积乘以一个系数以准确测定得到组分的质量,这个系数就是绝对定量校正因子 f_i。

绝对定量校正因子(f_i)是指单位峰面积所对应组分的质量,即

$$f_i = \frac{m_i}{A_i} \tag{8.5}$$

相对定量校正因子(f'_i)是指组分 i 的绝对校正因子与标准物质 s 的绝对校正因子的比值,表达式如下:

$$f'_i = \frac{f_i}{f_s} \tag{8.6}$$

2. 外标法

外标法是色谱分析中常用的一种定量方法。外标法是将一系列浓度的标准样品作出工作曲线(将峰面积或峰高对样品量或浓度作图)。对试样进行分析时,在与标准样品分析严格相同的条件下定重进样,将所得峰面积或峰高代入回归方程计算待测组分的量或浓度。外标法的特点是操作和计算简便,不需要知道组分的校正因子,但进样量的准确性和重现性,以及操作条件的稳定性对检测结果的准确性影响较大。

3. 内标法

内标法是向一定量的试样中加入一定量的内标物后进行色谱分析测定的方法。内标法在配制系列浓度的标准样品时,应加入等量的内标物,以待测组分的峰面积 A_i 与内标物的峰面积 A_{is}的比值 A_i/A_{is}对待测组分的量或浓度作图。试样中同样加入与标准溶

液相同量的内标物，测得 A_i/A_{is}；然后根据回归方程算得待测组分的量或浓度。与外标法相比，内标法的定量精度更高，因该方法可以抵消由操作条件的波动带来的误差。理想内标物的保留时间和响应因子应与待测组分尽量接近，且要完全分离，同时要求内标物纯度要高，且试样中不应含有。但是由于内标物较难获得，因此内标法定量的应用不如外标法广泛。

4. 标准加入法

标准加入法是通过在试样中定量加入不同浓度的待测组分的标准溶液，并以加入的标准溶液的浓度为横坐标，将测得的峰面积为纵坐标，从而绘制工作曲线。标准加入法的定量精度介于外标法和内标法之间，但其操作比较烦琐。

8.6 前沿技术与应用

8.6.1 气相色谱在土壤残留农药上的应用

我国是农业大国，对农药使用量巨大，残留期较长的农药对人体具有很大危害并且对环境会产生不良影响。采取气相色谱技术可对残留农药进行有效分析，使用时采用厚液膜大口径毛细管柱作为分析柱，并结合火焰光度检测器(FPD)进行测定，构建合理的预处理条件可对多组分农药进行较为准确的分析。气相色谱技术大大缩短了农药监测周期，并提升农药监测的准确度。在相关研究中结合超声波提取技术，使气相色谱检测效率得到了进一步提升，并且经济性较为理想，可被用于大范围环境样本提取。

8.6.2 气相色谱在水质监测中的应用

随着水环境质量监测技术的提高，水体中污染物的监测已经逐步趋向于微量化、痕量化。特别是有机污染物，虽然在水体中的含量较少，但是对水体及水体中的水生生物影响却较大。因此，分析水体中的有机污染物成为环境工作中的一个主要的工作任务。

气相色谱仪可广泛应用于测定地表水、地下水、生活污水、工业废水等不同类型水体中的易挥发性有机污染物，特别是我国水体中污染物已经趋向痕量化和超痕量化，需要较高的监测技术进行监测。气相色谱仪配备的氢火焰离子化检测器(FID)、电子捕获检测器(ECD)、氮磷检测器(NPD)，可以对水体中的一般有机污染物、含卤素、含硫、含氮、含磷有机物等进行定性、定量测量，获得有效的信息，如测定水体中的甲苯、乙苯、硝基苯、氯苯、有机磷等。尤其是对水体中易挥发性有机污染物监测等，气相色谱技术发挥出了巨大的作用。

8.6.3 气相色谱在空气质量监测中的应用

近几年，随着经济的发展，人们出行驾驶车辆的频率在不断增加，使得空气污染问题也在不断加剧。另外，一些挥发性有机物分散在空气中会对人体和自然环境产生影响。基于此，为了创设良好的生活环境，要积极利用相应的技术体系对空气质量进行监测分析，确保在提高数据分析效果的基础上，结合实际问题建立对应的管控机制。一般而言，在利用气相色谱技术进行空气质量监测的过程中，要配合石油醚完成解析分析工作，且要合理性建立外标定量分析和定性分析，只有保证相应测定数据满足大气监测过程的基本参数要求，才能完善处理效果。需要注意的是，应用气相色谱技术建立完整的应用管控机制，能发挥其高灵敏度以及抗干扰能力的优势，从而减少检测项目中出现的误差问题，确保应用管理机制的合理性和完整性，为技术监管机制的全面进步奠定坚实基础。

8.6.4 GC×GC 技术在制药和生物医学领域的应用

挥发性样品的分析大多采用气相色谱法。然而，对于一些复杂的样品，它的分离能力可能还不够。综合气相色谱（GC×GC）通过第二维分离提高了分离能力。样品通过两个由调制器串联的 GC 毛细管柱进行分离。可以大大提高常规单柱 GC 的分离能力。GC×GC 与其他多柱 GC 技术（如切心、串联）的不同之处在于，来自第一柱（第一分离维度或一维）的流出物被转移到第二柱（第二分离维度或二维）由来自调制器的受控脉冲控制。这样，来自^{1}D 的信息可以与来自^{2}D 的信息相结合，从而产生两个保留时间（^1t_R和^2t_R，分别对应于第一和第二维）和单个探测器信号（强度或计数）的曲线图。图 8.14 展示了 GC×GC 技术的分离原理。为了提高分离能力，^{2}D 柱应该能够区分^{1}D 的共洗脱化合物。为此，^{2}D 柱的极性应该与第一个柱显著不同，以便相位是正交的。因此，在处理新样本时，经常测试不同的柱组合以达到最佳的分离效果。

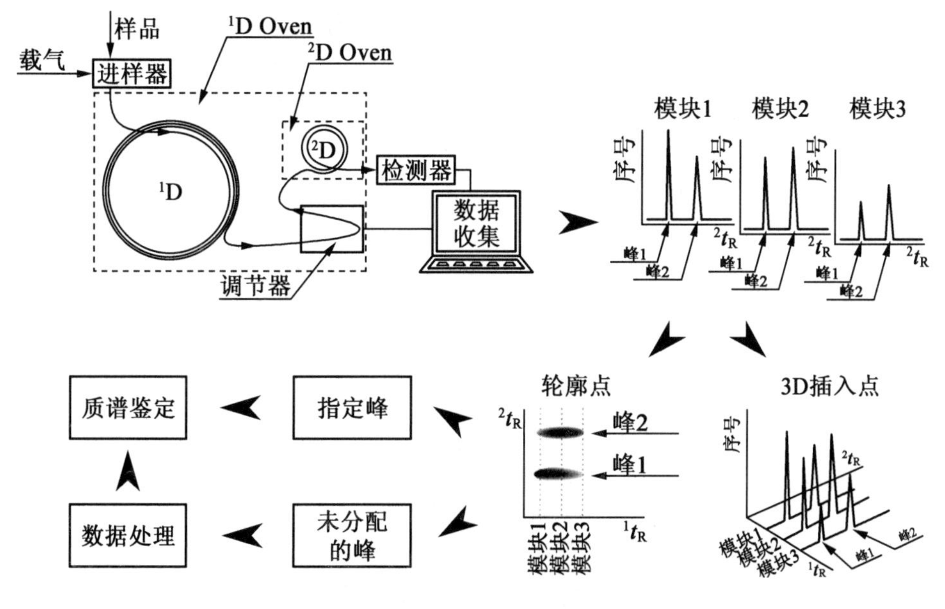

图 8.14 GC×GC 系统的分离原理

1. 生物标志物识别

当样本数量很小时，获取生物样本可能会给患者和医生带来麻烦。因此，开发尿液或呼气的检测方法特别有意义，因为这种方法可以提供合理的量，并以非侵入性的方式进行采样。Luies 等使用一种非靶向 GC×GC－TOF－MS 分析方法，对健康人群和结核分枝杆菌感染患者的尿样进行分析，通过微量样品预处理（即提取和衍生化），他们确定了感染患者中 12 种尿液代谢物增加或减少，这使研究者可以发现结核分枝杆菌引起的新陈代谢改变，从而解释了一些症状，可能导致更好的治疗方法。Lamani 等人成功地使用顶空（HS）－固相微萃取（SPME）－气相色谱（GC）×气相色谱－质谱法（UF）分离和鉴定了尿样中添加的 16 种芳香胺，作为吸烟相关膀胱癌的可能标记物。他们比较了四种商用离子液体色谱柱和经典的 BPX50 色谱柱，以期提高分离能力（更高的相正交性），但结果并无显著差异。将这种方法应用于实际样本，研究者能够区分吸烟者和不吸烟者，显示致癌芳香胺与吸烟习惯之间的关系。

2. 天然产物

对植物进行化学分类，可以证明其真实性，保证原料在转化前的质量。例如，Omar 使用 GC×GC－QMS（UF）系统，成功通过指纹分析对不同的大麻亚种进行分类。还评估了内部开发的数据处理算法的使用情况，并将其与商业上可用的算法进行比较，得出了类似的结果。Cao 采用 TRAP－GC×GC－TOF－MS 方法比较白术生品和炮制品的挥发性指纹图谱，鉴定出生品中的 224 种化合物和炮制品中的 171 种化合物。在已鉴定的化合物中，52 种仅在粗品中发现，包括醛、酮、酯、苯和萘。此外在加工过程中产生了 15 种化合物，包括 b－石竹烯（以其生物活性而闻名）。

8.6.5 气相色谱－质谱联用技术在食药检测中的应用

气质联用技术在食药检测中常用于食药成分分析、挥发性风味成分分析、脂溶性成分分析、糖类化合物分析、功能性成分分析和食药品质分析。表 8.5 总结了 GC－MS 在食药有害物检测中的应用。

表 8.5 GC－MS 在食药有害物检测中的应用

检测类型	检测方法	检测对象	有害物	最低检出限 /（μg·kg⁻¹）	最大残留限 （国标）/（μg·kg⁻¹）	时间/年
水果	GC－MS	草莓	毒死蜱	3	300	2020
	GC－MS	杧果	灭线磷	4.46	20	2017
	GC－MS	苹果	甲氰菊酯	1 000	5 000	2020
蔬菜	GC－MS	豆类	氯菊酯	50	2000	2019
	GC－MS	番茄	茚虫威	10	500	2020
	GC－MS	番茄	联苯菊酯	300	500	2018

续表 8.5

检测类型	检测方法	检测对象	有害物	最低检出限 /(μg·kg^{-1})	最大残留限 (国标)/(μg·kg^{-1})	时间/年
肉类	GC－MS	猪肉	多环芳烃	0.45	0.9	2019
	GC－MS	陈皮	氯氰菊酯	10	1 000	2020
中药材	GC－MS	黄芪	异丙威	8	200	2012

本章参考文献

[1] 郭景文. 现代仪器分析技术[M]. 北京：化学工业出版社，2004.

[2] 郭旭明，韩建国. 仪器分析[M]. 北京：化学工业出版社，2014.

[3] 董慧茹. 仪器分析[M]. 北京：化学工业出版社，2016

[4] 于晓萍. 仪器分析[M]. 北京：化学工业出版社，2013.

[5] 王世平. 现代仪器分析原理与技术[M]. 北京：科学出版社，2015.

[6] 卢鹏宇，徐德杰. 气相色谱技术及其在环境监测工作中的应用[J]. 资源节约与环保，2014(10)：109.

[7] 王泽宇. GC 在水环境质量监测中的应用及前景分析[J]. 环境保护与循环经济，2018，38(01)：63－65.

[8] 邹敏. 气相色谱技术在环境监测中的应用[J]. 中国石油和化工标准与质量，2019，39(07)：52－53.

[9] 邓高琼，陈亨业，刘瑞，等. 气相色谱－质谱联用技术在食药检测中的应用与发展[J/OL]. 化学试剂，1－9[2021－04－24]. https://doi.org/10.13822/j.cnki.hxsj.2021008075.

[10] 徐斌. 气质联用色谱技术在食品检验中的应用[J]. 中国医疗器械信息，2019，25(19)：28－29，121.

[11] ASPROMONTE J，WOLFS K，ADAMS E. Current application and potential use of GC×GC in the pharmaceutical and biomedical field[J]. Journal of Pharmaceutical and Biomedical Analysis，2019：176.

[12] MORRISON P D，SHELLIE R A，POYNTER S D H，et al. Selection of columns for GC×GC analysis of essential oils[J]. Lc Gc Europe，2010，23(2)：76－80.

[13] LUIES L，LOOTS D T. Tuberculosis metabolomics reveals adaptations of man and microbe in order to outcompete and survive[J]. Metcebolomics，2016，12(3)：40.

[14] LAMANI X，HORST S，ZIMMERMANN T，et al. Determination of aromatic amines in

human urine using comprehensive multi – dimensional gas chromatography mass spectrometry(GC × GC – qMS)[J]. Analytical and Bionalytical Chemistry,2015,407(1):241 –252.

[15] OMAR J, OLIVARES M, AMIGO J M, et al. Resolution of co – eluting compounds of Cannabis sativa in comprehensive two – dimensional gas chromatography/mass spectrometry detection with multivariate curve resolution – alternating least squares[J]. Talanta,2014,121:273 –280.

[16] GAO G,XU Z,WU X, et al. Capture and identification of the volatile components in crude and processed herbal medicines through on – line purge and trap technique coupled with GC × GC – TOF MS[J]. Natural Product Research, 2014, 28(19):1607 – 1612.

第9章　高效液相色谱法

9.1　概　　述

9.1.1　液相色谱技术的起源及发展

色谱法(chromatography)是分析科学的重要分支,在分析化学领域中是重要的分离方法之一,常用于混合物中目标组分的分离、富集与检测。色谱法的主要分离机理,是根据目标组分在固定相和流动相中的保留能力不同,导致目标组分从色谱柱中流出速度的差异,实现不同组分的分离与检测。色谱法与传统的萃取法和精馏法相比,具有分离效率高、分析速度快和选择性好的优点,更适合于难分离组分的快速分离,与化学分析方法相比,不受待分离组分化学性质的限定,可以用于化学性质相似的结构类似物和异构体的分离分析,尤其是实现了多组分的同时分析测定,这是传统的化学分析方法难以实现的目标;与光谱法和质谱法相比,色谱法能够实现多组分的同时分离分析。根据流动相状态的不同,色谱法可以分为以气体为流动相的气相色谱(GC)和以液体为流动相的液相色谱(Liquid chromatography,LC)。液相色谱按照作用机理的不同可分为高效液相色谱(High performance liquid chromatography,HPLC)、离子色谱(Ion chromatography,IC)、亲和色谱(Affinity chromatography,AC)、体积排阻色谱(Size exclusion chromatography,SEC)等。其中,高效液相色谱在分析工作中的应用最为广泛。

高效液相色谱法是在气相色谱和经典色谱的基础上发展而来的,其在原理上与经典色谱法没有本质上的区别,其主要由高压输液系统、进样系统、分离系统、检测器和数据处理系五大系统组成。其原理是以液体为流动相,采用高压输液系统,样品溶液经进样器进入流动相,被流动相载入固定相内,由于样品溶液中的各组分在两相中具有不同的分配系数,在两相中做相对运动时,经过反复多次的吸附－解吸的分配过程,各组分在移动速度上产生较大的差别,被分离成单个组分依次从柱内流出,通过检测器进行检测。高效液相色谱分析的又可分为以下几种。

①固液吸附色谱。固定相是固体吸附剂,按被分离组分的分子与流动相分子争夺吸附剂表面活性中心的吸附能力的差别而分离。

②液液分配色谱。固定相是在惰性载体表面涂敷或键合一层固定液薄膜,根据被分离的组分在流动相和固定相中溶解度不同而分离。

③键合相色谱。正键合相色分离使用的是极性键和固定性,主要靠范德瓦耳斯作用力的定向作用力、诱导作用力或氢键作用力;反键合相色谱分离使用的是极性较小的键合固定相,其分离机理可用疏溶剂作用理论来解释。

④凝胶色谱。凝胶色谱又称分子排阻色谱,它是按照分子尺寸不同而分离。

高效液相色谱法采用高压输液泵输送流动相,所采用的填料为小粒径的填料;因此,现代高效液相色谱仪具有压力高、分析速度快、分析效率高和灵敏度高等特点,迄今为止,高效液相色谱法得到迅速发展,已经发展到超高效液相色谱阶段。超高效液相色谱技术相比高效液相色谱主要的特点是使用更小颗粒粒径的固定相、使用超高压输液泵、使用高速采样速度的灵敏检测器。超高效液相色谱技术具有更高的分离度与分析灵敏度,分析速度也得到较大提升。目前,高效液相色谱已经广泛应用于有机合成、食品分析、药物分析、环境分析、质量监控等与人类日常生产生活密切相关的各个方面。在整个高效液相色谱系统中,色谱柱被誉为高效液相色谱的心脏,它是各个组分在高效液相色谱系统中实现分离的基础,并且在很大程度上决定了高效液相色谱的应用范围。

9.2 高效液相色谱的特点

9.2.1 高效液相色谱与气相色谱的比较

高效液相色谱是在气相色谱与经典液相色谱相结合的基础上发展而来的,因此两种方法既有一定的相似之处也有许多不同。气相色谱具有较好的选择性和较高的分离效率,且灵敏度和分析速度占优,但是受到技术条件的限制,它仅适于分析蒸汽压低、沸点低的样品,而对于沸点较高的有机物、大分子和热稳定性差的化合物以及生物活性物质则无法进行检测,因而使其应用受到限制。相比之下高效液相色谱只要求试样能制成溶液,不需要进行气化,因此不受样品挥发性的限制。对于高沸点、热稳定性差、分子量高(约80%有机化合物)的样品几乎都可以用液相色谱法进行分析,尤其是在用于分离医学、生物有关的大分子和离子型化合物,不稳定的高分子天然产物和不稳定化合物。气相色谱与高效液相色谱的区别见表9.1。

表9.1 气相色谱与高效液相色谱的比较

项目	高效液相色谱	气相色谱
进样方式	液体进样	样品需加热气化或裂解后进样

续表 9.1

项目	高效液相色谱	气相色谱
流动相	可分为离子型、极性、弱极性、非极性溶液，可与被分析样品产生相互作用，对柱效和分析速度有关键影响	以惰性气体作为流动相，载气种类少，不与被分析样品发生相互作用，对柱效和分离能影响较小
固定相	大都为新型吸附剂，化学键合固定相，粒度小、成本高、样品容量高，可依据吸附、分配、筛析、离子交换等多种原理分离样品，种类较多	多以一般固体吸附剂和硅藻土为担体的高沸点有机液体为固定相，依据吸附、分配两种原理进行样品分离，种类较少
检测器	没有较高灵敏度的通用检测器，但是有特殊检测器，如电化学检测器和示差检测器	有很灵敏的检测器，如 EDC 和较灵敏的通用检测器，如 FID 和 TCD
色谱柱	色谱柱不能太长，柱效不会很高	用毛细管色谱柱可得到很高的柱效
仪器及运行	仪器制造难度大，运行操作复杂，可定量回收样品	仪器制造难度下，运行操作容易，样品不易回收
应用范围	适用范围广，可分析低分子量、高沸点、高分子量的有机化合物，离子型无机化合物，热不稳定化合物及生物分子等	适用范围较窄，可分析低分子量、低沸点有机化合物，永久性气体，无法检测热不稳定物质

9.2.2 高效液相色谱与经典液相色谱的比较

从原理上讲，高效液相色谱和经典液相色谱没有本质差别，不同的是由于高压泵、高灵敏度检测器和色谱柱填料等发展，因此高效液相色谱得到了新的发展。高效液相色谱的自动化水平更高，色谱柱是以特殊方法用小粒径填料填充而成，使柱效得到了大大提高，并且可以实现上百次的分离和重复使用。高压泵的应用使样品液体能够高效快速地通过色谱柱从而提高了重现性和检测精度，同时色谱柱后连接的高性能检测器可以实现流出物质的连续分析，为高效液相色谱的连续操作和自动化提供了可能。而经典液相色谱的色谱柱往往只能使用一次，每次使用后都需要重新填充，浪费了大量的人力物力和时间；作为流动相的溶剂是靠重力来实现的，检测和定量都是由人工对各个馏分进行收集和分析，耗时耗力的同时也造成大量的误差。高效液相色谱和经典液相色谱的区别见表 9.2。

表 9.2 高效液相色谱和经典液相色谱的区别

经典液相色谱	高效液相色谱	经典液相色谱	高效液相色谱
常压或减压	高压,15 ~ 50 MPa	分析速度慢	分析速度快
填料颗粒大	填料颗粒小,2 ~ 50 μm	色谱柱只能使用一次	色谱柱可多次使用
柱效低	柱效高,5 000 ~ 50 000 塔板/m	不能在线检测	可在线检测

9.2.3 高效液相色谱的特点

作为一种高效、通用、灵敏的定量分析技术,它拥有极好的分离性能,在搭配高灵敏度的检测器后广泛应用于科研、医学、生物、食品药品检测等领域。高效液相色谱具有以下特点。

(1)高压。流动相的进样压力可达 15 ~ 50 MPa,从而使流动相具有较高的流动速度,降低检测时间,提高了检测性能。

(2)选择性好、分离效率高。由于新型微粒的使用,填充柱的柱效可高达 5 000 ~ 50 000 塔板/m,且由于流动相可以控制和改善分离过程的选择性,高效液相色谱不仅可以分析不同类型的有机化合物及同分异构体,还可以分析在性质上极为相似的旋光异构体。

(3)高灵敏度。现在由于高灵敏度检测器的使用使仪器的最小检出限大大降低,如广泛使用的紫外吸收检测器最小检测量可达 10^{-9} g,用于痕量分析的荧光检测器最低检测量可达 10^{-10} g。

(4)分析速度快。在高压泵的作用下,流动相的速度较快,分析速度大大缩短,完成一个样品的分析仅需几分钟到几十分钟。

高效液相色谱除了具有以上特点外,还具有应用范围广、精密度高、可定量回收样品和可实现样品的纯化制备等优点。

9.3 高效液相色谱仪的结构及原理

9.3.1 高效液相色谱结构仪及检测流程

高效液相色谱仪主要包括四个部分,即高压输液系统、进样系统、分离系统和检测和辅助系统。此外还可以根据检测需求增加其他附属装置,如自动进样装置、梯度洗脱装置及数据处理装置等。如图 9.1 所示为高效液相色谱仪的简易结构图。

高效液相色谱仪的检测流程:高效液相色谱法采用高效填充剂,利用高压输液泵将具有不同极性的单一溶剂或不同比例的混合溶剂、缓冲液等流动相泵入装有填充剂(固定相)的色谱柱进行分离测定的色谱方法。经由进样阀注入的供试品,由流动相带入柱内,各成分在柱内被分离后,依次进入检测器,由记录仪、积分仪或数据处理系统记录色谱信号。高效液相色谱仪的检测流程图如图 9.2 所示。

分析型的高效液相色谱仪有整体系统和组合系统两种组合方式,前一种会把各个部分整合到一起,具有连接紧凑、死体积小、灵敏度高的优点;后一种可以根据使用目的的不同进行适当组合连接,体现了灵活多变的特点。

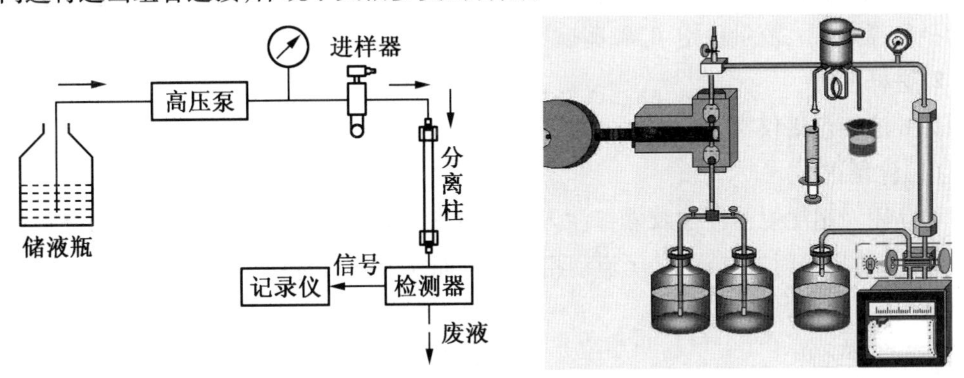

图 9.1　高效液相色谱仪的简易结构图

注意事项:在使用高效液相色谱仪时,应特别注意“柱外效应”对检测结果的影响。由于样品在流动相的扩散系数远低于在气体中的扩散系数(4 ~5 个数量级),流动相的流动速度相对气相中也要慢(1 ~2 个数量级)。因此样品进入色谱柱后,在色谱柱外的任何死空间,如柱接头、连接管、检测器等都容易造成气体分子的扩散和滞留,从而引起色谱峰的展宽,降低柱效,所以柱外死体积对检测结果的影响是不能忽略的。研究人员在制造高效液相色谱仪时,也在不断研究怎么能够将柱外死体积尽量缩小,从而使柱外效应减至最小,以获得理想的分析结果。

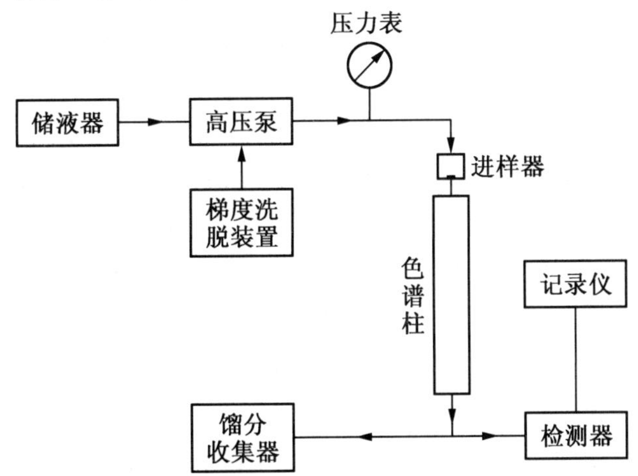

图 9.2　高效液相色谱仪的流程示意图

9.3.2 主要系统部件

1. 高压输液系统

为了获得高柱效而使用粒度很小的固定相(<10 μm),液体的流动相高速通过时,会产生很高的压力,因此高压、高速是高效液相色谱仪的特点之一。高压输液系统由储液罐、高压输液泵、过滤器、压力脉动阻力器等构成,高压输液泵作为该系统的核心应具有压力平稳、脉冲小、流量稳定可调、耐腐蚀等特性。

2. 进样系统

高效液相色谱仪常用的进样方式主要有三种。

(1)停留进样。

样品用专用注射器经橡胶隔垫注入色谱柱头,进样前先打开流动相阀门,降低柱前压至常压,再用注射器进样,关闭流动相阀门从而完成一次进样。该方法操作不便、重现性差,仅在不得已时使用。

(2)直接进样。

这种进样方式与气相色谱相同,是目前常用的进样方式,这种方式可用于7 000~15 000 kPa 载液压力范围。优点是操作简便、可获得较高柱效,但这种方法无法承受高压。

(3)六通阀进样。

使用耐高压、死体积小的六通阀进样,其原理与气相色谱中的六通阀进样完全相同,此阀一般用不锈钢材料制成,旋转密封部分由坚硬的合金陶瓷制成,既耐磨,密封性又好。该方法具有进样量可变范围大、耐高压、易于实现自动化的优点,缺点是容易造成色谱峰柱前扩宽。

3. 分离系统

色谱柱作为高效液相色谱仪的核心部件,它的发展和现代化正是色谱仪延续和广泛使用的主要原因之一。为获得高柱效色谱柱常以内壁抛光的不锈钢管为材料,使用前需要用甲醇、水依次对柱管进行清洗。然后再用50%的HNO_3对其内壁进行钝化处理,以在内壁形成钝化的氧化物涂层。色谱柱现代化的关键是高性能填料的制备和发展。高效液相色谱柱装填的固定相,其基体材料多为粒度为2~10 μm的全多孔或表面多孔硅胶。之后基体材料又发展了无机氧化物基体(如三氧化二铝、二氧化钛、二氧化锆等)、高分子聚合体物基体(如苯乙烯-二乙烯基苯共聚微球等)和脲醛树脂微球。色谱柱结构示意图如图9.3所示。

4. 检测和辅助系统

高效液相色谱仪中的检测器是其关键部件之一,主要用于检测经色谱柱分离后的组分浓度变化,并由记录仪绘制出色谱图,对待测物质进行定性、定量分析。用于液相色谱仪的检测器,应该具有灵敏度高、噪声低、线性范围宽、响应快和死体积小等特点,同时对温度和流速的变化不敏感。在液相色谱法中,有两类基本类型的检测器(不同的检测器有不同的应用特点),分别为溶质性检测器和总体检测器。

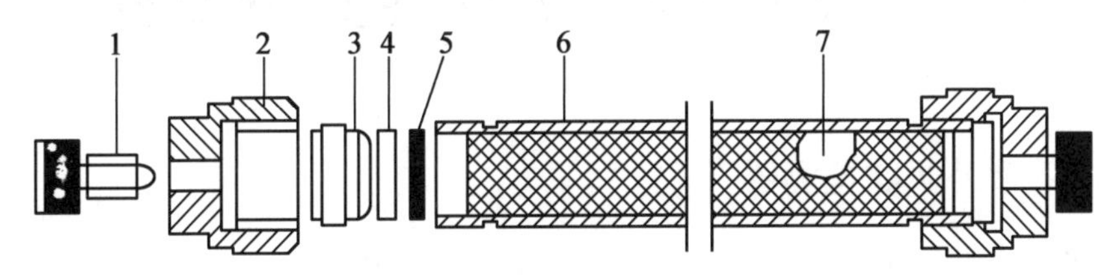

图 9.3 色谱柱结构示意图

1—塑料保护堵头;2—柱头螺栓;3—刃环(卡套);4—聚四氟乙烯 O 形圈;
5—多孔不锈钢烧结片;6—色谱柱管;7—液相色谱固定相柱填料和柱寿命

(1)溶质性检测器。

溶质性检测器仅对被分离组分的物理或物理化学特性有响应,如紫外吸收检测器(UVD)、荧光检测器(FLD)、电化学检测器等。此类检测器灵敏度高,可以单流路或双流路补偿检测,对流动相流量和温度检测不敏感。但不能使用对紫外线有吸收的流动相,可用于痕量分析和梯度洗脱。

(2)总体检测器。

总体检测器对试样和洗脱液总物理或物理化学性质有响应,如示差折光检测器(RID)、介电常数检测器(DCD)、电导检测器(ECD)等。此类检测器灵敏度低,必须用双流路进行补偿测量;易受到温度和流量波动的影响,造成较大漂移和噪声;不适合用于痕量分析和梯度洗脱。

在对检测器进行评价时主要考虑以下几点。

①噪声。通常指电子元器件、温度、电压的线性脉冲、其他非溶质作用产生的高频噪声和基线的无规则波动,从而降低了仪器的检测性能,设置影响正常工作。

②基线漂移。指基线的一种向上或向下的缓慢移动,与整个液相色谱有关。

③灵敏度。在一个特定的分离工作中,检测器是否有足够的灵敏度十分重要。

④线性范围。在进行定量分析时,检测器有较宽的线性范围可以方便同时对主要组分和痕量组分进行检测。

⑤检测器的池体积。它应小于最早流出死时间色谱峰的洗脱体积的 1/10,否则会产生严重的柱外谱带扩展。

液相色谱仪可根据使用需要添加很多附属装置,例如脱气、梯度洗脱、再循环、恒温、自动进样和馏分收集等装置,其中梯度洗脱装置是一种极重要的附属装置。这种洗脱方式是将两种或两种以上不同性质但可以互溶的溶剂,随着时间改变而按一定比例混合,以连续改变色谱柱中洗脱液的极性、离子强度或 pH 等,从而改变被测组分的相对保留值,提高分离效率,加快分离速度。液相色谱中的梯度洗脱和气相色谱中的程序升温相似,都是用于分离分配比相差很大的复杂混合物。

9.4 高效液相色谱仪几种主要的检测器

9.4.1 紫外吸收检测器

紫外吸收检测器(Ultrowiolet Absorption Detecton, UVD)是目前高效液相色谱仪中最常用的检测器。对具有紫外吸收的样品,其最小检测质量浓度可达 10^{-9} g/mL,可用于痕量分析。它的检测原理是基于待测组分对特定波长紫外光的选择性吸收,而且在一定浓度范围内待测组分浓度与吸光度成正比。由于紫外吸收检测器灵敏度高,因此,即使对紫外吸收较弱的物质,也可用这种检测器进行检测。

紫外吸收检测器可分为固定波长检测器和可变波长检测器。其中固定波长检测器结构示意图如图 9.4 所示。该检测器由低压汞灯提供固定波长(254 nm 或 280 nm)的紫外线,为减小死体积,流通池的体积很小仅为 5 ~ 10 μL,固定波长检测器结构紧凑、造价低、操作维修方便、灵敏度高,可用于梯度洗脱,现在已经较少使用这种检测器,多用于核酸和核苷酸的生化检测仪中。可变波长检测器由于可选择的波长范围很大,既提高了检测器的选择性,又可选用组分最灵敏的吸收波长进行测定,从而提高检测的灵敏度。可变波长检测器还有停流扫描功能,可绘出组分的光吸收谱图,以进行吸收波长的选择。

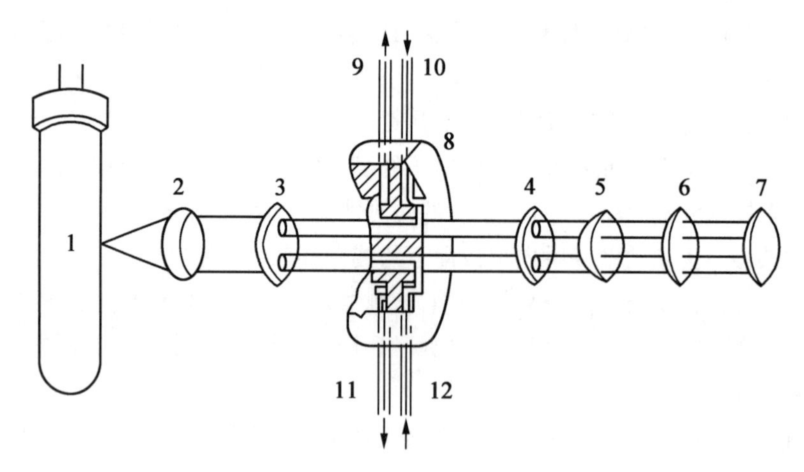

图 9.4 固定波长紫外吸收检测器结构示意图

1—低压汞灯;2—入射石英棱镜;3,4—遮光板;5—出射石英棱镜;6—滤光片;7—双光电池;8—流通池;9,10—测量臂的入口和出口;11,12—参比臂的入口和出口

9.4.2 示差折光检测器

示差折光检测器(Differential Refractive Index Detector, RID)又称折光指数检测器,是

基于溶有溶质的流动相和纯流动相之间折射率之差来表示溶质在流动相中浓度的变化。只要溶质和流动相的折射率有0.1的差别,就可检测到1 mg/mL的溶质,差值越大,灵敏度越高。

示差折光检测器分为偏转式和反射式两种类型。偏转式结构目前应用最为广泛,其特点是折射率范围较宽(1.00~1.75),线性范围可达1.5×10^4,灵敏度较高,图9.5所示为偏转式示差折光检测器的光路图。

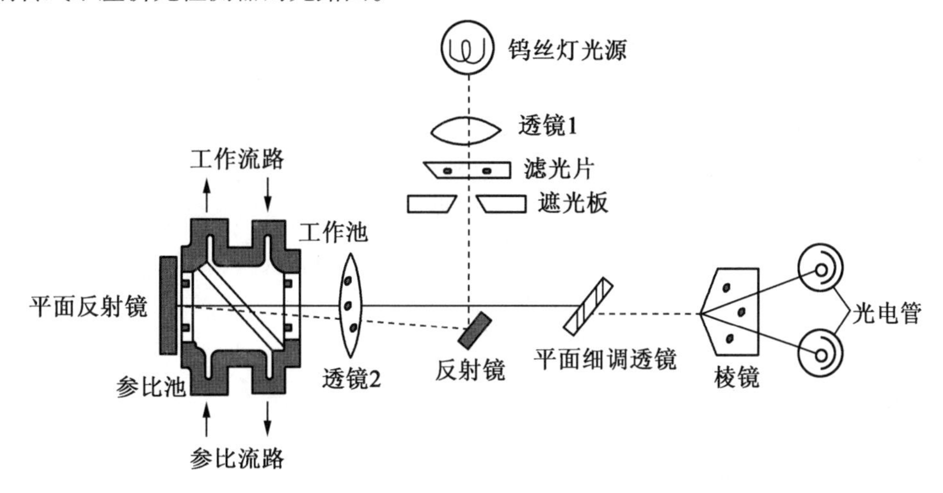

图9.5 偏转式示差折光检测器光路图

翻转式折光检测器依据的理论是著名的菲涅尔反射原理,通过测定经流动相折射后反射光的强度变化来检测样品中的组分浓度。反射式折光检测器的原理是两种不同物质界面的反射百分率与入射角和两种物质的折射率成正比。如果入射角固定,光线反射百分率仅与这两种物质的折射率成正比。光通过仅有流动相的参比池时,由于流动相组成不变,故其折射率是固定的;光通过工作池时,由于存在待测组分而使折射率改变,从而引起光强度的变化,测光强度的变化,即可测出该组分浓度的变化。

9.4.3 荧光检测器

某些物质受紫外光照射后,能吸收紫外光线而处于激发状态,随之辐射出比紫外光波长长的光线,这种光线一般是可见的,称为荧光。荧光检测器(Fluorescence Detecton,FLD)的工作原理是利用某些溶质在受紫外线激发后能发射可见光(荧光)的性质来进行检测的。当入射紫外光强度一定,溶液的厚度不变,被测溶质浓度较低时,溶质受激发而产生的荧光强度与被测溶质的浓度成正比,测得荧光的强度就可求得被测溶质的浓度。它是一种具有高灵敏度和高选择性的检测器,对不产生荧光的物质,可使其与荧光试剂反应,制成可发生荧光的衍生物再进行测定。荧光检测器是一种高灵敏、选择性强的检测器,灵敏度可达10^{-10} g/mL,优于紫外吸收检测器。使用荧光检测器需要注意的是某些能使荧光熄灭的物质干扰,如卤素离子、重金属离子、氧分子及硝基化合物等。

9.4.4 二极管阵列检测器

二极管阵列检测器(Diode Array Detecton,DAD)是20世纪80年代发展起来的一种新型紫外吸收检测器,它与普通紫外吸收检测器的区别在于进入流通池的不再是单色光,获得的检测信号不再是单一波长,而是在全部紫外光波长上的色谱信号。首先让光束通过流通池,然后经全息光栅衍射分光后,按波长间隔2 nm顺序聚焦在阵列的发光二极管上,实时记录各个波长下的吸光值,从而得到每个色谱峰在最佳吸收波长下的响应值和它的紫外吸收图。如图9.6所示为Agilent 1000型高效液相色谱仪配置的单光路二极管阵列检测器的光路图。它采用氘灯光源,光源发出的复合光经消除色差透镜系统聚焦后,照射到流通池(0.5 μL)上,透过光经全息凹面衍射光栅色散后,投射到由1 024个二极管组成的二极管阵列上而被检测。二极管阵列检测器具有以下特点。

①可进行全波长检测。一次进样可以检测到样品不同吸收波长下的所有组分。

②光谱分辨率高,可以检测色谱峰的纯度。

③灵敏度高。

④基线噪声小,线性范围宽。

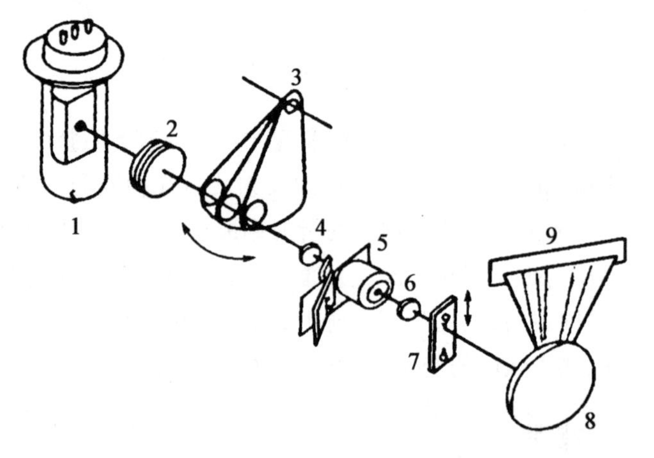

图9.6 单光路二极管阵列检测器光路图

1—氘灯;2—消色差透镜;3—光闸;4,6—光学透镜;5—样品流通池;

7—狭缝;8—全息凹面衍射光栅;9—二极管阵列

在高效液相色谱技术发展中,检测器至今是一个薄弱环节,除了以上四种检测器外,还有其他检测器如电导检测器、安培检测器、红外吸收检测器等。暂时不存在相当于气相色谱中使用的热导池检测器和氢火焰离子化检测器那样既通用又灵敏的检测器,但近几年出现的蒸发光散射检测器(ELSD),尤其是带电荷气溶胶检测器(CAD),有望成为高效液相色谱全新通用灵敏的质量检测器,而且质谱检测器已跃升至HPLC和UHPLC检测应用的首位。

9.5 液相色谱分离原理及关键参数

1. 液相色谱分离原理

在液固色谱法中,固定相是固相吸附剂,是一些多孔性的极性微粒物质,如氧化铝、硅胶等。溶质分子和流动相分子在吸附剂表面竞争吸附,这种作用还存在于不同溶质分子间,以及同一溶质分子中不同官能团之间。由于这些竞争作用,便形成不同溶质在吸附剂表面吸附、解吸平衡,这就是液固色谱法具有选择性分离能力的基础。

2. 液相色谱分离关键参数

(1)分配系数。

在一定温度和压力下,组分在固定相和流动相之间分配达到平衡时的浓度之比为一常数,该常数即为分配系数 K_p。分配系数是判断色谱柱分离性能的重要参数。

(2)容量因子。

容量因子指在一定温度和压力下,组分在两相(固定相和流动相)分配达平衡时,分配在固定相和流动相中的质量比,符号为 k',容量因子常称为保留因子。容量因子与分配系数的不同点是,K_p 取决于组分、流动相、固定相的性质及温度,而与固定相体积 V_s、流动相体积 V_m 无关;k'除了与性质及温度有关外,还与 V_s、V_m 有关。由于调整保留时间 t'_R、死时间 t_0 较 V_s、V_m 易于测定,所以容量因子比分配系数应用更广泛。分配系数的计算公式如(9.1)所示:

$$K_p = \frac{C_s}{C_m} = k'\frac{V_m}{V_s} = k'\beta, \quad \beta = \frac{V_m}{V_s} \tag{9.1}$$

式中,C_s和 C_m分别为溶质在固定相和流动相中的浓度;k 为容量因子;V_m和 V_s 分别表示色谱柱中流动相和固定相的体积;β 为相比率(表示色谱柱柱型特性的参数,能反映各种类型色谱柱不同的特点,常用符号 β 表示)。

9.6 高效液相色谱固定相

9.6.1 固定相的基本要求

固定相的选择对样品的分离起着重要作用,有时甚至起决定性作用。不同类型的色谱采用不同的固定相,如气-固色谱的固定相为各种具有吸附活性的固体吸附剂;气-液色谱的固定相是载体表面涂渍的固定液,液-液色谱的固定相为各种键合型的硅胶小球,离子交换色谱中的固定相为各种离子交换剂,排阻色谱中的固定相为各种不同类型的凝胶等等。

固定相的选择有几个基本要求：

(1)从涡流扩散角度来看，为降低板高，载体的颗粒直径应尽量小些、均匀些，以便获得紧密、均匀的填充。

(2)固定液液膜厚度应该小一些，以降低传质阻力。

(3)为保证色谱渗透性，防止高压下颗粒变形或粉碎，填充剂要有足够的强度。

(4)载体制作重复性好、寿命长、热稳定性好、耐溶剂，不与样品起化学反应。

9.6.2　液－固色谱固定相

液－固色谱固定相可以分为极性和非极性两大类。极性固定相主要为多孔硅胶(酸性)、氧化镁、硅酸镁分子筛(碱性)等。非极性固定相为高强度多孔微粒活性炭，近来开始使用多孔石墨化炭黑以及高交联度苯乙烯－二乙烯基苯共聚物的单分散多孔微球等。

判断固定相物理性主要有以下几个参数：

(1)粒度(d_p)。表示固定相基体颗粒的大小。

(2)比表面积(S_p)。平均每克多孔基质所有内表面积(S_i)和外表面积(S_e)的总和，单位为 m^2/g。对球形颗粒，其外表面积可按下式计算：

$$S_e = \frac{6}{d_p \rho}$$

式中，d_p为颗粒直径；ρ 为密度。

(3)孔容(V_p)。为每克多孔基体所有孔洞的总体积，单位为 cm^3/g 或 mL/g。

(4)孔度(孔率 ε)。为多孔基体所有孔的体积在其总体积中占有的分数，它反映了基体分离容量的大小。

(5)平均孔径(D)。为多孔基体中所有孔洞的平均直径。对多孔性颗粒，假定孔洞为圆柱形小孔，其平均孔径与孔容和比表面积有关，可按下式计算：

$$\overline{D} = \frac{4V_p}{S_p}$$

式中，D 的单位为 nm，通常颗粒的比表面积(S_p)越大，其平均孔径越小。

9.6.3　液固固定相的分类

固定相按极性大小可分为以下几类：

(1)极性吸附剂。酸性吸附剂，如硅胶和硅酸镁等；碱性吸附剂，如氧化铝和氧化镁等。

(2)非极性吸附剂。活性炭等。

(3)硅胶按结构可分为表面多孔硅胶、全多孔硅胶和堆积硅胶。

①表面多孔硅胶也称薄壳型硅珠。它是用 100 m 以下的球形实心玻璃珠作为基料，用有机高聚物为黏结剂，将纳米(nm)级的细硅胶或氧化铝粉黏在表面上，经高温烧结，

形成一多孔薄层。薄壳硅珠粒度比较大、易装柱，只有薄层吸附层，孔浅，孔径均匀，因而传质阻力小、柱效高、分离速度快。缺点是比表面积小、柱的负荷低，因而允许进样量小，易发生过载现象。

②全多孔硅胶。在 20 世纪 60 年代末期，多使用 10 ~ 40 μm 全多孔无定形硅胶填料，到 70 年代末期开发出 10 μm 全多孔球形硅胶粒子，由于认识到较小粒径可以大幅提高色谱柱的柱效，因此制取小粒径全多孔硅胶颗粒方法获得了快速发展。它具有粒度大、易于装柱、表面积大、柱容量大、允许较大进样量、制作工艺较简单、成本低等优点。缺点是装填密度小、孔径深、传质阻力大，因而柱效不够高。

③堆积硅胶。它是将纳米二氧化硅凝聚成 5 ~ 10 μm 的“堆积硅珠”。这种硅珠粒度很小，不存在大颗粒的深孔，传质快，具有高速高效能，综合了全多孔硅珠和薄壳型硅珠的特点。

9.6.4 液 - 液色谱固定相

液 - 液色谱固定相由两部分组成，一部分是惰性载体，另一部分是涂渍在惰性载体上的固定液。原则上，气相色谱固定液在这里都可使用，液固色谱的吸附剂，都可作为担体，要求其比表面积为 50 ~ 250 m^2/g，平均孔径为 20 ~ 50 nm。载体的比表面积过大会引起吸附效应，造成色谱峰拖尾。但是液 - 液色谱中存在固定液流失，使得分离的稳定性和重复性不易保证。为了减小固定液流失带来的影响，在液 - 液色谱中，要加一段预饱和柱，即在普通液相色谱担体上涂上高含量（如 30%）与分析柱相同的固定液，让流动相先通过预饱和柱，事先用固定液把流动相饱和。为了防止固定液的流失，可采取以下措施：

（1）应尽量选择对固定液有较低溶解度的溶剂作为流动相。

（2）流动相进入色谱柱前，应预先用固定液饱和，被固定液饱和的流动相再流经色谱柱时就不会再溶解固定液了。

（3）使流动相保持低流速经过固定相，并保持色谱柱温度恒定。

（4）进样时若溶解样品的溶剂对固定液有较大溶解度，应避免过大的进样量。

由于流动相对分离有影响，因此，常用的固定液只有极性不同的几种，如 β，β′ - 氧二丙腈、聚乙二醇、三甲撑乙二醇和鲨鱼烷等。

9.6.5 化学键合固定相

化学键合固定相是用化学反应方法通过化学键合将有机分子结合到吸附剂或担体表面而形成的固定相，是高效液相色谱固定相的重大发展。在化学键合固定相的制备中，广泛使用全多孔或表面多孔微粒硅胶作为基体。这是因为硅胶具有机械强度好、表面硅醇基反应活性高、表面积和孔结构易于控制的特点。化学键合固定相具有如下特点。

(1)消除了吸附剂表面不均一性,并可通过改变表面键合有机分子的种类改变选择性。

(2)无液相流失,提高柱的稳定性和使用寿命。

(3)由于牢固的化学键、耐各种溶剂,特别有利于梯度淋洗,样品和溶剂回收均很方便。

(4)柱效高,选择性好。

9.7 高效液相色谱流动相

在高效液相色谱分析中流动相是溶剂,也称为载液,除了固定相对样品的分离起主要作用外,流动相的选择对改善分离效果也产生重要的辅助效应。从实用角度考虑,作为流动相的溶剂应当价廉、容易购得、使用安全、纯度要高。除此之外,还应满足高效液相色谱分析的下述要求:

(1)流动相不与色谱柱或固定相起化学反应,不溶解固定相,以免固定相流失;不改变固体吸附剂的吸附活性,不与吸附剂起不可逆吸附。

(2)选用的溶剂应对样品有足够的溶解能力,以提高测定的灵敏度。

(3)适用于所选择的检测器。如用紫外检测器时,要求流动相在紫外区吸收很弱;采用示差折光检测器时,要求与样品成分折光指数有较大差别。

(4)沸点合适,易于回收分离样品;纯度高,成本低,容易清洗;溶剂黏度小,扩散系数大,以减小传质阻力。

(5)应尽量避免使用具有显著毒性的溶剂,以保证操作人员的安全。

当进行色谱分析时,两个相邻样品组分的分离度 R 十分重要,其计算方法如下:

$$R = \frac{\sqrt{n_2}}{4} \frac{\alpha_{\frac{1}{2}} - 1}{\alpha_{\frac{1}{2}}} \cdot \frac{k_2'}{1 + k_2'}$$

式中,n_2为第二组分计算色谱柱的理论塔板数;$\alpha_{\frac{1}{2}}$为两个相邻组分的调整保留值之比,即分离因子;k_2'为第二组分的容量因子。

由上面的计算公式可以看出,柱效、分离因子、容量因子是影响分离度 R 的三种主要因素,因此这三种因素也是流动相溶剂选择的主要原则。

9.7.1 液-固色谱的流动相

液-固吸附色谱中使用的流动相为各种有机溶剂,主要为非极性的烃类(如己烷、庚烷),某些有机溶剂(如二氟甲烷、甲醇、三乙胺等)作为缓和剂加入其中,以调节流动相的溶剂强度、极性及 pH,即进行所谓正相色谱。流动相溶剂极性越大,洗脱能力越强,溶质保留越小;流动相溶剂极性越小,洗脱能力越弱,溶质保留越大。为选择合适极性的流动相,对分配色谱来说,则先在纸色谱上试一个分离条件。对于吸附色谱来说,可用薄层色谱来试分离。溶解在流动相中的气体,在高压下解除压力后会析出。影响分离效率和检测器的稳定性。因此,使用前要经过脱气处理。

液固色谱中广泛使用混合溶剂(二元、三元体系等),在许多情况下使用混合溶剂作为流动相比单一溶剂效果好,可通过一定比例混合,调整溶剂强度,灵活调节流动性极性,增加选择性,常用流动性的极性如下。

(1)流动相主体。弱极性的戊烷、己烷、庚烷等。

(2)改性剂。调节流动相的洗脱强度与峰形。

(3)中等极性。二氨甲烷、氯仿、乙酸乙酯。

(4)极性溶剂。四氢呋喃、乙腈、异丙醇、甲醇、水等。

(5)碱性物质。如三乙胺等,分离碱性品,避免峰拖尾或不可逆的保留。

在液固色谱法中,使用混合溶剂的最大优点是可获得最佳的分离选择性,另一个优点是使流动相保持低黏度,并可保持高柱效。

在液相色谱中常用水对硅胶固定相进行减活处理。硅胶及氧化铝为良好的干燥剂。水的含量对该类吸附剂的活度有很大的影响,即使有极微量的水吸附在其表面上,也会使吸附剂活性大大降低。若选用极性强的有机溶剂,如甲醇、乙腈、异丙醇等代替水作为减活剂,就可以克服水的负面影响。

9.7.2 液-液色谱的流动相

流动相极性小于固定相极性的液-液色谱法称为正相液-液色谱法,如以烷烃作为流动相,以含水硅胶作为固定相的色谱系统。正相液-液色谱法适合于分离极性化合物。令流动相极性大于固定相极性的液-液色谱法称为反相液-液色谱法,如以水为流动相,烷烃为固定相的色谱系统。反相液-液色谱法适合于分离芳烃稠环芳烃及烷烃等化合物。这两种系统由于固定液易流失、重复性差,已被键合相色谱法所代替,但正相液-液色谱法在薄层色谱法中还广泛使用。

在液-液色谱中,流动相一般采用与固定液性质相差很大的不混溶的溶剂为流动相,流动相对固定相的溶解度尽可能小。因此,固定液和流动相的性质往往处于两个极端,例如当选择固定液是极性物质时,所选用的流动相通常是极性很小的溶剂或非极性溶剂。流动相使用前需预先用固定液饱和,或在分析柱前增加预饱和柱,以避免固定液流失。在正相液液分配色谱中,使用的流动相与液固色谱法中使用极性吸附剂时应用的流动相相似,此时流动相主体为己烷、庚烷,可加入 $<20\%$ 的极性改性剂,如 1-氯丁烷、异丙醚、二氯甲烷等,可以使溶剂的洗脱强度明显提高。在反相液液分配色谱中,使用的流动相相似于液固色谱法中使用非极性吸附剂时应用的流动相,此时流动相的主体为水,加入 $<10\%$ 的改性剂,如二甲基亚砜、对二氧六环、乙醇和异丙醇等。

9.7.3 梯度洗脱

在液相色谱中常采用梯度洗脱(在同一个分析周期中,按一定程度不断改变流动相的浓度配比,称为梯度洗脱)的方法,从而可以使一个复杂样品中性质差异较大的组分能按各自适宜的容量因子 k 达到良好分离的目的。流动相由几种不同极性的溶剂组成,通过改变回流动相中各溶剂组成的比例改变流动相的极性,使每个流出的组分都有合适的容量因子 k',并使样品中的所有组分可在最短时间内实现最佳分离。其具有的优点如下。

(1)缩短总的分析时间,可提高分析速度 1 ~ 19 倍。

(2)提高分离度。

(3)改善色谱峰形状,拖尾少。

(4)提高柱效,峰形扩张小,降低最低检出量。

注意事项:溶剂组分变化产生响应的检测器不适合用梯度淋洗,梯度淋洗常会引起基线漂移、噪声、假峰等问题。梯度洗脱中为保证流速的稳定,必须使用恒流泵,否则结果难以实现重现性。在具体操作上,以一种溶剂为主,然后以一定流量和速度加入另一种溶剂,使流动相极性改变,淋洗能力逐渐增强。

9.8 液相色谱分离模式的选择

任何一种分离模式都不是万能的,每一种模式都对某一特定分离对象有最佳的分离效果。高效液相色谱分析方法的建立也是由多种因素所共同决定的,通常在建立对某种样品的分析方法时需要解决以下问题。

(1)根据被分析样品的特性选择适用于样品分析的一种高效液相色谱分析方法。

(2)选择一根适用的色谱柱,确定柱的规格(柱内径及柱长)和选用的固定相(粒径及孔径)。

(3)选择优化的分离操作条件,确定流动相的组成、流速及洗脱方法。

(4)由获得的色谱图进行定性分析和定量分析。

在方法建立时,待分析样品的性质、实验室所具备的条件、前人从事过的相近工作经验的借鉴以及分析工作者自身的实践经验都对结果有着至关重要的影响。图 9.7 所示为建立高效液相色谱分离的系统性方法及过程。

9.8.1 分子量

挥发性的低分子量化合物,宜用气相色谱分离;分子量在 200 ~ 2 000 之间,可用液 - 固、液 - 液、离子交换色谱分离;分子量在 2 000 以上,用空间排斥色谱。对油溶性样品,若分析结果表明样品分子量小于2 000,且分子量差别不大,应进一步判定其为非离子型还是离子型。若为非离子型,则应考虑其是否为同分异构体或具有不同极性的组分,此时可采用吸附色谱法或键合相色谱法进行分离;若为离子型,则可用离子对色谱法进行分析。对于水溶性样品,当分子量小于2 000且分子量相差不大时可采用吸附色谱或分配色谱法;如果分子量相差较大时,则采用凝胶过滤色谱法进行分析;若不仅分子量相差较大且呈现出离子型时,可尝试离子色谱法。

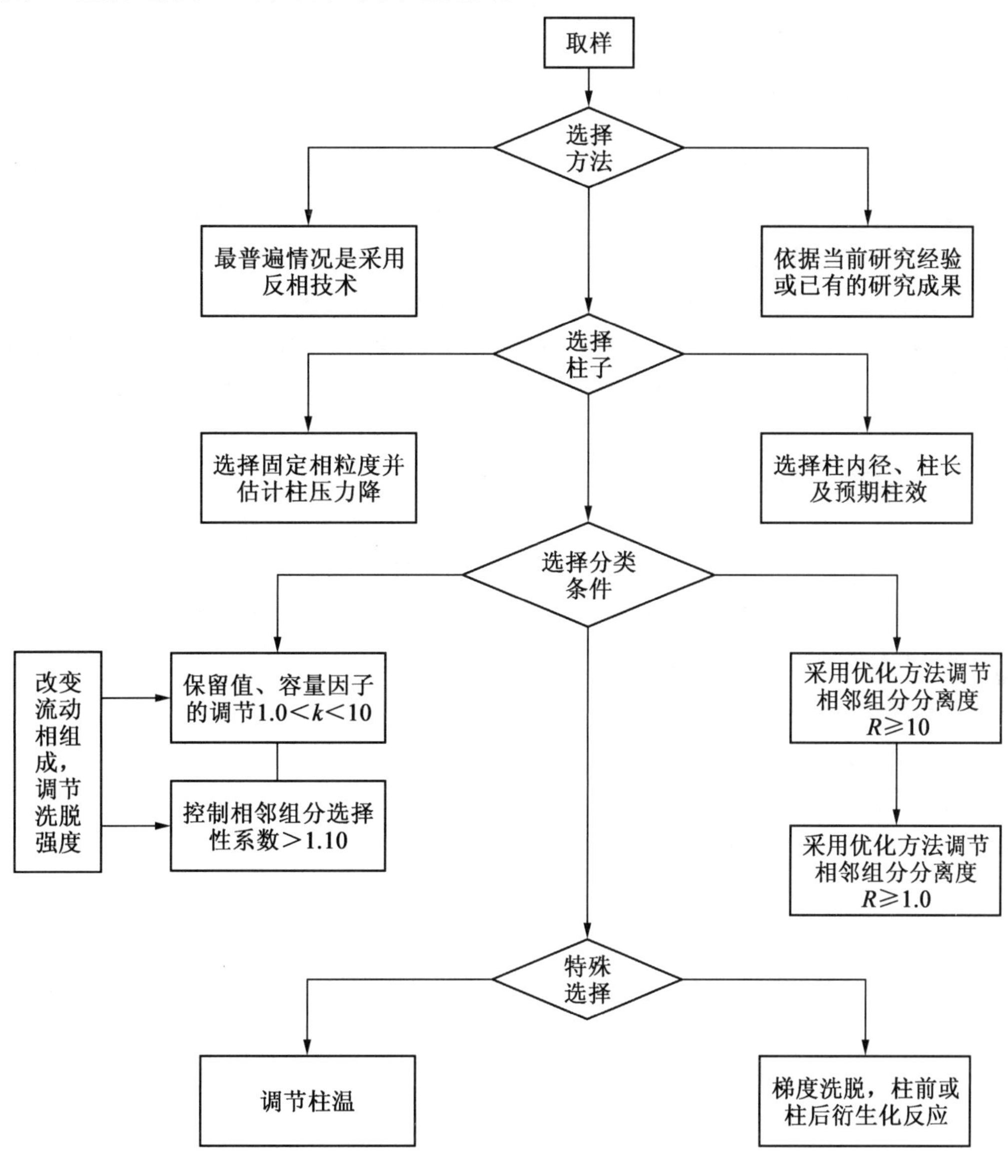

图9.7 建立高效液相色谱分离系统方法的过程

9.8.2 样品的溶解度

通常优先考虑的是样品不必进行预处理,就可经溶样进行分析,因此样品在有机溶剂和水溶液中的相对溶解性是样品最重要的性质。样品在水、异丙醇、异辛烷、苯、三氯甲烷等常见溶剂中的溶解情况,有助于选择合适的液相色谱技术。一般水溶性化合物,最好用离子交换色谱分离;能溶于稀酸或稀碱的试样,可用离子交换色谱;溶于苯、异辛烷等油溶试样,可用液固色谱;样品溶于四氯化碳,可用液－液色谱。

9.8.3 样品的分子结构

对样品的来源及组成有了初步了解后,应进一步考虑样品分子的分子结构和分析特性对选择分析方法同样至关重要。在该项选择上主要考虑以下三个方面。

1. 对同系物的分离

同系物具有相同的官能团,在分析时也表现出相同的分析特性。在分析同系物时,可采用的方法有吸附色谱法、分配色谱法或键合相色谱法。对同系物进行分离时,随着分子量的增加,保留时间也随之增大,因此无须使用提高柱效的方法来改善各组分的分离度。

2. 对映异构体的分离

对具有特殊选择性的对映异构体的分离,已成为高效液相色谱法研究的热点,它在高疗效的新型药物的质量检验中非常重要。使用通常的高效液相色谱方法无法将对映异构体分离,必须使用具有光学活性的固定相(如键合 β－环糊精或含手性基的杯芳烃衍生物)或在流动相中加入手性选择剂,才能将它们分离。

3. 对同分异构体的分离

对双键位置异构体(即顺反异构体)或芳香族取代基位置不同的邻、间、对位异构体,最好选用吸附色谱法进行分离。此时可利用硅胶吸附剂对异构体具有高选择性的特点,来实现分离,参见图 9.8 硝基苯胺异构体的分离。

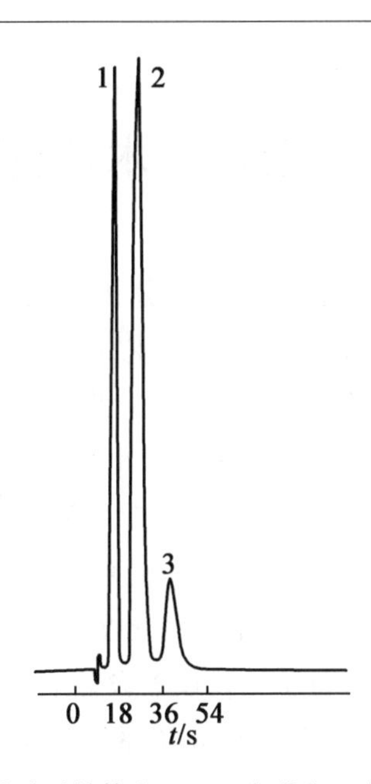

图9.8　硝基苯胺异构体在10 μm氧化铝上的液固色谱分离

色谱峰:1—邻硝基苯胺;2—间硝基苯胺;3—对硝基苯胺

色谱柱:150 mm×2.4 mm,LiChrosord Alox T 检测器:UVD,254 nm

流动相:40% CH_2Cl_2 - 己烷,流速100 mL/h

样品:浓度1 mg/mL CH_2Cl_2,进样1 μL

综上所述,可以列出如图9.9所示的简单的选择分离类型参考图。

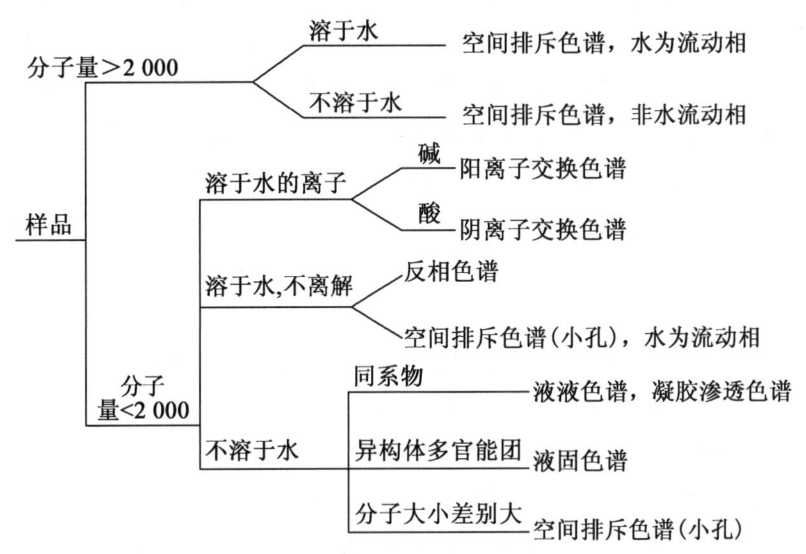

图9.9　选择分离类型参考图

9.9　前沿技术与应用

高效液相色谱作为一种非常重要的现代分析检测工具，自 20 世纪 80 年代以来，HPLC 成为国际分析化学界发展最快的一个分支，同时也是现今研究和化工工作中色谱模式应用最广的一个领域，在分析检测上，世界上约有超过 80% 的化合物，包含常见有机化合物、高分子化合物、热敏感化合物、离子型化合物以及具有生物活性的化合物都可以用不同模式的高效液相色谱法进行分离和分析。无论是仪器的使用广度，还是论文的发表数目，均雄居同期所有分析仪器的首位，由此可见，高效液相色谱仪在近代的发展道路上创造的无数辉煌以及帮助人类解决的难题之多。

高效液相色谱法应用之广，得益于其在仪器设备上的不断改善。首先在仪器结构上的突破，在传统液相色谱的基础上，采用超高压系统和小颗粒填料色谱柱的超高液相色谱（UHPLC）已经成熟，自 2005 年超高液相色谱问世的十多年来，围绕着高效液相色谱仪和超高效液相色谱仪进行着不断的研究改善，使超高效液相色谱仪不但具有普通高效液相色谱仪的所有优点，还具有超高速度、超高灵敏度以及超高分离度的特点，成为现代液相色谱仪新的发展方向。其次，色谱柱作为高效液相色谱仪的核心部件（其主要有柱管、压帽、密封环、筛板、接头、螺丝等组成）也在进行着不断的改善。现如今，已经开发出了可用于分离不同种类物质的色谱柱，并且色谱柱的制备技术也日趋成熟。色谱柱按照用途可分为常规分析柱（内径 2 ~ 5 mm）、毛细管柱（0.2 ~ 0.5 mm）、实验室制备柱（内径 20 ~ 40 mm）、生产制备柱等；根据填料的类型可分为碳十八柱（ODS/C18）、碳八柱（MOS/C8）、碳六柱（Hexyl/C6）、碳四柱（Butyl/C4）、阴离子交换柱（SCX）、阳离子交换柱（SAX）、苯基柱（Phenyl）和氨基柱（Amino/NH_2）等。由于不同种类色谱柱的发展，现在的高效液相色谱能够同时进行更多组分和更加复杂体系中组分的分离。

此外，在传统有机流动相的基础上，近年来多家色谱公司推出了以超临界二氧化碳为流动相的高效液相色谱仪。临界流体作为流动相，使高效液相泵压可从传统液相色谱仪 20 MPa 压强提高至 130 MPa，满足半微量、分析、半制备以及制备级的 SFC 要求，其泵的输送流量为 0.2 ~ 150 mL/min。最后，在检测器方面，与 HPLC 结合的检测器有紫外 - 可见光检测器（UV - Vis）、圆二色谱（CD）、火焰光度（FPD）、二极管阵列检测器（DAD）、蒸发光散射检测器（ELSD）、电化学检测器（ECD）、核磁共振波谱（NMR）、质谱（MS）、原子吸收光谱检测器（AAS）和原子荧光光谱检测器（AFS）等。这些不同类型的检测器中，紫外可见光检测器和二极管阵列检测器是应用范围最普遍的检测器，其中的蒸发光散射检测器有望成为高效液相色谱仪的通用检测器。多种色谱的联用大大提高了仪器检测的灵敏度和准确度，同时色谱联用技术的发展使研究者在获取物质定性、定量、结构特征等方面信息的能力得到极大提高，处理和收集信息的效率越来越高。随着新型仪器的研制，特别是随着高效液相色谱－质谱联用技术的成熟，不仅扩大高效液相色谱的应用领域，而且成为环境有机污染物分析和鉴定的重要工具，为环境有机污染物在环境中的迁移、转化、生态效应、生命周期评价等研究提供重要的手段。下面主要对高效液相色谱的应用举例。

9.9.1 高效液相色谱法在药品检验中的应用——药品含量测定

高效液相色谱法可对原料中各杂质、各成分的含量进行测定，特别是遇水化学性质不稳定的物质，如药品吡罗昔康（酰胺类化合物），其能够快速、准确、可靠地得出检测结论。而针对不同的药品，具体操作流程也存在差异。对于吡罗昔康，为了增强吡罗昔康水溶液的稳定性及溶解性，确保检测结果，需先使用 0.01 mol/L 的盐酸甲醇溶液；而对于四环素类抗生素，在对其进行测定的过程中，需要使用高效液相色谱法对四环素类抗生素进行组分分离；在对盐酸萘甲唑啉鼻用剂型凝胶中的盐酸萘甲唑啉含量进行测定时，应先将盐酸萘甲唑啉鼻用剂型凝胶中的高分子物质分离出来，常采取乙腈进行析出，以避免高分子物质影响液相柱而影响检测结果。高效液相色谱法还可用于检查药物生产制造及运输使用过程中产生的物质，通常在此过程中产生的物质含量极其微小，但为了保证产生的物质不对药品的安全性造成影响，必须加强对这些物质的检查。而高效液相色谱法具有极高的灵敏度，即便对含量微小的有关物质，也能获取准确的检测结果。例如，制备和使用盐酸特拉唑嗪片过程中，使用高效液相色谱法对其进行检测，检测范围可达0.05 μg/mL，而采用常规检测法检测精确度仅有 0.025 mg/mL。

9.9.2 中草药－成分分析

不同于西药确定的组成，中药的成分十分复杂，因此针对中药进行定性定量分析成为中药和化学研究学者的研究主题，而建立在各种现代分析仪器上的中药成分分析方法也成为中药质量评估的标准。为了实现中药成分中的有效成分的提取，各种新型的分离和萃取方法相继出现，如毛细管电泳（CE）、薄层色谱法（TLC）、超临界流体萃取法（SFE）、高效液相色谱法（HPLC）、微波辅助萃取技术（MAE）、超声波提取技术（UAE）等。在众多分析方法中，高效液相色谱法成为中药分析中应用最广的测试方法，也是多种中药的标准测试方法。1994 年和 1999 年分别发布了《高效液相色谱法分析中药成分手册》和《常用中草药高效液相色谱分析》。近年来利用高效液相进行中药分析的文章如雨后春笋，高效液相在中药指纹图谱的建立、有效成分的分离和定量测定、中药制剂的质量控制方面发挥着重要作用，并广泛用于黄酮、有机酸、酚类、生物碱、萜类等各种中药材有效成分的分析。

9.9.3 生命科学领域的分析

天然植物激素是一类小分子化合物，在较低浓度下就能够调节植物的生理和发育过程,如植物生长周期的发芽、生长、发育。植物激素根据它们的结构和生理功能不同主要分为以下几类,包括生长素、细胞分裂素(CKS)、脱落酸(ABA)、赤霉素(GAs)、乙烯(ET)等五大类。生长素和赤霉素的相互作用促进茎的伸长和单性结实,脱落酸和乙烯影响着叶子、花瓣、果实的脱落,控制气孔开度的调节和植物的成熟和老化,细胞分裂素控制细胞的分化、杆的伸长,虽然每一类激素具有特征性的生物学效应,但是多种激素通过相互影响发挥对植物生理活动的协同和拮抗作用。为了更好地理解分子机制和植物激素的相互作用,首先要获得植物激素在细胞和亚细胞水平的浓度以及空间多样化分布的基本信息。开发研究一些简单和灵敏的分析检测方法,为解答以上问题起到方法支持和技术保障。各种各样的分析方法已经被开发并用于分析检测植物激素,如酶联免疫吸附测定法(ELISA),由于其成本低、快速、灵敏度较高,是最早使用的植物激素分析检测方法之一。然而,酶联免疫吸附测定法(ELISA)很容易产生基质效应,导致假阳性的结果,有时需要额外更准确的分析,特别是当应用于低纯度提取物时,抗体的交叉反应性和干扰物质的抑制或激活使定量具有误导性,因而这种方法的应用逐渐减少。电化学技术相对于其他分析技术上的优点是简单、方便、成本低。早期的植物激素电化学的研究侧重于脱落酸、赤霉素和激动素、玉米素和细胞分裂素,结果表明,植物激素的电化学行为受到自身的酸碱性和基质的显著影响,因此电化学技术很少用于实际样品的测定。色谱法实际上是涉及溶解在流动相中的混合物通过固定相的分离,分配系数的细微差别导致混合物的分离行为。气相色谱技术(GC)是一种功能强大的工具,能够对植物激素进行结构鉴定和定量,但由于不是所有的化合物都是热稳定性好的,而且高温也降解热不稳定的化合物,同时气相色谱通常需要对待测物进行衍生化,才使其能够检测。高效液相色谱的流动相的组成和比例等可以得到灵活调节,因此可以分析很多难以分离的物质。高效液相色谱法(HPLC)更适合于大多数植物激素,不用经过衍生,可直接对极性化合物进行分析检测。

9.9.4 食品分析

分析食品或动物饲料中的维生素含量是当前食品工业中的重要课题。

1. 食品甜味剂的检测

甜味剂是食品生产中常用的一种添加剂,在食品中添加能够提升食品的甜度以及鲜度,属于蔗糖的替代品,本身含有较少的能量或者不含能量,多为人工合成。其中,糖精钠是一种使用较为广泛,同时人工合成历史比较长的甜味剂。对食品中糖精钠的测定相对简单,一般来说应用反相色谱柱就能进行测定,将 0.02 mol/L 的甲酸以及 5:95 的乙酸铵作为流动相,并设定 230 nm的紫外检测波长,这是目前比较简单的检测方法,同时也是我国通行的一种检测方法。另外在检测中应用反相离子对分配型 HPLC 法能同时测定食品中的甘草苷和糖精钠,也能较为简单便捷地进行检测。

2. 食品防腐剂的检测

食品销售面临着运输流转,以及商品货架期的压力,因此对食品的保质期有比较高的要求,目前对于一般性的食品通过采取添加食品防腐剂的方式来延长食品的保质期。食品防腐剂的添加需要严格按照 GB 2760—2014 的标准来执行。对于苯甲酸以及山梨酸这类防腐剂进行高效液相色谱检测法检测的过程中,一般选择 C18 色谱柱进行检测,在检测的过程中可以将甲醇、乙酸铵的混合溶液作为流动相,紫外线检测器的波长同样可以设置在 230 nm,在针对不同的样品进行检测时,需要采取不同的预处理方法,保证分离和检测效果。在检测的过程中一般将乙酸锌溶液与亚铁氰化钾溶液作为沉淀剂对检测的样品进行预处理。严格按照相关的流程进行食品检测能够较为准确地测定食品中的防腐剂。

本章参考文献

[1] 傅若农. 高效液相色谱进展(二)——微柱液相色谱近年的发展[J]. 国外分析仪器技术与应用, 2000(4):1 - 10.

[2] 汪秋兰, 王文清, 马永贵. 高效液相色谱法在中药有效成分含量测定中的应用[J]. 医药导报, 2011, 30(11):1474 - 1476.

[3] GUILLARME D, VEUTHEY J L. UHPLC in life sciences [M]. UK: The Royal Society of Chemistry, 2012.

[4] VOSOUGH M, SALEMI A. Exploiting second - order advantage using PARAFAC2 for fast HPLC - DAD quantification of mixture of aflatoxins in pistachio nuts[J]. Food Chemistry, 2011, 127(2):827 - 833.

[5] BARKA G. UV/VIS HPLC Photometer: US20150052984[P]. 2015 - 2 - 26.

[6] BRINGMANN G, GULDER T A, REICHERT M, et al. The online assignment of the-absolute configuration of natural products: HPLC - CD in combination with quantum chemical CD calculations[J]. Chirality, 2008, 20(5):628 - 642.

[7] HOWARD A G, RUSSELL D W. Borohydride - coupled HPLC - FPD instrumentation and its use in the determination of dimethylsulfonium compounds[J]. Analytical Chemistry, 1997, 69(15):2882 - 7.

[8] AMORIM M R D, RINALDO D, AMARAL F P D, et al. HPLC - DAD method for quantification of the flavonoids with antiradicalar activity in the hydroethanolic extract from tonina fluviatilis aubl. (Eriocaulaceae)[J]. Química Nova, 2013, 37(37):1122 - 1127.

[9] WAN J, LI S, CHEN J, et al. Chemical characteristics of three medicinal plants of the

Panax genus determined by HPLC - ELSD[J]. Journal of Separation Science, 2007, 30(6):825 - 832.

[10] RICHARD G C, HENRY R. Critical reviews of oxidative stress and aging: advances in basic science, diagnostics and intervention(in 2volumes)[M]. Singapore: World Scientific, 2002.

[11] AND R M S, CHIENTHAVORN O, WILSON I D, et al. Superheated heavy water as the eluent for HPLC - NMR and HPLC - NMR - MS of model drugs[J]. Analytical Chemistry, 2011, 71(20):4493 - 4497.

[12] NEBOT C, GUARDDON M, SECO F, et al. Monitoring the presence of residues of tetracyclines in baby food samples by HPLC - MS/MS[J]. Food Control, 2014, 46(46):495 - 501.

[13] 刘华琳, 赵蕊, 韦超, 等. 高效液相色谱 - 在线消解 - 氢化物发生原子吸收光谱联用技术研究[J]. 分析化学, 2005, 33(11):1522 - 1526.

[14] 王亚, 张春华, 申连玉, 等. 高效液相色谱/氢化物发生 - 原子荧光光谱法检测微藻中的砷形态[J]. 分析科学学报, 2014(1):21 - 25.

[15] 闫锦凤. 高效液相色谱技术在药品检验中的应用 [J]. 科技风, 2019(10):207.

[16] BRITZ W, KALLRATH J. Economic simulation models in agricultural economics: the current and possible future role of algebraic modeling languages[J] Springer Berlin Heidelberg, 2012:199 - 212.

[17] HIGASHI T, TAKIDO N, YAMAUCHI A, et al. Electron - capturing derivatization of neutral steroids for increasing sensitivity in liquid chromatography - negative atmospheric pressure chemical ionization - mass spectrometry[J]. Analytical Sciences, 2002, 18:1301 - 1307.

[18] 洪亚争, 祝剑翊. 浅谈高效液相色谱技术在食品检测中的应用 [J]. 现代食品, 2020(10):116 - 117.

[19] 刘道杰, 邓爱霞. 新型高效液相色谱固定相研究进展[J]. 化学试剂, 2004, 26(1):10 - 14.

[20] 武汉大学. 分析化学[M]. 2 版. 北京:高等教育出版社, 1978.

[21] 刘军伟. 新型聚合物微球的制备及其在高效液相/离子色谱中的应用 [D]. 杭州: 浙江大学, 2017.

[22] 金力超, 范玉明, 侯晓蓉, 等. 色谱联用技术在药物分析中的应用特点和新趋势[J]. 药物分析杂志, 2015(9):1520 - 1527.

[23] DEGANO I, NASA J L. Trends in high performance liquid chromatography for cultural heritage [J]. Top Curr Chem, 2016, 374(2): 1 - 28.

[24] CERJAN - STEFANOVIC Š. Optimization strategies in ion chromatography [J].

J LiqChromatogr RelTechnol, 2007, 30(5 –7): 791 –806.

[25] HAGE D S, ANGUIZOLA J A, BI C, et al. Pharmaceutical and biomedical applications of affinity chromatography: recent trends and developments [J]. Journal of Pharmaceutical & Biomedical Analysis, 2012, 69(8): 93 –105.

[26] 程晓华, 刘晓莉, 王玉娟, 等. 高效液相色谱法在卫生检验中的应用[C]. 新疆预防医学会 2003 年学术年会, 2003.

[27] 张义. 高效液相色谱仪的发展及其在药物分析中的应用[J]. 科研,2016(9):310.

[28] 曹磊, 赵洁丽. 超高效液相色谱(UPLC™)的优点及其在环境监测中的应用[J]. 环境科学与管理, 2009, 34(9):124 –127.

[29] 张婉, 王覃, 周悦,等. 超高效液相色谱技术在食品安全检测中的应用[J]. 现代科学仪器, 2010(4):119 –122.

[30] LIU H D, ZHENG A X, GONG C B, et al. A photoswitchable organocatalyst based on a catalyst – imprinted polymer containing azobenzene[J]. Rsc Advances, 2015, 5 (77):62539 –62542.

[31] WANG J, LIU X, WEI Y. Magnetic solid – phase extraction based on magnetic zeolitic imazolate framework –8 coupled with high performance liquid chromatography for the determination of polymer additives in drinks and foods packed with plastic[J]. Food Chemistry, 2018,256:358 –366.

[32] RAMEZANI A M, ABSALAN G, AHMADI R. Green – modified micellar liquid chromatography for isocratic isolation of some cardiovascular drugs with different polarities through experimental design approach[J]. Analytica Chimica Acta, 2018,1010:76 – 85.

[33] 于世林. 高效液相色谱方法及应用[M]. 北京: 化学工业出版社, 2018.

[34] 钱沙华, 韦进宝. 环境分析仪器[M]. 2 版. 北京:中国环境出版社, 2011.

[35] BIDLINGMEYER B A. Practical HPLC methodology and applications [M]. New York: John Wiley&Sons Inc, 1998.

[36] 孙宝盛, 单金林. 环境分析监测理论与技术[M]. 北京: 化学工业出版社, 2004.

[37] 王俊德, 商振华, 郁温露. 高效液相色谱法[M]. 北京: 中国石化出版社, 1992.

[38] SNYDER L R, KIRKLAND J J, DOLAN J W. 现代液相色谱技术导论[M]. 陈晓明, 唐雅妍, 译. 北京: 人民卫生出版社, 2010.

[39] 张庆合, 张维冰, 杨长龙, 等. 高效液相色谱实用手册[M]. 北京: 化学工业出版社, 2008.

[40] DOLAN J W. UV detector problems[J]. LC GC North America,2014, 32(6): 404 – 419.

[41] STELLA C, RUDAZ S, VEUTHEY J－L, et al. Silica and other materials as supports in liquid chromatography. Chromatographic tests and their importance for evaluating these supports. Part I[J]. Journal of Chromatography A,2001, 53: S111.
[42] 韦进宝, 吴峰. 环境监测手册[M]. 北京: 化学工业出版社, 2006.

第10章　离子色谱法

10.1　概　　述

早在20世纪40年代,离子交换树脂就开始被应用于分离离子性物质,但那时的填料物颗粒的粒径较大且很不均匀,而且流动相主要是靠重力自然流下,因此只能完成一些简单的分离,无法对柱流出物进行连续的检测,不但分离效果差而且耗时很长。直到1975年斯莫尔(Smal)等人发表了"应用电导检测器的新颖交换色谱法",才作为一种新型的液相色谱法出现。1979年,美国的JS. Frit提出非抑制型离子色谱。1998年,H. Sma将电解淋洗液在线发生器和自动再生抑制器结合,使IC只用水,不需用化学试剂。2003年,美国Dionex推出了商品仪器RFIC(Reagent Free Ion Chromatography)。离子色谱法的出现,解决了长时期以来阴离子缺乏灵敏、快速的分析方法,是分析化学的一项重大突破。

离子色谱(Ion Chromatography,IC)作为仅次于高效液相色谱、气相色谱的第三大色谱分离方式,随着色谱技术的普及,离子色谱逐步应用到各个领域,不仅作为常规无机阴、阳离子的分析手段,也应用于有机生物分子的分析,例如有机酸、有机胺、氨基酸、糖及抗生素等,目前已经在环境检测、电力、半导体行业、食品、生化等领域得到广泛应用。离子色谱(IC)不同于高效液相色谱(HPLC),其独特选择性是其快速发展的推动力。两项成就加速了离子色谱的发展,一项是淋洗液在线发生器,只用水即可在线得到高纯氢氧根(OH^-)淋洗液与碳酸盐淋洗液,使用氢氧根淋洗液的梯度淋洗可成功实施;另一项是高效电解抑制器的发展。与HPLC不同,IC中影响选择性的关键因素是固定相,新离子交换剂的研究一直是IC研究发展中的热点。抑制器是离子色谱不同于HPLC的关键部件,构成离子色谱应用最广的抑制型电导,近年来有较多的改进与发展。离子色谱的分离机理主要是离子交换,共有三种分离方式分别为高效离子交换色谱(HPIC)、离子排斥色谱(HPIEC)和离子对色谱(MPIC)。用于这3种分离方式柱填料的树脂骨架基本都是苯乙烯-二乙烯基苯的共聚物,但是功能和容量各不相同。HPIC用低容量的离子交换树脂,HPIEC用高容量的树脂,MPIC用不含离子交换基团的多孔树脂。3种分离方式各基于不同分离机理。HPIC的分离机理主要为离子交换,HPIEC主要为离子排斥,而

MPIC 主要基于吸附和离子对的形成。

自 20 世纪 80 年代 IC 技术进入中国以来，我国的 IC 行业先后经历了艰难起步阶段(1983～1988 年)、开拓创业阶段(1988～2000 年)和蓬勃发展阶段(2001 年至今)。近年来，我国已经实现了离子色谱仪的自主研发生产，取得了多项研究成果。在离子色谱应用中开发了一大批具有实用性的分析方法。从仪器的自主研制到方法的开发应用以及进入《中国药典》，都标志着我国 IC 行业的发展和进步。发展概况主要分为如下几个方面。

(1)硬件技术的研发。硬件技术是 IC 行业发展的基础。经过多年研发，我国 IC 仪器整机设计研制有了突破性的发展，其整机性能有较大的提高。目前，青岛盛瀚色谱技术有限公司、青岛普仁仪器有限公司、北京历元电子仪器有限公司等 10 余家公司可以生产销售国产离子色谱仪，它们代表了国内离子色谱仪的水平。其中关键器部件也有了代表性的研究成果，如华东理工大学杨丙成教授课题组自主研发的在线淋洗液发生器和平板膜抑制器已经实现了小规模生产；浙江大学朱岩教授课题组围绕阀切换装置做了大量的研究工作，其自主研发研制的阀切换装置已经完成样机的设计；苏州大学李晓旭副教授课题组一直从事 IC 与 MS 质谱联用接口的制作，期待有所突破。总之，目前我国 IC 的整机和关键器部件技术虽已取得长足进步，但相比国际水平还有相当大的差距，我国 IC 行业的研发和产业化水平都有待进一步提升。

(2)仪器的国家标准修订。近几年，我国计量部门修订了“离子色谱仪检定规程”“国家标准”和“型式评价大纲”。(JJG 823—2014)《离子色谱仪检定规程》代替了(JJG 823—1993)《离子色谱仪检定规程》。2013 年 7 月由山东省计量科学研究院牵头修订的“离子色谱仪国家标准”已于 2019 年 1 月正式实施，由中国计量科学研究院牵头起草的“离子色谱仪型式评价大纲”也于 2018 年 6 月正式发布。IC 仪器计量标准的更新是我国 IC 行业的一次重大变革，这将极大地促进我国 IC 产业的后续发展，推动我国 IC 行业缩小与国际水平的差距。

(3)标准方法和药典制定。我国在 IC 的应用方面做了大量技术积累，很多企业标准、地方标准、行业标准、国家标准中都有涉及。据不完全统计，在我国 2010～2016 年正式公布的国家与行业标准分析方法中，涉及离子色谱法的多达 50 余种，并有相当数量的方法被《中国药典》(2015 年)收录。另外，还有一些 IC 法虽然没有被《中国药典》收录，但是可以作为《中国药典》中规定检测方法的替代方法，例如采用滴定法测定有效成分乙酰甲基氯化胆碱(methacholine chloride)。按照方法所示，实验过程中需要使用剧毒试剂乙酸汞，但这在实际工作中是非常不方便的。使用 IC 法不需要使用剧毒试剂，可以直接检测目标物，而且实验的灵敏度和准确度都优于滴定法。

10.2 离子色谱法的特点和仪器的基本组成

10.2.1 离子色谱法的特点

离子色谱法以无机离子,特别是无机阴离子混合物为主要分析对象,在 20 世纪 70 年代出现,80 年代得到了迅速发展。传统离子交换色谱存在以下两个难于解决的问题。

(1)需要高浓度淋洗液洗脱且洗脱时间很长。

(2)洗脱后的组分缺乏灵敏、快速的在线检测方法。

与传统离子交换的不同点是采用交换容量非常低的特制离子交换树脂为固定相;研究并使用细颗粒作为柱填料,大幅提高柱效;采用高压输液泵;使用低浓度淋洗液(在分离柱后,采用抑制柱来消除淋洗液的高本底电导);采用电导检测器,使微量无机离子混合物能够得到快速分离分析;各种抑制装置及无抑制方法的出现,使离子色谱法发展迅速。

离子色谱具有以下优点。

(1)对无机阴离子的分析具有绝对优势。

(2)分析速度快。通常几分钟至十几分钟。

(3)检测灵敏度高,可达 $10^{-8} \sim 10^{-10}$。

(4)选择性好,非离子性物质无保留,可对多离子进行同时分析。

(5)离子色谱柱的稳定性高,使用寿命长。

10.2.2 离子色谱仪的检测流程及基本结构

离子色谱仪的检测流程和基本结构如图 10.1 所示。

(1)对淋洗液系统进行必要检查,打开载气气瓶开关,调节减压阀;打开淋洗液系统气源装置,调节减压阀。

(2)分别按顺序打开主机 - 电脑 - 打印机等设备电源开关,对设备进行上电操作。

(3)在工作界面进行系统操作前的准备和管理工作。

(4)打开泵。如色谱分析仪长时间不使用或更换淋洗液后,要先打开平衡泵头上的 PRIME 阀排气后再开泵,待泵压力稳定后再打开抑制器电源。

(5)在进入色谱柱之前通过进样器将样品导入,流动相将样品带入色谱柱, 在色谱柱中各组分被分离,并依次随流动相流至检测器。

(6)检测器检测到的信号送至数据系统,利用操作界面做完样后,选择检测标准进入数据处理,对采集数据进行记录、处理、保存等操作。

(7)测量完毕后关机,系统关机需要根据检测样品不同选择不同关机步骤。对于阴阳离子,需要先将抑制器电流关掉,然后再关泵,最后关主机。

在仪器结构方面,离子色谱仪和高效液相色谱仪均有溶剂输送系统、进样系统、检测系统和信号记录和处理系统,但由于离子色谱仪和高效液相色谱仪所用的流动相不同、检测方式不同及信号处理的要求不同,在各部件上有一些差别,抑制型离子色谱仪结构示意图如图 10.2 所示。离子色谱仪与高效液相色谱仪的区别如图 10.3 所示,与高效液相色谱仪相比有如下几个不同点。

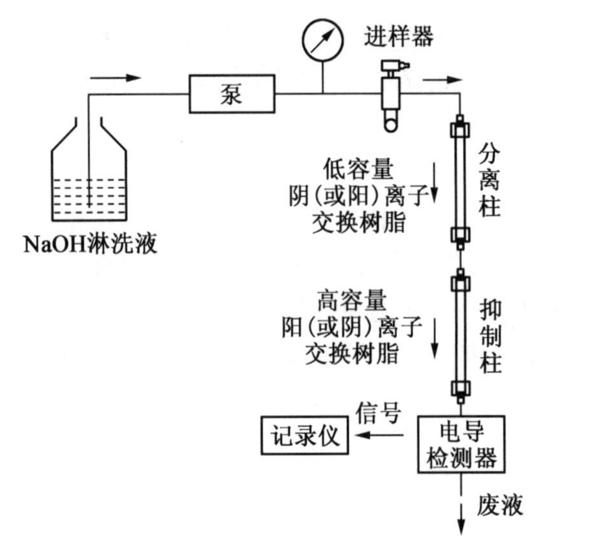

图 10.1 离子色谱仪的检测流程图及基本结构

图 10.2 抑制型离子色谱仪结构示意图

1—淋洗液槽;2—泵;3—进样阀;4—分离柱;5—抑制柱;6—电导池;7—记录仪;8—积分仪;9—计算机

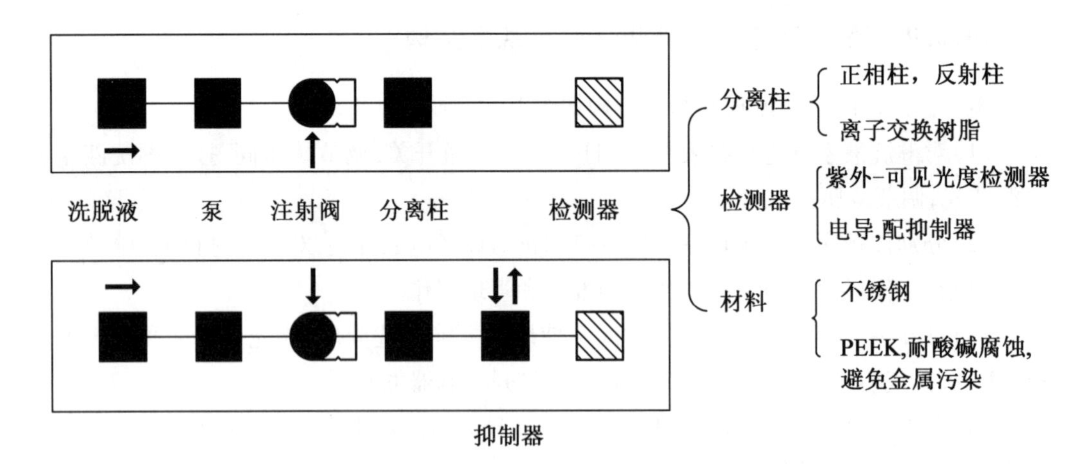

图 10.3 高效液相色谱仪与离子色谱仪的区别

(1)应用材料的不同。离子色谱仪一般采用酸、碱及盐的水溶液作为流动相,因此通常离子色谱仪采用非金属材料作为整个系统材料,要求可以耐酸、耐碱,如 Peek 塑料。

而高效液相色谱仪由于一般采用有机溶剂作为淋洗液,因此多数还是采用金属泵体,可以耐任何类型的有机溶剂,但对于酸或碱的溶剂,使用易产生腐蚀现象。

(2)离子色谱仪又分为抑制型和非抑制型,目前被广泛应用的是抑制型离子色谱仪,采用了抑制器,而普通高效液相色谱仪没有类似装置。抑制器的结构上与高效液相色谱仪的柱后衍生系统相似,是抑制型离子色谱仪必备组件之一。

(3)离子色谱仪与高效液相色谱仪另一差异是检测器,一般情况下高效液相色谱仪采用紫外-可见光度检测器;而离子色谱仪最通用的检测器是电导检测器。

(4)分析对象的差异。高效液相色谱仪一般用于有机化合物的分析;离子色谱主要用于无机离子的分析。

除此之外,两者在色谱柱相等方面也各有差异。与高效液相色谱仪一样,色谱柱是色谱分离的核心部件,主管材料为惰性。离子色谱仪中色谱柱一般在室温下使用,柱的内径大部分为4~8 mm,柱长在50~100 mm之间,相较于液相色谱柱要短。柱内为填充的固定相,由基质和功能基团两部分组成,其中基质是作为功能基团的载体,主要的材质是有机聚合物和硅胶;功能基团与流动相接触而产生离解,从而形成带有电荷的离子交换层,待测分析物的分离就在这里实现。阳离子交换剂的功能基团可以离解出 H^+ 的磺酸基、羧酸基和磷酸基;阴离子交换剂的功能基团主要产生的是季铵基。

离子色谱仪的进样器和输液泵与高效液相色谱仪相同。

离子色谱仪的检测器主要有电化学检测器和光学检测器两大类。其中电化学检测器又分为电导检测器和安培检测器两种。其中电导检测器最为常用,其原理为溶液中的离子越多,在两电极间通过的电流越大。在低浓度时,电导率直接与溶液中导电物质的浓度成正比。光学检测器包括紫外-可见光检测器和荧光检测器,其检测原理与高效液相色谱相同,前一种主要用于过渡金属、重金属和稀有元素的检测,后一种主要用于氨基酸的检测。

检测器作为信号处理和对分析物定性定量的关键部件需满足以下条件。

(1)检测灵敏度高,保留时间短。

(2)线性范围宽。

(3)基线变化小(漂移),背景噪声低。

(4)死体积小,以便减小峰形变宽。

10.3 离子色谱法的分类

离子色谱法指的是利用被测物质的离子性进行分离和检测的液相色谱方法。离子色谱法按分离方式可分为离子交换色谱法(Ion Exchange Chromatography,IEC)、离子排斥色谱法(Ion Chromatography Exclusion,ICE)、离子对色谱法(Ion Pair Chromatography,

IPC)、离子抑制色谱法(Ion Suppression Chromatography,ISC)和金属配合物离子色谱法(Metal Complex Ion Chromatography,MCC)。前三种方法是目前主要的应用方法,而后两种仅作为分立方式应用报道,本节将对前三种进行介绍。

10.3.1 离子交换色谱法

1. 离子交换色谱法原理

IEC 的分离机理主要是离子交换,基于离子交换树脂上可离解的离子与流动相中具有相同电荷的溶质离子之间进行的可逆交换,其次是非离子性的吸附。离子交换色谱在离子交换进行的过程中,流动相(离子色谱中通常称为淋洗液)连续提供与固定相离子交换位置的平衡离子相同电荷的离子,这种平衡离子(淋洗液中的淋洗离子)与固定相离子交换位置的相反电荷以库仑力结合,并保持电荷平衡。进样之后,样品离子与淋洗离子竞争固定相上的电荷位置。因此,基于流动相中待测组分离子和固定相表面离子交换基团之间的离子交换过程,使样品中不同的离子通过色谱柱后可得到分离。

典型的离子交换模式是样品溶液中的离子与固定相上的离子交换位置上的反离子(或称平衡离子)之间直接的离子交换。例如用阴离子交换分离柱、NaOH 作为淋洗液分析水中的 F^-、Cl^- 和 SO_4^{2-} 时,在树脂功能基位置发生淋洗液阴离子(OH^-)与样品阴离子的离子交换平衡,这种平衡是可逆的,反应式为

$$\text{Resin—NR}_3^+\text{OH}^- + \text{Cl}^- \rightleftharpoons \text{Resin—NR}_3^+\text{Cl}^- + \text{OH}^-$$

Cl^- 和 SO_4^{2-} 与季铵功能基之间的作用力不同,一价的阴离子(Cl^-)对树脂亲和力较二价的离子(SO_4^{2-})弱,因此较二价的离子通过柱子快。这个过程决定了样品中阴离子之间的分离。将上述离子交换反应的平衡常数 K 称为选择性系数。离子交换反应可用通式表示为

$$yA_m^{x-} + xE_s^{y-} \Leftrightarrow yA_s^{x-} + xE_m^{y-}$$

式中,A 为样品阴离子;E 为淋洗离子;m 为流动相(或溶液);s 为固定相(或树脂)。

阳离子交换选择性系数的表示式与阴离子相同,仅电荷相反,反应式为

$$\text{Resin—SO}_3^-\text{H}^+ + \text{Na}^+ \Leftrightarrow \text{Resin—SO}_3^-\text{Na}^+ + \text{H}^+$$

平衡常数为

$$K_H^{Na} = \frac{[Na^+]_s[H^+]_m}{[H^+]_s[Na^+]_m} \tag{10.1}$$

式中,K_H^{Na} 为该反应体系平衡常数;s 和 m 分别为树脂相和溶液相。

分配系数 K_D表示溶质在固定相和流动相中的浓度比,即 $K_D = c_s/c_m$,c_s和 c_m分别为溶质在固定相和流动相中的浓度。ICE 中用分配系数 K_D来描述溶质离子被离子交换固定相吸引的程度,溶质的保留时间是由流速和溶质在两相间的分配系数决定的,不同离子分配系数的差异是色谱分离的基础。

接下来以 Na^+ 和 Ca^{2+} 在磺酸功能基阳离子交换树脂上的分离为例来讨论 IC 的分配

系数,下式表示在离子交换树脂上淋洗离子(H^+)与样品离子(Na^+)之间的反应:

$$R—SO_3^- H^+ + Na^+ \Longleftrightarrow R—SO_3^- Na^+ + H^+$$

则平衡常数可表示为

$$K_H^{Na} = \frac{[Na^+]_s [H^+]_m}{[H^+]_s [Na^+]_m} \tag{10.2}$$

式(10.2)中的 Na^+ 在树脂相和溶液相的浓度比,即分配系数 K_D。淋洗离子的浓度远大于溶质离子的浓度。其中阳离子 H^+ 是典型的淋洗离子,因此$[H^+]_s$的浓度接近于树脂的容量 c_R,则式(10.2)可表示为

$$\frac{[Na^+]_s}{[Na^+]_m} = K_D = \frac{K_H^{Na} c_R}{[E]_m} \tag{10.3}$$

2. 离子交换色谱法的选择原则

为得到最佳分离效果,离子交换剂有如下选择原则。

(1)如果被分离物质带正电荷,则选用阳离子交换剂;如果带负电荷,应选用阴离子交换剂。

(2)强型离子交换剂适用的 pH 范围很广,用来分离一些在极端 pH 中解离且较稳定的物质;弱型离子则适宜用来分离生物大分子,活性不易丧失。

(3)在分离生物大分子物质时,由于亲水性基质对被分离物质的吸附和洗脱都比较温和,生物活性不易破坏而常被选用。

(4)交换容量。通常选用离子交换剂与溶液中离子或离子化合物进行交换能力较大的介质。

(5)交换速度。一般选用交换速度快的介质。

3. 离子交换色谱法流动相的选择

离子交换色谱法的流动相通常是含盐的缓冲水溶液。为了适应不同的分离需要,有时添加适量能与水相溶的有机溶剂,如甲醇、乙腈、四氢呋喃等,以改进样品的溶解性能,提高选择性,改善分离。缓冲液的选择有如下几个原则。

(1)对于两性蛋白质来说,缓冲液的 pH 决定蛋白质在该缓冲体系下所带的电荷。如图 10.4 所示,以 pI 为 5 的蛋白为例,验证 pH 与蛋白静电荷的关系。

(2)在离子交换剂的交换容量固定的情况下,起始缓冲液的浓度应尽可能低。

(3)缓冲液离子不影响被分离蛋白或干扰其活性,同时不应影响目标蛋白的溶解度。

4. 离子交换色谱法的淋洗液

选择适当的淋洗液是改善分离度的有效方法,淋洗液的选择主要依据所采用溶质离子的性质。通常情况下,淋洗离子与固定相之间的作用力应该和溶质离子与固定相之间的作用力相当,抑制型电导检测器的淋洗液在通过抑制器后,能够转变为低电导率的弱电解质,非抑制型电导检测器淋洗液本身就具有较低的电导率。抑制型阴离子色谱常用碳酸盐溶液作为淋洗液,其中应用最广泛的是 $NaHCO_3$ 与 Na_2CO_3 混合液,通过改变其混

合比例得到不同 pH 和淋洗能力的淋洗液，具有很宽的适用范围和良好的选择性；非抑制型离子色谱以弱电解质溶液作为淋洗液，最常用的为 NaOH 或苯二甲酸盐的碱溶液；阳离子的分离和分析常以无机酸作为淋洗液。

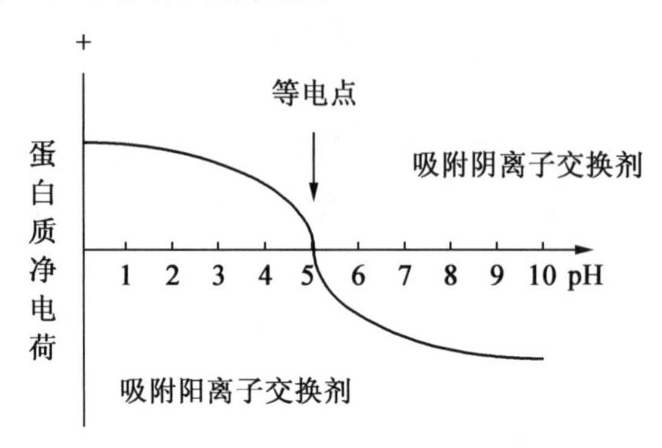

图 10.4　蛋白质静电荷与 pH 的关系

5. 离子交换色谱法的应用

(1)阴离子分析。

①弱保留离子的分离。弱保留的离子主要包括一价无机阴离子(如 F^-、Cl^-、CN^-、HCO_3^- 等)、一元羧酸(如奎尼酸、乳酸、乙酸、丙酸、甲酸、丁酸、甲基磺酸、丙酮酸、戊酸、溴酸、一氯乙酸等)等。对它们的分离一般采用的方法是选用高容量分离柱与弱的淋洗液，或高容量柱梯度淋洗，另一种方法是选用特殊选择性的固定相。

②易极化阴离子和多价阴离子的分离。常见的易极化无机阴离子，如 I^-、SCN^-、ClO_4^-、$S_2O_3^{2-}$、二元羧酸(如草酸、邻苯二甲酸、柠檬酸)及含氧金属阴离子 MoO_4^{2-}、WO_4^{2-}、CrO_4^{2-} 和多聚磷酸盐等，它们对阴离子交换固定相的亲和力较强，在通常无机阴离子的色谱条件下，上述离子有很长的保留时间，色谱峰出现展宽而且拖尾现象严重，甚至无法被洗脱。因此通常选用亲水性的固定相或在流动相中添加适当的有机溶剂来减少其对固定相的亲和力。常在淋洗液中加入氰酚、甲醇、乙腈等来降低吸附作用，改善峰形。例如用中等疏水柱分离 I^- 和 SCN^-，在淋洗液中加入 0.75 mmol/L 的对氰酚，可明显改善峰形和减少保留时间，如图 10.5 所示。

③对多聚磷酸盐的分离。宜选择对 OH^- 亲和力强、柱容量大的亲水性阴离子分离柱，抑制型电导或柱后衍生光度法检测，如图 10.6 所示。

④对有机酸的分离，IEC 可用离子交换和离子排斥两种分离方法，两种方法区别见表 10.1，用离子交换分离时，有机酸的电荷数是影响保留的主要因素，对离子交换剂的亲和力是三元酸 > 二元酸 > 一元酸。

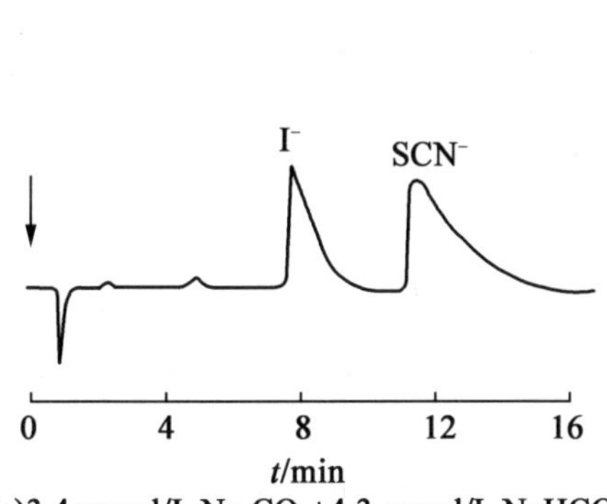

(a)3.4 mmol/L Na_2CO_3+4.3 mmol/L $NaHCO_3$

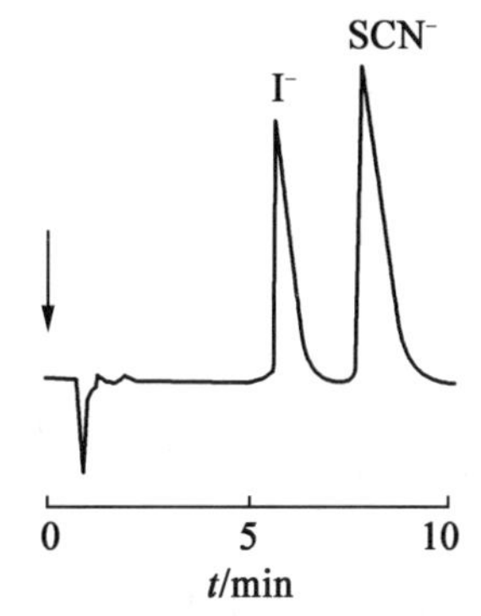

(b)3.4 mmol/L Na_2CO_3+4.3 mmol/L $NaHCO_3$+0.75 mmol/L对氰酚

图 10.5　有机溶剂对拖尾的影响

（分离柱：IonPacASI5）

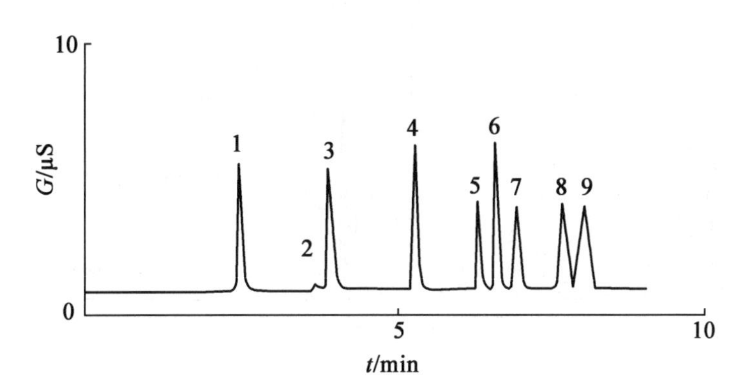

图 10.6　多聚磷酸盐的分离

分离柱：IonPacAs16；淋洗液（EG40）：NaOH 梯度，0～1.7 min，25 mmol/L；1.7～2.5 min，25～65 mmol/L

流速：1.5 mL/min；进样体积：10 μL

色谱峰（mg/L）：1—Cl^-（3）；2—CO_3^{2-}（3）；3—SO_4^{2-}（5）；4—PO_4^{3-}（10）；5—焦磷酸（10）；6—三甲基磷酸（10）；7—三聚磷酸（10）；8—四甲基磷酸（10）；9—四聚磷酸（10）

表 10.1　离子交换和离子排斥分离有机酸的比较

有机酸	阴离子交换	离子排斥
羟基丙酸（乳酸）/丁二酸（琥珀酸）	分离很好，一价和二价阴离子对固定相亲和力不同	共洗脱
丙酮酸/二羟基丁酸（酒石酸）	分离很好，一价和二价阴离子对固定相亲和力不同	共洗脱
有机酸	阴离子交换	离子排斥
柠檬酸/异柠檬酸	分离很好	共洗脱
丙二酸/羟基丁二酸	加入有机改进剂可分开，同为二价阴离子，疏水性不同	分离很好

续表 10.1

有机酸	阴离子交换	离子排斥
丁二酸/羟基丁二酸	加入有机改进剂可分开，同为二价阴离子，疏水性不同	分离好
反式丁烯二酸（富马酸）/草酸	加入有机改进剂可分开，同为二价阴离子，疏水性不同	分离好

⑤除此之外还可用于多价有机阴离子的分析、糖类化合物的分析、氨基酸类的分析等适用范围十分广泛。如图 10.7 所示为 22 种氨基酸的分离谱图。

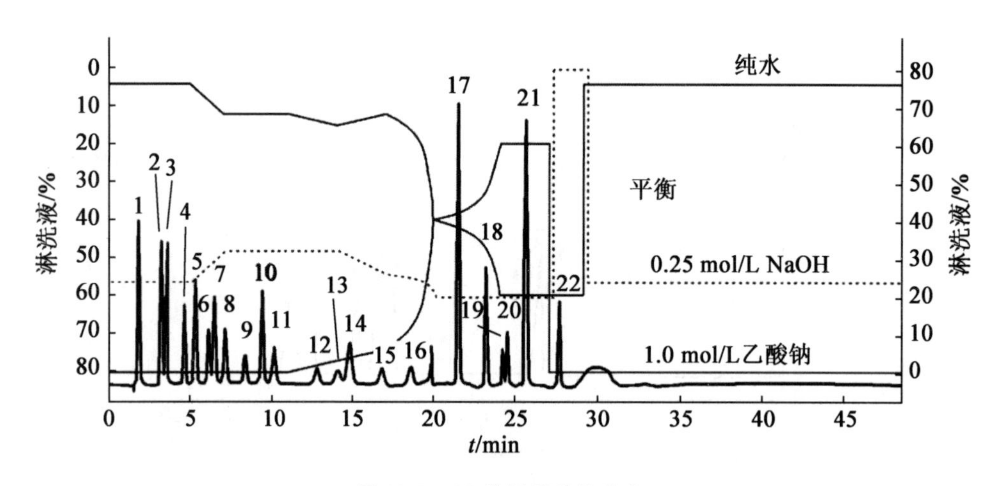

图 10.7　22 种氨基酸的分离

分离柱：AminoPac PA10；淋洗液：NaOH - NaAc；检测器：积分脉冲安培，金工作电极；进样量：25 μL
色谱峰（100 pmol/L）：1—精氨酸；2—鸟氨酸；3—赖氨酸；4—谷氨酰胺；5—天冬酰胺；6—丙氨酸；7—苏氨酸；8—苷氨酸；9—缬氨酸；10—丝氨酸；11—脯氨酸；10—异亮氨酸；11—亮氨酸；14—蛋氨酸；15—正亮氨酸；16—牛磺酸；17—组氨酸；18—苯丙氨酸；19—谷氨酸；20—天冬氨酸；21—胱氨酸；22—酪氨酸

（2）阳离子的分离。

IC 也广泛应用于阳离子的分析，由于有多种灵敏的多元素分析方法（特别是 ICP - MS），IC 在阳离子分析中尚未成为主要的分析方法，但对碱金属、碱土金属、铵及胺类化合物的分析，IC 有明显的优势。阳离子的分离机理、抑制原理与阴离子相似，只是电荷相反，因此这里不过多赘述。

10.3.2　离子排斥色谱法

自 Wheaton 和 Bauman 1953 年提出离子排斥色谱法之后，其分离机理一直在不断发展与完善，离子排斥色谱（ICE）主要用于无机弱酸和小分子有机酸的分离，也可用于醇类、酮类、氨基酸和糖类的分离。

1. 离子排斥色谱法的分离机理

离子排斥色谱法的分离机理主要包括三种，即 Donnan 排斥、位阻排阻（空间排斥）、疏水性相互作用（吸附）。典型的离子排斥色谱柱是全磺化高交换容量的 H^+ 型阳离子交换剂，其功能基为磺酸根阴离子（SO^{3-}），树脂表面的负电荷层对负离子具有排斥作用，即所谓的 Donnan 排斥。由于 Donnan 排斥，完全离解的酸不被固定相保留，在死体积处被洗脱；而未离解的化合物不受 Donnan 排斥，能进入树脂的内微孔，分离是基于溶质和固定相之间的非离子性相互作用。图 10.8 所示为 HPICE 柱上发生的分离过程简图。图 10.8 表明了树脂表面以及键合在上面的磺酸基（—SO^{3-}），若纯水通过分离柱，会围绕磺酸基形成一水合壳层，与流动相中的水分子相比，水合壳层的水分子排列在较好的有序状态。在这种保留方式中，类似 Donnan 膜的负电荷层表征了水合壳和流动相之间界面的特性，这个壳层只允许未解离的化合物通过，完全离解的盐酸淋洗液不能透过这个壳层。

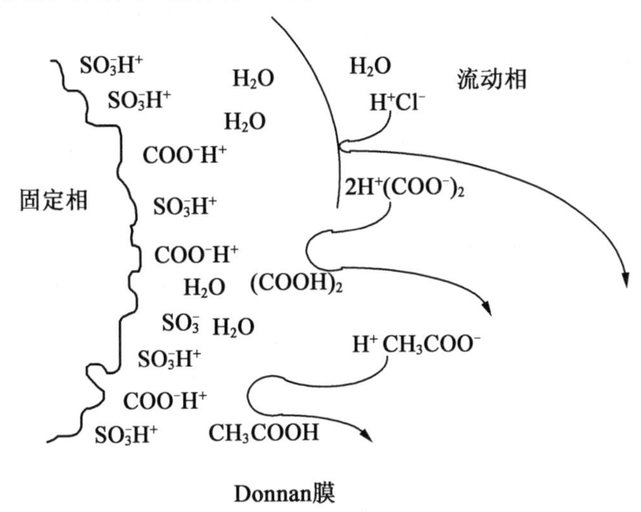

图 10.8　HPICE 柱上发生的分离过程简图

2. 离子排斥色谱法的固定相

离子排斥色谱法中应用最广泛的固定相是经过总体磺化的苯乙烯 - 二乙烯基苯（PS - DVB）H^+ 型阳离子交换树脂。其中二乙烯基苯含量所占的百分比，即树脂的交联度对有机酸的保留是非常重要的参数。树脂的交联度决定了有机酸扩散进入固定相的程度，因而会对保留的强弱产生影响。经过研究表明，高交联度（10%）的树脂适宜弱离解有机酸的分离，较强离解有机酸的分离则适合用低交联度（2%）的树脂，目前，使用较多的是交联度为 8% 的树脂。

目前磺化的 PS - DVB 树脂柱已成功应用于亲水性羧酸和短碳链脂肪羧酸的离子排斥分离。由于长碳链的脂肪羧酸和芳香羧酸的强疏水性，在磺化的 PS - DVB 树脂柱上会造成峰形拖尾、保留时间变长的现象。针对这种现象可以在淋洗液中加入有机改进剂改善峰形和缩短保留时间，但有机溶剂的加入量不宜太高，因为目前用于排斥柱树脂的交联度大多是8%,在高浓度的有机溶剂中会收缩,有机溶剂的分子还可能保留在树脂上,干扰有机酸的测定。

具有磺酸与羧酸两种功能基的中等疏水性阳离子交换剂,如 IonPac ICE - AS6 离子排斥柱,可与有机酸中的羟基形成氢键,由于离子排斥、疏水性吸附和氢键,增加对羟基取代酸的保留,对弱酸的保留明显增加,可较好分离在单纯磺酸功能基柱上难分离的有机酸。聚苯乙烯基质的离子排斥固定相不宜用于芳香羧酸的分离,因为固定相的芳香环与芳香羧酸的芳香环之间有 π - π 相互作用,使芳香羧酸与固定相之间发生较强的疏水吸附,导致溶质保留值太强,难以在合理的时间被洗脱。

3. 离子排斥色谱法的流动相(淋洗液)

与离子交换色谱法不同,离子排斥色谱法中淋洗液的主要作用是改变淋洗液的 pH,调控有机酸的离解。常用的淋洗液主要是矿物酸(如 HCl、H_2SO_4、HNO_3、$HClO_4$)和有机酸(如脂肪磺酸、全氟羧酸、芳香酸)。最简单的淋洗液是去离子水,由于纯水的酸度近中性,一些有机酸在近中性水溶液中的存在形态有中性分子型也有阴离子型(如碳酸),因此峰形较宽,应用较少。淋洗液是影响有机酸保留的主要因素,一般情况是分离度随淋洗液中酸浓度的增加而增加。如图 10.9 所示,当淋洗液(HCl)的浓度从0.02 mol/L 增至0.03 mol/L 时,草酸的保留时间增加,硫酸与草酸之间的分离得到明显改善;除个别有机酸(如溴乙酸、氯乙酸)外,淋洗液浓度改变对洗脱顺序的影响比较小;因为酸性淋洗液抑制弱酸的离解,羧酸和固定相表面发生的疏水性作用会导致疏水性羧酸保留时间的增加;对疏水性较强的脂族一元羧酸,为减弱它们的保留和改善峰形,可在淋洗液中加入小量有机溶剂(有机改进剂),常用的有机溶剂有乙腈、甲醇、丙酮等;温度对有机酸保留的影响一般不大,但对戊二酸、丙二酸、富马酸与琥珀酸保留影响较大,温度增加时,它们的保留时间明显减小,可导致洗脱顺序的改变。

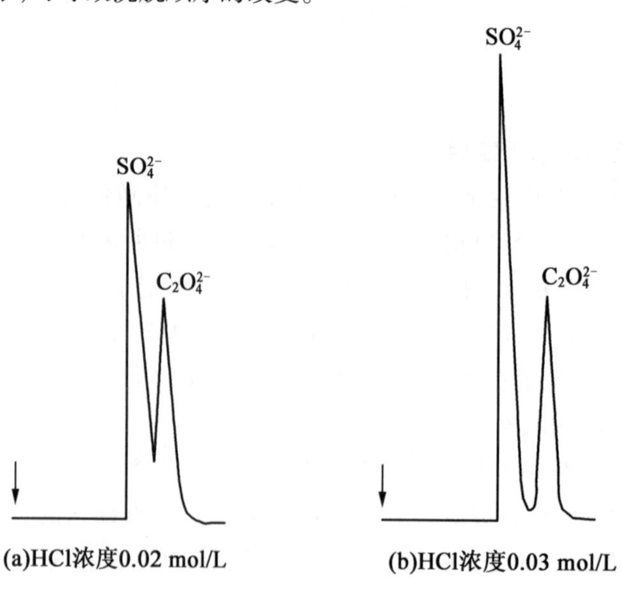

图 10.9 流动相中酸浓度对分离的影响

4. 离子排斥色谱法的应用

(1)无机弱酸的分析。

无机弱酸的离子排斥色谱分析，比较成熟的应用包括硼酸、氟、亚砷酸、氢氰酸、氢碘酸、硅酸、亚硫酸、硫化物和碳酸等。其中硼酸的摩尔电导低，可在淋洗液中加入甘露醇，甘露醇与硼酸生成酸性较强的络合物，从而提高检测灵敏度；离子排斥色谱分析亚硫酸和亚砷酸时，可用安培检测；对硅酸的检测是通过在酸性的洗脱溶液中与钼酸钠的柱后衍生反应之后，在波长 410 nm 处采用光度法检测。

(2)有机酸的分析。

在分析有机酸时保留主要取决于分析物的 pKa 值，即有机酸的离解常数，酸性越弱，保留时间越长。实验中总结洗脱规律为，同类羧酸，保留时间随碳链长度增加而增加，如甲酸、乙酸、丙酸、丁酸、戊酸保留时间逐渐增加；被取代的羧酸，取代基越多，保留时间越短；一般二元酸在一元酸前洗脱，如草酸在乙酸前洗脱，马来酸在丙酸前洗脱；双链有机酸较其对应的单链有机酸保留时间长，如丙烯酸在丙酸后洗脱；芳香羧酸在树脂上的保留一般较强，而 HPICE 法对它们不灵敏。表 10.2 为常见无机酸和有机酸在离子排斥色谱柱上的相对保留值。

表 10.2 常见无机酸和有机酸在离子排斥色谱柱上的相对保留值

酸	相对保留值	酸	相对保留值
硫酸	0.57	丁二酸	0.82
甲苯基磺酸	0.57	乙醇酸	0.82
亚硫酸	0.58	乳酸	0.84
5-磺基水杨酸	0.58	甲酸	0.91
氨基磺酸	0.58	己二酸	1.00
盐酸	0.59	反丁烯二酸	1.00
丁炔二酸	0.59	戊二酸	1.00
三氯乙酸	0.60	氯乙酸	1.00
半乳糖二酸	0.60	乙酸	1.00
磷酸	0.63	乙酰丙酸	1.00
柠檬酸	0.64	L-焦谷氨酸	1.11
甲叉丁二酸	0.70	α-戊酮酸	0.80
丙圆酸	0.71	氰尿酸	0.80
丙二酸	0.72	二氯乙酸	0.81
α一丁围酸	0.74	巯基丁二酸	0.82
甘油酸	0.75	丙烯酸	1.23
硼酸	0.75~0.79	碳酸	1.26

续表 10.2

酸	相对保留值	酸	相对保留值
L－磺基丙氨酸	0.61	异丁酸	1.32
马来酸	0.61～0.71	丁酸	1.45
草酸	0.62	苯乙醇酸	1.49
三甲基醋酸	1.49	氢肽酸	1.21
α一羟基丁酸	1.57	对羟基苯甲酸	4.46
α一甲级丙烯酸	1.63	苯基丙酸	5.40
异戊酸	1.66	戊酸	2.09
异丁基乙酸	1.67	糠酸	2.09
巴豆酸	1.95	环已羧酸	3.26
亚甲基双巯基乙酸	1.15	2.4－二羟基苯甲酸	3.80
丙酸	1.17		

(3)醇和醛的分析。

对醇类、醛类和腈类化合物的分析，主要选用电化学检测器。因为电化学检测器需要流动相具有一定的电解质浓度，无抑制器对淋洗液的限制，所用淋洗液浓度可较用电导时高。对醇和醛的检测，脉冲安培检测器的灵敏度高，选择性好，且离子排斥色谱具有同时测定多羟基醇的优点。

10.3.3 离子对色谱法

为了分析离子化的强极性化合物，在20世纪70年代将“离子对萃取”原理引入到高效液相色谱法中，提出了离子对色谱法，离子色谱法中的离子对色谱法与RPIPC的分离机理相似。离子对色谱法中的固定相主要是高交联度、高比表面积的中性无离子交换功能基的聚苯乙烯大孔树脂，可用的pH范围广（pH为0～14），主要用于疏水性可电离的化合物分离，包括分子量大的脂肪羧酸、阴离子和阳离子表面活性剂等。用于离子对色谱的检测器主要是电导检测器和紫外分光检测器。化学抑制型电导检测主要用于脂肪羧酸、磺酸盐和季铵离子的检测。

1. 离子对色谱法的分离原理

离子对分离的选择性主要由流动相决定。流动相水溶液包括两个主要成分，即离子对试剂和有机溶剂。改变离子对试剂和有机溶剂的类型和浓度可改变选择性。离子对色谱分离过程中的物理与化学现象尚未完全清楚，因此在阐述离子对色谱的保留机理时，出现多种理论（或模式），目前提出的主要理论包括离子对形成、动态离子交换和离子相互作用。

(1)离子对形成模式。

离子对形成模式认为被分析离子与离子对试剂形成中性“离子对”,分布在流动相和固定之间,与经典反相色谱相似,可由改变可流动相中有机溶剂的浓度来调节保留。

(2)动态离子交换模式。

动态离子交换模式认为离子对试剂的疏水性部分与固定相的疏水表面可以相互作用,从而创造出一种动态的离子交换表面,该表面与流动相处于动力学平衡,其离子交换容量随流动相中离子对试剂浓度的增加而增加。被分离的离子类似经典的离子交换被保留在动态的离子交换表面上,离子对试剂同时又起淋洗液的作用,如图 10.10 所示。

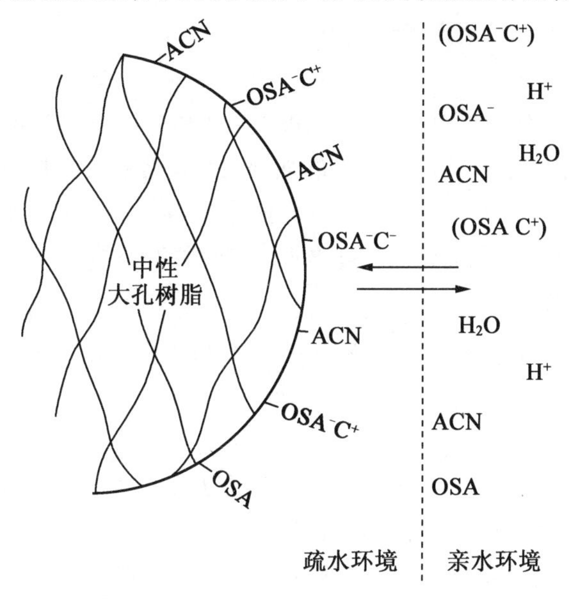

图 10.10 离子对色谱的分离机理

(3)离子相互作用模式。

离子相互作用模式认为,非极性固定相与极性流动相之间的表面张力很高,因此固定相对流动相中能减少这种表面张力的分子如极性有机溶剂、表面活性剂和季铵碱等有较高的亲和力。

2. 离子对色谱法的固定相、流动相和对(反)离子

正向离子对色谱法的固定相是在多孔硅胶载体上涂上具有不同 pH 的缓冲溶液,并将离子对也涂于固定相上,然后以有机溶剂作为流动相,从而用来分析有机羧酸、磺酸盐、有机胺类等。常用的离子对有四丁铵基正离子$(C_4H_9)_4N^+$、高氯酸根负离子ClO_4^-等。正向离子对色谱法有如下三个注意事项。

(1)离子对能够较强地吸附在固定相表面,不易洗脱下来。

(2)色谱柱内生成的离子对缔合物只溶于流动相而不溶于水。

(3)使用一段时间后,需重新涂渍对离子和固定液进行再生,以防止柱效降低影响检测。

反相离子对色谱法的固定相可分为四类，即 C_8 或 C_{18} 反相键合相；ODS 反相键合相，以十二烷基磺酸钠作对离子，俗称“皂色谱”；硅胶机械涂渍正戊醇反相液液色谱固定相；硅胶机械涂渍液体离子交换剂，其自身也兼作对离子。

流动相皆为以水作主体的缓冲溶液，或水－甲醇（乙腈、二氯甲烷等）混合溶剂，可分析羧酸、磺酸、胺类、酚类、药物和染料等。常用的对离子为四丁基铵正离子 $(C_4H_9)_4N^+$、十六烷基三甲基铵正离子 $(C_{16}H_{33})N^+(CH_3)_3$、高氯酸根负离子 ClO_4^- 和十二烷基磺酸负离子 $(C_{10}H_{33})SO^{3-}$ 等。

3. 影响离子对色谱法分离选择性的因素

（1）溶剂极性的影响。

在正向离子对色谱法中，常用以丁醇或戊醇与 CH_2Cl_2、CH_3Cl、正己烷构成的混合液作为流动相。混合剂的极性越高，洗脱剂的强度大会使溶液的容量因子 k' 降低。在反相离子对色谱法中常以水－甲醇、水－乙腈混合液作为流动相。当增加甲醇、乙腈含量，降低水的体积比时，会使流动相的洗脱强度增大，使溶质的 k' 减小。

（2）离子强度的影响。

正向离子对色谱法增加离子强度，k' 增大；反相离子对色谱增加含水流动相的离子强度，溶质的 k' 降低。

（3）pH 的影响。

在离子对色谱法中，改变流动相的 pH 是改善分离选择性的有效方法。在反相离子对色谱法中，pH 越接近 7，样品分子越易完全电离此时最易形成离子对。当 pH 低时容易形成不解离酸 HX，使离子对减小。正向离子对色谱正好相反。在以硅胶为载体的离子对色谱中，最适宜的 pH 为 2～7.4，pH 超过 8 时会造成硅胶溶解。不同样品在离子对色谱中的适宜 pH 见表 10.3。

（4）温度的影响。

离子对色谱法中的流动相黏度普遍偏大，提高柱温可以降低黏度提高柱效。对于机械涂渍的固定相应尽量保持温度恒定，以保证柱子的稳定性。

（5）离子对试剂的性质和浓度的影响。

对有机碱类物质的分析适宜使用的离子对试剂为高氯酸盐和烷基磺酸盐；分析有机酸适宜用叔铵盐和季铵盐；测定无紫外吸收的样品可采用间接光度法；正向离子对色谱法中离子对试剂的烷基链越长疏水性越强，会造成离子对蒂合物的 k' 降低，而反相离子色谱正好相反，烷基链越长其分子量和疏水性越大会使 k' 增大。正向离子对色谱法 k' 会随离子浓度增加而降低，反相离子对色谱法与之相反。

表 10.3 pH 的选择

样品类型	pH 范围 （反相离子对色谱）	备注
Ⅰ.强酸型（pKa <2），如磺酸化染料	2 ~ 7.4	在整个 pH 范围样品都可离子化，按不同样品选择不同 pH
Ⅱ.弱酸型（pKa >2），如氨基酸和羧酸	6 ~ 7.4	样品能离子化，其保留值取决于离子对特性
Ⅲ.弱酸型（pKa >2），如氨基酸和羧酸	2 ~ 5	样品的离子化被抑制，其保留值只同样品性质有关（不生成离子对）
Ⅳ.强碱型（pKa >8），如季铵类化合物	2 ~ 8	样品在整个 pH 范围都能离子化，情况同强酸型相似
Ⅴ.弱碱型（pKa <8），如儿茶酚胺	6 ~ 7.4	样品的离子化被抑制，其保留值只同样品性质有关
Ⅵ.弱碱型（pKa <8），如儿茶酚胺	2 ~ 5	样品能离子化，其保留值取决于离子对的特性

10.4 离子色谱的抑制技术

对于抑制型（双柱型）离子色谱系统，抑制系统是极为重要的一个组成部分，也是离子色谱有别于其他类型液相色谱的最重要特点之一。化学抑制型电导检测法中，抑制反应是构成离子色谱的高灵敏度和选择性的重要因素，也是选择分离柱和淋洗液时必须考虑的主要因素。抑制器的发展经历了多个发展时期，而目前商品化的离子色谱仪也分别采用不同形式的抑制手段。

10.4.1 抑制器的发展和工作原理

抑制器的发展已经历了多个阶段。第一阶段的抑制器是树脂填充的抑制柱，这种抑制柱无法进行连续工作，树脂上的 H^+ 或 OH^- 消耗之后需要停机再生，同时死体积较大。第二阶段，1981 年商品化的管状纤维膜抑制器不需要停机再生，可连续工作，缺点是它的抑制容量不高并且机械强度较差。第三阶段是 20 世纪 80 年代发展起来的平板微膜抑制器，不仅可连续工作，而且具有高的抑制容量，但工作时需用硫酸再生。第四阶段是电解自身再生抑制器的产生和发展，这种抑制器不用化学试剂来提供 H^+ 或 OH^-，而是通过电解水产生的 H^+ 和 OH^- 来提供化学抑制器所需的离子，并在电场的作用下，加快离子通过离子交换膜的移动。经过几十年的发展，抑制器的性能由间断工作发展为长时间连续工作;由酸或碱再生液不断流动发展到不用化学试剂再生只用水电解。

氢(H^+)型强酸性阳离子交换树脂填充柱;分析阳离子时,通过OH^-型强碱性阴离子交换树脂柱。这样,阴离子淋洗液中的弱酸盐被质子化生成弱酸;阳离子淋洗液中的强酸被中和生成水,从而使淋洗液本身的电导大大降低,称这种柱子为抑制柱(后称抑制器)。抑制器使得离子色谱可以使用简单、通用的电导检测器,是离子色谱的关键部件。如图10.11所示为抑制器工作流程和检测效果图,抑制器的主要功能可总结为降低流动相的背景电导值,增加被测物的响应值。化学抑制的结果是改善被测物的灵敏度和检测限。

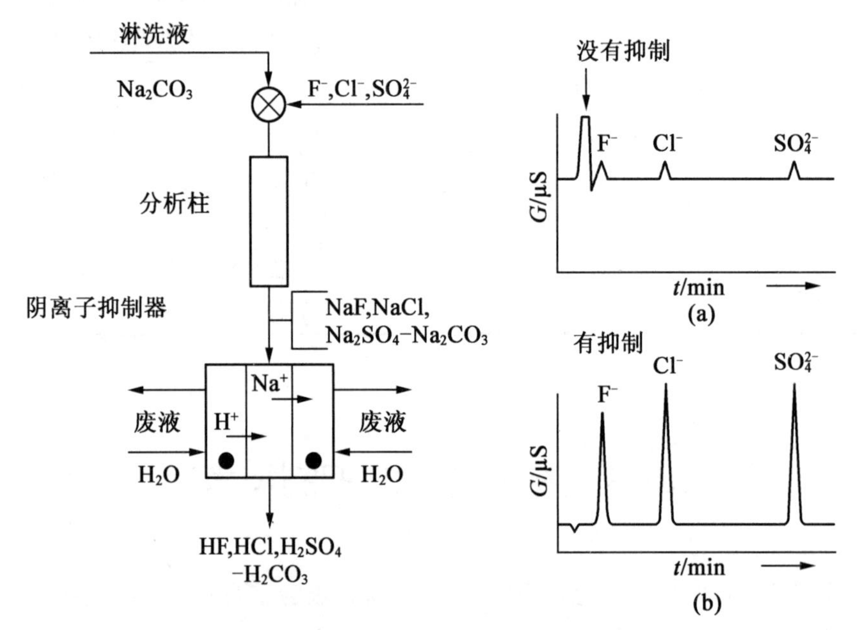

图10.11 抑制器工作流程和检测效果图

10.4.2 抑制器的分类

1. 树脂填充抑制器

用于阴离子分析的树脂填充抑制器所用的树脂为中到高交联度的常规磺酸型阳离子交换树脂。用于阴离子分析所用的树脂为常规季铵型阴离子交换树脂。本节讨论以阴离子抑制器为例,在抑制柱上发生的两个重要化学反应如下:

$$R—H^+ + Na^+OH^- \longrightarrow R—Na^+ + H_2O$$

$$R—H^+ + Na^+A^- \longrightarrow R—Na^+ + H^+A^-$$

式中,R为离子交换树脂;OH^-为淋洗离子;A^-为待测阴离子。上述反应方程式表明通过离子交换树脂上的离子交换,既能够将淋洗液由高电导率溶液(NaOH)转换成低电导率溶液(H_2O),降低了背景的电导率,又能够使被测样品转化成电导率更高的物质,从而提高检测灵敏度。离子交换树脂填充式抑制器有简单、便宜、时间短、具有较高的抑制容量的优点，缺点是抑制器的交换容量在使用过程中会不断下降，因此这类树脂抑制器不能长时间连续工作。此外，在对某些弱酸根离子进行检测时例如 NO_2^-，会以 HNO_2分子形式存在，并可能进入树脂微孔会造成弱酸阴离子的保留时间和峰高随抑制器的消耗而变化，重现性较差。解决的办法是减小树脂微孔。高离子交换容量树脂的微孔体积与交联度成反比，因此可以通过增加抑制柱树脂的交联度来缩小微孔，但另一方面电解质在树脂微孔的吸附也与树脂的交联度成正比，因此对抑制柱树脂交联度的选择只能用一个折中方案（一般为8% ~10%）。

2. 连续再生式膜抑制器

（1）中空纤维膜抑制器。

针对离子交换树脂填充柱抑制器的局限性，科研人员研制出一种由化学试剂连续提供再生离子的膜抑制器，称为中空纤维膜抑制器。抑制器被一层阳离子交换中空纤维膜和抑制器的壳体分成内室和外室两部分。内室为抑制室，淋洗液带着从色谱柱分离下来的样品进入抑制室，外室为再生液的流动通道。以 H_2SO_4为再生液，提供再生离子 H^+，在外室与淋洗液的流动方向相反。由于抑制室内 Na^+及与样品配对的阳离子的浓度比外室高，Na^+及与样品配对的阳离子穿过阳离子交换膜向外扩散，外室 H^+浓度比内室高，H^+穿过离子交换膜向内室即抑制室扩散，从而实现了将淋洗液由高电导率的物质转换成低电导率的物质，将样品转换成电导率更高的物质，提高了检测灵敏度。该抑制器可以连续长时间工作，但是具有抑制器耐压性差、易破损；再生液必须不断流动，导致工作时要耗费一定量较高浓度的酸或碱溶液，不利环境保护等缺点。

（2）微膜抑制器。

由于中空纤维膜的交换容量十分有限，只能在很低的淋洗液浓度条件下使用，因此经过改进的连续再生抑制器采用平板型离子交换膜（又称为微膜），将内室和外室分开，可以在保持死体积不变的前提下，大大提高抑制器的抑制容量。图10.12所示为微膜抑制器结构示意图。连续再生的高抑制容量的微膜抑制器的研制成功，可用梯度淋洗，有力扩大了离子色谱的应用范围。

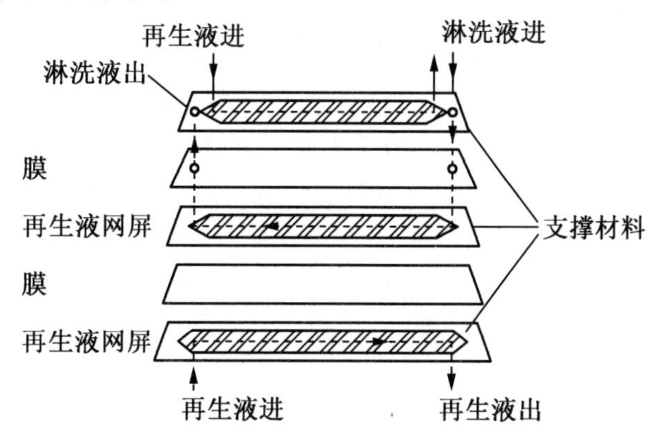

图10.12 微膜抑制器结构示意图

(3)离子排斥抑制器。

离子排斥抑制器早期也是采用树脂柱的抑制方式,其淋洗液为 HCl,在柱后串联一个 Ag 型树脂及 H 型的后置抑制柱,但存在 AgCl 沉淀对柱压等影响。为克服这一影响,目前的离子排斥抑制器采用一种膜可以连续再生的阳离子交换膜抑制器,阳离子交换膜是磺化的聚乙烯衍生物,对水溶性的有机溶剂稳定,对季铵离子有高透过性。用辛烷磺酸为淋洗液,用四丁基氢氧化铵为再生液,通过再生液的 TBA^+ 透过阳离子交换膜与内侧淋洗液和有机酸的氢离子(H^+)的交换,从而降低了 H^+ 的高背景电导,可得到较低的背景电导,提高了检测的灵敏度。

3. 电化学连续再生抑制器

在平板微膜抑制器的基础上发展起来的电化学自身再生抑制器是目前最先进的抑制器,具有抑制容量高、平衡时间快、不需化学再生液的特点,由连续电解水产生抑制淋洗液所需的 H^+ 或 OH^-。电化学连续再生抑制器主要分为四类:①电迁移式电化学抑制器;②自循环电化学再生抑制器;③电解液室一体化的电化学抑制器;④阴、阳离子双功能电化学抑制器。这里对电化学再生抑制器进行简要介绍。

阴离子和阳离子自动连续再生抑制器的结构和工作原理,使用的是新型 SRS - ULTRA 抑制器。该抑制器的电极与抑制室的薄膜之间只隔一层供气体和液体流路的薄层导电栅网,从而降低了抑制器的工作电压,可以采用电解流经电极的纯水或检测器尾液的水产生再生离子 H^+,而在电极室内不需要采用化学试剂硫酸溶液,是一种电解纯水产生再生离子的电化学抑制器。对淋洗液抑制所需的 H^+ 和 OH^- 由水的电解连续提供,不需要用化学试剂和再生抑制器;抑制器开机后平衡快,并一直处于平衡状态(恒电流);抑制容量大,基线漂移小;电解水不断提供 H^+ 和 OH^-,再加上电场引力,能用于高容量分离柱所用的淋洗液浓度和梯度淋洗。

(1)Atlas 抑制器。Atlas 抑制器是由 Dionex 公司推出的新一代的抑制器,属于柱膜混合型自再生电抑制器。该抑制器由于其叠片式的结构,可以得到更低的背景电导、更高的灵敏度以及更快速的淋洗液平衡,但该抑制器不兼容有机溶剂,抑制容量有限,对于硫酸或甲基磺酸,其浓度不能超过 25 mmol/L,碳酸盐的浓度不能超过 25 mmol/L。

(2)DS - Plus 抑制器。Alltech 公司推出的 DS - Plus 抑制器是电化学再生的固相抑制器和 CO_2 在线脱气装置的结合,淋洗液首先通过填充柱抑制器,在合适的电解条件下进行抑制再生,然后再进行二氧化碳脱气,可以有效降低背景电导值以实现不同碳酸盐浓度的梯度淋洗。

10.5 前沿技术与应用

近年来阳离子交换树脂得到改进和发展,采用弱酸性离子交换功能基,提高对 H^+ 的选择性,一次进样可同时分离一价和二价阳离子。接枝型大孔基质的离子交换剂,增大柱容量。用弱酸功能基,如羧酸、羧酸-膦酸和羧酸-膦酸-冠醚等替换磺酸基的弱酸功能基新型高聚物阳离子交换剂对 H^+ 有高的选择性,例如新型阳离子交换分离柱 IonPacCS15 具有羧酸基、膦酸和18-冠-6-醚三种功能基。近年来发展的高容量柱成功解决了低浓度峰定量的色谱难题。IonPacCS16 阳离子分离柱基质的颗粒非常小,孔度很大,再将具有弱酸离子交换功能基的单体接枝到聚合物的全部表面上,得到高容量的羧酸型离子交换功能基的阳离子交换剂,其交换容量高达8 400 μmol/柱子,对 Na^+ 和 NH_4^+ 的浓度比高达10 000:1 的样品中 NH_4^+ 的测定,仍能得到好的定量结果。新研制的采用特别的两性离子表面活性剂,可以在反向色谱固定相固化类生物膜制成仿生离子色谱。由于采用水溶液流动相,更接近生物体,是研究生命体系较理想的色谱手段。传统的涂覆型离子色谱柱,由于涂层无法控制,往往柱效不高(10 000~20 000 塔板数/m)。改变涂覆方式和涂覆条件,利用非离子型表面活性剂,使新型的涂覆型离子色谱柱效达到70 000塔板数/m,特别是采用先涂覆非离子型表面活性剂,然后再涂覆阳离子型表面活性剂的离子色谱固定相,具有非常高的色谱柱效,比常规阴离子色谱的柱效提高1~2倍。唐增煦等人用阳离子交换树脂分离与原子荧光串联,分析食品中痕量的无机砷,最低检出量达4~12 pg As。

离子色谱与电感耦合等离子体联用可消除复杂样品中基体元素的干扰,在测定As、Hg、Pb、Sn、Se等元素时与高效的分离技术相结合可得到满意的结果。离子色谱与ICP-MS联用使灵敏度更高,近年来MS与HPLC联用而发展的离子化技术和各种接口,如粒子束、电喷雾等技术可以用于IC,从而获得有关待分析物的结构信息。Kim等人尝试将一支抑制器置于IC色谱柱出口和质谱之间,并通过离子束接口将IC与MS联用,成功测定了芳族磺酸;采用电喷雾接口测定有机胺和硫酸盐类化合物、有机酸和无机阴离子、有机胂和水中的溴酸盐。IC对水可溶性和极性化合物的高效分离与原子荧光的高灵敏度结合,对砷、硒、汞、铅、铬、钒等价态和形态分析,及其有机化合物的分析提供一种非常有效的新方法。

离子色谱(IC)分析法具有高灵敏度、高选择性等优点,目前环境样品分析依然是离子色谱应用的重要领域。所涉及的内容包括大气、干湿沉降、地面水、废水、土壤和植物等样品中阴、阳离子以及其他对环境有害物的分析,特别是对一些极性较强的有机污染物以及近年引起重视的环境污染物等分析。为环境质量评价与研究污染物在环境中的迁移、转化过程等提供科学的基础数据。离子色谱在食品、卫生、石油、化工、水文地质等领域也有广泛应用。而作为一种有效的痕量分析手段,离子色谱对微电子领域的发展所起的作用正在增强。此类样品中待测离子的浓度绝大多数不大于 μg/L 级,而 IC 的在线浓缩富集很好地满足了其检测要求。

10.5.1 离子色谱技术在大气监测中的应用

针对大气实施监测的传统技术主要有原子光谱法、分光光度法等,但随着科学技术的发展,现已大量使用离子色谱法进行监测。离子色谱法操作极为简单,且速度快、准确度高、抗干扰能力极强等,因此应用非常广泛。在对大气实施监测过程中,离子色谱法可以进行检测的离子、分子等主要有 F^-、CO_2、SO_2、NO_x、Cl^-、CN^-、S^{2-}、Br^-、NH_4^+ 以及甲醛等。在具体检测过程中,主要将样品放置碱性溶液中,并对其进行处理。离子色谱法可以很好地对空气中污染物的含量进行鉴定,如杜卫莉通过利用 DX-120 离子色谱仪,有效地测定出化肥生产时氟化氢在大气中的含量。贾丽、张恒等人则通过离子色谱技术,有效检测出氯离子在固体废弃物飞灰中的具体含量。熊开生与其同事通过采用 IC5000 离子色谱仪,有效检测出室内空气中氨的含量。此外,由于氯化氢在空气中含量非常低,且极易受到其他因素影响,因此检测结果总是不理想,但离子色谱技术具有极强的抗干扰性。钱飞中等人则通过利用 DX-120 离子色谱仪,有效检测出氯化氢在空气中的含量。郭虹等人利用离子色谱技术有效检测出硫酸雾在大气中的存在。

10.5.2 离子色谱技术在水质监测中的应用

对水质进行检测是环境监测中重要内容。离子色谱技术已经在饮用水、工业用水等样品分析中具有广泛应用。相对于湿化学法来说,其最突出的特点便是无须对其进行预处理,且能同时检测出多种阴、阳离子,在检测过程中也无须使用毒试剂,有效避免二次污染。水质检测中,检测项目主要有氯化物、氟化物、硫酸盐等,如果使用湿化学法,其耗时相当长,且化学试剂用量非常大,对此田伟等人通过离子色谱技术,同时对检测项目实施检测,充分证明了离子色谱技术线性宽、灵敏度高等特点,且在检测过程中,操作极为简单,还有效保证了检测结果的准确度。利用离子色谱技术对于饮用水中溴酸盐含量进行检测方法则主要有三种,分别为质谱检测、柱后衍生广度检测以及抑制型电导检测。目前郝原芳等人通过采用离子色谱技术,针对水中阴离子的测定建立了一定的检测方法,能够在 8 min 内检测出七种阴离子,且充分保证了检测的准确度。在针对污水处理中,由于污水产生的原因有多种,且成分比较复杂,浓度也相当高,因此在对其进行检测之前,最好对样品进行预处理,以保证离子色谱仪中的分离柱不会受到严重损害,从而保证分离结果不会受到破坏。

10.5.3 离子色谱技术在土壤监测中的应用

离子色谱技术可以对土壤提取物中的 Ca^{2+}、NO_3^-、SO_4^{2-}、PO_4^{3-}、Na^+、Mg^{2+}、NH_4^+ 进行

检测,对生物体提取物中的 NO_2^-、NO_3^-、SO_4^{2-}、PO_4^{3-}、F^-、Cl^- 等进行检测。其应用能有效弥补传统 HPLC 以及 GC 等方法的不足。目前佘小林通过离子色谱－直流安倍检测法已经有效检测出土壤中的碘元素,且灵敏度非常高。而林丽钦通过采用离子色谱技术已有效检测出氟化物在土壤中的含量。

10.5.4 在线离子色谱技术的应用

大气中气体气溶胶的分析对比各个站点数据进行特征污染物的源解析及特征污染物识别更方便做出预警,数据响应迅速,全自动化处理数据使数据更加可靠。在线大气监测仪器有特别的数据标定方法及算法,摆脱了实验室离子色谱烦琐的标准曲线法,数据抗干扰能力,增加数据可靠性。在线离子色谱技术的应用,对于数据的准确性、完整性、实时性有了很好的保障。在线离子色谱在环境监测中的具体应用,不光是监测特殊时间段的特征污染物,同样可以监测污染物异常波动预警,并且结合各个站点的数据可以做到污染物源解析,基于在线离子色谱技术可以衍生出更加丰富的应用和实践。同时因为是在线离子,色谱数据不间断、数据可靠性高也可以为高校、科研单位提供可靠的数据收集和技术分析。

目前,离子色谱技术已在环境监测领域得到很广的应用,应用范围包括水体监测、大气检测、土壤检测等,其中前沿的在线离子色谱已经成为热门项目,并且在原有的应用基础上经过技术创新,不断有更新、更好、更快、更准确的应用加入进来,为我国环境监测事业不断做出杰出的贡献。

本章参考文献

[1] 牟世芬, 刘开录. 离子色谱[M]. 北京: 中国环境科学出版社, 1986.

[2] 阎吉昌, 徐书坤, 张兰英. 环境分析[M]. 北京: 化学工业出版社, 2002.

[3] 赵新颖, 屈锋, 牟世芬. 离子色谱技术的重要进展和我国近年的发展概况[J]. 色谱, 2017, 35(03): 223－228.

[4] HADDAD P R. Ion chromatography[J]. Analytical and Bioanalytical Chemistry, 2004, 379: 341.

[5] SMALL H, LIU Y, AVDALOVIC N. Electrically polarized ion－exchange beds in ion chromatography: eluent generation and recycling[J]. Analytical Chemistry, 1998, 70: 3629.

[6] 牟世芬, 朱岩, 刘克纳,离子色谱方法及应用[M]. 北京: 化学工业出版社, 2018.

[7] WEISS J, JENSEN D. Modern stationary phases for ion chromatography[J]. Analytical and Bioanalytical Chemistry, 2003, 375: 81.

[8] 钱沙华，韦进宝．环境分析仪器[M]．2 版．北京：中国环境出版社，2011．
[9] HADDAD P R，NESTERENKO P N，BUCHBERGER W．Recent developments and emerging directions in ion chromatography[J]．Journal of Chromatography A，2008，1184：456．
[10] NOVIČ M，HADDAD P R．Analyte – stationary phase interactions in ion – exclusion chromatography[J]．Journal of Chromatography A，2006，1118：19．
[11] 陈梅兰，潘广文，戴琨，等．离子排斥色谱紫外检测法测定奶粉中双氰胺含量[J]．分析化学，2013，41(11)：1734 – 1738．
[12] KRAAK J C，JONKER K M，HUBER J F K．Solvent – generated ion – exchange systems with anionic surfactants for rapid seperations of amino acids[J]．Journal of Chromatography A，1977，142：671．
[13] 丁明玉，田松柏．离子色谱原理与应用[M]．北京：清华大学出版社，2001．
[14] 宋岳．离子色谱在环境、食品及生化分析中的应用[J]．口岸卫生控制，2012，17(05)：54 – 56．
[15] 张建．环境监测工作中的离子色谱技术应用[J]．环境与生活，2014(06)：7．
[16] 范健龙．在线离子色谱技术在环境监测领域应用研究[J]．绿色科技，2020(12)：154 – 155．

第 11 章　质谱分析法

11.1　概　　述

质谱分析法(Mass Spectrometry,MS)是通过对样品离子的质量和强度的测定来进行定性定量及结构分析的一种分析方法。被分析的样品首先离子化,然后利用不同离子在电场或磁场中运动行为的不同,按照离子的质量(m)与电荷(z)比值(m/z 即质荷比)的大小顺序收集和记录,得到质谱图。质谱图一般都采用“棒状图”,其横坐标为不同离子的 m/z,纵坐标为各峰的相对强度,质谱图是以其中最强的离子峰(基准峰)的峰高作为100%,而以对它的百分比来表示其他离子峰的强度,如图 11.1 所示。质谱不同于 UV、IR 和 NMR,从本质上看,质谱不是光谱,而是带电粒子的质量谱。通过样品的质谱和相关信息,可以得到样品的定性和定量结果。

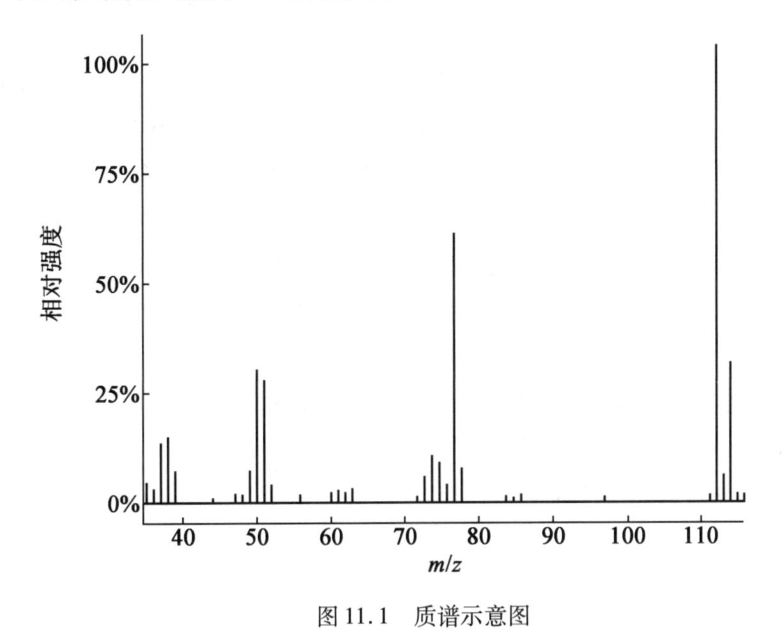

图 11.1　质谱示意图

从 J. J. Thomson 制成第一台质谱仪,至今已有 110 年了,早期的质谱仪主要是用来进行同位素测定和无机元素分析,20 世纪 40 年代以后开始应用于有机物分析,但在 20 世纪50年代末，贝农(Beynon)和麦克拉弗蒂(Mclafferty)等人提出了官能团对分子化学键的断裂有引导作用之后，质谱法在测定有机物结构中的重要性才体现出来。60年代出现了气相色谱-质谱联用仪，使质谱仪的应用领域大大扩展，质谱仪开始成为有机物分析的重要仪器。

至今，质谱仪和质谱技术得到飞速的发展，质谱仪汇集了当代先进的电子技术、高真空技术和计算机技术，进而制造出高分辨率和高灵敏度的仪器。气相色谱-质谱联用(GC-MS)、高效液相色谱-质谱联用(HPLC-MS)、液相色谱-质谱联用(LC-MS)、电感耦合等离子体质谱(ICP-MS)以及其他新技术的发展和应用，如串联质谱(常简称MS/MS)、二次离子质谱(SIMS)、热电离同位素质谱、加速器质谱、激光共振电离飞行时间质谱(LRIS-TOF)、时间分辨光电离质谱(TPIMS)、傅立叶变换回旋共振质谱、火花源质谱与辉光放电质谱等，大大扩展了质谱的应用范围。相比于核磁共振、红外和紫外光谱法，质谱分析法具有以下优点。

(1)可以测定化合物的分子量。根据各类有机化合物分子的断裂规律，质谱中的分子碎片峰离子峰，可以提供化合物结构信息，推测分子式、结构式。

(2)灵敏度远超过其他样品，样品用量也很少。目前有机质谱仪绝对灵敏度可达50 pg(pg为10^{-12} g)，无机质谱仪绝对灵敏度可达10^{-14}，用微克级的样品即可得到满意的分析结果。

(3)分析速度快。完成一次全扫描，仅需要一至几秒，甚至可达到1/1 000 s。

(4)应用范围广。可用于同位素分析、无机成分分析、有机结构分析，被分析的样品可以是气体、液体和固体。

20世纪80年代后又出现了一些新的质谱技术，为了弥补电子轰击(EI)和化学电离(CI)离子源的不足，发展了多种软电离技术，其中应用最广的是1981年Barber创立的快原子轰击(FAB)，此外还有场解吸电离(FD)、等离子解吸(PD)、激光解吸(LD)、电喷雾电离(ESI)和热喷雾电离(TSI)等。2004年R. G. Cooks课题组提出解吸电喷雾电离(DESI)，2007年清华大学张新荣教授首次提出介质阻挡放电(DBDI)，东华理工大学的陈焕文教授在DESI的基础上研发了电喷雾萃取电离(EESI)，此外空气动力辅助电离(AFAI)、纸喷雾离子化(PSI)也逐渐被提出并应用。

随着电离技术和质谱仪器的不断改进和日渐成熟，质谱仪已成为原子能、石油化工、电子、冶金、医药、食品、地学、材料科学、环境科学及生命科学领域中不可缺少的近代分析仪器之一，正在发挥着越来越重要的作用。

11.2 质谱分析法的基本原理

11.2.1 质谱分析法测量原理

质谱分析法主要是通过对样品离子的质荷比进行分析,从而实现对样品进行定性和定量的一种方法。质谱分析法的基本原理是指有机物样品在离子源中发生电离,生成不同质荷比(m/z)的带电离子,经加速电场的作用形成离子束,进入高真空的质量分析器,在其中利用电场和磁场使其发生色散、聚焦。因此,质谱仪必须有电离装置,从而把样品电离为离子;有质量分析装置,可以把不同质荷比的离子分开;经检测器检测之后可以得到样品的质谱图,从而确定不同离子的质荷比,通过解析可获得有机化合物的分子式,提供相应化合物的结构信息。

11.2.2 质谱的基本方程

如今质谱技术都是在单聚焦质谱基础上发展来的,如图 11.2 所示。

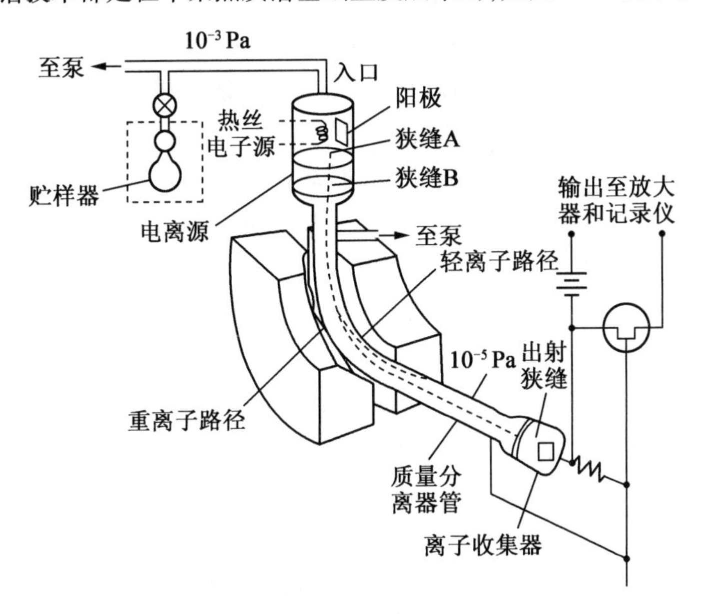

图 11.2 单聚焦质谱仪示意图

其基本原理是当微摩尔或更少量的样品在贮样器(压力约为 1 Pa)内汽化,由于压力差的作用,气态样品慢慢进入电离室(真空度约为 10^{-3} Pa)。在电离室内热丝电子源流向阳极的电子流轰击气态样品分子,使其失去一个外层价电子形成分子正离子或者发生化学键的断裂,形成碎片正离子和自由基,有时样品分子也可以捕获一个电子而形成少量的负离子。在电离室内有一微小的静电场将正负离子分开,只有正离子可以通过狭缝A,在狭缝A、B之间的几百至几千伏的电压 U 进行作用,使正离子加速到速度 v,质量为 m 的正离子,其动能为$\frac{1}{2}mv^2$。设离子电荷数为 z,在A、B间受到电压 U 的加速,在加速电场中所获得的势能为 zV,若忽略离子在电离室内获得的初始能量,加速后离子的势能转换为动能,两者相等,即

$$\frac{1}{2}mv^2 = zU \tag{11.1}$$

式中,v 为加速后正离子的运动速度。显然,在一定的加速电压下,离子的运动速度与质量 m 有关。

当具有一定动能的正离子进入垂直于离子速度方向的均匀磁场(质量分行器即狭缝B)时,进入真空度达 10^{-3} Pa的质量分析器(也称磁分析器)中,正离子在外磁场 B(洛仑兹力)的作用下,运动方向将发生偏转(磁场不能改变离子的运动速度),由直线运动变为圆周运动,在磁场中,离子做圆周运动的向心力等于磁场力的作用,即

$$Mv^2/r = Bzv \tag{11.2}$$

式中,r 为离子运动的轨道半径;B 为磁场强度。

由式(11.1)和式(11.2)消去 v 后得

$$m/z = r^2B^2/2U \tag{11.3}$$

式(11.3)称为质谱方程式,是设计质谱仪的主要依据。由式(11.3)可以看出,若 B 和 U 固定不变,则离子的质荷比(m/z)越大,其运动的半径越大。因此只有在一定的 U 及 B 的条件下,某些具有一定质荷比(m/z)的正离子才能以运动半径为 R 的轨道到达检测器。这样,在质量分析器中各离子就能按照质荷比(m/z)的大小顺序被分开。

由图11.2中可以看出,质谱仪的出射狭缝的位置是固定的,只有离子的运动半径与质重分析器的半径相等时,离子才能通过出射狭缝到达检测器。如果固定加速电压 U 和离子运动半径 r,连续改变磁场强度(称为磁场扫描),由于 m/z 与 B^2 成正比,当 B 由小到大改变时,不同质荷比的离子就会由小到大依次穿过出射狭缝,并被检测器依次接收,从而得到所有(m/z)离子的质谱图。

11.2.3 质谱仪的性能参数

质谱仪的主要性能参数包括质量测定范围、分辨率、灵敏度、质量稳定性和质量精度等。

1. 质量测定范围

质谱仪的质量测定范围是指仪器所能测定离子质荷比的范围,通常用原子量单位进行度量。不同用途的质谱仪质量测定范围差别很大,比如测定气体时用的气体分析质谱仪,一般质量测定范围在2~100,而有机质谱仪一般可达几十到几千Da,现代质谱仪甚至可以研究分子量达几十万Da的样品。质量测定范围的大小取决于质量分析器的种

类，四极滤质器（Quadrupole Mass Filter，QMF）的质量范围上限一般在 1 000 Da 左右，有的可达 3 000 Da，而飞行时间质量分析器可达几十万 Da。由于质量分析器的质量分离原理不同，不同质谱仪具有不同的质量范围。了解一台仪器的质量范围，主要是知道它所能分析样品的分子量范围。

2. 分辨率

分辨率是指质谱分辨相邻两个离子质量的能力。分辨率（R）是衡量质谱仪性能的重要指标之一，反映了仪器对质荷比相邻的两个质谱峰的分辨能力。两个刚好完全分开的相邻的质谱峰之一的质量数与两者质量数之差的比值，规定为仪器的分辨率，用 R 表示为

$$R = m/\Delta m, \quad \Delta m \leqslant 1$$

所谓正好分开，目前国际上有如下两种定义。

①10% 谷定义，若两峰重叠后形成的谷高为 10%，则认为两峰正好分开。

②50% 谷定义，若两峰在 50% 峰高处相交，则认为两峰正好分开。

在实际测量中，不易找到两峰等高，且谷高正好为 10%（或 50%）。在这种情况下，可任选一单峰，测其峰高 5% 处的峰宽 $W_{0.05}$，即可当作上式中的 Δm，此时分辨率定义为

$$R = m/W_{0.05} \tag{11.4}$$

分辨率只为 500 左右的质谱仪可以满足一般有机分析的要求，而 $R \geqslant 10^{-4}$ 时为高分辨率质谱仪，高分辨率质谱仪可测量离子的精确质量。

3. 灵敏度

质谱仪的灵敏度有绝对灵敏度、相对灵敏度和分析灵敏度等几种表示方法。绝对灵敏度是指仪器可以检测到的最小样品量；相对灵敏度是指仪器能够同时检测的大组分和小组分的含量之比；分析灵敏度度是指输入仪器的样品量与仪器输出信号之比。

4. 质量稳定性

质量稳定性主要是指仪器在工作时质量稳定的情况，通常用一定时间内质量漂移的质量单位来表示。例如，某仪器的质量稳定性为 0.5 amu/12 h，意思是该仪器在 12 h 之内，质量漂移不超过 0.5 amu（atomic mass unit 原子量单位）。质量稳定性也是衡量测定数据可靠性的重要标准之一。

5. 质量精度

质量精度是质谱仪的实测分子量和理论分子量的相近程度，指质量测定的精确程度，常用相对百分比来表示。例如，某化合物的质量为 1 520 473 amu，用某质谱仪对该化合物进行多次测定，测得的质量与该化合物理论质量之差在 0.003 amu 之内，则该仪器的质量精度为百万之二十（20×10^{-6}）。质量精度是高分辨质谱仪的重要指标之一，对低分辨质谱仪却没有太大意义。

11.2.4 质谱术语

1. 基峰

在质谱图中,指定质荷比范围内离子强度最大的峰称为基峰(base peak),规定其相对强度(Relative Intensity,RI)或相对丰度(Relative Abundance,RA)为100%。

2. 质荷比

质荷比(mass to charge ratio,m/z)是描述一个带电离子或者峰的质量与电荷比值的符号,m 为标准的质子质量,单位为u或Da;z 为粒子所带电荷数,数值为离子所带电量与单位电荷量之间的比值。在国际单位制下,其单位为kg/C,实际中常用单位为Th(即Thomson)。m 为组成离子的各元素同位素原子核的质子数目和中子数目之和,如H为1,C为12、13,O为16、17、18,Cl为35、37等。质谱中的质荷比依据的是单个原子的质量,所以质谱中测得的原子量为该元素某种同位素的原子量,而不是通常化学中用的平均原子量。z 为离子所带正电荷或所丢失的电子数目,通常 z 为1。质荷比是质谱图的横坐标,质荷比是质谱定性分析的基础。

3. 精确质量

低分辨质谱中离子的质量为整数,高分辨质谱给出分子离子或碎片离子不同程度的精确质量。分子离子或碎片离子精确质量的计算基于精确原子量。由精确原子量表可计算出精确原子量,例如,CO为27.994 9、N_2 为28.006 2、C_2H_4 为28.031 3,三个物质的分子量相差很小,但用精确的高分辨质谱仪可以把它们区分开来。

4. 离子丰度

离子丰度(abundance of ions)指检测器检测到的离子信号强度。离子相对丰度(relative abundance of ions)是指以质谱图中指定质荷比范围内最强峰为100%,其他离子峰对其归一化所得到的强度。标准质谱图均以离子相对丰度值为纵坐标,又因为谱峰的离子丰度与物质的含量相关,所以离子丰度是质谱定量的基础。

5. 真空度

真空度是表示质谱仪真空状态的参数,单位为Pa;质谱仪要求的真空度为 $1.33 \times 10^{-6} \sim 1.33 \times 10^{-3}$ Pa。质谱仪之所以要在良好的真空条件下工作,是为了尽量减少离子与分子之间的碰撞(即得到最大平均自由程)。离子的平均自由程必须大于离子源到收集器的飞行路程,如果在这些时间和空间中存在大量的气体势能,必然会使离子很快淬灭而达不到检测器。所以为了减少离子与背景气体的碰撞,避免淬灭,要抽真空使背景气体分子数量大大减少,维持足够的离子平均自由程,另外离子源内气压过高可能引起高达数千伏的加速电压放电,同时真空可以减少污染及化学噪声。

6. 氮规则

氮规则(nitrogen rule)是有机质谱分析中判断分子离子峰遵循的一条规则。当化合物不含氨或含偶数个氮原子时,该化合物的分子量为偶数;当化合物含奇数个氮原子时,该化合物的分子量为奇数。API(Atmospheric Pressure Ionization)电离方式使用氮规则时,要将准分子离子还原成分子后再使用。一些化合物的分子离子的质量(实即质荷比 m/z)分别为,甲烷 CH_4 16、甲醇 CH_3OH^+ 32、氨基吡啶 $C_5H_6N_2$ 94、氨 NH_3 17、氨基乙烷 $C_2H_5NH_2$ 45、喹啉 C_9H_7N 129。

11.2.5　主要离子峰的类型

(1)分子离子峰。

分子离子峰由样品分子丢失一个电子而生成带正电荷的离子,$z=1$ 的分子离子的 m/z 就是该分子的分子量。分子离子是质谱中所有离子的起源,它在质谱图中所对应的峰为分子离子峰。

在质谱中,分子离子峰的强度和化合物的结构有关。环状化合物比较稳定,不易碎裂,因而其分子离子峰较强。支链较易碎裂,分子离子峰就弱,有些稳定性差的化合物经常看不到分子离子峰。一般规律是化合物分子稳定性差,键长,分子离子峰弱,有些酸、醇及支键烃的分子离子峰较弱甚至不出现,相反,芳香化合物往往都有较强的分子离子峰。分子离子峰强弱的大致顺序是芳环 > 共轭烯 > 烯 > 酮 > 不分支烃 > 醚 > 酯 > 胺 > 酸 > 醇 > 高分支烃。

(2)碎片离子峰。

由分子离子裂解产生的所有离子,碎片离子与分子解离的方式有关,可以根据碎片离子来推断分子结构。

(3)重排离子峰。

经过重排反应产生的离子,其结构并非原分子中所有。在重排反应中,化学键的断裂和生成同时发生,并丢失中性分子或碎片。

(4)同位素离子峰。

当分子中含有相同元素,但具有多种同位素时,此时的分子离子由多种同位素离子组成,不同同位素离子峰的强度与同位素的丰度成正比。

(5)多电荷离子峰。

一个分子丢失一个以上的电子形成的离子,称为多电荷离子。在正常电离条件下,有机化合物只产生单电荷或双电荷离子。在质谱图中,双电荷离子出现在单电荷离子的 1/2 质量处。

(6)准分子离子峰。

用 Cl 电离法,常得到比分子量多(或少)1 质量单位的离子,称为准分子离子,如 $(M+H)^+$、$(M-H)^+$ 等。在醚类化合物的质谱图中出现的 $(M+1)$ 峰为 $(MH)^+$。

(7)亚稳离子峰。

在电离、裂解或重排过程中所产生的离子,都有一部分处于亚稳态,这些亚稳离子同样被引出离子室。例如在离子源中生成质量为 m_2 的离子,当被引出离子源后,在离子源和质量分析器入口处之间的无场飞行区漂移时，由于碰撞等很容易进一步分裂失去中性碎片而形成质量为 m_2 的离子，它的一部分动能被中性碎片夺走，这种 m_2 离子的动能要比在离子源直接产生的 m_2 小得多，所以前者在磁场中的偏转要比后者大得多，此时记录到的质荷比要比后者小，这种峰称为亚稳离子峰。

11.3 质谱仪器的组成和分类

11.3.1 质谱仪器的组成

能够产生离子，且将这些离子按其质荷比进行分离并记录下来的仪器称为质谱仪。由于无机物、有机物和同位素样品具有不同形态、性质和不同的分析要求，质谱仪可分为同位素质谱仪、无机质谱仪和有机质谱仪三种。但是不管哪种类型的质谱仪，它均由五大部分组成，即进样系统、离子源、质量分析器、检测记录系统及真空系统，如图 11.3 所示。

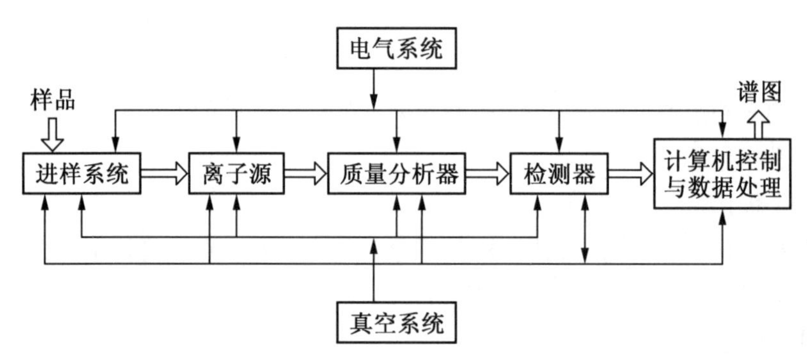

图 11.3 质谱仪组成系统

分析的一般过程是通过合适的进样装置将样品引入并气化，处理后的样品进入离子源进行电离，电离后的离子适当加速后进入质量分析器，按不同的质荷比进行分离，然后到达检测记录系统，将生成的离子流变成放大的电信号，并按对应的质荷比记录下来从而得质谱图。

1. 真空系统

质谱仪的离子产生过程及经过系统时必须处于高真空状态，通常离子源的真空度应达到 $1.3\times10^{-4}\sim1.3\times10^{-5}$ Pa，质量分析器中应达 1.3×10^{-6} Pa。若真空度过低，会造成离子源灯丝损坏、本底增高，副反应过多，从而使图谱复杂化。一般质谱仪都采用机械泵预抽真空后，再用高效率扩散泵连续运行以保持真空。现代质谱仪采用分子泵可获得更高的真空。

2. 进样系统

质谱仪对进样系统的要求是有重复性将样品引入离子源,并且不能造成真空度的降低。常用的进样系统有三种,即间歇式进样系统、直接探针进样及色谱进样系统。间歇式进样系统可用于气体、液体和中等蒸气压的固体样品进样。对上述条件下无法变成气体的固体及非挥发性液体试样,可用探针进行直接进样,探针是一直径为 6 mm、长 250 cm 的不锈钢杆,其末端有盛放样品的石英毛细管、细金属丝或小的铂坩埚,将探针杆通过真空锁直接引入样品。色谱进样是将色谱柱分离的组分,经过接口装置,除去流动相进入质谱仪,而质谱仪则成为色谱仪的检测器。

3. 离子源

离子源的作用是将进样系统引入的气态样品由分子转化成离子。由于离子化所需要的能量根据分子不同差异很大,因此,对于不同的分子应选择不同的解离方法。通常将需要较大能量的电离方法称为硬电离方法,而需要较小能量的电离方法称为软电离方法,后一种方法适用于易破裂或易电离的样品。硬电离子方法有电子轰击法(EI),软电离方法有电喷雾电离法、快原子轰击法、大气压化学电离法等。

(1)电子轰击电离源

电子轰击电离源(Electron Ionization, EI)是应用最为广泛、发展最为成熟的电离方法,它主要用于挥发性样品的电离。

电子电离离子源的构造如图 11.4 所示。当样品蒸气进入离子源后,受到由灯丝(g)发射的电子(b)的轰击,生成正离子。在离子源的后墙(c)和第一加速板(d)之间的一个正电位,将正离子排斥到加速区,正离子被(d)和(e)之间的加速电压加速,通过狭缝 S_1 射向质量分析器。

电子(b)可以通过调节灯丝(g)和正极(h)间的电压来对其加速,通常在(g)和(h)间施加 70 V 电压,则电离电子(b)的能量为 70 eV。对于一些不稳定的化合物,在 70 eV 的电子轰击下很难得到分子离子,为了得到分子量,可采用 10 ~ 20 eV 的电子能量。

电子电离源是应用最广泛的一种离子源,其优点是结构简单、易于操作、工作稳定可靠、电离效率高、谱线多、信息量大和再现性好;缺点是某些化合物的分子离子峰很弱,甚至观察不到,因此常与软电离的数据相配合。

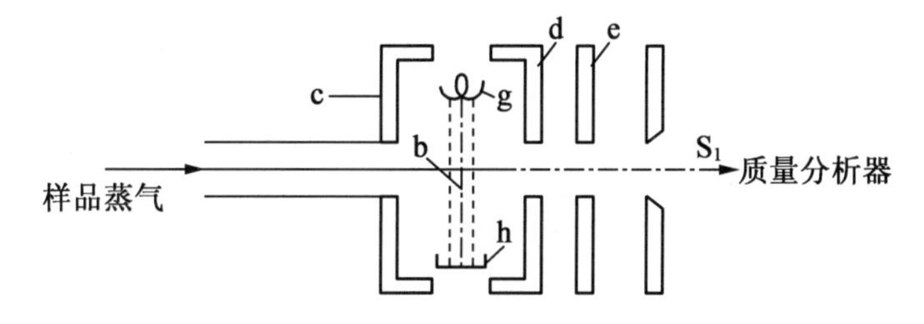

图 11.4 电子电离离子源示意图

b—电子;c—离子源的后墙;d—第一加速板;e—第二加速板;g—灯丝;h—正极;S_1—狭缝

(2)化学电离源。

化学电离源(Chemical Ionization,Cl)是通过分子离子反应使样品电离,化学电离源需要使用反应气体,因此Cl电离工作压强约为1.3×10^{-4} Pa,常用的反应气体有甲烷、氢、氦、CO和NO等。

假设样品是M,反应气体是CH_4,将两者混合后送入电离源,先用能量大于50 eV的电子使反应气体CH_4电离,发生一级离子反应,即

$$CH_4+e^-\longrightarrow CH_4^++CH_3^++CH_2^++C^++H_2^++H^++ne^-$$

电离生成的CH_4^+和CH_3^+很快与大量存在的CH_4作用,发生二级离子反应,为

$$CH_4^++CH_4\longrightarrow CH_5^++CH_3^{\cdot}$$

$$CH_3^++CH_4\longrightarrow C_2H_5^++H_2$$

生成的$CH_5{}^+$和$C_2H_5{}^+$活性离子与样品分子M进行分子-离子反应生成准分子离子。准分子离子是指获得或失掉一个H的分子离子,部分反应如下:

$$M+CH_5^+\longrightarrow[M+H]^++CH_4$$

在生成的这些离子中,M代表被分析的样品分子,由它生成了准分子离子MH^+。事实上,以甲烷作为反应气,除$[M+1]^+$之外,还可能出现$[M+17]^+$、$[M+29]^+$等离子,同时还出现大量的碎片离子。以$[M+H]^+$或$[M-H]^+$的丰度为最大,成为主要的质谱峰,且通常为基峰。

化学电离源适于挥发性好和热稳定性好的有机样品分析,具有很强的准分子离子峰,利于测定化合物的分子量;缺点是碎片少,不利于化合物的结构分析。

(3)快原子轰击源。

快原子轰击源(Fast Ntomic Bombardment, FAB)是应用较广泛的软电离技术,它是利用惰性气体(He、Ar或Xe)的中性快速原子束轰击样品使之分子离子化。

惰性气体的原子首先被电离,然后电位加速,使之具有较大的动能。在原子枪内进行电荷交换反应,低能量的离子被电场偏转引出,高动能的原子则对靶物进行轰击。

FAB与EI源得到的质谱图是有区别的,一是分子量的获得不是靠分子离子峰M^+,而是靠$[M+H]^+$或$[M+Na]^+$等准分子离子峰;二是碎片峰比EI谱要少。FAB适合于极性强、分子量大、难挥发或热稳定性差的样品分析,如肽类、低聚糖、天然抗生素和有机金属络合物等。FAB源主要用于磁式双聚焦质谱仪。

(4)电喷雾电离源。

电喷雾电离源(Electron Spray Ionization,ESI)是一种软电离方式,常作为四极滤质器、飞行时间质谱仪的离子源,它主要用于液相色谱-质谱联用仪的接口装置,同时又是电离装置。

ESI主要部件是一个多层套管组成的电喷雾喷嘴。最内层是液相色谱流出物,外层是喷射气,喷射气采用大流量的氮气,从而使喷出的液体容易分散成微小液滴。此外,在喷嘴的斜前方有一个辅助气喷嘴,在加热辅助气的作用下,喷射出的带电液滴随溶剂的

蒸发而逐渐缩小,液滴表面电荷密度不断增加。当达到瑞利极限,即电荷间的库仑排斥力大于液滴的表面张力时,会发生库仑爆炸,形成更小的带电雾滴。离子产生后,借助于喷嘴与锥孔之间的电压,穿过取样孔进入质量分析器。

ESI 的最大优点是,即使样品分子的分子量大、稳定性差,也不会在电离中发生裂解,通常无碎片离子,只有分子离子和准分子离子峰。它的另一优点是可以获得多电荷离子信息,从而可以检测分子量在 300 000 以上的离子,使质量分析器检测的质量范围提高几十倍,特别适合于分析极性强、热稳定性差的大分子有机化合物,如蛋白质、肽、核酸、糖等。

(5)大气压化学电离源。

大气压化学电离源(Atmospheric Pressure Chemical Ionization,APCl)属于软电离方式,主要应用于高效液相色谱 - 质谱联用仪。产生的主要是准分子离子,碎片离子很少。APCl 与 ESI 结构大致相同,不同之处在于 APCl 喷嘴的下游放置一个针状放电电极,通过放电针的高压放电,使空气中某些中性分子电离,产生 H_3O^+、N_2^+、O_2^+ 和 O^+ 等离子,溶剂分子也会被电离。这些离子与样品分子发生离子 - 分子反应,使样品分子离子化。APCl 主要用来分析中等极性的化合物。

(6)激光解吸源。

激光解吸源(Laser Description,LD)是利用一定波长的脉冲式激光照射样品,使样品发生电离的一种电离方式。将样品置于涂有基质的样品靶上,激光照射到样品靶上,基质分子吸收激光能量,与样品分子一起蒸发到气相,并使样品分子电离。LD 源需要有合适的基质才能获得较好的离子化效率,因此,常称其为基质辅助激光解吸电离源(Matrix Assisted Laser Description Ionization,MALDI)。MALDI 属于软电离技术,得到的多是分子离子、准分子离子,碎片离子和多电荷离子较少。MALDI 适合用于分析生物大分子,如肽,蛋白质、核酸、多糖等,是测定生物大分子分子量的有力手段。

(7)场电离源。

场电离源(Field Ionization,FI)由电压梯度为 $10^7 \sim 10^8$ V/cm 的两个尖细电极组成。流经电极之间的样品分子因价电子的量子隧道效应而发生电离,电离后被阳极排斥出离子室并加速经过狭缝进入质量分析器。

场电离源形成的离子主要是分子离子,碎片离子少,灵敏度低,可提供的信息少,通常将其与电子轰击源配合使用。

(8)场解吸电离源。

场解吸电离源(Field Desorption,FD)的原理与场电离源相同,但进样方式有差别,在这种方法中,分析样品溶于溶剂,滴在场发射丝上,或将发射丝浸入溶液中,待溶液挥发后,将场发射丝插入离子源,在强电场作用下或辅以温和加热,样品不经气化而直接被电离。场解吸电离源适用于不挥发和热不稳定化合物的分子量的测定。

4. 质量分析器

质量分析器是质谱仪器的核心,其作用是将离子源中形成的离子按质荷比的大小分开并排列成谱。质量分析器可分为静态质量分析器和动态质量分析器两类。

静态质量分析器采用稳定不变的电磁场,按照空间位置把不同质荷比的离子分开,单聚焦和双聚焦分析器属于静态质量分析器。

动态质量分析器采用变化的电磁场,按照时间或空间来区分质量不同的离子,属于动态质量分析器的有飞行时间质量分析器、四极滤质器等。

(1)单聚焦质量分析器。

单聚焦质量分析器由电磁铁组成,两个磁极由铁芯弯曲而成,磁极间隙尽量减小,磁极面一般呈半圆形或扇形(图 11.5)。

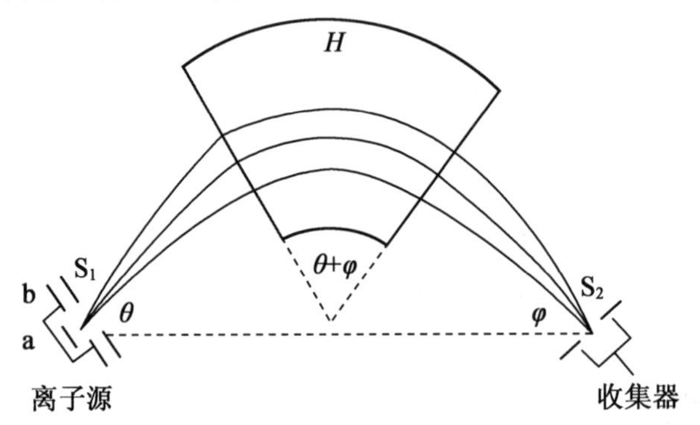

图 11.5　单聚焦质量分析器原理与结构示意图

a—离子源;b—高压电;S_1—狭缝;S_2—狭缝;H—磁场

在离子源 a 中产生的离子被放于 b 板上的可变电位所加速,经由狭缝 S_1 进入磁场的磁极间隙,受到磁场 H 的作用而做弧形运动,各种离子运动的半径与离子质量有关,因此磁场把不同质量离子按质荷比的大小顺序分成不同的离子束,这就是磁场引起的质量色散作用。同时磁场对能量、质量相同,但是进入磁场时方向不同的离子还起着方向聚焦的作用,但不能对不同能量的离子实现聚焦,因而这种仪器也称为单聚焦仪器。

(2)双聚焦质量分析器。

双聚焦质量分析器在离子源和磁场之间加入一个静电场(称静电分析器),双聚焦质量分析器原理与结构示意图如图 11.6 所示。

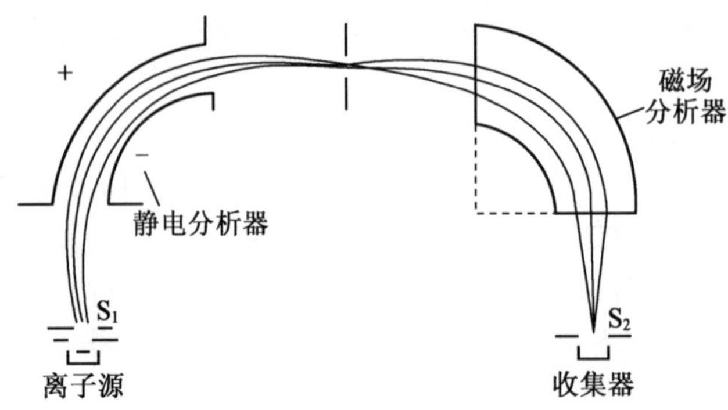

图 11.6　双聚焦质量分析器原理与结构示意图

加速后的正离子先进入静电场 E,这时带电离子受电场作用发生偏转,要保持离子在半径为 R 的径向轨道中运动的必要条件是偏转产生的离心力等于静电力,即

$$zE = mv^2/R \tag{11.5}$$

所以

$$R = (m/z) \cdot v^2/E = 2/zE \cdot 1/2mv^2 \tag{11.6}$$

当固定 E,由式(11.6)分析可知,质量相同、能量不同的离子经过静电场会彼此分开,即挑出了一束由不同的 m 和 v 组成,但具有相同动能的离子(这就称为能量聚焦),再将这束动能相同的离子送入磁场分析器实现质量色散,这样就解决了单聚焦仪器所不能解决的能量聚焦问题。

具有这类质量分析器的质谱仪可同时实现方向聚焦和能量聚焦,故又称为双聚焦质谱仪,它具有较高的分辨率。

(3)飞行时间质量分析器。

飞行时间质量分析器的核心部分是一个离子漂移管,其工作原理是获得相同能量的离子在无场的空间漂移。不同质量的离子,其飞行速度不同,行经同一距离之后到达收集器的时间不同,从而可以得到分离,图 11.7 所示为飞行时间质量分析器示意图。

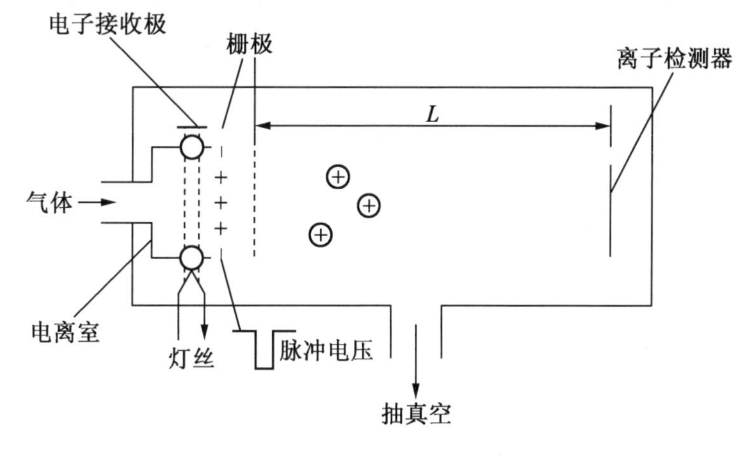

图 11.7 飞行时间质量分析器示意图

该种类型的质量分析器可以按照时间实现质量分离,其最大特点是既不需要磁场又不需要电场,只需要直线漂移空间,因此仪器的结构简单、扫描速度快,缺点是仪器分辨率低。

(4)四极滤质器。

四极滤质器由四个筒形电极组成,对角电极相连接构成两组,图 11.8 所示为四极滤质器示意图。

Z 轴通过原点 O 垂直于纸平面,原点 O(场中心点)至极面的最小距离称为场半径 r。四个棒状点击形成四级场,在 X 方向的一组电极上施加 $+(u + v\cos wt)$ 的射频电压,在 Y 方向的另组电极上施加 $-(u + v\cos wt)$ 的射频电压,式中,u 为直流电压;v 为交流电压幅

值;w 为角频率;t 为时间。

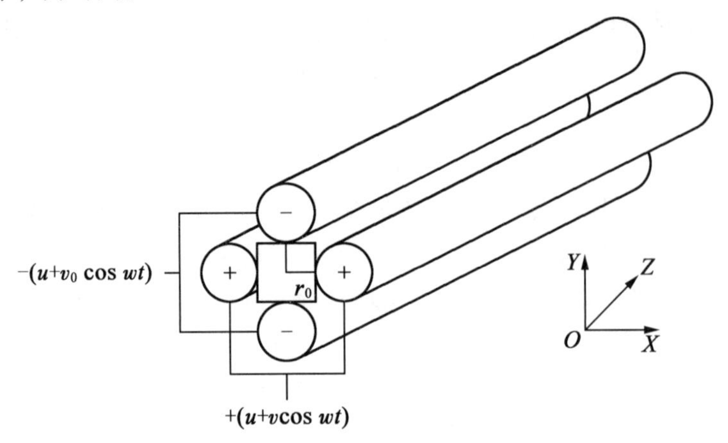

图 11.8 四级滤质器示意图

如果有一个质量为 m、电荷为 z、速度为 v 的离子从 Z 方向射入四极场中,由于在 X 和 Y 方向存在交变电场,射频电压的变化是连续跳跃式的,因此离子会进行振荡运动。当 w、v 和 u 为某一特定值时,只有具有一定质荷比的离子能沿着 Z 轴方向通过四极场到达接收器,这样的离子称为共振离子,质荷比为其他值的离子,因其振荡幅度大,撞在电极上而被真空泵抽出系统,这些离子称为非共振离子。

当 r 和 z 一定时,通过四极场的正离子质量便由 u、v 和 w 决定,改变这些参数就能使离子按质荷比大小依次通过射频四极场,实现质量扫描。

四极滤质器由于利用四极杆代替了笨重的电磁铁,故结构简单、体积小、质量轻、价格便宜,加上具有较高的灵敏度和较好的分辨率,操作时真空要求相对较低,因而它成为近年来发展最快的质谱仪器。

(5)离子阱质量分析器。

离子阱质量分析器的主体是一个环电极和上下两电极。两端的盖电极中央有开口,供离子进出离子阱。两端盖电极接地,在环形电极上施以变化的射频电压,此时处于阱中且具有合适质荷比的离子将在阱中指定的轨道上稳定旋转,若此时增加电压,则较重的离子转至稳定轨道,而轻些的离子将偏出轨道并与环形电极发生碰撞而淘汰。当由电离源产生的一组离子经左端入口进入阱中后,射频电压开始扫描,陷入阱中的离子的运动轨道则会发生变化,并按质量从高到低的次序依次从右端出口离开离子阱,被电子倍增检测器检测。

离子阱质量分析器的特点是结构简单、质量轻、性价比高,灵敏度比四极质量分析器高 10 ~ 1 000 倍,而且具有多级串联质谱功能,可用于 GC - MS 和 LC - MS 联机;缺点是分辨率(为 10^3 ~ 10^4)不够高,所得质谱与标准谱图有一定的差别。

(6)傅立叶变换离子回旋共振质量分析器。

采用傅立叶变换离子回旋共振分析器的质谱仪是一种新型的质谱仪,又称傅立叶变换质谱仪(Fourier Transform Ion Cyclotron Resonance Analyzer, FTICR)。它的基本原理完全不同于磁偏转与四极滤质器,而是在回旋共振技术的基础上发展起来的。离子在静磁场中会产生回旋,如果给这个离子施加一个射频辐射,当外加射频的频率等于离子回旋频率时,离子就会产生共振,这就是回旋共振。

假设样品在恒定磁场 H_0 中电离成质量为 m、电荷为 z、运动速度为 v 的离子。这些离子在磁场中被迫做随意的圆周运动,其回旋角的频率可表示为

$$W = v/r = z/m\ H_0 \tag{11.7}$$

式中,W 为离子回旋频率,rad/s;H_0 为磁场强度。

由式(11.7)可以看出,离子的回旋频率与离子的质荷比呈线性关系,当磁场强度固定后,只需精确测得离子的共振频率,就能准确得到离子质量。如果外加射频频率等于离子回旋频率,离子就会吸收外加辐射能量而改变圆周运动的轨道,沿着阿基米德螺线加速,在适当位置放置离子收集器,就能收集到共振离子。改变辐射频率便可接收到不同的离子。普通的回旋共振分析器扫描速度很慢、灵敏度低、分辨率也很差。傅立叶变换离子回旋共振分析器采用的是线性调频脉冲来激发离子,即在很短的时间内进行快速频率扫描,使得很宽范围的质荷比离子几乎同时受到激发,因而扫描速度和灵敏度比普通回旋共振分析器高得多。

傅立叶变换离子回旋共振质量分析器的核心部分是由超导磁体组成的强磁场和置于磁场中的分析室,分析室是一个置于均匀超导磁场中的立方体结构,由三对相互垂直的平行板电极组成。第一对电极为捕集极,与磁场方向垂直,电极上加有适当正电压,其作用是延长离子在室内的滞留时间;第二对电极为发射极,用于发射射频脉冲;第三对电极为接收极,用来接收离子信号。进入分析室的离子,在强磁场作用下以很小的轨道半径做回旋运动,不能产生可检出信号。如果在发射极上加一个快速扫频电压,且射频电压的频率与离子回旋的频率相同,此时满足共振条件,离子吸收射频能量,轨道半径逐渐增大,产生可检出信号。这种信号是一种正弦波式的时间域信号,其频率与离子固有的回旋频率相同,振幅与离子数目成正比。如果分析室中作相干轨道的各种质量的离子都满足共振条件,那么,实际测得的信号是同一时间内的各种离子所对应的正弦波信号的叠加。将测得的时间域信号重复累加放大,并经模数转换后输入计算机进行快速傅立叶变换,便可检出各种频率成分,然后利用频率和质量的已知关系可得到正常的质谱图。

FTICR 具有扫描速度快、质量范围宽、分辨率极高(可达 100 万以上)、分析灵敏度高、测量精度好等诸多优点,并且可以和任何离子源连接,可以完成多级串联质谱的操作,便于与色谱仪器串联,拓宽了仪器功能。其不足之处是需要很高的超导磁场,仪器费用昂贵。

5. 检测记录系统

质谱仪的检测器是将从质量分析器出来的只有 $10^{-9} \sim 10^{-12}$ A 的微小离子流加以接收、放大,以便记录。检测记录系统的主要使用的检测器电子倍增器,有时也使用光电倍

增管。

电子倍增器的种类很多,其工作原理与光电倍增管十分相似。这种检测器可检测出由单个离子直到大约 10^{-9} A 的离子流,可实现高灵敏、快速测定。

近代质谱仪中常采用隧道电子倍增器,其工作原理与电子倍增器相似,由于其体积较小,因此可以将多个隧道电子倍增器串联,实现同时检测多个质荷比不同的离子,从而大大提高了分析效率。

有倍增器出来的信号被送入计算机储存,现代质谱仪一般都采用较高性能的计算机对产生的信号进行快速接收与处理,同时通过计算机对仪器条件等进行严格监控,从而使精密度和灵敏度都有一定程度的提高。

11.3.2 质谱仪器分类

质谱仪器的种类十分多,工作原理和应用范围也大不相同。用不同分类方式可以对质谱仪进行分类,如下。

(1)按照质量分析器的工作原理可分为单聚焦质谱、双聚焦质谱仪,四极杆质谱、离子阱质谱(包括线性离子阱和轨道离子阱)、飞行时间质谱和傅立叶变换离子回旋共振质谱等五大类。

(2)按质量分析器的工作模式可分为静态质谱仪(单、双聚焦质谱)和动态质谱仪(四极杆质谱、离子阱质谱、飞行时间质谱和傅立叶变换离子回旋共振质谱)两大类。

(3)按分析物质的化学性质可分为无机质谱仪(元素分析)和有机质谱仪(有机分子分析及生物大分子分析)。

(4)按离子源电离方式可分为电子轰击电离质谱仪、化学电离质谱仪、场/解析电离质谱仪、快原子轰击电离质谱仪、电弧/激光/辉光电离质谱仪、基质辅助激光解吸电离质谱仪和电喷雾电离质谱仪等。

(5)按分辨率高低可分为高分辨质谱仪、中分辨质谱仪和低分辨质谱仪。

(6)按与其他分析仪器联用方式可分为气相色谱-质谱联用仪(气质联用仪)、液相色谱-质谱联用仪(液质联用仪)、光谱-质谱联用仪、毛细管电泳质谱联用仪等。

(7)按多个质量分析器串联模式可分为单级质谱仪和多级(串级)质谱仪,串级质谱仪又分时间串级(离子阱)质谱和空间串级质谱(三重四极杆质谱和四极杆-飞行时间质谱仪)。

(8)按仪器外观可分为台式质谱仪和落地式质谱仪、小型质谱仪和大型质谱仪。

(9)按分析的应用领域可分为实验室分析质谱仪、专用质谱仪、工业质谱仪和医疗质谱等。

11.4 质谱定性分析及谱图解析

11.4.1 确定分子量

当用离子源对化合物分子进行离子化时,对能够产生分子离子或质子化(或去质子化)分子离子的化合物来说,用质谱法测定分子量是目前最好的方法。它不仅分析速度快,而且能够给出精确的分子量。通过质谱图中分子离子峰和碎片离子峰的解析,可提供许多有关分子结构的信息,因而定性能力强是质谱分析的重要特点。

但是,分子离子峰的强度与分子的结构及类型等因素有关。若某些化合物分子离子不稳定,当使用某些硬电离源(如 EI 源)后,在质谱图上只能看到它的碎片离子峰,看不到分子离子峰。另外,有些化合物的沸点很高,在气化时就被热分解,这样得到的只是该化合物热分解产物的质谱图。因此,实际分析时要对实际情况进行考虑。

在纯样品质谱图中,判断分子离子峰时应注意的问题如下。

(1)分子离子稳定性的一般规律。分子离子的稳定性与分子结构有关。碳数较多、碳链较长(也有例外)和有支链的分子,分裂概率相对较高,其分子离子的稳定性也比较低;而具有 π 键的芳香族化合物和共轭烯烃分子,分子离子稳定,分子离子峰高。

(2)原则上除同位素峰外,它是最高质量的峰。即分子离子峰应位于质谱图的最右端,但有些分子会形成质子化分子离子峰$(M+1)^+$或去质子化分子离子峰$(M-1)^+$。

(3)分子离子峰必须符合氮规则。由 C、H、O 组成的有机化合物,分子离子峰的质量一定是偶数;而由 C、H、O、N 组成的化合物,含奇数个 N,分子离子峰的质量是奇数,含偶数个 N,分子离子峰的质量则是偶数,这一规律称为氮规则。凡不符合氮规则者,就不是分子离子峰。

(4)当化合物中含有氯或溴时,可以利用 M 与 M+2 峰的比例来确认分子离子峰。通常,若分子中含有一个氯原子时,则 M 和 M+2 峰强度比为 3:1,若分子中含有一个溴原子时,则 M 和 M+2 峰强度比为 1:1。

(5)分子离子峰与邻近峰的质量差要合理,如不合理就不是分子离子峰。例如,分子离子是不可能裂解出两个以上的氢原子和小于一个甲基的基团,故分子离子峰的左边不可能出现比分子离子峰质量小 3~14 个质量单位的峰;若出现质量差为 15 或 18,这是因为裂解出—CH_3或一分子水,因此这些质量差都是合理的。

(6)降低电子轰击源的能量,观察质谱峰的变化。在不能确定分子离子峰时,可以逐渐降低电子流的能量,使分子离子的裂解减少,这时所有碎片离子峰的强度都会减小,但分子离子峰的相对强度会增加,仔细观察质荷比最大的峰是否在所有的峰中最后消失,最后消失的峰即为分子离子峰。

11.4.2　化合物分子式的确定

利用质谱测定分子式有两种方法分别为同位素峰相对强度法和高分辨质谱法。

1. 同位素峰相对强度法(也称同位素丰度比法)

各元素具有一定的同位素天然丰度,因此具有不同的分子式,其(M+1)/M和(M+2)/M的百分比都将不同。若以质谱法测定分子离子峰及其分子离子的同位素离子峰$(M+1)^+$、$(M+2)^+$的相对强度,就能根据(M+1)/M和(M+2)/M的百分比确定分子式。为此,Beynon等人计算了分子量在500以下,只含C、H、O、N的各种组合的质量和同位素丰度比。

例如,某化合物根据其质谱图,已知其分子量是150,由质谱测定,质谱比150、151和152的强度比为M(150)=100%,M+1(151)=9.9%,M+2(152)=0.9%,试确定此化合物的分子式。

从M+2/M=0.9%可见,该化合物不含S、Br或Cl。在Beynon的表中分子量为150的分子式共29个,其中(M+2)/M的百分比为9~11的分子式见表11.1。

表11.1　Beynon表中M=150的部分

分子式	M+1	M+2
$C_7H_{10}N_4$	9.25	0.38
$C_8H_8NO_2$	9.23	0.78
$C_8H_{10}N_{2O}$	9.61	0.61
$C_8H_{12}N_3$	9.98	0.45
$C_9H_{10}O_2$	9.96	0.84
$C_9H_{12}NO$	10.34	0.68
$C_9H_{14}N_2$	10.71	0.52

此化合物的分子量是偶数,根据前述氮规则,$C_8H_8NO_2$、$C_8H_{12}N_3$、$C_9H_{12}NO$排除,剩下四个分子式中,M+1与9.9%最接近的是$C_9H_{10}O_2$,这个式子的M+2也与0.9%很接近,因此分子式应为$C_9H_{10}O_2$。

2. 高分辨质谱法

高分辨质谱法可精确测定每一个质谱峰的质量数,从而确定化合物实验式和分子式。当^{12}C=12.000 000为基准,各元素原子量严格来讲并不是整数。根据这一标准,精确质量数不是刚好1个原子量单位,而是1.007 852;^{16}O的精确质量数应该是15.994 914。用高分辨质谱可测得小数后3~4位数字,质谱分辨率越高,测定的越正确,误差就越小。一般高分辨质谱测定小分子的分子离子质量数的误差小于等于±0.06,能符合这种误差精度条件的分子式数目较少,若再配合其他信息进行分析,即可从这少数可能化合物中判断出最合理的分子式。当今高分辨质谱配置的计算机工作站可以给出分子离子峰的元素组成,同时也可给出质谱图中主要碎片峰的元素组成。

11.4.3 根据裂解模型鉴定化合物和确定结构

各种化合物在一定能量的离子源中是按照一定规律进行裂解而形成各种碎片离子的,因而所得到的质谱图也呈现出一定的规律。因此根据裂解后形成各种离子峰就可以对物质的组成及结构进行鉴定。同时应注意,同一种化合物在不同的质谱仪中有可能得到不同的质谱图。

例如有一未知物,经初步鉴定是一种酮,它的质谱图如图 11.9 所示,图中分子离子质荷比为 100,因而这个化合物的分子量 M 为 100。

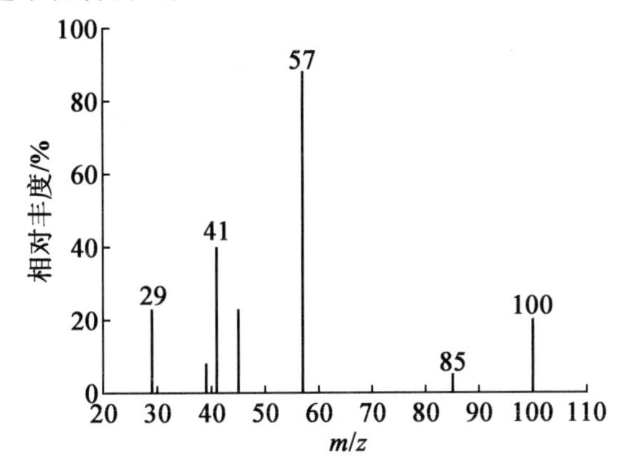

图 11.9 一未知物的质谱图

$m/z=85$ 代表脱落—CH_3(质量 15);$m/z=57$ 代表脱落—C ═ O(质量 28);$m/z=57$ 的碎片离子峰丰度很高,是标准峰,表示这个碎片离子很稳定,也表示这个碎片和分子的其余部分是比较容易断裂的。这个碎片离子很可能是 $C(CH_3)_3$。

这个断裂过程可以表示如下:

$$\text{未知物}\xrightarrow{\text{脱}—CH_3}\text{碎片离子}\xrightarrow{\text{断裂}—CO}—C(CH_3)_3$$

因而这个未知酮的结构式很可能是 $CH_3—CO—C(CH_3)_3$。为了确定这个结构式,还可以采用其他分析手段,例如红外光谱、核磁共振等。

图 11.9 中质荷比为 41 和 39 的两个质谱峰,可认为是碎片离子进一步重排和断裂后所生成的碎片离子峰,这些重排并断裂过程可表示如下:

$$\begin{matrix} & CH^{+\cdot} \\ HC & —CH_3 \\ & CH_3 \end{matrix} \xrightarrow[CH_3(\text{质量为 }16)]{\text{重排并断裂}} \begin{matrix} HC & —— & CH_2^{+\cdot} \\ & \underset{H_2}{C} & \end{matrix}$$

$$\begin{array}{l} \mathrm{CH^{+\cdot}} \\ \ / \\ \mathrm{H—CH_3} \\ \mathrm{C}\ \backslash \\ \quad \mathrm{CH_3} \end{array} \xrightarrow{\text{重排}} \begin{array}{l} \mathrm{HC^{+}—CH_3} \\ \quad | \\ \mathrm{H_2C—CH_3} \end{array} \xrightarrow[\mathrm{CH—C}]{\text{断裂}} \mathrm{H_2C—CH_3^{\cdot\ +}}$$

11.4.4　质谱图解析实例

解析未知样的质谱图，大致按以下程序进行。

①先由质谱确定分子离子峰，以确定分子量。

②根据质谱的分子离子峰（M）和同位素峰（M+1、M+2）的相对强度，或利用高分辨质谱，求出最可能的分子式。

③由分子式计算不饱和度，并推测出化合物的大致类型。

⑤利用质谱开裂规律来验证所提出的结构式是否合理。

【例 11-1】　某化合物的质谱图如图 11.10 所示，亚稳态峰表明有质谱比为 154→139→111，求该化合物的结构式。

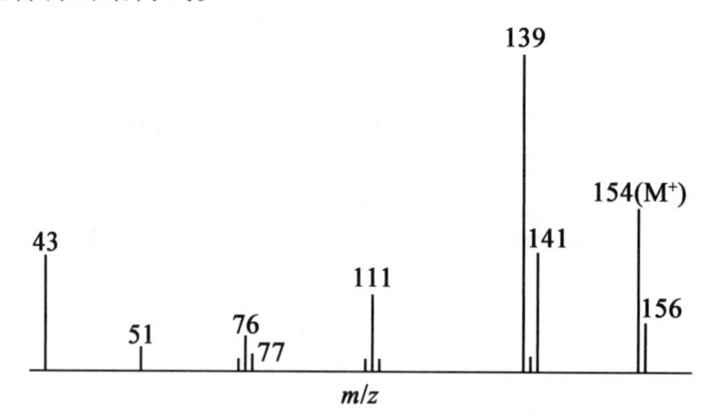

图 11.10　某化合物的质谱图

解　(1)对分子离子峰进行分析。

①分子离子峰（m/z 为 154）信号很强，有可能是芳香族。

②分子量应为偶数，不含氮或含偶数个氮。

③同位素峰（m/z 为 156）与分子离子峰的强度比值约为 M∶(M+2)=100∶32，因此解析出有一个氯原子。

(2)碎片离子峰的分析。

①质量丢失 m/z 为 139（M-15），失去—CH_2。

②由碎片离子推测官能团：m/z 为 43，可能为 C_3H_7 或 CH_3CO；m/z 为 51、76、77，表明有苯环。

(3)结构单元有 Cl、CH_3CO（或 C_3H_7）、C_6H_4（或 C_6H_5），其余部分的质量等于 154-35-43-76=0。

(4)推断结构式有：

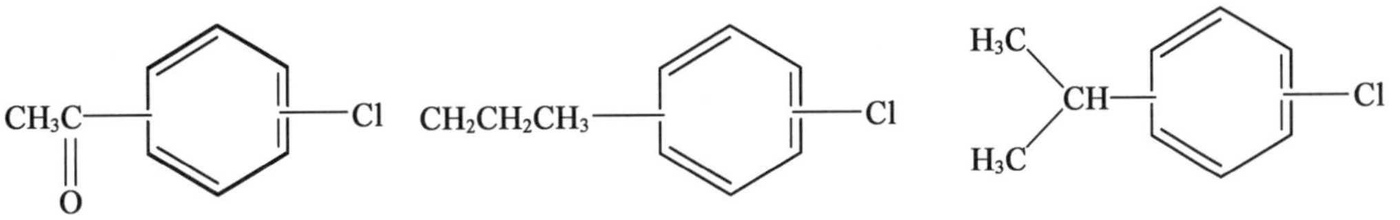

(1) (2) (3)

上式中(2)应发生苄基断裂产生(M－29)峰和麦氏重排产生(M－28)峰。这两个峰在质谱图中并不明显。上式中(3)应发生苄基断裂产生(M－15)峰，谱图中可观察到此峰，但 m/z 139→111 亚稳峰的产生无法解释。所以只有式(1)最合理。

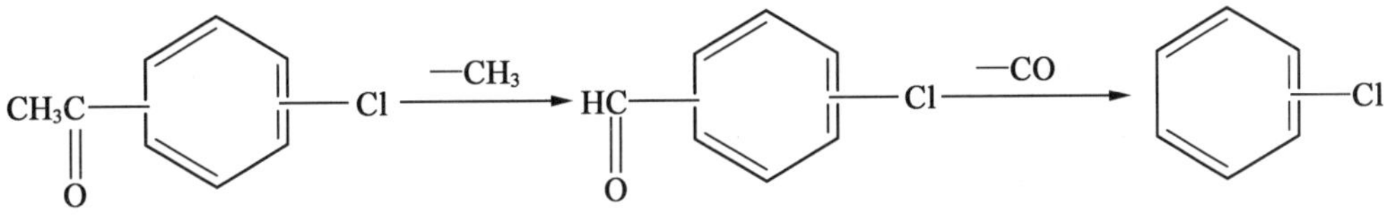

*m/z*为154 *m/z*为139 *m/z*为111

11.5 质谱定量分析

对于多组分混合物的定量分析，质谱法是一种非常有效的手段，它可以分析气体，易挥发性及低挥发性的有机混合物。

质谱法进行定量分析时，应满足一些必要的条件。

(1)样品中每一组分中至少有一个与其他组分有显著不同的特征峰，不受其他组分影响。

(2)各组分的裂解模型具有重现性。

(3)组分的灵敏度与特征峰具有一定的重现性(要求 1%)，即与这个组分的纯品所得结果相同。

(4)每种组分对相同质荷比离子峰峰高的贡献具有线性加和性。

(5)有适当的供校正仪器用的标准物等。

11.5.1 定量分析基本原理

在适当条件下，质谱峰高与组分的分压成正比，即

$$I_{\mathrm{m}} = S_{\mathrm{m}} p_{\mathrm{m}} \tag{11.8}$$

式中，I_{m}为 m 组分某一特征峰的离子流强度；p_{m}为 m 组分的分压；S_{m}为 m 组分某一特征峰的压力灵敏度，即单位压力所产生的离子流强度。

灵敏度与仪器的操作条件(如磁场强度、轰击电流及温度等)有密切关系，所以定量分析未知样品时，要与测定 S_{m}的操作条件相同。

若用峰高 h_m 取代式(11.8)中的 I_m,则

$$h_m = A_m S_m p_m \tag{11.9}$$

式中,A_m为 m 组分某一特征峰的相对丰度。

11.5.2 定量分析的方法

(1)绝对法。对于组分数较少,且各组分的分子离子峰或基峰互不叠加的混合物,可采用此法或相对法。

(2)相对法。为克服绝对法易受仪器条件变化影响这一缺点,对于已知样品组分的情况,可采用相对法进行定量分析。

(3)解联立方程法。解联立方程法适用于各组分的特征峰互相重叠的情况。目前应用范围较广,例如煤、柴油馏分的组成分析,重油中饱和烃类的测定等都应用此法。

11.6 质谱在环境分析中的应用

近年来随着质谱技术的迅速发展,质谱技术的应用领域范围越来越广。由于质谱分析具有灵敏度高、样品用量少、分析速度快、分离和鉴定可以同时进行等优点,质谱技术被广泛应用于化学、化工、环境、能源、医学、刑侦科学、生命科学、材料科学等各个领域,其中质谱分析法在环境分析中的应用最为广泛。

11.6.1 质谱技术在环境突发性事故中的应用

近年来,松花江水环境污染、川东油气田硫化氢泄漏、淮安液氯泄漏、非典疫情、禽流感疫情、苏丹红添加剂等重大环境污染事件、食品污染事件和急性传染病事件接连发生,引起的后果触目惊心,增添了一系列社会不安定因素。其中环境突发性事故发生频次较高,影响范围较广,因此具有很大的危害性。如何在短时间内尽快取得环境污染参数,得到定性定量数据,是广大环境工作者和环境决策者最关心的问题。质谱技术因其非常强大的定性定量功能,在环境突发性事故中发挥着越来越重要的作用,正逐渐成为应急监测强有力的手段和工具。

1. 环境空气监测

环境空气监测以对挥发性有机物进行分析为主,其分析步骤为:①清洗采样罐;②将采样罐进行真空处理;③现场负压采样;④气相色谱 - 质谱分析。其质量控制措施包括 BFB 仪器性能检查、内标、五点校正曲线等。

2. 水样监测

水样监测以对挥发性有机物进行分析为主,其分析步骤为:①将 25 mL 水样放入吹扫捕集仪的吹扫瓶;②以氮气为吹扫气,捕集挥发性组分被吸附管扫瓶;③在解吸过程

中，吸附管于 180 ℃进行热解析 4 min，吹扫气将其吹入气相色谱－质谱仪中；④气相色谱－质谱分析。其质量控制措施包括 BFB 仪器性能检查、内标、五点校正曲线等。

实践证明，质谱技术能对环境空气、地表水、地下水、饮用水、生物食品土壤等污染情况提供准确的定性定量结果，在环境突发性事故的监测分析中具有特别重要的作用。

11.6.2 质谱技术在大气中痕量污染物测定中的应用

大气污染可以引发多种疾病，而且对大气辐射平衡甚至气候变化均有很大影响。随着人类生存环境的不断恶化，大气污染监测也受到人们的广泛关注。大气中的痕量物质，如 H_2SO_4、HNO_3 和酸性气体 SO_2，自由基 OH·、OH_2、RO_2，可挥发性有机物（Volatile Organic Compounds，VOC）以及气溶胶等，都是大气污染形成中重要的中间体，实时测量这些物种的时空分布等信息对于了解污染的机理和现状有极其重要的意义。

大气中痕量物种浓度低、活性大、寿命短，因此想要实时测量这些物种十分困难。近 10 年来出现了一些测量大气中痕量物种的方法，如激光诱导荧光光谱、差分光学吸收光谱、傅立叶变换红外光谱等，但是这些方法都只能测量一些比较简单的自由基和化合物。质谱分析方法响应快、灵敏度高，能够进行实现实时监测，因此近年来，许多研究小组开展了用化学电离质谱（ClMS）原位测量大气中痕量物种的研究。

但是由于质谱图只能展示有机物的分子离子，结果分析中有几种分子量相同的化合物对应同一个谱峰的可能性，分析结果容易发生混淆和误差。近年来，已经有科学家针对这个问题开展研究，其中将 ClMS 与 GC 联用以及将有机膜应用于 ClMS 的进口实现预分离是研究者比较看好的发展方向。另外，寻找新的有选择性的试剂离子（例如手性试剂）来提高 ClMS 的选择性也是一个值得关注的方向。检测大气中除 HNO_3、HCl、H_2SO_4 以外的痕量物种如 $ClLO_2$、C_5H_8 等对大气性质的影响，对有机气溶胶进行检测及其形成过程的研究，都将是 ClMS 今后研究的主要目标。

11.6.3 水中溶解无机碳含量和碳同位素组成测定中的应用

从 20 世纪初开始，水体中溶解无机碳含量就被用作评价碳源区的碳总量和碳的通量变化的依据，应用于揭示不同储存形式的无机碳之间的转换和全球碳的循环，指示地球环境的变迁等。随着技术的进步和发展，溶解无机碳稳定碳同位素可以有效反映碳源区信息，因此溶解无机碳稳定碳同位素也开始得到应用。

Matthews 等人开发了在惰性气体气流的携带下，直接采集目标气体进入质谱离子源的技术，并用这种方法进行了碳同位素的分析。由于样品的处理和测定是实时在线连续进行的，"连续流"质谱分析技术便因此得名而发展起来。连续流质谱技术的高效率和小样量与经典方法比较具有显著优势，同时，多种多样的进样器配置适合环境样品复杂的特点，为拓展同位素分析技术的应用领域提供了一种快速且高效的手段。

11.6.4 质谱分析法在环境分析中应用实例

胺是一类广泛分布的污染物质,大部分伯胺化合物都具有较强的毒性,特别是芳香胺,许多芳香胺都是公认的致癌物质,因此需要对极其微量的芳香胺进行测定。

研究发现,广泛用于纺织品、皮革、食品、化妆品等行业的着色剂——某些偶氮染胺类化合物的检测,在环境中能够还原降解那些产生致癌的芳香胺类化合物。因此,在生产和商检等方面对芳香胺类化合物的检测标准提出要求,由于胺类及检测器响应化合物极性大、不稳定,低浓度检测时常常受柱上的吸收和分解、流出峰拖尾以及检测器响应值低等限制。因此可以通过将胺类化合物进行衍生化来解决这个问题。较好的方法是将芳香胺和芳香醛反应生成 Schiff 碱衍生物,然后用负离子化学电离法测定,不仅可以获得尖锐的离子峰,还能获得可供选择离子监测(SID)的高丰度的分子离子峰或特征离子峰。

11.7 前沿技术与应用

11.7.1 解吸电喷雾电离技术(DESI)

2004 年美国普渡大学 R. G. Cooks 教授课题组提出了一项新颖的质谱离子化技术—解吸电喷雾电离技术(Desorption Electrospray Ionization,DESI)技术,该技术兼有电喷雾电离(ESI)和其他解吸电离(DI)技术的特点,可用于实际样品的快速检测分析。DESI 技术的基本原理是液滴携带机理。样品用适当溶剂溶解后被滴加在绝缘材料(如聚四氟乙烯(PTFE)、聚甲基丙烯酸甲酯(PMMA)等)的表面上,并挥去溶剂,样品即被沉积在载物表面。所用的喷雾溶剂先被加以一定电压,并从喷雾器的内套管中喷出,喷雾器外套管喷出的高速 N_2气(线速度可达 350 m/s)迅速将溶剂雾化并使其加速,令带电液滴撞击到样品表面。样品在被高速液滴撞击后发生溅射进入气相;同时由于 N_2气的吹扫和干燥作用,含有样品的带电液滴发生去溶剂化,并沿大气压下的离子传输管迁移,进入质谱前端的毛细管,然后被质谱仪的检测器检测。

DESI 技术可以实现从复杂体系中直接检测样品,已被应用到许多领域,如检测行李表面的爆炸物 TNT、分析药剂片或化妆品、分析代谢物、监测环境中的挥发性有机物(SVOC)、质谱成像等。

11.7.2 电喷雾萃取离子化技术(EESI)

电喷雾萃取离子化(Electrospray Extraction Ionization,EESI)技术由东华理工大学陈焕文教授课题组于 2006 年首次提出,该技术综合了电喷雾电离(ESI)和电喷雾解吸电离(DESI)技术的优点,并融入了液 - 液微萃取理论和技术,其主要由电喷雾通道和样品引入通道构成,样品引入和电离是相对独立的,带电的初级离子在三维空间内与样品液滴发生融合碰撞萃取和电荷转移等过程实现离子化,所得待测物的气相离子供后续的质谱分析。在 EESI 源中,能/荷传递以及中性物质的萃取和离子化过程均在一个相对较大的三维空间内完成,因此 EESI 的基体效应可显著下降。同时带电液滴与中性待测物的接触时间和有效空间都较长,使得 EESI 具有较好的稳定性和灵敏度。此外,样品的主体与电场或带电粒子等是隔离的,不受刺激性或有毒有害试剂(如甲醇等)的污染,因而特别适合进行生物样品分析化学反应过程监控和动植物的活体质谱分析等,尤其是在活体代谢组学研究等方面具有巨大的应用前景。

11.7.3 介质阻挡放电离子化技术(DBDI)

介质阻挡放电离子化(Dielectric Barrier Discharge Ionization,DBDI)技术是清华大学张新荣教授于 2007 年首次提出,其结构如图 11.11 所示,通过介质阻挡放电产生的高能电子与周围气体分子碰撞过程中产生大量的自由基电子离子和激发态原子等,作用于样品上实现样品离子化。该离子源具有结构简单、成本低、易操作和重现性好等优点,适合小分子的分析,检测限可达 3.5 pmol。并在此基础上与 Cooks 教授等合作开发了低温等离子体探针(LTP)技术(图 11.12)。LTP 以石英管内的金属丝为内电极,以石英管外包裹的铜箔为外电极,通过交流高压激发 He、Ar、N_2 等工作气体,形成等离子束并喷射出来作用于样品表面,使之解吸并电离。LTP 可用于气态、液态和固态物质中化合物以及混合物的分析,检测爆炸物 RDX 和 TNT 的检出限可达 5 pg。此外等离子体肉眼可视、温度低,便于样品表面的准确定位,在实时原位检测、质谱成像和特殊样品(如生物组织和、热不稳定样品)等领域发挥重要作用。

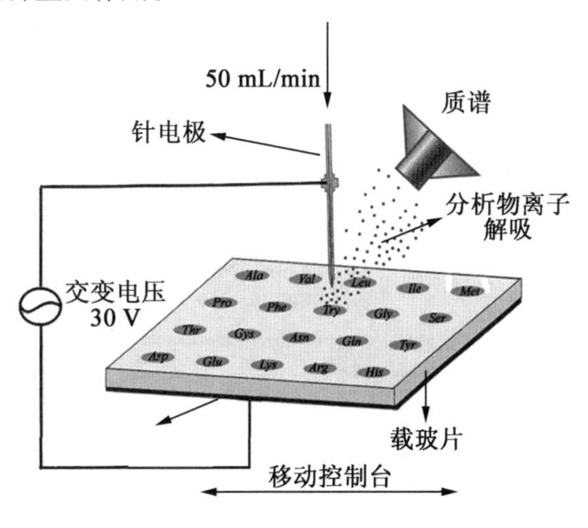

图 11.11 DBDI 原理图

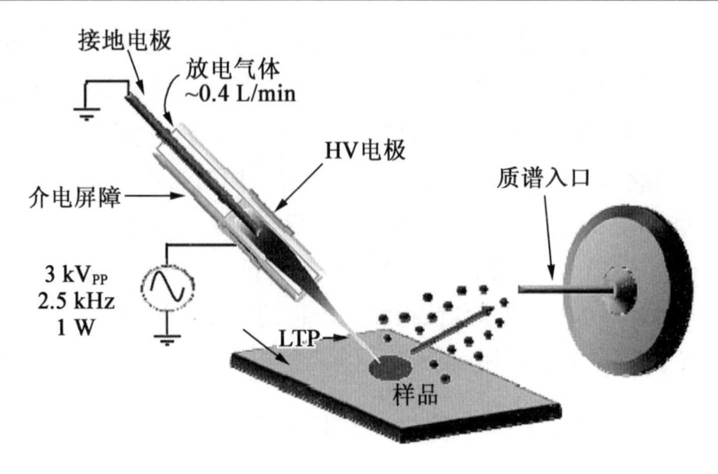

图 11.12　LTP 技术原理图

11.7.4　空气动力辅助离子化技术(AFAI)

空气动力辅助离子化(Air Flow - Assisted Ionization,AFAI)技术由再帕尔研究员于2011 年首次提出,其结构如图 11.13 所示,通过引入高速空气流,可提高带电液滴的采集与传输效率,增加带电液滴的传输距离,同时促进带电液滴脱。溶剂和样品离子的产生降低了离子与传输管的碰撞损失,最终实现高效率的离子化。该离子化技术解决了样品离子长距离传输问题,实现了离子在大气压状态下的远距离传输。这种新型 AFAl 技术提高了远距离敞开式样品的离子化效率和检测灵敏度,扩展了样品分析的灵活性,增强了对大体积物品和远距离目标物的分析能力。在定量分析方面,采用 AFAl 技术所得的拟合曲线具有良好的线性度,如 Sun 等人采用 AFI - EESI 串联质谱法快速直接定量分析邻苯二甲酸酯类(PAEs),LOD 范围为 0.011 ~0.035 mg/g,定量曲线的相关系数为 97.58% ~99.90%。

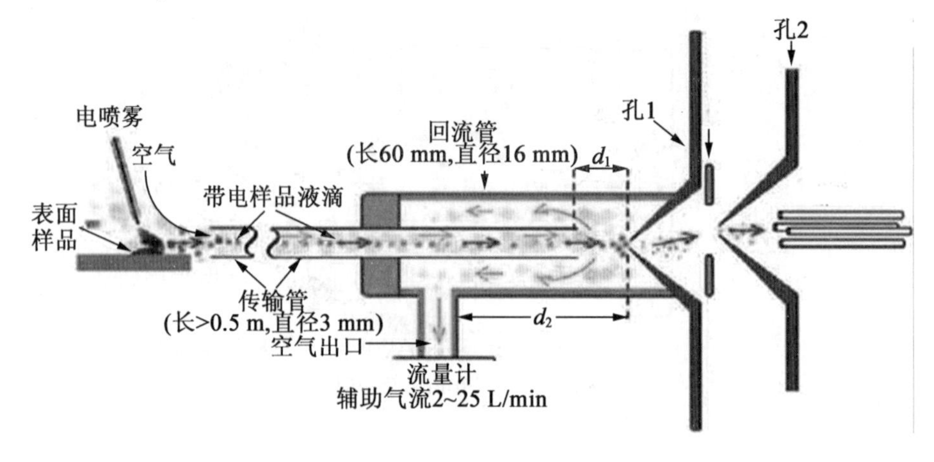

图 11.13　AFAI 原理图

11.7.5 纸喷雾离子化技术(PSI)

纸喷雾离子化质谱法(Paper Spray Ionization Mass Spectrometry,PSI-MS)电离技术首次报道于2010年,最开始常用来测量分子量较小的分子(分子量小于500),可以在一张纸上直接完成样品的AMS分析,过程十分简单,具有超低的仪器依赖性。按照电离原理分类属于类ESI的AMS离子源,按照离子化过程属于直接电离离子源。PSI原理与ESI类似,以三角形的纸基为载体,将固体或液体样品放置在纸基表面,施加电压,利用高电压驱动溶剂溶解提取复杂样品中的分析物,使其迁移电离,最终在纸基的尖端发生电喷雾,离子化后,进入质谱进行分析,实现实时在线监测过程简单高效,分析成本低。具体过程如图11.14所示。

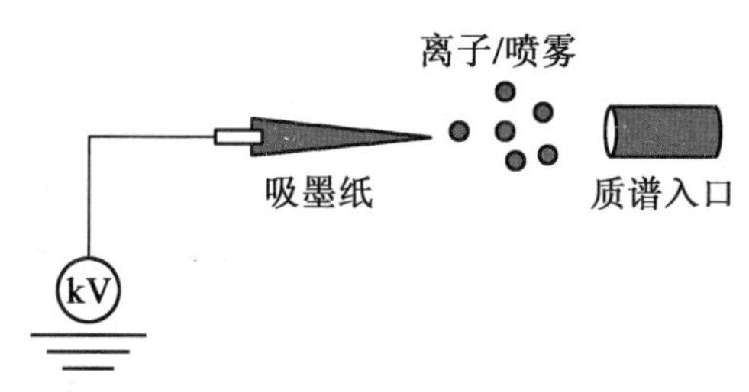

图11.14 PSI-MS原理图

Cooks研究小组证实PSI喷雾存在两种不同的模式。当溶剂量较大时,可形成多个泰勒锥,形成的液滴尺寸范围较宽;而当溶剂量较小和电晕形成的电流较高时,产生的喷雾液滴直径较小且均匀喷雾的形成由溶剂组成、溶剂的流速和电压大小决定。

PSI-MS法比较适合对环境中的污染物等进行实时快速的分析和监测。Jjunju等人利用PSI-MS法快速筛查和检测了工业水样中的长链脂肪族胺类抗腐蚀抑制剂。利用这个方法分析了3种复杂的水样品,包括锅炉给水、冷凝水和沸水,样品来自煮水装置的重压水管,已知装置中有聚胺类或胺类的抑制剂。结果证明,纸喷雾质谱法可以快速直接地检测工业沸水装置或其他水处理系统中的聚胺类抗腐蚀抑制剂,最低检测限小于0.1 pg。Zhou等人利用PSI结合飞行时间高分辨质谱快速检测了环境中的微囊藻素。因为工业和农业的发展,地表水富营养化越来越严重,导致蓝藻繁殖过多,出现在饮用和灌溉水中,造成环境污染,微囊毒素是具有环状七肽的蓝藻毒素,进入人体可能导致肝脏毒性产生肿瘤。此方法可以在无任何预处理的情况下直接分析水库水样中的微囊毒素。将微囊毒素的测定时间由过去的几个小时变成了几分钟,检测限为1 μg/L,定量限可达到3 μg/L微囊。毒素的分子量为995,超过最初报道的PSI-MS方法只适应于500以下的分子量,证明PSI-MS方法的应用范围越来越广泛。

本章参考文献

[1] 崔永芳. 实用有机物波谱分析[M]. 北京：中国纺织出版社，1994.

[2] 和寿英，字敏，杨榆超. 有机化合物波谱分析[M]. 昆明：云南科技出版社，1998.

[3] 朱为宏，杨雪艳，李晶. 有机波谱及性能分析[M]. 北京：化学工业出版社，2007.

[4] 张华. 现代有机波谱分析学习指导与综合练习[M]. 北京：化学工业出版社. 2007.

[5] 魏培海，曹国庆. 仪器分析[M]. 北京：高等教育出版社，2007.

[6] 魏福祥. 仪器分析及应用[M]. 北京：中国石化出版社，2007.

[7] 刘志广. 仪器分析学习指导与综合练习[M]. 北京：高等教育出版社，2005.

[8] 刘志广，张华，李亚明. 仪器分析[M]. 大连：大连理工大学出版社，2004.

[9] 宁永成. 有机化合物结构鉴定与有机波谱学[M]. 2 版. 北京:科学出版社，2004.

[10] 孙凤霞. 仪器分析[M]. 北京：化学工业出版社，2004.

[11] ZOLTÁN TAKÁTS, JUSTIN M. Mass spectrometry sampling under ambient conditions with desorption electrospray ionization[J]. Science, 2004, 306(5695):471 - 473.

[12] NA N, ZHAO M, ZHANG S, et al. Development of a dielectric barrier discharge ion source for ambient mass spectrometry[J]. Journal of the American Society for Mass Spectrometry, 2007, 18(10):1859 - 1862.

[13] CHEN H, VENTER A, COOKS R G. Extractive electrospray ionization for direct analysis of undiluted urine, milk and other complex mixtures without sample preparation. [J]. Chemical Communications(Cambridge, England), 2006(19):2042.

[14] HE J, TANG F, LOO Z, et al. Air flow assisted ionization for remote sampling of ambient mass spectrometry and its application. [J]. Rapid Communications in Mass Spectrometry:RCM, 2011, 25(7):843 - 850.

[15] LIU J, WANG H, MANICKE NICHOLAS E, et al. Development, characterization, and application of paper spray ionization. [J]. Analytical Chemistry, 2010, 82(6):2463 - 2471.

第12章　分析仪器联用技术

12.1　概　　述

联用技术(hyphenated techniques)是指两种或两种以上的分析技术结合起来,重新组合成一种更快速、更有效地分离和分析的技术,来探索只应用一种技术无法获取的信息。人类进入21世纪,科学技术高度发展,先进的分析仪器不断涌现,每一类分析仪器在一定范围内起独特作用,如色谱作为一种分析方法,其最大特点在于能将一个复杂的混合物分离为各自单一组分,但它定性、确定结构的能力较差,而质谱(MS)、红外光谱(IR)、紫外光谱(UV)、等离子体发射光谱(ICP - AES)和核磁共振波谱(NMR)等技术对一个纯组分的结构确定较容易。因此,只有将色谱、固相(微)萃取、膜分离等分离技术与质谱等鉴定、检测仪器联用才能得到一个完整分析,取得丰富的信息与准确结果。

由两种(或多种)分析仪器组合成完整统一的新型仪器,具有单一仪器所不具备的性能,它能够综合各种分析技术的特长,弥补相互间的不足,实时利用各有关学科与技术的最新成就。因此联用技术是极其富有生命力的一个分析技术,电子计算机技术的迅速发展与广泛应用,大大促进了分析仪器联用技术的发展,电子计算机承担着综合控制的任务,已成为分析仪器联用的重要组成部分之一。目前,分析仪器联用技术已被广泛应用于化学、化工、环境、地质、能源、生命科学、材料物理等各个领域。随着新物质不断出现,以及科技的进步,对分析工具的技术要求更高,仪器联用将发挥重要作用。本书对分析仪器的联用技术做了一个较为完整的总结,并且对其发展前景做简单的展望。

12.2　联用技术原理及特点

12.2.1　联用技术原理

联用技术是指两种或两种以上仪器和方法联合起来组合成一种更快速、更有效地分离和分析的技术。联用技术是一种复合的方法,至少要使用两种分析技术,一是分离物质，另一种是检测定量。这两种技术由一个界面联用，因此检测系统一定兼容分离过程。目前常用的联用技术是将分离能力最强的色谱技术与质谱或其他光谱检测技术相结合。色谱法具有强分离能力、高灵敏度和高分析速度等优点；质谱法、红外光谱法和核磁共振波谱法等方法对未知化合物有着很强的鉴别能力。色谱法和光谱法联用可综合色谱法分离技术与光谱法优异的鉴定能力，成为分析复杂混合物的有效方法。

12.2.2 联用技术分类及优点

既然联用技术通常将分离能力最强的色谱技术与质谱或其他光谱检测技术相结合，那么可以按照参与联用的几种技术的联用方式对联用技术进行分类，如非在线联用和在线联用；也可以根据参与联用的色谱技术及光谱检测技术的具体种类对联用技术进行分类，如气相色谱质谱联用、液相色谱质谱联用；当然也可以将单纯的分离技术联用或单纯的检测技术联用进行分类，如色谱色谱联用、质谱质谱联用。因为联用技术可以综合多种方法的优点，因此仪器联用分析要比采用单一仪器分析具有更多优点。

1. 联用技术分类

色谱是一种很好的分离手段，可以将复杂混合样品中的各个组分分离，但是它的定性和结构分析相对能力较差，通常只能利用各组分的保留特性，与标准样品或者标准谱图的对比来进行定性，很难对完全未知的样品组分进行定性分析。而随着一些定性和结构分析的分析手段（质谱、红外光谱、原子光谱、等离子体发射光谱和核磁共振波谱等技术）的完善和发展，确定一个纯组分的分子式、结构已经是比较容易的事。在这些定性和结构分析仪器的发展初期，为了将色谱分离出的某一纯组分进行定性、定结构分析，研究者往往是将色谱分离后的待测组分收集起来，经过适当处理，将待测组分浓缩和除去干扰杂质后，再利用上述定性和结构分析技术进行分析。这种联用属于脱机、非在线的联用。

脱机、非在线的联用只是将色谱分离作为一种样品纯化的手段和方法，技术很烦琐，在收集和再处理色谱分离后的待测组分时也很容易产生样品的污染和损耗。因此，实现联机实时在线的色谱联用是分析化学研究者努力的目标。本章所讨论的联用技术就是指色谱仪器和一些具有定性、定结构功能的分析仪器，比如质谱仪（MS）、傅立叶变换红外光谱仪（FTIR）、原子吸收光谱仪（AAS）、等离子体发射光谱仪（ICP - AES）、核磁共振波谱仪（NMR）等仪器的直接、在线联用，以及色谱仪器之间的直接、在线联用多维色谱技术。前一类色谱联用技术的目的是增强色谱分析的定性和定结构能力，而后一类的目的是使单一分离模式难以分离处理的复杂混合物得到良好分离。

2. 联用技术的优点

联用技术既可以发挥某种技术的特长，又可以相互补充、相互促进，如色谱 - 质谱 - 计算机联用，这些方法的灵敏度可以达到 pg、mg 级；同时联用技术增加了获得数据的维数，为数据的多维性提供更多的信息。

12.3 光谱-电化学现代方法应用

12.3.1 光谱电化学

光谱电化学是20世纪60年代初开始,最近才发展起来的联用技术,其是把光谱技术和电化学方法结合起来,在同一个电解池内同时进行测量的一种技术。通常以电化学作为激发信号,以光谱技术监测系统对电激发信号的响应,两者密切结合发挥各自优点。用电化学方法容易控制调节物质的状态、定量产生试剂等,用光谱技术则有利于鉴别物质。这样多种信息可同时获得,对于研究电极过程、机理、电极表面特性,鉴定参与反应的中间体,瞬间状态和产物性质,测量式电极电势和电子转移数目,电极反应速率常数以及扩散系数等提供一种更高效详细的分析技术。目前光谱电化学已在研究无机、有机、生物体氧化还原反应及电极表面上得到了认可。

R. N. Adams 教授在1960年指导他的研究生 T. Kuwana 进行邻苯二胺衍生物电氧化研究时,观察电极反应伴随颜色的变化,因此他提出这样的设想:“可否设计出一种能‘看穿’的电极,以光谱方法来识别所形成的有色物呢?”这个创新思想终于在1964年由 Kuwena 实现了,光谱电化学也因此发展扩大,成为电化学分析领域中的独立分支。

光谱电化学方法一般按光的入射电极方式可分为两类,即光透射法(图 12.1(b))和光反射法(图 12.1(c))。光透射法是入射光横穿过电极及其邻接的溶液,又因电解方式不同产生半无限扩散(图 12.1(a))和薄层耗竭性电解两种方式,光反射法是入射光束通过 OTE 的背面,渗入电极溶液界面,其入射角刚大于临界角,则光线完全反射(图 12.1(c)),后者称为内反射光谱电化学法,薄层光谱电化学主要研究光透电极与薄层电解结合在光透薄层电极(OTTLE)上的反应。

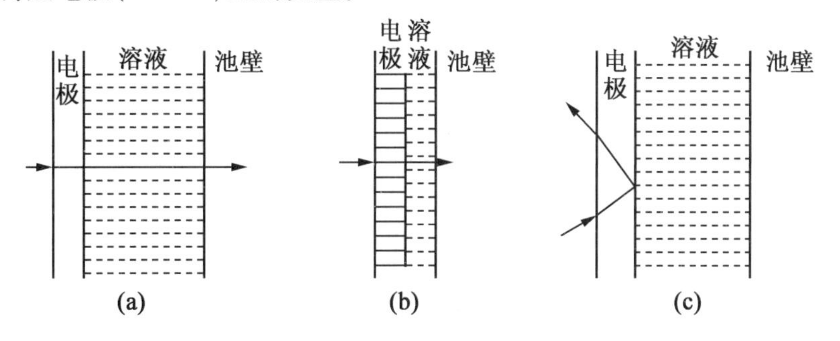

图 12.1 光谱电化学方法的几种类型

12.3.2 表面增强的拉曼光谱(SERS)

采用拉曼效应来进行光谱电化学方法是可行的,由于一般的拉曼散射是十分微弱的，虽然使用激光可增强拉曼效应，但激光拉曼射线仍然是比较弱的。为进一步提高拉曼光谱的强度，近期研究出了两种新技术，共振拉曼光谱（激光共振拉曼光谱）和相干反斯托克斯拉曼光谱。把共振拉曼光谱与电化学相结合，产生共振拉曼光谱电化学。实验证明，凡是有吸附的情况就可以增强拉曼光谱。由于在电化学中必须使用电极，电极表面的吸附诱导产生偶极子作用和进一步极化作用，增强了拉曼光谱的强度。

这种方法是 van Duyne 等于 1975 年提出的，当时称为共振拉曼光谱电化学。因为这种方法利用了电化学电极的表面吸附从而增强了共振拉曼光谱的强度，因此现在人们将它称为表面增强的拉曼光谱（Surface Enhanced Raman Spectroscopy，SERS）。

拉曼光谱是十分微弱的，只有用强光源和相当高浓度的样品时，才能显示出光谱。为改善拉曼光谱的强度，前者用激光和共振来增强光源，而后者则用电化学电极的吸附来富集样品，但目前在电化学体系中，能明显产生表面增强拉曼散射效应的电极材料只有 Ag、Cu、Au 3 种。

这种表面增强拉曼光谱技术的优点如下。

（1）可以在高密度介质中以高分辨率和宽广的频率范围获取固体表面吸附物的振动光谱，它具有极好的分子识别能力，是监测电化学产物的一种有用的工具。

（2）可以在分子水平上提供许多有关电极/电解质界面的结构与性质方面的信息，提供有关分子取向和键强的线索。

（3）由于水分子的拉曼散射信号十分微弱，可以很好避免溶剂水的干扰，因此这种技术发展前景广阔，尤其能为双电层结构的研究提供有利信息。

近十年基于表面增强拉曼光谱方法检测食品中农药残留的研究有很多（图 12.2）。Dies 等人利用溶液中的银纳米颗粒，在交流电场相连接的微电极表面产生的树枝状结构增强拉曼光谱来检测苹果汁中的福双美，检测限达到 115 μg/L。Xu 等人开发了一种利用 AuNPs 作为表面增强纳米离子，携带 785 nm 激光的便携式光谱仪检测梨果皮中的毒死蜱，最低检测限达到 350 μg/L。Weng 等开发了一套小麦中甲基嘧啶磷残留量的检测方法，其中包括甲基嘧啶磷的提取、金纳米棒的制备以及不同的化学计量学方法，该方法的检测限为 0.2 mg/L，远低于我国甲基嘧啶磷的最大残留限量值。此外，Tognaccini 等人开发出一种可用于现场检测橄榄中乐果、氧化乐果的 SERS 方法，乐果属于有机磷杀虫剂，一般用于保护果树，其在橄榄果表面四周的持久性高达 10%，该方法利用便携式仪器结合 SERS 检测到水和橄榄叶上的乐果（dimethoate）和氧乐果（omethoate），检测范围为 $5 \times 10^{-7} \sim 10^{-5}$ mol/L。Kwon 等人开发一种纳米多孔材料纤维素纸基平台，并在其上合成了金纳米棒，该平台具有 1.4×10^7 的增强因子，可用于福双美、三环唑和西维因的多重检测，检测限低至 1 nmol/L、100 nmol/L 和 1 μmol/L。将该平台用于苹果皮的检测，3 种残留物的检出限分别为 6 ng/cm^2、60 ng/cm^2 和 600 ng/cm^2，远低于苹果皮的最大残留水平要求（2 000 ng/cm^2）。Zhao 等人开发了一种基于 3D AgNPs 的 MIP－SERS 纸基，具有较大表面积的 3D 银树突状结构提供丰富的热点，构成该传感器的一级增强功能；作为中间层的分子印迹聚合物用于靶标捕获和富集;而具有粗糙表面和局部等离子体共振特征的 AgNPs 作为顶层,形成了该结构的二级增强作用。该方法可用于杀虫剂新烟碱的定量检测,检出限约为 0.028 11 ng/mL(图 12.3)。

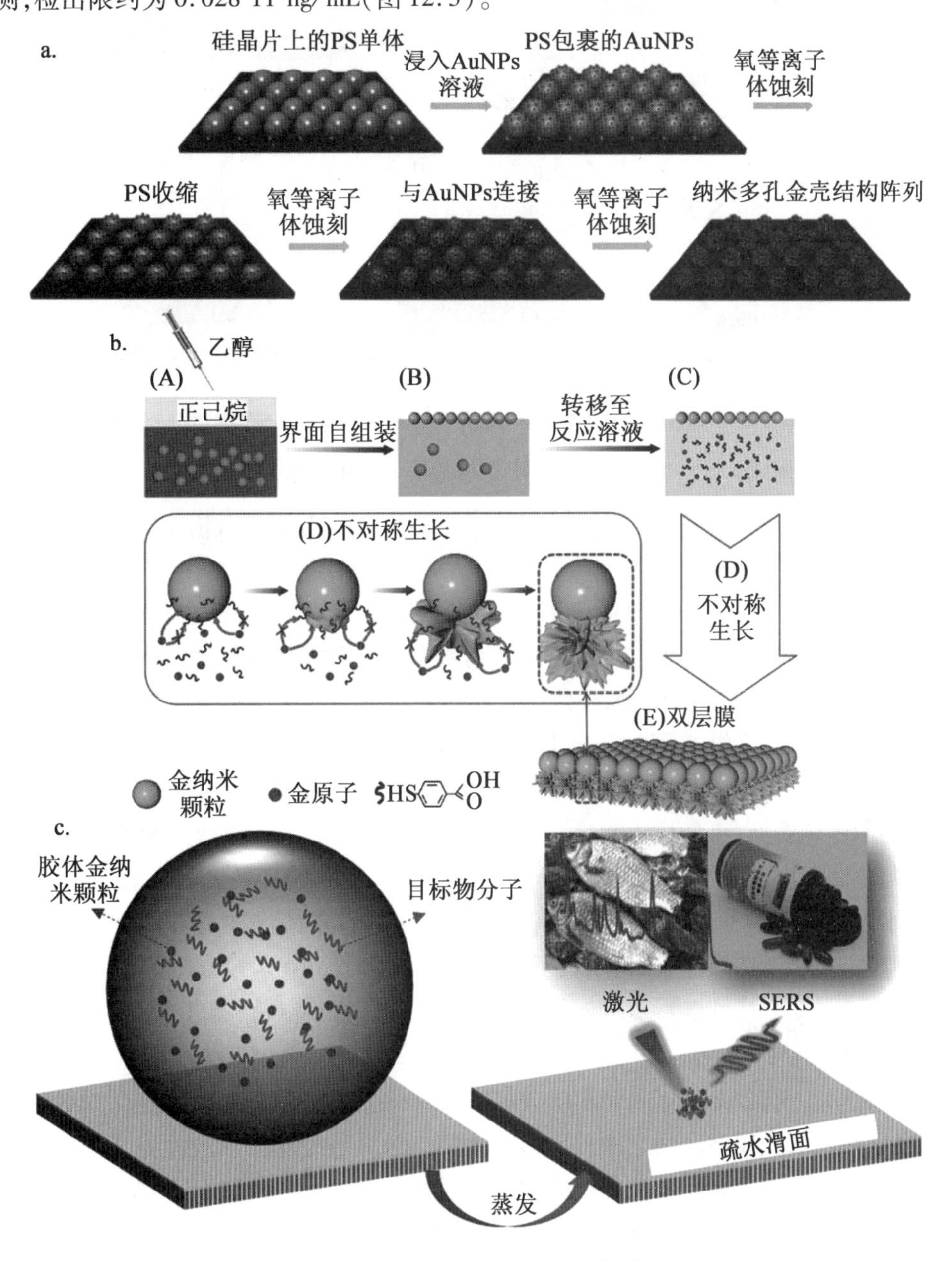

图 12.2 表面增强的拉曼光谱实例

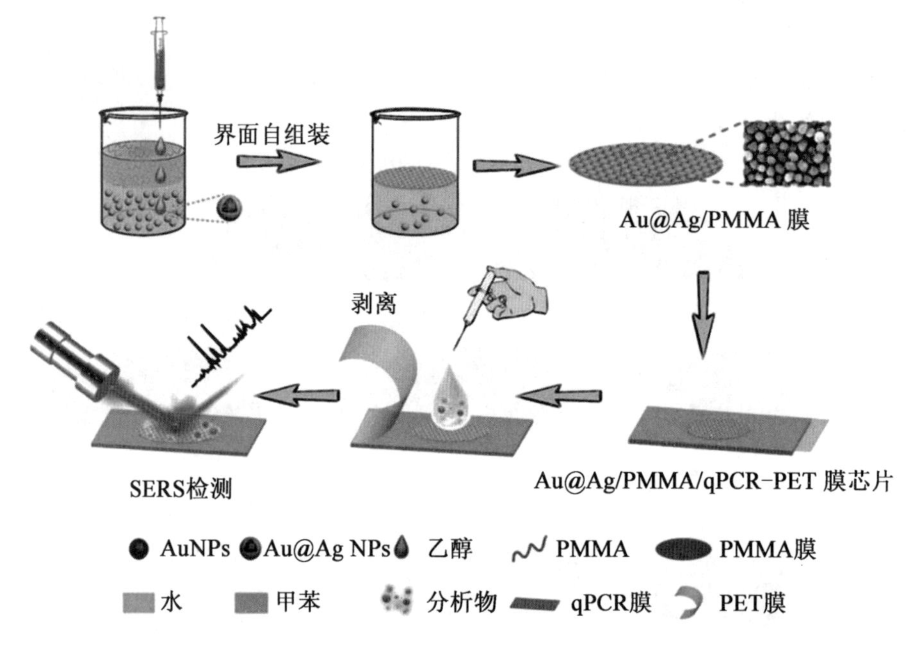

图 12.3 表面增强的拉曼光谱技术 Au@ Ag/PMMA/qPCR - PET 芯片

在食品检查工作中,自中国三聚氰胺事件以后,食品中掺假物质检测已经成为工业界和政府的重要议题。除三聚氰胺外,不法商贩为了获取更大的利益,追求"无抗奶",利用 β - 内酰胺酶为抗生素分解剂,降解牛奶中过量的 β - 内酰胺类抗生素,制造"人工无抗奶",这一行为不仅纵容了抗生素的滥用,还对大众的健康构成严重威胁。近年来 SERS 也被广泛应用于包括三聚氰胺在内的大量掺假化学品的检测中。例如,BETZ 等利用银对铜的电流置换,可低成本制造银纳米结构基底,获得良好的增强 SERS 信号,对三聚氰胺的检测限值低至 5 μg/L。JAHN 等人以辣椒酱中的核黄素作为水溶性竞争因子,采用疏水表面修饰的方法对酶促生成的银纳米离子进行表面修饰,获得增强的 SERS 信号,检测辣椒酱中的苏丹红Ⅲ,检测限可达到 9 μmol/L。

12.3.3 电致化学发光(ECL)

电致化学发光(Electrogenerated Chemiluminescnce,ECL)是光化学和电化学的联用技术,它是电解的氧化还原产物之间或与体系中某一组分进行化学反应而发光的过程。例如,当芳香族化合物带相反电荷的自由基在质子惰性溶剂(DMF 和乙腈)中发生反应时,常引起化学发光。这种带相反电荷的自由基是由电化学反应产生的,所以称为电化学发光(Electrochemi Luminescence)或电致化学发光。这种方法是电分析化学和光分析化学相结合的技术,因此具有光谱电化学的特点,被越来越广泛地应用于无机、有机、生命科学与环境等学科中。它不仅可以应用于分析化学,还可以用于反应机理的研究,确定发射态的本性和产生受激态的效率等。这种方法具有荧光分析、化学发光分析和电分析化学的某些特点和优点,它不但可以进行定性分析,还可以进行定量分析,并且能够根据电化学的特点进行分离、富集，从而提高选择性和灵敏度。电致化学发光分析法简便、灵敏，可以不经分离就测定出人血和尿中的草酸盐含量，能简便地对芳香族有机化合物和痕量的无机离子进行测定，是一种有效方法，已发展成为分析化学的一门分支学科。

与传统的无机半导体荧光纳米材料相比，聚合物点（Polymer dot，Pdot）具有结构多样、功能可设计和生物相容性好等优点。聚合物种类繁多，已被用于多种 ECL 传感器的构建。ECL 显微成像作为一种新方法，不仅保留了传统 ECL 的低背景和无光源等优点，而且结合了显微镜的时空分辨、高通量和低试剂消耗等特点。Pdot 具有纳米尺寸、功能化基团和 ECL 发光性能，可作为 ECL 信号分子，特别是作为低电位电致发光发光团应用于 ECL 生物成像。另外，将大量 ECL 活性分子（如 Ru（bpy）32 +）封装到一个纳米颗粒中，能显著提高 ECL 信号。基于聚集诱导的 Pdot 可以将供体 - 受体作为前驱体分子组装到结构中，进一步增强 ECL 信号。电致化学发光技术应用安全如图 12.4 所示。

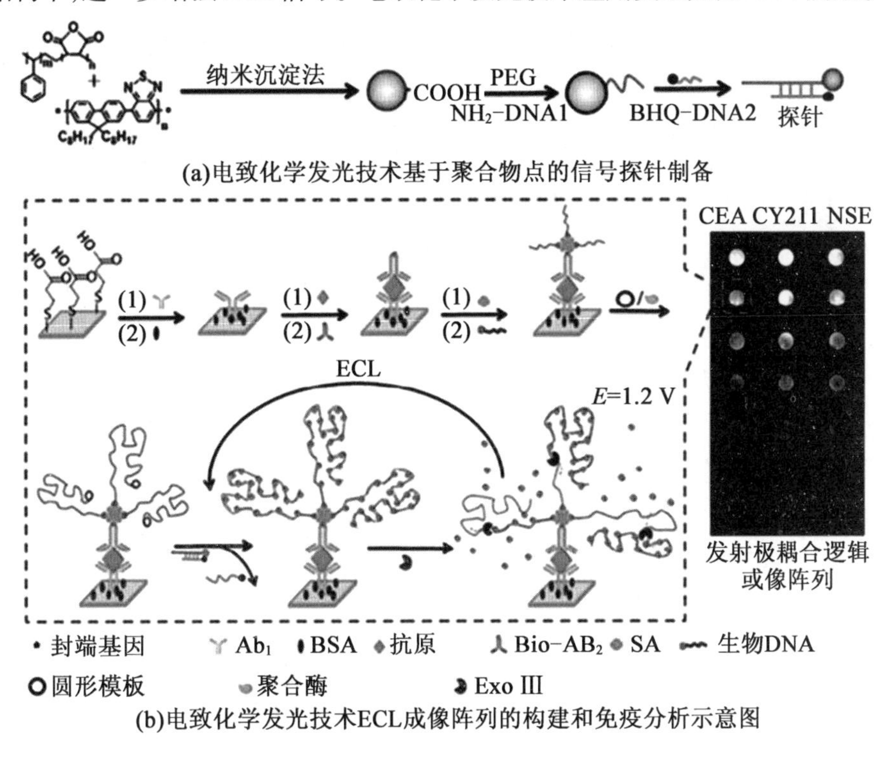

(a)电致化学发光技术基于聚合物点的信号探针制备

(b)电致化学发光技术ECL成像阵列的构建和免疫分析示意图

图 12.4　电致化学发光技术应用安全

光谱电化学除了上述 3 种方法外，还有光声光谱电化学、电子自旋共振电化学电子、离子能谱电化学、光电化学效应、电化学的光化学、红外反射光谱电化学等常用且具有各自特点的分析方法。

Wang 等人利用 Pdot 和 DNA 扩增技术，发展基于 ECL 成像的免疫分析法。当聚（苯乙烯 - 马来酸酐）存在时，以聚［（9，9 - 二辛基富勒烯基 - 2，7 - 二基）- alt - co -（1，4 - 苯并 -｛2，1′，3｝- 噻二唑）］为催化剂，通过纳米沉淀可制备羧基化的 Pdot，Pdot 能与

DNA1 共价连接。标记猝灭剂 BHQ 的 DNA2 与标记 Pdot 的 DNA1 杂交，能够猝灭 Pdot 的 ECL 发光。固定在氧化铟锡片上的捕获抗体能够识别目标蛋白，随后与生物素标记抗体、链霉亲和素和生物素标记寡核苷酸反应，寡核苷酸可进一步进行扩增反应将大量 DNA1 标记的 Pdots 组装到氧化铟锡片上，显著增强 ECL 信号。该方法能准确检测肺癌患者血清中的癌胚抗原（carcinoembryonic antigen）、细胞角蛋白 19 片段（cytokeratin -19 - fragment）和神经元特异性烯醇化酶（neuron - specific enolase），线性范围为 1×10^{-6} ~ 0.5 mg/L，检出限分别为 1.7×10^{-7} mg/L、1.2×10^{-7} mg/L 和 2.2×10^{-7} mg/L（神经元特。另外，Wang 等人将叔胺（Tertiary Amine, TEA）修饰的 Pdot 用于活细胞表面的膜蛋白的成像分析，在电压 +1.2 V 下产生 ECL 成像。该方法无须加入共反应剂，ECL 效率高于[Ru(bpy)3]2+系统。

12.4 色谱 - 电化学现代方法应用

色谱和电化学都已广泛用作分析方法，它们均属于复相系统并涉及分子量传输问题。把这两种方法结合起来，则成为测定痕量的有力工具。于是液相色谱电化学法（Liquid Chromatography Electrochemistry, LCEC）问世，它的发展很快，已在实际中应用，并有商品仪器上市。利用薄层电解池柱提高检测灵敏度，和在新电极材料、柱前和柱后化学法的耦合、多工作电极，及生物药物等方面的实际应用等都得到了发展。

液相色谱虽然较为复杂，但操作较为简单，易于理解，液相色谱电化学系统（图 12.5）主要是使不同化合物或不同离子按不同速率移动通过一个系统，并且使这些化合物或离子在不同时间内均能存在于该系统中。利用色谱法测定复杂生物体中物质，主要目的在于克服检测器不能区别各化学物质的局限性。如果能够有适用的检测器，就没有必要将色谱用于分析鉴定，用光谱法或电化学法研究复杂样品中的组分往往需要对样品进行分离，而色谱是很好的分离技术，故将其结合使用。

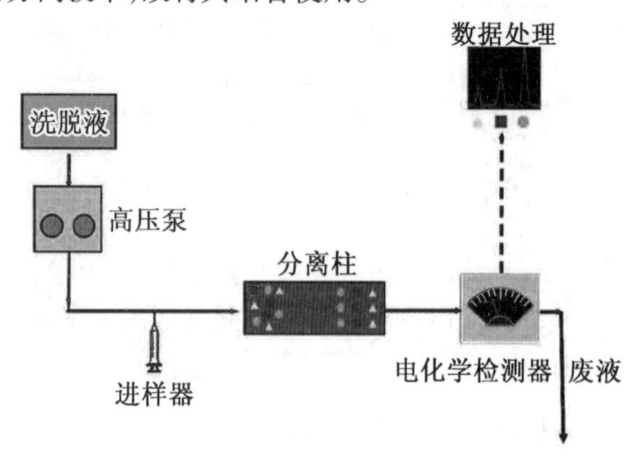

图 12.5 高效液相色谱 - 电化学检测法系统框图

LCEC流动电解池的体积很小，能够迅速响应从而准确表征浓度分布，目前电解池体积低于100 μL就能检出明显的色谱峰，并非所有的LCEC分析器都需要这样高效的柱子。电化学流动电解池在未来发展中会具有尽量小的固定体积及纯流体动力学性质，例如流动电解池的体积可调，电化学响应时间在一定的范围内可调，这样更有利于对物质进行测定。

常用的液相色谱检测器是基于物理原理而装置的，与此不同，电化学检测器具有电子转移反应，故可测量电流为时间的函数，电流为瞬时测量的电化学过程的速率（决定于在单位时间内在电极表面的反应过程中，多少个电活性分子和离子失去和得到电子）。

电化学检测可用控制电势安培法。预置电势差决定于测定物的氧化还原性能（通常在+1.3～−1.2 V之间），附加于参比电工作电极（对参比电极）的电势越正，电极表面越为良好的氧化剂；反之，如电势越负，则表面越为良好的还原剂。

假如可氧化的化合物由柱子流入流动电解池，外加电压置于正值使其氧化。因为溶质带通过电极表面，分子在电极表面附近立刻氧化产物复相电子转移。监测在此表面上电子转移而产生的电流为时间的函数，由电化学反应引起物质转换的速率（mol/s）与瞬时浓度成正比，于是所得电流与淋洗出的化合物的量呈正相关，为时间的函数。假如对色谱条件（流动相、流动速率温度等）进行严格控制，那么安培检测是很准确的。用此法可以对很多化合物进行定量测定达到微微摩尔级（总注入量），因为只有这些与电极表面邻近的分子产生电极反应，所以薄层安培换能器的转换效率（为未通过电极时的反应物的百分数）在通常操作条件下（库仑检测器转换效率为100%）仅达3%～30%，进行反应的量通常为10^{-15}摩尔数的数量级。用小电极时应注意环境影响，地线及屏蔽技术也不容忽视。

工作电极的选择对于LCEC十分重要，电极表面在所选定电势下的流动相上呈现物理和化学惰性。LCEC在碳电极和汞电极表面很适用，其中玻碳电极最适用，它能适于几乎所有在液相色谱中所用的溶剂，并且可用于很宽的电势范围。汞提供使用电势范围很负，也因此在正电势方向使用受到限制。通常的滴汞电极难以适应小体积的薄层电解池设计，可用汞膜涂于抛光的金电极上进行改善。

色谱电化学与HPIC相比，其不用紫外检测器，而是采用电化学检测器，能以电导率法、直流电流法、脉冲电流法和积分法进行检测，克服了紫外检测器对无发色团或发色团弱的分子检测困难的问题，实现了以高灵敏度对碳水化合物、醇类、醛类胺（伯、仲、叔、季以及氨基酸）、有机硫化物（硫酸盐、亚砜、硫烃类、硫醚、硫醇等）、无机阴离子和无机阳离子等物质的检测，不需色谱分离就能对同时流出的物质进行检测。因此弥补了紫外检测器的不足之处，由此可见色谱电化学是一种多功能的、有效的、高灵敏度和高选择性的分析方法，是测定痕量的有力工具。

赵静等人采用高效液相色谱－电化学检测法（HPLC－ECD）对蜂蜜样品中13种酚酸进行分析，从我国18个不同地区采集了77份枣花、龙眼和荆条蜂蜜样品，探究了浅色单花种蜂蜜的掺假鉴别工作,还建立了单花蜂蜜样品的 HPLC - ECD 指纹图谱。通过对 HPLC - ECD 指纹图谱的分析,得到共有峰信息,以选择的共色谱峰面积为变量进行主成分分析和判别分析。以酚酸共有峰为变量进行化学计量分析,可准确鉴别 36 份蜂蜜样品和 41 份测试样品的花源。结果表明,采用高效液相色谱 - 电化学检测器靶向检测枣花、龙眼和荆条蜂蜜的多酚类电化学活性物质,结合化学计量学法,能够有效识别判定这 3 种浅色蜜,为蜂产品的掺假鉴别方法提供有效手段。

12.5 气相色谱 - 光谱现代方法应用

12.5.1 色谱傅立叶变换红外光谱联用

1. 色谱傅立叶变换红外光谱联用概述

气相色谱傅立叶变换红外光谱联用技术(GC - FTIR)是通过气相色谱分离待测组分,通过光管到达 FTIR 检测待测组分,通过计算机系统输出数据的技术。红外光谱是重要的结构检测手段,它能提供许多色谱难以得到的结构信息,但是它对分析物的纯度要求很高,不能是复杂的混合物。所以将色谱技术的良好分离能力与红外光谱技术独特的结构鉴别能力相结合,就能进行互补成为一种具有实用性的分离鉴定方法。红外光谱仪可以作为色谱的“检测器”,“检测器”是非破坏性的,并能提供色谱馏分的结构信息。

近几年发展起来的傅立叶变换红外光谱,为色谱 - 红外光谱联用(chromatogram - FTIR)创造条件。与色散型红外光谱仪相比,干涉型傅立叶变换红外光谱仪的光通量大、检测灵敏度高,能够检测微量组分。由于其进行多路传输,傅立叶变换红外光谱可同时获取全频域的光谱信息。其扫描速度快,因此可同步跟踪扫描气相色谱馏分。目前,毛细管 GC - FTIR 以其优越的分离检测特性而被广泛地用于科研、化工、环保、医药等领域,成为分析有机混合物的重要手段之一。由于液相色谱不受样品挥发度和热稳定性的限制,它适用于沸点高、极性强、热稳定性差、大分子试样的分离,对多数生化活性物质也能很好分离,恰恰弥补了气相色谱分析的不足。

由于液相色谱多采用极性溶剂为流动相,这些溶剂在中红外区有较强吸收,因此消除溶剂影响是 LC 与 FTIR 联用的关键,接口技术至关重要。目前虽然已有商品 LC - FT-IR 仪,但与采用光管接口的 GC - FTIR 相比,仍有很大的局限性。所以至今为止,LC - FTIR 的应用范围难以拓展。

2. 气相色谱傅立叶变换红外光谱联用

(1)气相色谱傅立叶变换红外光谱联用系统组成。

GC - FTIR 系统由 4 个单元组成:①气相色谱单元,对试样进行气相色谱分离;②联机接口,监测 GC 馏分;③傅立叶变换红外光谐仪,同步跟踪扫描、检测 GC 各馏分;④计算机数据系统,控制联机运行及采集、处理数据。GC - FTIR 各单元工作原理如图 12.6 所示。

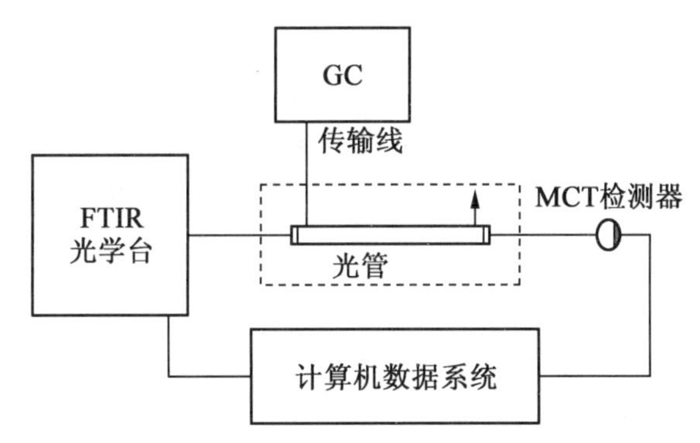

图 12.6 GC - FTIR 各单元工作原理图

联机检测的基本过程为:试样经气相色谱分离后,各馏分按保留时间顺序传输进入接口,与此同时,经干涉仪调制的后窄带汞镉碲(MCT)代替硫酸三甘肽(TGS)热释电检测器干涉光汇聚到接口,与各组分作用,最终实现了 GC - FTIR 的在线联机检测。计算机数据系统存储采集到的干涉图信息,经快速傅立叶变换得到组分的气态红外光谱图,进而通过谱库检索得到各组分的分子结构信息。

(2)气相色谱傅立叶变换红外光谱联用谱库检索。

目前,商用 GC - FTIR 仪一般均带有图检索软件,可对 GC 馏分进行定性检测,一般是将 GC 馏分的 FTR 谱图与计算机存储的气态红外标准谱图进行比较,以对未知组分的确认。但是,各 GC - FTIR 厂商提供的气相红外光谱库相比差距很大,尚难以满足实际检测的需要,还需进一步的工作来丰富 GC - FTIR 的谱库。

(3)常用气相色谱傅立叶变换红外光谱联用仪简介。

傅立叶变换红外光谱仪分为高、中、低 3 档。高档傅立叶变换红外光谱仪仪波段范围宽,并能通过改变动镜扫描的速度获得不同分辨率,最高分辨率在 0.1 cm^{-1} 以下,可实现 GC - FTIR 联用,这类质谱仪常制成真空型和扫吹型以保证仪器精确度,但其价格昂贵,仅适用于研究工作;低档傅立叶变换红外光谱仪通常只有一种分辨率,为 4 cm^{-1},测量波段范围有限,仅限于 400 ~ 4 000 cm^{-1} 中红外波段,不适用于 GC - FTIR 联用;中档傅立叶变换红外光谱仪介于两者之间,可满足一般 GC - FTIR 联用的需求。

刘春波等人应用热分析 - 傅立叶变换红外光谱 - 气相色谱 - 质谱联用测定葡萄糖的热分解产物。葡萄糖样品在同步热分析条件下,分别在氮气和氮氧混合气氛围中进行热解,同时进行红外扫描,根据样品的热重曲线和红外谱图进行判定和选择 GC - MS 温度点,裂解产物进入 GC - MS 进行分离和鉴定。对葡萄糖在 220 ℃、300 ℃、350 ℃和 470 ℃下的热分解产物进行研究分析,共检出 44 种化合物,对葡萄糖在不同温度下的应用有较好的理论指导。

3. 色谱 - 原子光谱联用

随着有关微量元素对人体健康影响的研究不断深入，人们发现同一元素的不同价态和不同形态对人体健康的影响有很大差别，例如 Cr^{3+} 是人体必需的微量元素，而 Cr^{4+} 则是致癌物。仅分析痕量金属元素在环境中的总浓度不足以说明其生物效应和评价环境质量，为研究重金属污染物的毒理学和迁移转化规律，化学状态分析已引起分析化学家的重视。更多还原在测定环境中的重金属含量时，应该测定出它们的价态和存在的形态，这才更接近环境监测的意义。环境中（大气、水、土壤和废物等）重金属的形态监测受到了世界各国的广泛重视。

原子吸收光谱法也称原子吸收分光光度法，是基于蒸气相中待测元素的基态原子对其共振辐射的吸收强度来测定试样中该元素含量的一种仪器分析方法，广泛应用于痕量和超痕量元素的测定。作为分析化学领域应用最为广泛的定量分析方法之一，原子吸收光谱法具有检出限低、选择性好、精密度高、抗干扰能力强等特点。

（1）气相色谱 - 火焰原子吸收光谱仪的联用。

气相色谱 - 火焰原子吸收光谱仪的联用（Gas Chromatogram - Fire Atom Accepted，GC - FAAS）是由气相色谱分离后的组分通过加热装置的传输线（heated transfer line），直接导入火焰原子吸收光谱的火焰，原子化器气相色谱与原子吸收光谱联用技术的研究始于 GF - FAAS 系统。GC 和 FAAS 作为 GC 之间的连接很容易实现，一般是将色谱流出物直接送入喷雾器或者直接引入加热点的火焰上，后一种连接方法因为避免了色谱流出物经喷雾器的稀释而获得较高的灵敏度。

图 12.7 是用来测定人体体液中二甲基汞和氯化甲基汞的气相色谱火焰原子吸收光谱仪联用装置。由于测定的是烷基汞，故为避免汞在高温下与金属生成汞齐，采用聚四氟乙烯管作为传输线，作为气相色谱和火焰原子吸收光谱仪之间的传输线还可采用不锈钢或石英材料制成，根据所测样品的不同、所需保温的情况不同，来确定不同的传输线，传输线的死体积要尽可能小。

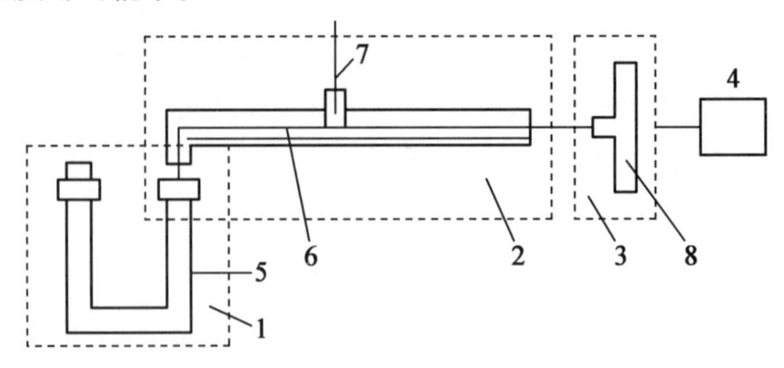

图 12.7 GC - FAAS 联用示意图

1—GC 部分；2—转移线部分；3—FAS 部分；4—记录仪；5—填充柱；6—保温层；7—温度计；8—石英 T 形管原子化器

（2）液相色谱 - 原子荧光光谱仪联用。

气相色谱与原子光谱联用技术已成为有机金属化合物形态分析研究领域的主要分

析手段,并取得了很大进展。但对于 Hg^{2+} 和饱和烷基汞来说,由于它们在气相色谱柱上的保留行为相似,不易实现分离,而在液相色谱柱上由于其极性差异,可以达到分离的目的。目前以液相色谱为主要分离手段的各种形态分析技术,如 HPLC - AAS、HPLC - ICP - MS、HPLC - UV 已经发展起来,但由于 HPLC 与 AAS 缺乏商品化的接口、ICP - MS 价格昂贵、传统的紫外检测器灵敏度低,以及复杂样品杂质干扰、仪器光谱干扰等问题,对上述联用技术的灵敏度、选择性及其应用范围产生一定的影响。

原子荧光光谱法(AFS)是 20 世纪 70 年代发展起来的光谱技术,它采用了氢化物发生技术,不仅消除了样品基体干扰,简化了 HPLC 与 AFS 的仪器接口技术,其价格也较 ICP - MS 低廉许多,而且联用技术不仅能进行总量分析还能实现元素的形态分析。建立高效液相色谱与原子荧光光谱的联用技术,既可以为环境样品和生物样品中汞化合物和砷化合物的形态测定提供方便、可靠的方法,又可以为国产原子荧光的推广提供技术支持,取得显著的社会经济效益。

随着科研和环保部门对测定金属形态的要求越来越高,这一联用装置会应用到更多元素形态分析,并以其较高的形态分离能力、较高的测定灵敏度和性价比得到广泛使用。

液相色谱原子荧光联用仪的组成部分有用于分离的液相泵模块、将有机物转化成无机物的在线消解模块、作为检测器使用的原子荧光模块、用于数据处理的色谱工作站模块,如图 12.8 所示。

在很多情况下,待测重金属元素必须分析其形态,才能清楚地描述其性质。而且因为重金属元素的多种形态在不同条件下存在各种转化的可能,所以元素的形态变化分析具有非常重要的意义。

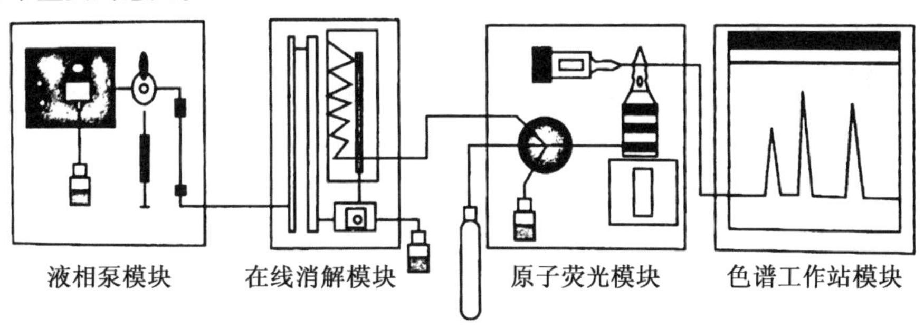

图 12.8 HPLC - AFS 联用示意图

液相色谱 - 原子荧光光谱仪联用可以用于检测食品、水、土壤、中药、饲料等领域中的重金属残留,且能清晰明了地表明其形态,为研究重金属对于环境、食品的影响做出科学合理的判断。

薛佳等人建立了一套适用于测定土壤水溶态和离子交换态提取液中 As、Cr、Sb、Se 价态的方法,对土壤重金属污染物的环境效应与其无机价态关系进行了研究。采用液相色谱 - 原子荧光光谱法(LC - AFS)分离并测定 As、Sb、Se 价态,一次进样元素的两种无机价态按顺序出峰,同时测定,简便易行,结果更可靠。为了避免某些离子交换提取剂的屏蔽和干扰,作为补充建立了 AFS 选择性测定 Sb、Se 价态的方法,设备成本较低。对于 Cr 价态的测定,建立了阳离子交换树脂分离 - 电感耦合等离子体质谱(ICP - MS)的方法,比推荐的 GFAAS 测定法灵敏度高。As、Cr、Sb 和 Se 的检出限均可达到 0.02 μg/g, RSD 为 3.8% ~10.7%,加标回收率为 91.0% ~106.0%。应用色谱方法对采集的土壤样品进行检测,各项指标满足规范 DD2005 - 3 质量要求,与非色谱法相比,可实现多组分同时测定。

12.6 气相色谱 - 质谱现代方法应用

12.6.1 概述

气相色谱质谱联用技术(Gas Chromatography - Mass Spectrum, GC - MS)既发挥了色谱法的高分离效率,又发挥了质谱法的高鉴别能力。这种技术适合于多组分混合物中未知组分的定性鉴定,准确地测定未知组分的分子量,可以判断化合物的分子结构,测定混合物中不同组分的含量,研究有机化合物的反应机理,可以修正色谱分析的错误判断,鉴定出部分分离甚至未分离的色谱峰等。其在有机化学、生物化学、石油化工、环境分析、食品科学、医药卫生和军事科学等领域取得了长足的发展,成为有机合成和分析实验室的主要定性手段之一,气相色谱质谱联用技术被越来越广泛应用。

12.6.2 气相色谱质谱联用仪器系统

有机混合物以色谱柱分离后,经接口(interface)进入离子源被电离成离子,在离子源与质量分析器之间,有一个总离子流检测器,以截取部分离子流信号,总离子流强度与时间(或扫描数)的变化曲线就是混合物的总离子流色谱(Total Iron Current Chromatogram, TIC)图。离子在进入质谱的质量分析器后,通过质量分析器的连续扫描进行数据采集,每扫描一次便得到一张质谱图。另一种获得总离子流图的方法是利用质谱仪自动重复扫描,由计算机收集、计算后再现出来,此时总离子流检测系统可省略。对 TIC 图的每个峰,可以同时给出对应的质谱图,由此推断出每个色谱峰的结构组成。定性分析是通过比较得到的质谱图与标准谱库或标准样品的质谱图实现的,TIC 中各个峰的峰高、峰面积、峰的保留时间可以作为各个峰的定性、定量参数。一般 TIC 的灵敏度比 GC 的 FID 高 1 ~2 个数量级,它对所有的峰都有相近的响应值,是一种通用型检测器。

在色谱仪出口,载气要尽可能除去,只让样品的中性分子进入质谱仪的离子源。但是总会有一部分载气处理不尽,进入离子源,它们和质谱仪内残存的气体分子一起被电离为离子并构成基底。为了尽量减少基底的干扰,在联用仪中一般采用氦气作为载气,其原因如下。

①He 的电离电位为24.6 eV,是气体中最高的(H_2、N_2为15.8 eV)。它难以电离,不会因为气流不稳而影响色谱图的基线。

②He 的分子量很小,只有4,易与其他组分分子分离。

③He 的质谱峰简单,不干扰后面的质谱峰。

12.6.3 主要技术问题

GC－MS 联用的主要技术问题是仪器接口和扫描速度。

1. 仪器接口

众所周知,气相色谱仪的入口端压力高于大气压。在高于大气压的情况下,样品混合物的气态分子在载气的带动下,由于流动相和固定相上的分配系数不同,因此各组分分离,最后和载气一起流出色谱柱。通常色谱柱的出口端压力为大气压力。质谱仪中样品气态分子转化为样品气态离子,这些离子(包括分子离子和其他各种碎片离子)必须在高真空条件下进入质量分析器,在质量扫描部件的作用下,检测器记录各种按质荷比不同分离离子的离子流强度及其随时间的变化。因此,接口技术中要保证气相色谱仪大气压的工作条件和质谱仪的高真空工作条件的连接和匹配;接口要把气相色谱柱流出物中的载气尽可能除去,保留或浓缩待测物,使近似大气压的气流转变成适合离子化装置的真空,并协调色谱仪和质谱仪的工作流量。

GC－MS 对接口的一般要求是,各组分色谱分离后,使其尽可能多地进入质谱仪,并使载气尽可能少地进入质谱系统;维持离子源的高真空;组分在通过接口时不应发生化学变化,接口对试样的有效传递应具有良好的重现性;接口应尽可能短,以使试样尽可能快速通过接口,接口的控制操作应简单、方便、可靠。

2. 扫描速度

和气相色谱仪连接的质谱仪,由于色谱峰很窄,有的甚至几秒钟时间,而一个完整的色谱峰通常需要至少6个以上的数据点,因此对质谱仪的扫描速度有较高要求,才能在很短的时间内完成多次全质量范围的扫描。另一方面,要求质谱仪能很快地在不同的质量数之间来回切换,以满足选择离子检测的需要。

12.6.4 GC－MS 联用分类及应用

目前,GC－MS 仪器的分类有多种方法,如按照仪器的机械大小,可以分为大型、中型、小型气质联用仪;按照仪器的性能,可分为高、中、低3档气质联用仪或研究级和常规检测级联用仪;按照质谱技术,GC－MS 通常是指气相色谱离子阱质谱,GC－TOFMS 是指气相色谱飞行时间质谱等;按照质谱仪的分辨率,可以分为高分辨(通常分辨率高于5 000)、中分辨(通常分辨率在1 000～5 000之间)、低分辨(通常分辨率低于1 000)3类。小型台式四极杆质谱检测器(MSD)的质量范围一般小于1 000。市场占有率较大和气相色谱联用的高分辨磁质谱最高分辨率达6 000以上(其原理如图12.9所示),和气相色谱联用的飞行时间质谱(TOFMS),其分辨率达500左右。

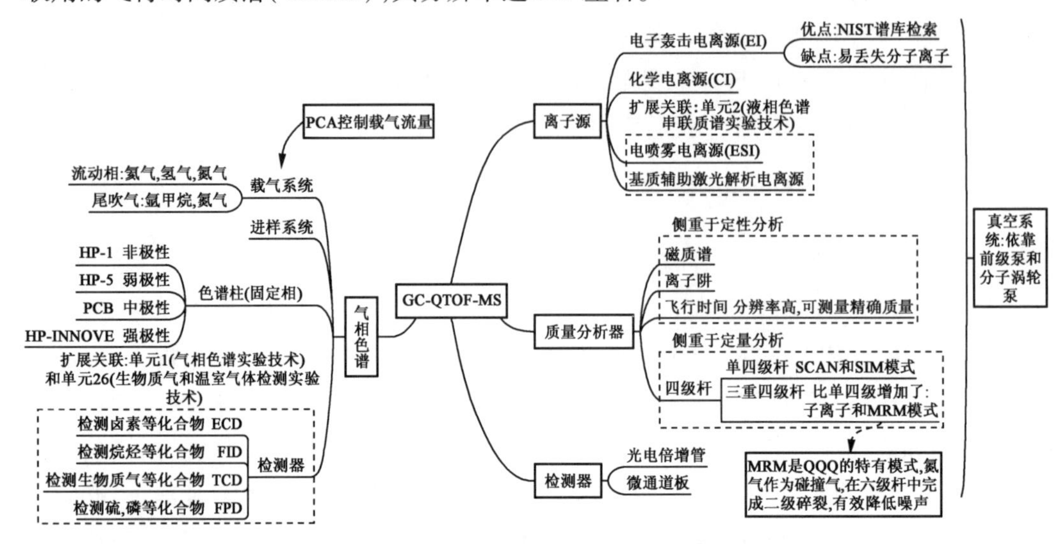

图12.9　高分辨气质联用法实验原理思维导图

陈加伟等人建立了超声萃取－气相色谱－质谱法测定土壤中13种苯胺类化合物的方法。采用正己烷－丙酮混合液(体积比为1:1)为萃取溶剂,以氟罗里硅土柱净化,经DB－5MS色谱柱(30 m×0.25 mm,0.25 μm)分离,选择离子扫描模式监测,内标法定量。13种苯胺类化合物的质量浓度与色谱峰面积具有良好的线性关系,相关系数均大于0.996,方法检出限为0.48～1.06 μg/kg,3个加标水平样品的平均回收率为81.6%～107%,测定结果的相对标准偏差为2.11%～8.06%($n=6$)。该法预处理简单、分离效果好、灵敏度高、准确、稳定,能够满足土壤中苯胺类化合物的测定。

黄国程等人将被石油烃污染的土壤样品经快速萃取仪萃取后,用经活化的Silica硅胶小柱进行净化,用正己烷淋洗,弃去前1.0 mL正己烷淋洗液,再用体积比为1:19的丙酮－正己烷混合溶剂洗脱。洗脱液氮吹浓缩至小于1.0 mL,加内标物并用正己烷定容至1.0 mL,过滤。滤液中半挥发性有机物(SVOC)经气相色谱分离后采用电子轰击离子源、全扫描和选择离子监测模式进行质谱分析,采用内标法定量。方法比较固相萃取小柱的不同、正己烷的用量、洗脱剂的种类等条件对样品净化效果的影响,在优化的实验条件下,SVOC的线性范围均为1～20 mg/L,检出限为0.06～0.30 mg/kg。按标准加入法在3个浓度水平进行回收实验,在低加标水平下,测得回收率较高,为35.8%～145%,测定值的相对标准偏差($n=6$)为0.60%～15%。

12.7 液相色谱-质谱现代方法应用

12.7.1 概述

科学技术的发展为研究环境分析问题提供一系列有效技术,其中包括色谱技术、质谱技术等。为了适应生命科学基础研究的要求,质谱技术的研究热点集中于两个方面,其一是发展新的软电离技术,以分析高极性、热不稳定性、难挥发的大分子(如蛋白质、核酸、聚糖等)有机污染物;其二是发展液相色谱与质谱联用的接口技术,以分析环境复杂体系中的痕量组分。

对于高极性、热不稳定、难挥发的大分子有机化合物,使用GC-MS有一定困难,液相色谱的应用不受沸点的限制,并能对热稳定性差的试样进行分离、分析。由于液相色谱的一些特点,在实现联用时所遇到的困难更大,它需要解决的问题主要在两个方面,液相色谱流动相对质谱工作环境的影响和质谱离子源的温度对液相色谱分析试样的影响。早期的液相色谱质谱联用(LC-MS)研究主要集中在去除LC溶剂方面,并取得了一定的成效,而电离技术中电子轰击离子源、化学电离源等经典方法并不适用于难挥发、热不稳定的化合物。20世纪80年代以后,为了解决液相色谱分离对象的电力问题,LC-MS的研究出现大气压化学电离、电喷雾电离等软电离技术后,才有突破性进展。现在,LC-MS已经成为生命科学、医药、临床医学、化学和化工领域中最重要的分析工具之一,它的应用正迅速向环境科学、农业科学等众多方面发展。值得注意的是,LC-MS各种接口技术都有不同程度的局限性,迄今为止,还没有一种接口技术具有像GC-MS那样的普适性,因此,对于一个从事多方面工作的现代化实验室,需要具备几种LC-MS接口技术,以适应LC分离化合物的多样性。

液相色谱质谱联用系统组成及工作原理与GC-MS类似,LC-MS由液相色谱、接口和质谱仪三部分构成。

其工作原理是从LC柱出口流出液,通过一个分离器,如果所用的HPLC柱是微孔柱(1.0 mm),全部流出液可以直接通过接口,如果用标准孔径(4.6 mm)HPLC柱,流出液被分开,仅有约5%流出液被引进电离源内,剩余部分可以收集在馏分收集器内,当流出液经过接口时,接口将除去溶剂,进行离子化。产生的离子在加速电压的驱动下,进入质谱仪的质量分析器,整个系统由计算机控制。

与GC-MS类似,LC-MS也可以通过采集质谱得到总离子流色谱图。但是由于电喷雾是一种软电离源,通常不产生或产生很少的碎片,谱图中只有准分子离子,因此,LC-MS很难做定性分析。利用高分辨率质谱仪(FTMS或TOFMS)可以得到位置化合物的结构组成,对定性分析非常有利。为了得到未知化合物的碎片结构信息,必须使用串联质谱仪 LC - MS 定量分析基本方法。但是由于色谱分离方面的问题,一个色谱峰可能包含几种不同的组分,如果仅靠峰面积定量,会在定量分析中产生误差。因此对于 LC - MS 定量分析不采用总离子流色谱图,而是采用与未知组分相对应的特征离子的质量色谱图,不相关的组分观察不到峰,可以减少组分间的相互干扰。然而,有时样品体系复杂,即使利用质量色谱图,仍然有保留时间相同、分子量也相同的干扰组分存在。为了消除其干扰,最好是采用串联质谱的多反应监测(MRM)技术。

12.7.2 液相色谱质谱联用样品检测

样品纯净度要尽可能高,不含显著量杂质,尤其是分析蛋白质和肽类(这两类化合物在 ESI 上有很强的响应);不含有高浓度的难挥发性酸(磷酸、硫酸等)及其盐,难挥发性酸及其盐的侵入会引起很强的噪声,严重时会造成仪器喷口处放电;样品黏度不能过大,防止堵塞喷口、柱子及毛细管入口。

(1)注入方式。

以注射泵推动一支钢化玻璃注射器,将样品溶液连续注入离子化室。这种方式在仪器调节时被广泛应用,也可在测定纯品的质谱时使用。基于这种连续进样方式,可以生成稳定的多电荷离子。在正常情况下注入方式进样所得到的为一大小恒定的信号输出,总离子流图(IC)表观上为一条直线;样品纯度低时,由于无法去除流动相背景,不能获得纯净的质谱图。

(2)流动注射分析(FIA)方式。

流动注射可用注射器泵串接一个六通阀或以 HPLC 泵配合进样器来进行。FIA 可快速地获得样品的质谱信息,在样品预实验中有很强的实用性。由于没有柱分离损失,可获得较高的样品利用率。同时由于 TIC 中样品峰的出现,对流动相含有的基底进行扣除十分便捷,可以获得较干净的质谱图。由于没有柱分离,FIA 方式对样品中的杂质本底仍无法扣除。

(3)与 HPLC 联机使用方式。

联机采用“泵分离柱 ESI 接口”的串接方式,有时也会在分离柱的出口处接入一个 T 形三通,将一端接入紫外检测器或将紫外检测器与质谱串联,从而可同时获得紫外信号或紫外光谱。当 HPLC 的流动相组成不适合 ESI 的离子化条件时,也可在三通处接入另外一台泵,加入某些溶剂或一定量的助剂作柱后补偿或修饰。HPLC - ESI - MS 联机要求液相泵的流量很稳定,因此要采用流量脉动较小的 HPLC 泵系统或采用有效办法消除脉动,如图 12.10 所示。

12.7.3 液相色谱质谱联用现代应用

廖梅等人采用高效液相色谱 - 质谱 - 多反应监测(UHPLC - QTRAP - MRM)特征轮廓谱结合化学计量学分析对市售不同产地药用紫草进行质量评价,对紫草饮片的质量控制提供参考。采用 Shimadzu LC20ADXR 高效液相色谱仪联合 QTRAP 4000 质谱仪、ESI 离子源和 MRM 负离子电离模式，建立药用紫草的特征轮廓谱；采用 MarkerView 软件分析提取数据，并进行主成分分析和主成分判别分析，分析紫草品种、产地因素对药材的影响。该方法快捷、灵敏、可靠，可为紫草药材的产地选择及质量控制提供参考方法。

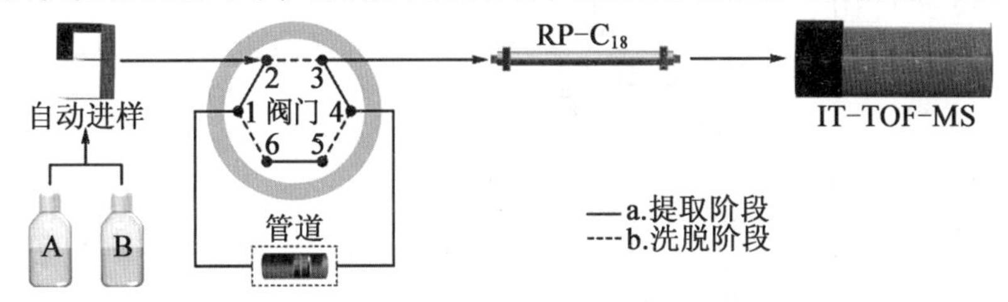

图 12.10 在线加压溶剂提取－超高效液相色谱－离子阱－飞行时间质谱系统装置图

王谢等人采用液相色谱－质谱联用检测技术建立一种检测地表水中常用8种农药残留的方法，并测定河南部分地区地表水中这8种农药残留的含量。方法：水样过0.22 μm的微孔滤膜，经液相色谱 Acquity UPLC BEH C18 柱(2.1 mm×100 mm，1.7 μm)分离，采用正离子扫描多反应监测(MRM)模式检测。结果表明，8种农药残留的线性关系良好，相关系数在0.996以上，样品加标回收率在78.5%～112.3%之间，相对标准偏差小于5.0%，方法检出限在0.001～0.030 μg/L之间。这样简单快捷地得到了河南部分地区这8种农药残留在地表水中的污染状况。

12.8 色谱－ICP/MS现代方法应用

12.8.1 概述

近年来，无机质谱技术迅速发展，其中色谱电感耦合等离子体质谱(Inductively Coupled Plasma Mass Spectrum，ICP－MS)是20世纪80年代发展起来的一种质谱联用技术。ICP－MS是超痕量分析、多元素形态分析及同位素分析的重要手段，与其他无机质谱相比，可水气压下进样，便于与色谱联用，引起了广泛关注。ICP－MS已经广泛应用于环境科学、海洋科学、食品科学、地球化学医药化学、材料科学等各个学科领域。在环境分析中，ICP－MS可用于测定饮用水中水溶性元素总量，分析水体中金属、非金属元素含量；ICP－MS也可用于大气粉尘、土壤、海洋沉积物中重金属元素的测定，在汽车尾气净化催化剂和包装食品塑料袋的痕量分析中也有报道，如图12.11所示。

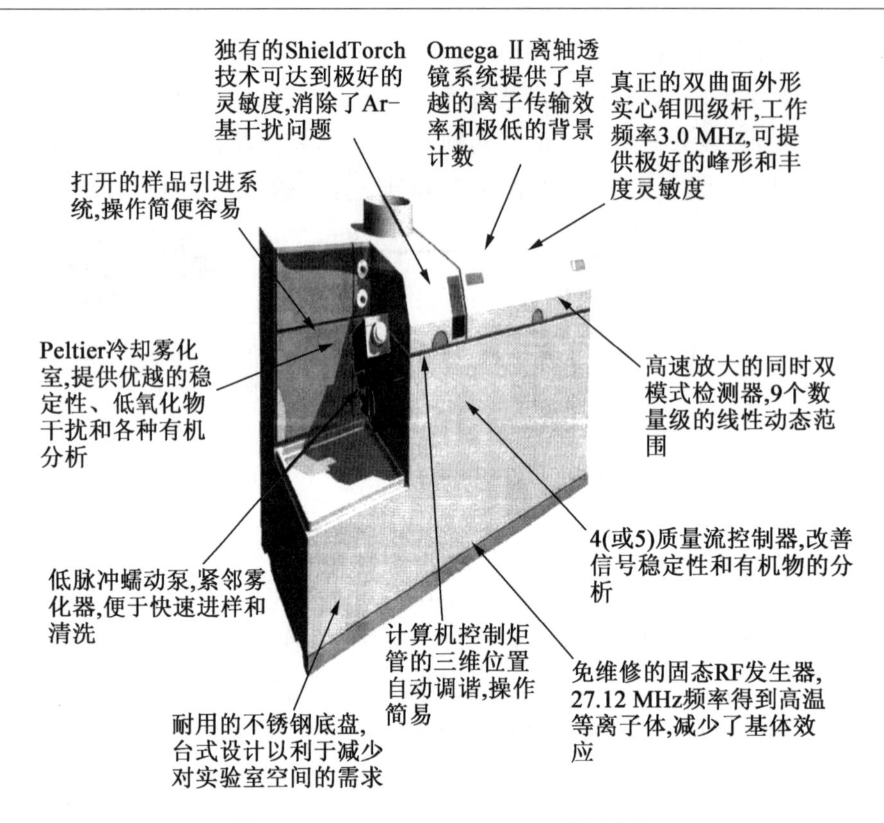

图 12.11　Agilent 7500 ICP－MS 特征简介

ICP－MS 已经成为公认的最强有力的元素分析技术,其特点如下。

(1)谱图简单、分析速度快、线性范围宽。

(2)ICP－MS 分析灵敏度高、选择性好。

(3)ICP－MS 理论上可以测定所有的金属元素和一部分非金属元素。

(4)可以同时测定各个元素的各种同位素,也可以对有机物中的金属元素进行形态分析。

(5)在大气压下进样,便于与其他技术联用。

目前,已经发展了 ICP－MS 与流动注射(FI)、LC、GC、HPLC 等多种联用技术,适用于不同样品中元素形态的分析,并开发出商品化的接口,简化了样品的预处理过程,减少元素形态分析时的困难。色谱－ICP－MS 的联用已成为痕量和超痕量元素形态分析强有力的工具(图 12.12)。

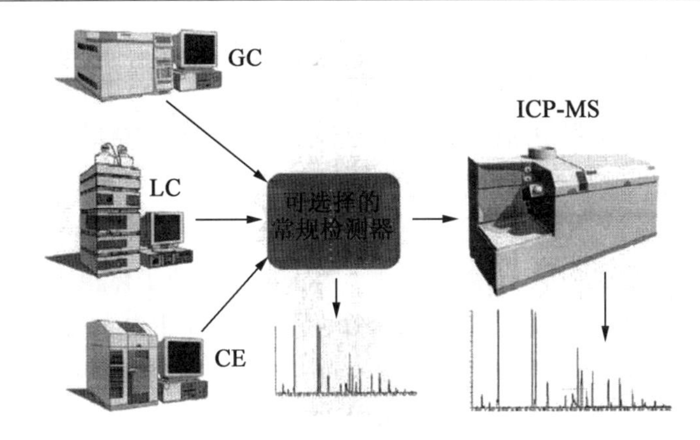

图 12.12　色谱与 ICP－MS 的联用分析技术

12.8.2　气相色谱电感耦合等离子体－质谱联用

由于气相色谱(GC)的流出物是气体,因此可以使用一根短的传输管连接 GC 的色谱柱和 ICP－MS 的等离子炬管,这个"短的传输管"就成为 GC－ICP－MS 联用的"接口"。对 GC－ICP－MS 接口的要求是保证分析物以气态从 GC 传输到 ICP－MS 的等离子炬管,在传输过程中不会在接口处产生冷凝,这与 GC 和原子光谱联用相同。

ICP－MS 对无机元素的高温电离特性与质谱仪的高选择性、高灵敏度监测特性结合,形成一种多元素同时测定的超痕量元素分析技术;在气相色谱电感耦合等离子体质谱(Gas Chromatograph－Inductively Coupled Plasma Mass Spectrum,GC－ICP－MS)联用中,为了避免分析物的冷凝,可以对传输管进行全面充分加热,或者采用气溶胶载气传送。这两种传输方式将 GC－ICP－MS 的接口分为两大类,即直接连接和通过喷雾室连接。若采用直接连接就需要移走原有的 ICP－MS 喷雾室,将传输管直接插入到等离子炬管内管的中心,再根据分析物的性质来确定传输管的加热温度。若采用气溶胶载气,GC 的流出物需要在喷雾室与水溶液气溶胶混合,然后被引入到等离子炬管中直接连接接口,这种方法主要缺点在于,常规 ICP－MS 和 GC－ICP－MS 分析时要对接口进行拆卸和安装;GC 出来的流出物组分改变会影响等离子体的稳定,使优化等离子体工作条件困难,常因此得不到连续的信号。

Gionfriddo 等人通过前期衍生反应过程,运用 SPME－CG－ICP－MS 联用技术对富硒马铃薯水提液中硒代蛋氨酸和硒－甲基硒代半胱氨酸含量进行分析,硒代蛋氨酸和硒－甲基硒代半胱氨酸的质量浓度分别为 8% 和 40%,两种硒化物的回收率达到 82.3% ~ 116.3%,回收率高。Landaluze 等人运用 SPME－CG－ICP－MS 联用技术动态实时监测富硒酵母体外模拟消化过程中产生的气态硒化物,SPME 浓缩过程后,用 GC 在 5 min 内分离出 5 种不同硒化物,其中以二甲基硒和二甲基二硒醚两种硒化物的含量最高。

12.8.3 液相色谱－电感耦合等离子体－质谱联用

由于常规ICP－MS分析中的样品进样是液体形态，而且液相色谱（LC）的流速与ICP－MS进样的速度可以兼容，这就使LC－ICP－MS联用的接口相对简单。喷雾器可作为LC与ICP－MS联用的接口，其中，包括LC－ICP－MS联用中使用最多的气动喷雾器以及低流速喷雾器，由于这类喷雾器可有效降低引入样品时对等离子体稳定性产生的影响，因此研究者大多致力于低流速喷雾器的研究。低流速喷雾器主要包括超声喷雾器和直接进样喷雾器。

LC－ICP－MS联用除了接口的问题外，还有一个是由LC流动相的组成（包括有机改性剂（甲醇、乙腈等）、配位剂或离子对试剂）引起的等离子体不稳定甚至熄灭的问题。从改善等离子体稳定性的角度考虑，甲醇作为流动相的有机改性剂要优于乙腈，在选择LC的流动相条件时要特别考虑。在选择LC分离条件时尽量使用等度洗脱，不宜使用梯度洗脱，因为使用梯度洗脱时，对进入等离子体的溶剂组成不断改变，导致等离子体的不稳定。在选择流动相中配位剂或离子对试剂的浓度时，要考虑它们对分离效果的影响，以及对等离子体稳定性的影响。在优化流动相的组成时，要使盐的浓度尽可能低，以避免ICP－MS喷雾器、采样锥和截取锥的堵塞。

Daniel等人开发一种新的还原方式－热还原模式（TR），将还原剂与加热模块（温度达到150 ℃）相结合，从而实现将硒化物的还原过程，确立了HPLC－TR－HG－AFS分析硒元素形态的检测方法。在实验中，利用标准硒化物SELM－1对方法的准确度进行进一步的验证，结果表明，此种方法的准确度和精密度均与紫外线辐照（UV）相当。姚晶晶等人建立了高效液相色谱－氢化物发生－原子荧光法，对茶叶中3种硒形态进行测定，检出限达到0.000 7～0.003 0 μg/L，线性范围可以达到2个数量级以上。张硕等人以液相色谱分离，在线紫外消解及蒸汽发生，高灵敏度原子荧光光谱为手段的形态分析联用系统，并且对联用系统的操作条件进行优化，以提高形态分析的灵敏度。

本章参考文献

[1] 汪正范，杨树民，吴侔天，等. 色谱联用技术[M]. 北京：化学工业出版社，2007.
[2] 魏培海，曹国庆. 仪器分析[M]. 北京：高等教育出版社，2007.
[3] 魏福祥. 仪器分析及应用[M]. 北京：中国石化出版社，2007.
[4] 季欧. 质谱分析法[M]. 北京：原子能出版社，1978.
[5] 陈耀祖. 有机质谱原理及应用[M]. 北京：科学出版社，2001.
[6] 刘志广. 仪器分析学习指导与综合练习[M]. 北京：高等教育出版社，2005.
[7] 刘志广，张华，李亚明. 仪器分析[M]. 大连：大连理工大学出版社，2004.

[8] SILVERSTEIN R M. 有机化合物光谱鉴定[M]. 姚海文,译. 北京：科学出版社，1982.
[9] 宁永成. 有机化合物结构鉴定与有机波谱学[M]. 2 版. 北京：科学出版社，2001.
[10] 孙凤霞. 仪器分析[M]. 北京：化学工业出版社，2004.
[11] 朱良漪. 分析仪器手册[M]. 北京：化学工业出版社，1997.
[12] 魏国玉，刘学刚，陆跃翔. 微等离子体阳极应用于熔盐电化学：电荷传输与原子发射光谱[C]. 中国化学会第五届全国核化学与放射化学青年学术研讨会论文摘要集. 绵阳：中国化学会，2019：36.
[13] 吴德印，刘佳，王家正，等. 电化学 SERS 光谱中的化学增强效应和 SPR 化学反应[C]. 第二十届全国光散射学术会议(CNCLS20)论文摘要集. 苏州：中国物理学会光散射专业委员会，2019：79.
[14] 周志豪,黄振华,周朝生,等. 振荡提取 - 高效液相色谱 - 电感耦合等离子体质谱法测定藻类中 6 种形态砷化合物[J]. 山东化工,2018,47(21):71 - 73.
[15] 张颖，杨清清，宋毅，等. 高效液相色谱 - 电感耦合等离子体质谱联用技术测定富硒食品中无机硒和有机硒的含量[J]. 中国食品卫生，2017，29(2):181 - 185.
[16] DIES H，SIAMPANI M，ESCOBEDO C，et al. Direct detection of toxic contaminants in minimally processed food products using dendritic surface - enhanced Raman scattering substrates [J]. Sensors，2018，18(8)：s18082726.
[17] XU Q，GUO X，XU L，et al. Template - free synthesis of Sers - active gold nanopopcorn for rapid detection of chlorpyrifos residues [J]. Sens Actuat B Chem，2017，241：1008 - 1013.
[18] WENG S，YU S，DONG R，et al. Detection of pirimiphos - methyl in wheat using surface - enhanced Raman spectroscopy and chemometric methods [J]. Molecules，2019，24(9)：24091691.
[19] TOGNACCINI L，RICCI M，GELLINI C，et al. Surface enhanced Raman spectroscopy for in - field detection of pesticides：a test on dimethoate residues in water and on olive leaves [J]. Molecules，2019，24(2)：24020292.
[20] KEON G，KIM J，KIM D，et al. Nanoporous cellulose paper - based SERS platform for multiplex detection of hazardous pesticides [J]. Cellulose，2019，26(8)：4935 - 4944.
[21] ZHAO P，LIU H，ZHANG L，et al. Paper - based SERS sensing platform based on 3D silver dendrites and molecularly imprinted identifier sandwich hybrid for neonicotinoid quantification [J]. ACS Appl Mater Interfaces，2020，12(7)：8845 - 8854.
[22] BETZ J F，CHENG Y，RUBBOFF G W. Direct SERS detection of contaminants in a complex mixture：rapid，single step screening for melamine in liquid infant formula

[J]. Analyst, 2012, 137(4): 826 - 828.

[23] JAHN M, PATZE S, BOCKLITZ T, et al. Towards SERS based applications in food analytics: lipophilic sensor layers for the detection of Sudan III in food matrices [J]. Anal Chim Acta, 2015, 860: 43 - 50.

[24] MA C, CAO Y, GOU X D, et al. Surface - confined electrochemiluminescence microscopy of cell membranes[J]. Anal. Chem., 2020, 92(1): 431 - 454.

[25] FENG Y Q, WANG Y Q, JU H X. Nitrosoreductase - like nanocatalyst for ultrasensitive and stable biosensing. [J]. Anal. Chem., 2018, 90(2): 1202 - 1208.

[26] SUN F, WANG Z Y, FENG Y Q, et al. Biopsy needle integrated with multi - modal physical chemical sensor array[J]. Biosens. Bioelectron, 2018, 100: 28 - 34.

[27] WANG N N, GAO H, LI Y Z, et al. Molecular tectonics in biomineralization and biomimetic materials chemistry[J]. Angew. Chem. Int. Ed., 2021, 60(1): 197 - 201.

[28] FENG Y Q, SUN F, WANG N N, et al. Ru(bpy)32 + incorporated luminescent polymer dots: doule - enhanced electrochemiluminescence for detection of single - nucleotide polymorphism[J]. Angew. Chem. Int. Ed., 2021, 60(1): 28 - 34.

[29] WANG N N, FENG Y Q, WANG Y W, et al. Electrochemiluminescent Imaging for multi - immunoassay sensitized by dual DNA amplification of polymer dot signal[J]. Anal. Chem, 2018, 90(12): 7708 - 7714.

[30] 赵静，曹炜. 液相色谱 - 电化学检测结合化学计量学法鉴别单花种蜂蜜[C]. 2000—2018 中国蜂业科技前沿. 廊坊：中国养蜂学会，2019：317.

[31] 刘春波，申钦鹏，杨光宇，等. 热分析 - 傅立叶变换红外光谱 - 气相色谱 - 质谱联用测定葡萄糖的热分解产物[J]. 理化检验(化学分册)，2014，50(11)：1342 - 1347.

[32] 薛佳. 液相色谱 - 原子荧光光谱联用法测定土壤砷铬锑硒元素价态[J]. 岩矿测试，2021，40(02)：1 - 12.

[33] 陈加伟，方绍敏，宋洲，等. 超声萃取 - 气相色谱 - 质谱法测定土壤中 13 种苯胺类化合物[J]. 化学分析计量，2021，30(04)：28 - 32.

[34] 黄国程，郑瑶丽. 固相萃取 - 气相色谱 - 质谱法测定石油烃污染土壤中半挥发性有机物[J]. 理化检验，2021，57(04)：327 - 338.

[35] 廖梅. 高效液相色谱 - 质谱 - 多反应监测特征轮廓谱结合化学计量学对市售不同产地药用紫草的质量评价[J]. 安徽医药，2021(05)：870 - 874.

[36] 王谢，张文豪，张洁，等. 液相色谱 - 串联质谱法测定河南省地表水中 8 种农药残留[J]. 河南预防医学杂志，2021，32(04)：248 - 251.

[37] GIONFRIDDO E, NACCARATO A. A reliable solid phasemicroextraction - gas chromatography - triple quadrupolemass spectrometry method for the assay of selenomethi-

onineand selenomethylselenocysteine in aqueousextracts: Difference between selenized and not – enrichedseleniumpotatoes[J]. Analytica Chimica Acta, 2012(747):58 – 66.

[38] LANDALUZE J S, DIETZ C, MADRID Y. Volatile organoseleniummonitoring in production and gastric digestionprocesses of selenized yeast by solid – phase microextraction multicapillary gas chromatography coupledmicrowaveinduced plasma atomic emission spectrometry [J]. Applied Organometallic Chemistry, 2010, 18(12):675 – 683.

[39] DANIEL S, FERNANDA M. A simplified method for inorganicselenium and selenoaminoacids speciation based on HPLC – TR – HG – AFS[J]. Talanta, 2013(106):298 – 304.

[40] 姚晶晶,袁友明,王明锐. 高效液相色谱氢化物发生原子荧光法测定茶叶中的3种硒形态[J]. 现代农业科技, 2015, 21(1):297 – 298.

[41] 张硕,弓振斌. 高灵敏度原子荧光光谱系统应用于砷硒形态分析的研究[J]. 分析测试学报, 2014, 33(9):980 – 984.